应用型人才培养精品教材·信息技术基础系列

U0662896

信息技术与计算机应用基础

主　审　饶绪黎

主　编　林风人　侯阳青　张钰梅

副主编　陈　翔　赵佳旭　孙　彬

电子工业出版社

Publishing House of Electronics Industry

北京·**BEIJING**

内 容 简 介

本书是指导初学者学习计算机信息技术的入门书籍，以实际应用为出发点，通过合理的结构和大量来源于实际工作的精彩实例，全面涵盖了读者在使用计算机进行日常信息技术处理过程中所遇到的问题及其解决方案。全书共 11 个项目，分别讲解信息技术基础、Windows 10 操作系统、文档处理、电子表格处理、演示文稿制作、信息检索、信息素养与社会责任、新一代信息技术概述、信息安全、程序设计基础、人工智能。

本书按照信息技术相关内容进行谋篇布局，内容通俗易懂，操作步骤详细，适合各层次院校师生、公司人员、政府工作人员使用，也可作为信息技术爱好者的参考用书。

图书在版编目（CIP）数据

信息技术与计算机应用基础 / 林风人，侯阳青，张钰梅主编. -- 北京 ：电子工业出版社，2025. 7.

ISBN 978-7-121-49414-7

Ⅰ. TP3

中国国家版本馆 CIP 数据核字第 2025KY2068 号

责任编辑：王　璐
印　　刷：三河市良远印务有限公司
装　　订：三河市良远印务有限公司
出版发行：电子工业出版社
　　　　　北京市海淀区万寿路 173 信箱　　　　邮编：100036
开　　本：787×1092　　1/16　　印张：20.25　　字数：518.4 千字
版　　次：2025 年 7 月第 1 版
印　　次：2025 年 7 月第 1 次印刷
定　　价：59.80 元

凡所购买电子工业出版社图书有缺损问题，请向购买书店调换。若书店售缺，请与本社发行部联系，联系及邮购电话：（010）88254888，88258888。

质量投诉请发邮件至 zlts@phei.com.cn，盗版侵权举报请发邮件至 dbqq@phei.com.cn。

本书咨询联系方式：（010）88254173，qiurj@phei.com.cn。

目　　录

项目 1　信息技术基础

思政目标

1. 通过认识信息技术，加深学生对信息技术的基本概念、发展历程的理解，提高学生对信息技术在日常生活和工作中重要性的认识。

2. 通过学习计算机的发展，加深学生对计算机演进历程的了解，提高学生对计算机技术革命性变化的认识。

3. 通过学习计算机的分类、特点与应用，加深学生对不同类型计算机特性的理解，促进学生对计算机在不同领域的应用知识的学习。

4. 通过学习计算机系统，加深学生对计算机硬件和软件的系统结构的理解，提高学生对计算机系统工作原理的认识，并引导学生思考如何维护和优化计算机系统性能。

5. 通过学习计算机的数据转换，加深学生对数据在不同媒介和设备间转换的原理的理解，提高学生对数据格式和编码方式的知识，并引导学生思考如何确保数据在转换过程中的准确性和安全性。

6. 通过学习计算机内部的信息表示与输入，加深学生对计算机内部信息处理和输入机制的理解，提高学生对编程语言、算法和人机交互方式的知识，并引导学生思考如何提高信息输入效率和准确性。

学习目标

1. 了解信息技术的概念、发展和意义。
2. 了解计算机的概念、发展和发展趋势。
3. 了解计算机的分类、特点与应用领域。
4. 理解计算机的硬、软件系统组成及主要性能指标。
5. 了解数据的存储单位，掌握进制间的相互转换方法。
6. 了解计算机内部信息编码。
7. 掌握键盘各键位的位置和汉字输入方法。

项目描述

信息技术是现代社会发展的核心驱动力之一，它涵盖了从计算机硬件、软件到网络通信、数据管理及人工智能等领域。作为一门集合了技术性、应用性和创新性的学科，信息技术不仅推动了全球化和信息化时代的发展，而且极大地改变了我们的工作方式、沟通手段和生活习惯。随着互联网、移动通信和云计算等技术的飞速发展，信息技术已成为提高生产力、促进社会进步和维护国家安全的关键因素。本项目的主要内容包括认识信息技术，计算机的发展，计算机的分类、特点与应用领域，计算机系统、计算机的数据转换、计算机内部的信息表示与输入。

1.1　认识信息技术

　　一切涉及信息的生产、处理、流通，以及与扩展人类信息器官功能相关的技术，都属于信息技术。

1.1.1　信息技术的概念

　　信息技术（InformationTechnology），通常是在计算机与通信技术支持下用以收集、存储，并处理、传递、显示各种信息（包括音频、图像、文字和数据等）的一系列现代化技术。信息技术也可理解为能够扩展人的信息功能（即人同信息打交道的本领，包括收集信息、存储信息、处理信息、传递信息和显示信息的本领）的技术，它是在分析、探索与掌握人的各种信息功能的机制基础上，运用信息科学提供的原理、方法及各种技术（包括电子技术、激光技术等），综合出新的人工系统来延长、增强、补充与扩展人类信息器官的功能的技术。

1.1.2　人类社会发展进程中的信息技术

　　信息技术的发展经历了五个阶段：语言和符号阶段、文字阶段、印刷阶段、电信阶段和计算机及网络阶段。

1. 语言和符号阶段

　　在人类文明发展的早期，人们通过使用语言和符号来进行简单的信息交流。语言的出现使得人类可以相互交流，分享彼此的知识和经验。符号则是一种抽象的表达方式，用于表达某种特定的含义或概念。例如，人们使用手势、表情、旗帜等符号来进行表达。

2. 文字阶段

　　随着人类社会的进步和发展，文字成为了信息技术的一个重要组成部分。文字的出现使得人们可以将信息记录下来，进行更为系统和深入的交流。书籍、报纸等出版物成为了一种重要的信息传播工具，使得人们可以跨越时间和空间的限制，分享和传播知识。

3. 印刷阶段

　　随着印刷技术的发明和进步，信息技术的发展进入了一个新的阶段。印刷术的出现使得书籍可以大规模地生产和复制，从而促进了知识的普及和文化的传播。此外，印刷技术使得信息的表现形式更加多样化和生动化，例如，报纸、杂志等出版物可以包含图片、文字等多种元素。

4. 电信阶段

　　随着电信技术的发展，信息技术的发展进入了电信阶段。电报、电话等电信设备的出现，使得人们可以进行远距离的通信和信息交流。随后，电视、广播等多媒体设备也相继出现，使得信息的传播形式更加丰富和多样。

5. 计算机及网络阶段

随着计算机和网络技术的发展，信息技术进入了计算机及网络阶段。计算机的出现使得信息的处理和分析更加高效和准确，同时也使得信息的存储和访问更加方便和快捷。网络技术的出现则使得信息的交流和共享更加便捷和广泛，例如，互联网的出现使得人们可以随时随地获取和分享信息。此外，云计算、大数据等新兴技术的出现也使得信息技术的发展更加迅速。

1.1.3　信息技术的意义

信息技术的发展为人类的文明发展带来了巨大的帮助，已经成为了人类社会发展的重要力量，其重要性和意义不言而喻。

信息技术让传统教育方式发生了深刻变化。计算机仿真技术、多媒体技术、虚拟现实技术和远程教育技术，以及信息载体的多样性，使学习者可以克服时空阻碍，更加主动地安排自己的学习时间和速度。特别是借助于互联网的远程教育技术，将开辟出通达全球的知识传播通道，实现不同地区的学习者、传授者之间的互相对话和交流，不仅可望大大提高教育的效率，而且能给学习者提供一个内容丰富的学习环境。远程教育技术的发展将在传统教育领域引发一场革命，并促使人类的知识水平普遍提高。

信息技术的应用为政府和公共机构提供了更为高效和便捷的管理工具。通过信息化系统，政府和公共机构可以实现各种公共服务的电子化和在线化，提高服务效率和便利性。

信息技术的应用提高了交通运输和物流的效率和安全性。通过全球定位系统和移动通信技术，人们可以轻松导航、查询交通信息，优化出行路线。物流公司可以通过信息技术实现物流信息的透明化和可追溯，提高物流的效率。

通过信息技术，医疗行业可以实现电子病历的管理、远程医疗的实施等。患者可以通过互联网查找医疗信息，找到适合自己的医疗资源和服务；医生可以通过信息技术与患者进行远程诊断和治疗，减少患者的等待时间和交通成本。

总之，信息技术的发展创造了更加便利的生活方式，提高了生活质量，提供了更多的机会和创新的可能性。

1.2　计算机的发展

以计算机为核心的信息技术作为一种崭新的生产力，正在向社会的各个领域渗透。尤其是进入信息时代以后，计算机已经深入社会的方方面面，成为许多领域不可或缺的部分。

1.2.1　计算机的概念

计算机的全称为电子计算机，是一种能够按照程序运行，自动、高速处理海量数据的现代化智能电子设备。由硬件和软件组成，没有安装任何软件的计算机被称为裸机。常见的计算机有笔记本计算机、台式计算机等，如图 1-1 所示。此外，较先进的计算机有生物计算机、光子计算机、量子计算机等。

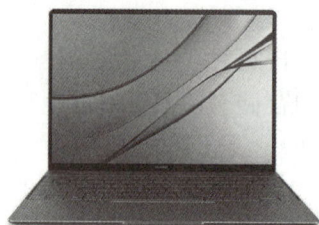

（a）笔记本计算机　　　　　　　　　　（b）台式计算机

图 1-1　计算机

1.2.2　计算机的发展历程

1. 早期的计算机模型

计算机是人类计算技术发展的成果，从最早的结绳记事开始，人类就一直在为如何进行快速计算作不懈努力。中国古代发明的算盘是人类公认的最早的计算机模型（见图 1-2）。人类历史上还出现了木制计算器、莱布尼兹计算器，如图 1-3、图 1-4 所示。由巴贝奇发明的机械式计算器是西方计算机的代表，其中，赫赫有名的机械式计算器——巴贝奇差分机如图 1-5 所示。

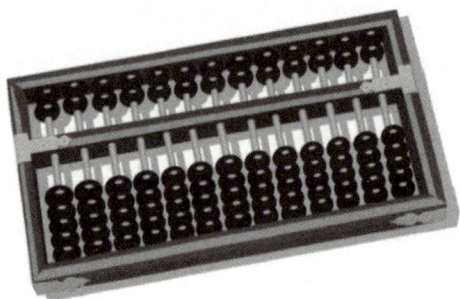

图 1-2　算盘

图 1-3　木制计算器

图 1-4　莱布尼兹计算器

图 1-5　巴贝奇差分机

2. 第一台电子计算机

世界上第一台电子计算机是为了实现军事目的而产生的。美国陆军为了计算火炮轨迹，提高火炮的命中率，于是开始研制电子计算机。1946 年，世界上第一台电子计算机——电子数字积分计算机（Electronic Numerical Integrator and Computer，ENIAC）在美国宾夕法尼亚大学问世，如图 1-6 所示。这台计算机占地 170 多平方米，大概有 30 吨重。这台计算机虽然体积庞大，但每秒只能运行 5000 次加法运算或 400 次乘法运算，与现在的计算机相比，运算速度极慢，但却是划时代的发明。

图 1-6　ENIAC

3. 计算机时代

世界上第一台公认的电子计算机 ENIAC 诞生后，在短短的几十年间，计算机系统得到了飞速发展。在推动计算机发展的各种因素中，电子器件的更新起着决定性的作用，真空电子管、晶体管相继被使用，以及中、小规模集成电路和大、超大规模集成电路被作为计算机的基本元器件。计算机发展的四个阶段如表 1-1 所示。

表 1-1　计算机发展的四个阶段

部　　件	第一个阶段 （1946—1958 年）	第二个阶段 （1959—1964 年）	第三个阶段 （1965—1971 年）	第四个阶段 （1972 年至今）
主要电子元器件	电子管	晶体管	中、小规模集成电路	大、超大规模集成电路
内（主）存储器	水银延迟线	磁芯存储器	半导体存储器	半导体存储器
外（辅助）存储器	穿孔卡片、纸带	磁带	磁带、磁盘	磁盘、磁带、光盘等大容量存储器
处理速度 （每秒指令数）	几千条	几万至几十万条	几十万至几百万条	几千万至几十万亿条

计算机主机电子器件如图 1-7 所示。

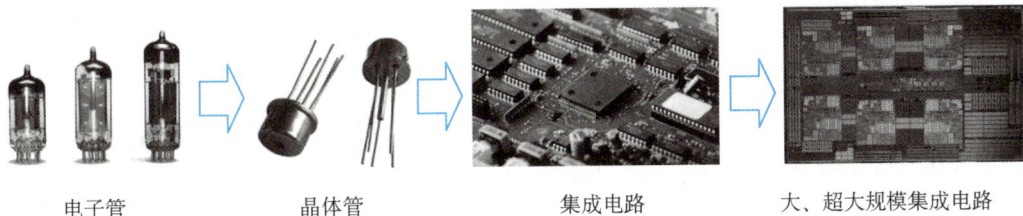

电子管　　　　　　晶体管　　　　　　集成电路　　　　大、超大规模集成电路

图 1-7　计算机主机电子器件

人们根据计算机使用的元器件的不同，将计算机的发展划分为以下四个阶段。

（1）第一代计算机：电子管计算机（1946—1958 年）。

第一代计算机的主要特点是采用电子管作为主要电子元器件，体积大、耗电大、寿命短、可靠性差、成本高；主存储器采用水银延迟线。这个阶段没有系统软件，用机器语言和汇编语言编程，计算机只能在少数尖端领域中得到应用，一般用于科学、军事和财务等领域。但是，第一代计算机采用的基本技术（如采用二进制、存储程序控制的方法）为现代计算机技术的发展奠定了坚实的理论基础。

（2）第二代计算机：晶体管计算机（1959—1964 年）。

第二代计算机的主要电子元器件逐步由电子管改为晶体管，使用磁芯存储器做主存储器，使用磁盘、磁带等作为辅助存储器，大大增加了存储容量，运算速度提高到每秒几十万次。在软件方面，创立了 FORTRAN、COBPL、BASIC 等一系列高级程序设计语言，并且提出了多道程序设计、并行处理和可变的微程序设计思想。与第一代计算机相比，其体积小、耗电少、性能高，除了数值计算外，还用于数据处理、事务管理及工业控制等方面。

（3）第三代计算机：中、小规模集成电路计算机（1965—1971 年）。

第三代计算机的主要电子元器件采用中、小规模集成电路，主存储器从磁芯存储器逐步过渡到了半导体存储器。这代计算机的特点是：小型化、耗电少、可靠性高、运算速度快，其中运算速度提高到每秒几十万到几百万次基本运算，在存储器容量和可靠性等方面都有了较大的提高。同时，计算机软件技术的进一步发展，尤其是操作系统的逐步成熟是第三代计算机的显著特点。这个阶段的小型计算机开始得到应用，这使得计算机在科学计算、数据处理、实时控制等方面得到更加广泛的应用。

（4）第四代计算机：大、超大规模集成电路计算机（1972 年至今）。

第四代计算机的主要特点如下：硬件方面，基于主要电子元器件，采用大、超大规模集成电路，主存储器采用半导体存储器，提供虚拟能力，计算机外围设备多样化、系列化，使计算机体积、重量、成本均大幅度降低，计算机的性能空前提高；软件方面，操作系统和高级程序设计语言的功能越来越强大，出现了面向对象的计算机程序设计编程思想，并广泛采用了数据库技术、计算机网络技术。伴随着微处理器（Micro-processor）技术的诞生，出现了微型计算机，其主要应用领域有科学计算、数据处理、过程控制，自此进入以计算机网络为特征的应用时代。

2009 年，我国首台千万亿次超级计算机"天河一号"诞生（如图 1-8），我国成为继美国之后的世界上第二个能够研制千万亿次超级计算机的国家。

1.2.3　计算机的发展趋势

为了争夺世界范围内信息技术的制高点，各国开始了研制新一代计算机的激烈竞争。新一代计算机的研制推动了专家系统、知识工程、语言合成与语音识别、智能机器人等方面的研究，并取得了大量成果。下面介绍几种重要的新一代计算机。

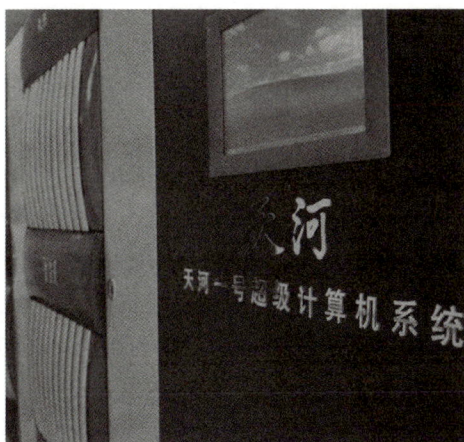

图 1-8 超级计算机"天河一号"

1. 生物计算机

微电子技术和生物工程这两项高科技的互相渗透,为研制生物计算机提供了可能。20 世纪 70 年代,人们发现脱氧核糖核酸(DNA)处在不同的状态下,可产生有信息和无信息的变化。联想到逻辑电路中的 0 与 1、晶体管的导通和截止、电压的高和低、脉冲信号的有和无等,科学家们激发了研制生物元件的灵感。1995 年,来自各国的 200 多位有关专家共同探讨了 DNA 计算机(一种生物形式的计算机)的可行性,认为生物计算机是以生物电子元件构建的计算机,而不是模仿生物大脑和神经系统中信息传递、处理等相关原理来设计的计算机。生物电子元件可利用蛋白质的开关特性,用蛋白质分子制作集成电路,形成蛋白质芯片、血红素芯片等,利用 DNA 化学反应,通过和酶的相互作用将某种基因代码通过生物化学反应转变为另一种基因代码,转变前的基因代码可以作为输入数据,转变后的基因代码可以作为运算结果。利用这一过程可以制成新型的生物计算机。但科学家们认为生物计算机的发展可能还要经历一个较长的过程。

2. 光子计算机

光子计算机是一种用光信号进行数字运算、信息存储和处理的新型计算机,它运用集成光路技术,先把光开关、光存储器等集成在一块芯片上,再用光导纤维连接成计算机。美国贝尔实验室研制了第一台光子计算机,尽管它的装置很粗糙,仅由激光器、透镜、棱镜等组成,只能用来计算,但它是光子计算机领域中的一大突破。除美国贝尔实验室外,日本和德国的公司也都投入巨资来研制光子计算机。2023 年 9 月 15 日,2023 世界计算大会发布了 2023 年十大黑科技榜单,光子计算机入榜。2023 年潘建伟团队研制出了世界首个 255 个光子计算机,计算速度得到极大提高。

3. 超导计算机

1911 年,昂尼斯发现纯汞(水银)在 4.2K 低温下电阻变为零的超导现象。超导线圈中的电流可以无损耗地流动。在计算机诞生之后,超导技术的发展让科学家们想到用超导材料来替代半导体制造计算机,早期主要延续传统的半导体计算机的设计思路,只不过将半导体材料的逻辑门电路改用超导体材料的逻辑门电路,从本质上讲并没有突破传统计算机的设计构架,而且在 20 世纪 80 年代中期以前,超导体材料的超导临界温度仅在液氦温区,实施超导计算机计划费用昂贵。然而,在 1986 年左右出现重大转机,高温超导体的材料发现使人们可以在液氮温区获得新型超导体材料，于是超导计算机的研究获得了各方面的广泛重视。超导计算机具有超导逻辑电路和超导存储器，运算速度是传统计算机无法比拟的。所以，世界各国的科学家们都在研究超导计算机，目前还有许多技术难关有待突破。

4. 量子计算机

现在高速现代化的计算机与计算机的祖先"ENIAC"相比并没有本质区别，尽管计算机已经变得小巧，而且运行速度也非常快，但是计算机的任务并没有改变，即对二进制位"0"和"1"的编码进行处理并解释为计算结果。每个二进制位的物理实现都是通过一个肉眼可见的物理系统完成的，如从数字和字母到我们所用的鼠标或调制解调器的状态等都可以用一系列"0"和"1"的组合来代表。传统计算机与量子计算机的区别是传统计算机遵循着众所周知的经典物理规律，而量子计算机则遵循着独一无二的量子动力学规律。量子计算机用"量子位"来代替传统电子计算机的二进制位。二进制位只能用"0"和"1"两个状态表示信息，而"量子位"用粒子的量子力学状态来表示信息，两个状态可以在一个"量子位"中并存。"量子位"既可以使用与二进制位类似的"0"和"1"，也可以使用这两个状态的组合来表示信息。正因如此，量子计算机被认为可以进行传统电子计算机无法完成的复杂计算，其运算速度是传统电子计算机无法比拟的。

计算机强大的应用功能，产生了巨大的市场，这促使未来的计算机性能应向着巨型化、微型化、网络化、智能化、多媒体化，以及和多技术结合的方向发展。

1. 巨型化

巨型化并非指体积大，而是指为了适应高尖端科学技术的需求，发展高速度、大容量的超级计算机。随着人们对计算机性能需求的提高，某些高尖端的科学领域（如数据挖掘）对计算机的存储空间和运行速度等的要求会越来越高。

2. 微型化

从第一块微处理器芯片问世以来，计算机微型化的发展速度不断加快。计算机芯片的集成度越来越高，而价格则越来越低，这就是信息技术发展功能与价格比的摩尔定律。未来计算机微型化的进程将越来越快，普及率将越来越高。

3. 网络化

互联网将世界各地的计算机连在一起，从此进入了互联网时代。网络化彻底改变了世界，人们通过互联网进行交流（QQ、微博等）、教育资源共享（文献查阅、远程教育等）、信息查阅（百度、谷歌浏览器）等，特别是无线网络的出现，极大地增强了人们使用互联网的便捷性，未来的计算机将会进一步向网络化发展。

4. 智能化

计算机智能化是未来发展的必然趋势。现代计算机具有强大的功能和极快的运行速度，但与人脑相比，其智能化水平和逻辑能力仍有待提高。人类不断探索如何让计算机更好地反映人类思维，使计算机具有人类的逻辑判断能力，通过思考与人类沟通、交流。

5. 多媒体化

传统计算机处理的信息主要是字符和数字。事实上，人们更习惯处理的是图形、图像、文字、音频等形式的多媒体信息。多媒体技术可以集图形、图像、文字、音频、视频于一体，使计算机处理的信息更加接近真实信息。

1.3 计算机的分类、特点与应用领域

在现代社会，计算机技术已成为日常生活、工作、学习的重要支撑技术。随着科技不断进步，计算机已经渗透各个领域，从家庭娱乐、自动化办公、教育学习，到科学研究、军事指挥等。

1.3.1 计算机的分类

当听到"计算机"这个词时，我们脑中浮现的可能是便携式计算机这类的个人计算机，然而，计算机有不同的种类，它们可在日常生活中完成不同的工作，常见的计算机有以下几种。

1. 个人计算机（Personal Computer，PC）

PC 常指体积小、价值不高且为单个用户设计的计算机。PC 是基于微处理器技术的架构，允许把整个 CPU 放在单个芯片上的计算机。PC 可以完成文字处理、桌面印刷、电子表格处理、数据库管理、游戏、在线学习、网上冲浪、即时聊天的任务。虽然 PC 的设计目的是满足个人或单个用户的需要，但是也可以利用网络、虚拟机技术、Map-Reduce 技术把很多 PC 连在一起，形成一个超级强大的系统。

常见的 PC 有桌面计算机（Desktop Computer）、便携式计算机（Laptop Computer）、平板电脑（Tablet Computer）等，如图 1-9 所示。智能手机（Smart Phone）实际上是小巧的 PC，如运行在 iOS 系统上的 iPhone 手机、运行在 Android 系统上的 Galaxy 系列手机等。

(a) 桌面计算机　　　　　(b) 便携式计算机　　　　　(c) 平板电脑

图 1-9 各种形式的 PC 机

2. 工作站（Workstation）

工作站是一种介于小型计算机与微型计算机之间的计算机系统，主要用在 CAD、CAM 等工程应用，以及桌面印刷、软件开发等方面，在要求图形处理能力和计算能力相对较强的应用中也需要工作站。与 PC 相比，工作站通常具有高分辨率的大型图形屏幕、大容量的存储设备、内建的网络支持和图形用户界面。大多数工作站都有大容量的存储设备（如硬盘），而无盘工作站是一种特殊的工作站，不带硬盘。

3. 服务器（Server）

服务器是通过网络给其他计算机提供服务的计算机，在有服务器的公司中，员工可以在服务器中存储和分享文件。服务器看起来与桌面计算机很像，但它有更多的处理器，并行处理能力更强，运算速度更快。如数据库服务器可以为用户提供数据库创建、管理、决策分析和报表

输出等服务；网站服务器可以为用户提供网站建设、管理等服务；邮件服务器可以提供邮件收发、用户邮箱管理等服务。

服务器可以提供共享业务，服务器的作用取决于用户需要安装什么样的管理软件。

4. 小型计算机（Small Computer）

小型计算机又称小型机，中等尺寸，是可以同时支持多达 250 个用户的多处理器系统。小型计算机在性能上比一般的 PC 强大，可以用于大型工业自动控制分析器、测量仪器，还可以用于医疗设备中进行数据采集、计算、分析，以及企业、大学或研究所的科学计算等，如图 1-10 所示。

5. 大型计算机（Mainframe Computer）

大型计算机体积大、费用高，可以支持数百甚至数千用户同时使用。大型计算机可以并行运行多个程序、支持多个程序并发执行，如图 1-11 所示。

图 1-10　小型计算机

图 1-11　大型计算机

6. 超级计算机（Super Computer）

超级计算机是目前计算速度最快的计算机，价格昂贵，主要用于需要进行大量数学计算的特殊应用中，如天气预报、科学仿真、动画和图像处理、流体动力学计算、核能研究、电子设计、地质学数据分析等，如图 1-12 所示。

图 1-12　超级计算机

1.3.2 计算机的特点

计算机之所以能够应用于各个领域，完成各种复杂的任务，是因为它具有以下特点。

1. 计算速度快

计算机是计算速度非常快的设备，通常以微秒（百万分之一秒）、纳秒（十亿分之一秒）和皮秒（万亿分之一秒）计速，计算机一般能在几秒钟内完成数百万条信息计算，有些计算机甚至可以在一秒内完成十亿亿次计算。

2. 计算精度高

计算机完成工作准确，计算精度高，如在计算机指令的操作下，医生用机器人进行手术的误差远远低于人类操作的误差。计算机内部采用二进制进行计算，虽然在存储或表示实数时精度不够高，存在一定误差。但这并不妨碍计算机进行完美工作，如用计算机控制火箭升空并使其精确进入轨道、航天器对接等都是计算机进行精确计算的例子。

3. 容量大

计算机可以把采集到的数据存储起来，只要存储介质不被损坏、人为篡改，数据就永远不会丢失或自动发生改变。早期用来存储数据或信息的介质有纸带、磁芯、磁鼓、磁带、软盘、光盘等，技术的进步让存储介质的体积越来越小，容量越来越大，单价越来越便宜。现在，计算机已经有能力存储任何类型的数据，如图形、图像、音频、视频、文本、地理信息等。

4. 逻辑运算能力强

计算机不仅能进行精确计算，还具有逻辑运算能力，能对信息进行比较和判断。计算机能把参与运算的数据、程序及中间结果、最后结果保存起来，自动执行下一条指令以供用户随时调用。

5. 自动化程度高

计算机是一种自动化机器，即计算机有能力自动完成任务。计算机一旦获得正确的程序和数据，在开机后就可以在程序的控制下自动执行，其间不需要人工干预。全球的很多大数据中心，每天都有不计其数的计算机运行，为人们提供计算或存储服务，不需要人工干预。

1.3.3 计算机的应用领域

计算机一开始主要用于科学计算，后来逐渐用于数据处理，如人口普查、飞机票销售等，目前计算机已经渗透人类生活的方方面面。一般认为，计算机可以用于科学计算、数据处理、过程控制、辅助系统、人工智能、网络通信等领域。

1. 科学计算

科学计算是最早应用计算机的领域。科学计算是指利用计算机来完成科学研究和解决在工程中提出的科学计算问题。在现代科学技术工作中，科学计算的任务复杂且量大。计算机的运算速度快、容量大，可连续运算，因此可解决人工无法完成的各种科学计算问题，例如，工程设计、地震预测、气象预报、火箭发射等都需要由计算机承担复杂且量大的计算任务。

2. 数据处理

20 世纪 50 年代后期，计算机的应用领域从科学计算拓展至数据处理，这是一个技术飞跃。

所谓数据处理，是指数据记录、整理、加工、统计、检索、传输等一系列活动的总称，目的是从大量数据中抽取有价值的信息，为决策提供依据。

3. 过程控制

过程控制是指计算机实时采集数据、分析数据，根据最优值迅速对控制对象进行自动调节或自动控制。采用计算机进行过程控制，不仅可以提高控制的自动化水平，而且可以提高时效性和准确性，从而改善劳动条件，提高产量及合格率。因此，过程控制已在机械、冶金、石油、化工、电力等行业得到广泛应用。

4. 辅助系统

辅助系统包括计算机辅助设计（Computer Aided Design，CAD）、计算机辅助制造（Computer Aided Manufacturing，CAM）、计算机基础教育（Computer Based Education，CBE）等方面。其中，CAD 可利用计算机帮助人们完成各类设计，使精度、质量、效率大大提高；CAM 是通过计算机进行生产设备的管理、控制和操作，与 CAD 配合，提高质量、效率，降低成本、劳动强度；CBE 包括计算机辅助教学（Computer Aided Instruction，CAI）、计算机管理教学（Computer managed Instruction，CMI）和计算机辅助测试（Computer Aided Testing，CAT）。

5. 人工智能

现在正在开发一些具有人类智能的应用系统，用计算机模拟人的思维并进行判断、推理等智能活动，使计算机具有自适应学习和逻辑推理的功能，如计算机推理系统、智能学习系统、专家系统、机器人等都属于人工智能，可帮助人们学习和完成某些工作。

6. 网络通信

网络化彻底改变了世界，人们通过互联网进行沟通、交流（QQ、微博、微信等），实现教育资源共享（文献查阅、远程教育等）、信息查阅和共享（百度、谷歌搜索引擎）等，特别是无线网络的出现，极大地提高了人们使用网络的便捷性。未来，计算机将进一步向网络化方向发展。

随着网络技术的发展，计算机应用进一步深入社会的各行各业，通过高速信息网实现数据与信息的查询、高速通信服务（电子邮件、电视会议、电视电话、文档传输）、电子教育、电子娱乐、电子购物、远程医疗和会诊、交通信息管理等。

7. 其他领域

在传统的工业生产中，人们常使用模拟的方法对产品或工程进行分析和设计。二十世纪末期，人们开始尝试利用计算机程序代替实物模型进行试验，并为此开发了一系列通用模拟语言。事实证明，计算机容易实现对环境、器件的模拟，特别是实现破坏性试验的模拟，因此被科研部门广泛使用（如模拟核爆炸试验）。

此外，计算机在电子商务、电子政务、物联网、大数据及区块链等领域的应用也得到了快速的发展。

1.4 计算机系统

一个完整的计算机系统包括两个部分，即硬件系统和软件系统。所谓硬件系统，是指构成计算机的物理设备的统称，即由机械和电子器件构成的具有输入、存储、计算、控制和输出功能的实体部件；软件系统也称软设备系统，广义上是指计算机系统中的程序，以及开发、使用和维护程序所需的所有文档的集合。硬件系统和软件系统是相辅相成的。没有软件系统支持的计算机被称为裸机，裸机几乎不具备任何功能，只有配备一定的软件系统，才能发挥其功能。计算机系统的构成如图 1-13 所示。

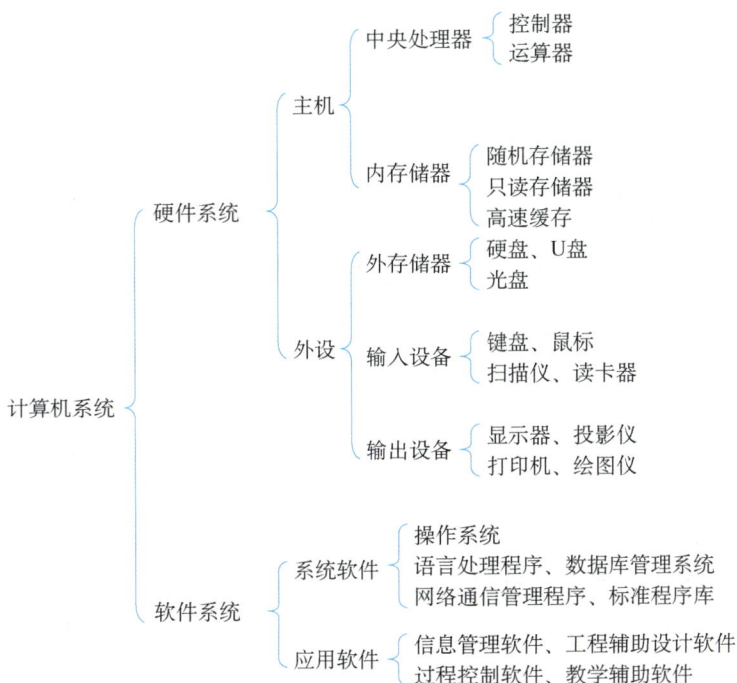

图 1-13　计算机系统的构成

1.4.1　计算机硬件系统

计算机硬件系统包括中央处理器（控制器、运算器）、存储器（内存储器、外存储器）、输入设备和输出设备，它们相互配合，协同工作，其中控制器和运算器共同组成中央处理器（Central Processing Unit，CPU），而 CPU 和存储器又构成了主机。计算机硬件系统的工作原理如下：程序或数据通过输入设备输入计算机，在输入过程中，控制器会给输入设备发出输入指令以控制输入设备正确、有序地完成输入过程；控制器从内存储器中取指令，在对指令进行解析后将其变成控制信号以控制对应的部件工作；为了完成运算，控制器会让运算器从内存储器中取数据并进行相应运算，并把运算结果重新存入内存储器中。运算结果可以通过输出设备进行呈现（如显示、打印等），也可以以文件形式保存到外存储器中。外存储器中的数据可以在控制器的控制下载入内存储器中，也可以通过控制器与运算器完成相关运算并重新将运算结果存入外存储器中或通过输出设备输出，如图 1-14 所示。

1. 控制器

控制器是计算机硬件系统的重要部件，在控制器的控制下，计算机能够自动按照程序设定的步骤进行一系列操作，以完成特定任务。控制器是发布指令（输入、输出指令）的“决策机构”，负责协调和指挥整个计算机硬件系统。

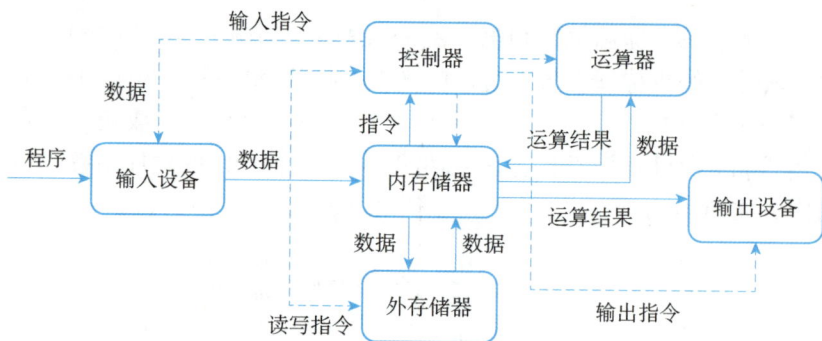

图 1-14　计算机硬件系统工作原理

控制器主要由以下几个部件组成。

（1）指令寄存器：保存当前执行或即将执行的指令。

（2）指令译码器：解析和识别指令寄存器中存储的指令，即将指令中的操作码翻译成控制信号。

（3）操作控制器：根据指令译码器的翻译结果生成指令执行过程中所需要的全部控制信号和时序信号。

（4）程序计数器：计算并指出下一条指令的地址，从而使程序可以自动、持续地运行。

2. 运算器

运算器是执行各种算术和逻辑运算的部件，其基本操作包括加、减、乘、除算术运算，与、或、非、异或等逻辑运算。运算器的核心部件是加法器，为了能暂时存放操作数（将每次运算的中间结果作暂时保留），运算器还需要若干个寄存数据的寄存器。运算器的处理对象是数据，处理的数据来自存储器，被处理后的结果通常被送回存储器或暂时存入运算器中。

运算器的性能是衡量计算机性能的重要指标之一，运算器的性能指标包括计算机的字长和运算速度。

（1）字长：指运算器一次能同时处理的二进制数的位数。字长越长，计算机的运算精度越高，处理数据的能力越强。目前，市场上主流的计算机大多支持 32 位或 64 位的字长。

（2）运算速度：指每秒能执行的加法指令的数目，常用"百万次一秒"表示，该指标直观地反映了计算机的运算速度。

3. 存储器

存储器是一种利用半导体技术制造的电子设备，用来存储数据。计算机中的全部信息，包括原始数据、运算过程中产生的数据、运算所需程序、运算结果等都被保存在存储器中。

计算机采用数字 0 和 1 来表示二进制数，日常使用的十进制数必须被转换成等值的二进制数才能存入存储器中。根据用途，存储器可分为内存储器和外存储器两种。

（1）内存储器。

内存储器又称主存、内存，是 CPU 能直接寻址的存储空间，其由半导体器件制成，是计算机中重要的部件之一。计算机的所有程序都在内存储器中运行，因此内存储器的性能对计算机的影响非常大。

内存储器为半导体存储器，可分为随机存储器（Random Access Memory，RAM）、只读存储器（Read Only Memory，ROM）和高速缓存（Cache）。

RAM 可随时根据需要读取数据，也可随时重新写入新的数据，是计算机对信息进行操作的直接工作区域，用来存储用户的程序和数据，以及临时调用的系统程序。因此，其存储容量越大，速度越快，性能越好，如图 1-15 所示的内存条是一种典型的 RAM。

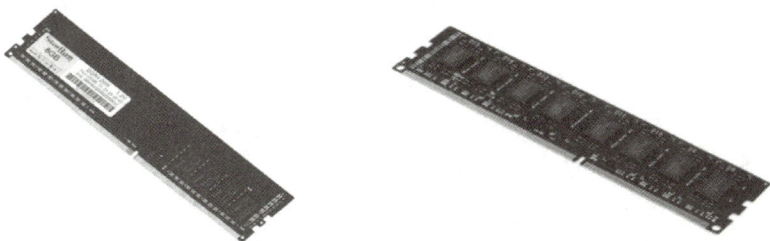

图 1-15　内存条

ROM 的存储数据一般是被事先写入的，在整机工作过程中只能被读取，而不像 RAM 那样快速地、方便地被改写。ROM 的存储数据稳定，断电后不会被改变。其结构较简单，读取较方便，因而常被用于存储各种固定程序和数据。

Cache 是为了解决 CPU 和内存储器速度不匹配的问题，以及提高内存储器速度而设计的。CPU 向内存储器写入或读取数据时，数据也被存储在 Cache 中，当 CPU 再次需要这些数据时，可以直接从 Cache 中读取，而不是访问速度较慢的内存储器。

（2）外存储器。

外存储器可以存放大量程序和数据，而且断电后的程序和数据不会丢失。但是 CPU 不能直接访问外存储器，必须先将要访问的程序或数据调入内存储器才能访问。常见的外存储器有硬盘、U 盘和光盘等。

硬盘是计算机主要的外存储器，传统的机械硬盘由若干盘片组成，盘片由表面涂有磁性材料的铝合金构成。衡量硬盘的常用指标有尺寸、容量、转速、硬盘自带 Cache 的容量、接口类型和数据传输速率等。

硬盘的尺寸包括 3.5 英寸、2.5 英寸，其中 3.5 英寸的硬盘多用于台式计算机，2.5 英寸的硬盘则多用于笔记本电脑、一体机和移动硬盘，如图 1-16 所示。移动硬盘以硬盘为存储介质，由硬盘、外壳和电路板三个部分组成。

硬盘容量：一个硬盘的容量是由多个参数决定的，即磁头数 H（Heads）、柱面数 C（Cylinders）、每磁道扇区数 S（Sectors）和每扇区字节数 B（Bytes）。将以上几个参数相乘，乘积就是硬盘容量。

硬盘容量=磁头数（H）×柱面数（C）×每磁道扇区数（S）×每扇区字节数（B）

图 1-16　硬盘

U盘也称闪速存储器,它以闪存为存储介质,是通过USB接口与计算机交换数据的可移动存储设备。U盘具有即插即用的功能,使用者只需将其插入USB接口,计算机就会自动检测U盘,如图1-17所示。

图1-17 U盘

光盘存储器简称光盘,是一种新型的信息存储设备。光盘具有存储容量大、可长期保存等优点。

光盘有只读型光盘(Compact Disk-Read Only Memory,CD-ROM),用户只能读取录制好的信息,而不能写入信息;还有只写一次型光盘(Write Once Only,WORM),用户只能写入一次信息;还有可重写型(Rewriteable)光盘,简称CD-RW,与U盘、硬盘一样可以不断地读写信息。

新一代数字多功能光盘(Digital Versatile Disc,DVD),它的尺寸与CD-ROM光盘的尺寸相同,但这种光盘的容量更大,单面单层的DVD可存储4.7GB的信息,双面双层的DVD可存储17GB的信息。DVD有三种格式,即只读数字光盘、一次写入光盘和可重复写入的光盘。

蓝光光盘(Blue-ray Disc,BD)是DVD之后的新一代光盘格式之一,它采用蓝色激光进行读写操作,蓝光光盘单层容量为25GB,双层容量为50GB。

4. 输入设备

输入设备是向计算机输入数据和信息的设备,常见的输入设备有键盘(如图1-18所示)、鼠标(如图1-19所示)、摄像头、扫描仪、光笔、手写输入板、游戏杆、语音输入装置等。

图1-18 键盘

图1-19 鼠标

5. 输出设备

输出设备的功能是将内存储器中经计算机处理的信息以各种形式输出。常见的输出设备有显示器(如图1-20所示)、打印机(如图1-21所示)。

图1-20 显示器

针式打印机　　　　　　　　激光打印机　　　　　　　　喷墨打印机

图 1-21   打印机

1.4.2   计算机软件系统

计算机软件（简称软件）系统是指计算机系统中的可执行指令和数据的总称。指令可告诉计算机如何工作，若一系列指令按照时间顺序执行，则可以指挥计算机完成特定任务，特定的指令会组成一个程序；数据是计算机要处理的对象，处理结果是其他形式的数据或信息。

计算机软件系统由系统软件和应用软件两部分组成。在安装系统软件后，用户就能够使用应用软件让计算机完成各项工作。硬件是支持软件工作的基础，软件随着硬件的发展而发展；反过来，软件的不断发展与完善，促进了硬件新的发展，两者缺一不可。

1. 系统软件

系统软件为硬件和终端用户的交互提供必要的服务，通常分为操作系统、语言处理系统、数据库系统等。

操作系统（Operating System，OS）是负责直接控制和管理硬件的系统软件，也是最基本、最重要的系统软件。操作系统可以让计算机系统的所有软、硬件资源协调一致、有条不紊地工作，其功能通常包括处理器管理、存储管理、文件管理、设备管理和作业管理等。当多个软件同时运行时，操作系统还负责规划及优化系统资源，将系统资源分配给各个软件。操作系统一般可分为批处理操作系统、分时操作系统、实时操作系统、网络操作系统、分布式操作系统等，目前常用的操作系统有 Windows、Linux、UNIX、DOS 和 macOS 等，Windows、Linux 操作系统的徽标如图 1-22 所示。

Windows　　　　　　　　　　Linux

图 1-22   Windows、Linux 操作系统的徽标

操作系统往往自带一些小型的网络服务，但大型的网络服务必须由专业软件提供，因此由网络服务程序提供大型的网络后台服务，主要服务网络服务提供商和企业网络管理人员。个人用户在利用网络进行工作或娱乐时，就是通过这些软件上网的，如提供邮件服务的软件有 Notes/Domino、Qmail 等。

语言处理系统是对软件语言进行处理的程序子系统，早期的第一代和第二代计算机使用的编程语言，一般是由厂商随机配置的，都依赖编程语言处理系统工作。

数据库系统（Database System）是由数据库及其管理软件组成的系统，是为适应数据处理的需要而发展起来的系统软件，其由存储介质、处理对象和管理系统组成。

2. 应用软件

应用（Application）软件是和系统软件相对应的，是用户可以使用的各种程序设计语言，以及用各种程序设计语言编制的应用程序的集合，分为应用软件包和用户程序。应用软件包是利用计算机解决某类问题而设计的程序的集合，多供用户使用。

应用软件主要是为了满足环境或目标的需要而设计的软件，计算机中所有为用户准备的软件一般都可以纳入应用软件的范畴。应用软件可以由单个程序构成，也可以是程序的集合或应用软件包，它可以拓宽计算机软件系统的应用领域，放大硬件的功能。常见的应用软件有学生管理软件、库存管理软件、税务软件、铁路购票软件、Office 套装软件等，如图 1-23 所示是常用应用软件图标示例。

| 文档库 | AutoCAD | MATLAB | 表格 | PDF | Photoshop | 文档 |
| 演示文稿 | Notepad | Visio | Project | CorelDRAW | Illustrator | XMind |

图 1-23　常用应用软件图标示例

一般来讲，应用软件具有接近用户、容易设计、更多的用户交互、运行速度较系统软件慢，以及使用高级程序设计语言编写、容易理解、容易操作和使用、代码比较多且占用较大的存储空间等特点。

1.4.3　计算机的主要性能指标

用户在选购计算机的 CPU、内存储器、硬盘、鼠标、键盘、显示器等部件时，需要了解各个部件的主要性能指标。

1. CPU

CPU 的性能直接决定微型计算机的性能，CPU 的性能指标主要包括主频、字长、缓存。

（1）主频。主频也叫时钟频率，单位是兆赫（MHz）或千兆赫（GHz），用来表示 CPU 运算、处理数据的速度。主频越高，CPU 处理数据的速度就越快。

（2）字长。字长是指 CPU 一次性能处理数据的位数，它体现了计算机处理数据的能力。字长越长，CPU 处理的数据位数就越多，功能就越强，但 CPU 的结构越复杂，字长与寄存器的长度及主数据总线的宽度都有关系。早期的 CPU 是 8 位或 16 位的，目前主要是 32 位或 64 位的。

（3）缓存。缓存也是 CPU 的主要性能指标之一，缓存的结构和容量对 CPU 性能的影响非常大，缓存容量越大越好，CPU 内缓存的运行频率极高，一般和处理器同频运作，工作效率远远高于系统内存储器和硬盘，分为一级缓存、二级缓存、三级缓存。

2. 内存储器

内存储器的主要性能指标包括内存容量、存取速度、内存主频。

（1）内存容量。它的基本单位是字节（B），表示存储数据的大小。目前，8GB、16GB、128GB、256GB 内存储器已成了主流配置。

（2）存取速度。它的基本单位为纳秒（ns）。存取速度的数值越小，存取速度就越快，但价格也越高。在选内存储器时，应尽量选与 CPU 的时钟周期相匹配的内存储器，这有利于最大限度地发挥内存储器的效率。内存储器运行速度慢，而主板运行速度快，可能影响 CPU 的运行速度，还可能导致系统崩溃；内存储器运行速度快，而主板运行速度慢，结果会因"大材小用"造成资源浪费。

（3）内存主频。它以兆赫（MHz）为单位。内存主频越高，在一定程度上代表内存储器能达到的运行速度越快。内存主频决定了内存储器的最高工作频率。

3. 硬盘

硬盘的主要性能指标包括硬盘容量、转速、缓存。

（1）硬盘容量。它的功能同内存容量相似，不同的是硬盘属于外存储器，它的容量比内存储器的容量大。目前常见的硬盘容量有 600GB、1TB、15TB 等。

（2）转速。转速是硬盘盘片在一分钟内完成的最大转数，以每分钟多少转来表示，单位是RPM，RPM 是 Revolutions Per Minute 的缩写，即转每分钟（r/m）。转速越大，内部传输速率就越高，访问时间就越短，硬盘的整体性能也就越好。目前常见的硬盘转速有 7200r/m、10000r/m、15000r/m。

（3）缓存。缓存也称缓冲存储器，存取速度很快，它是硬盘内存储器和外接口之间的缓冲器。缓存的大小与存取速度直接关系到硬盘的传输速度。

4. 显卡

显卡的主要性能指标包括核心频率、显示存储器、显存频率、显存位宽和流处理器单元的数量。

（1）核心频率。核心频率是指显示核心的工作频率，能在一定程度上反映出显示核心的性能，在显示核心相同的情况下，核心频率越高，显卡性能越强。

（2）显示存储器（简称显存）。其主要功能是暂时存储显示芯片处理过或即将被提取的渲染数据。它的运行速度和容量关系着显卡的性能。

（3）显存频率。显存频率是显存在显卡上工作的频率，显存频率和显存类型有非常大的关系。此外，显存频率与显存时钟周期是相关的，二者为倒数关系。

（4）显存位宽。显存位宽是显存在一个时钟周期内所能传输的数据位数，表示显存与显示芯片交换数据的速度。显存位宽越大，表明显存与显示芯片之间数据的交换就越顺畅。

（5）流处理器单元的数量。流处理器单元的数量是决定显卡性能的一个重要性能指标，它既可以进行顶点运算，也可以进行像素运算，在不同的场景中，显卡可以动态地分配顶点运算和像素运算的流处理器数量，实现资源的充分利用。

1.5 计算机的数据转换

数据是信息的主要表现形式，凡是能够被计算机存储和处理的数字、字母及符号的组合，都被统称为数据。计算机内部的各种数据，必须经过数据编码才能被存储、传输和处理，因此了解并掌握数据编码的概念及处理技术是学好计算机的基本要求。

1.5.1　数据的存储单位

1. 数据的存储单位简介

比特（bit，简称"位"），是 binary digit 的英文缩写，直译为二进制位，是量度或表示信息量的最小单位，只有 0 和 1 两种二进制状态。在计算机数据存储中，存储数据的基本单位是字节（Byte），而最小单位是位（bit）。8 位（bit）组成 1 字节（Byte），1 字节能够容纳 1 个英文字符，1 个汉字需要 2 字节的存储空间。1024 字节就是 1 千字节（KiloByte），简写为 1KB。计算机工作原理为通过基于高、低电平（高为 1，低为 0）的二进制算法进行运算。

2. 计算机常用的存储单位及换算方法

8bit = 1B（Byt）字节。

1KB = 1024B = 2^{10}B 千字节（KiloByte，简写为 KB）。

1MB = 1024KB = 2^{20}B 兆字节（MegaByte，简写为 MB）。

1GB = 1024MB = 2^{30}B 吉字节（GigaByte，简写为 GB）。

1TB = 1024GB = 2^{40}B 太字节（TeraByte，简写为 TB）。

1PB = 1024TB = 2^{50}B 拍字节（PetaByte，简写为 PB）。

1EB = 1024PB = 2^{60}B 艾字节（ExaByte，简写为 EB）。

3. 字与字长

计算机一次存取、加工、运算和传输的数据长度被称为字（Word）。字由若干字节组成，一般把组成字的二进制位数称为字长。例如，由 4 字节组成的字的字长为 32 位。

根据计算机的不同，字长有固定字长和可变字长两种。固定字长，即字长不论什么情况都是固定不变的；可变字长，即在一定范围内，字长是可变的。计算机处理数据的速率，和计算机一次能加工的二进制位数及运算速度有关。字长反映了计算机的计算精度，为协调运算精度和计算机硬件造价，大多计算机都支持可变字长运算，即在计算机内可实现半字长、全字长及双倍字长等运算。若不考虑其他性能指标的影响，字长越大，计算机处理数据的速度一般就越快。

字节和字长的区别：由于常用的英文字符用 8 个二进制位表示，所以通常称 8 位为 1 字节。字长是不固定的，不同 CPU 的字长不一样。字长为 8 位的 CPU 一次只能处理 1 字节，而字长为 32 位的 CPU 一次能处理 4 字节，字长为 64 位的 CPU 一次能处理 8 字节。

1.5.2　计算机的计数制

1. 基本概念

使用固定的符号和统一的规则表示数的方法为计数制，常用的计数制是进位计数制。

进位计数制是人为定义的带进位的计数方法。X 进制表示每一位上的数在运算时都是逢 X 进一，二进制是逢二进一，十进制是逢十进一，十六进制是逢十六进一，以此类推。

2. 进位计数制的要素

（1）数码：指计数制中的每一位数值，如1、2、3、4等。

（2）位数：指在数中的位置，从右到左从0开始递增。

（3）基数：指进位计数制中用来表示数的符号的数量，X进位的基数为X，如十进制的基数为10，数码可以取的值有10个，分别是0～9。

（4）位权：指在进位计数制中，处在某个数位上的数码所表示的数值的大小，被称为该数位的位权。显然数码所处位置不同，位权不同，因而代表的数的大小也不同。

3. 计算机学科中常用的进位计数制

计算机理论模型（冯·诺依曼设计的图灵机）中规定：计算机采用二进制来表示数据和指令。主要原因如下：二进制是最简单的一种进位计数制，只有0和1两个数码，其运算法则也最简单；二进制容易用物理量表示，在计算机中容易实现。

计算机内部使用的进位计数制是二进制，但由于计算机的操作者要和计算机进行数据交流，为了交流方便，用到的进位计数制还有十进制、八进制、十六进制。鉴于二进制的优点及技术原因，计算机内部数据一律采用二进制来表示，但在编程中经常使用的是十进制。为了表述方便，有时也使用八进制与十六进制，因此有必要了解不同进位计数制的特点及转换方法，见表1-2。

表1-2 常用进位计数制的对应关系表

二进制数	十进制数	八进制数	十六进制数
0	0	0	0
1	1	1	1
10	2	2	2
11	3	3	3
100	4	4	4
101	5	5	5
110	6	6	6
111	7	7	7
1000	8	10	8
1001	9	11	9
1010	10	12	A
1011	11	13	B
1100	12	14	C
1101	13	15	D
1110	14	16	E
1111	15	17	F

（1）二进制。

数码：0、1。

基数：2。

位权：2数位。

进位、借位原则：逢二进一，借一当二。

（2）十进制。

数码：0、1、2、3、4、5、6、7、8、9

基数：10。

位权：10 数位。

进位、借位原则：逢十进一，借一当十。

（3）八进制。

数码：0、1、2、3、4、5、6、7。

基数：8。

位权：8 数位。

进位、借位原则：逢八进一，借一当八。

（4）十六进制。

数码：0、1、2、3、4、5、6、7、8、9、A、B、C、D、E、F（或 a、b、c、d、e、f），其中 A、B、C、D、E、F 分别表示 10、11、12、13、14、15 这 6 个数码。

基数：16。

位权：16 数位。

进位、借位原则：逢十六进一，借一当十六。

（5）X 进制及其特点。

将上述各种进制进行抽象，即对于基数 X，有 X 个数码：0、1、…、X–1，且逢 X 进一，因此位权是以 X 为底的幂数位，其按位权展开的一般形式如下：

$$(N)_X = k_{n-1} \times X^{n-1} + \cdots + k_0 \times X^0 + k_{-1} \times X^{-1} + k_{-2} \times X^{-2} + \cdots + k_{-m} \times X^{-m}$$

N 表示有 n 位整数和 m 位小数，各位数码分别为 k_{n-1}、k_{n-2}、$\cdots k_0$、k_{n-1}、$\cdots$、k_{-m}。

通常用 D 表示十进制数，用 B 表示二进制数，用 O 表示八进制数，用 H 表示十六进制数，如(789)D、(1011.11)B、(456.15)O、(AC9.BD)H，其对应关系见表 1-2。

另外，人们习惯使用十进制数，若一个数没有任何标识时，则表示十进制数。

1.5.3 进制数间的相互转换

1. X 进制数转换为十进制数

X 进制数转换为十进制数使用按权展开法，其具体操作方式如下：将 X 进制数的每一位数值用 X^k 的形式表示，即幂的底数是 X，指数为 k，k 与该位数值和小数点之间的位置有关系。

当该位数值位于小数点左边时，k 是该位和小数点之间数码的个数；而当该位位于小数点右边时，k 是负值，其值是该位数值和小数点之间数码的个数加 1。

【例 1】将 $(1\,0\,1\,1\,0.\,0\,1\,1)_2$ 转换成十进制数。

步骤：$(1\,0\,1\,1\,0.\,0\,1\,1)_2 = 1 \times 2^4 + 0 \times 2^3 + 1 \times 2^2 + 1 \times 2^1 + 0 \times 2^0 + 0 \times 2^{-1} + 1 \times 2^{-2} + 1 \times 2^{-3} = 22.375$。

【例 2】将 $(72.45)_8$ 转换成十进制数。

步骤：$(72.45)_8 = 7 \times 8^1 + 2 \times 8^0 + 4 \times 8^{-1} + 5 \times 8^{-2} = 58.5781$（近似数）。

【例 3】将 $(5E.A7)_{16}$ 转换为十进制数。

步骤：$(5E.A7)_{16} = 5 \times 16^1 + 14 \times 16^0 + 10 \times 16^{-1} + 7 \times 16^{-2} = 94.6523$（近似数）。

2. 十进制数转换为 X 进制数

虽然计算机内存储器以二进制形式表示所有信息，但用户与计算机交互却大多采用便于阅读的自然语言形式。

十进制数转换为 X 进制数，其转换规则分为整数转换规则和小数转换规则两个部分。

（1）整数转换规则。

十进制整数转换为非十进制整数，采用"除以基数取余法"，即把十进制整数当作被除数，逐次用欲转换的 X 进制的基数去除，直至商为 0，将每一次得到的余数按由下到上的顺序排列，即可得到由十进制整数转换为的非十进制整数。

（2）小数转换规则。

将十进制小数转换为非十进制小数，采用"乘以基数取整法"，即把十进制小数不断用其欲转化的 X 进制的基数去乘，直至小数的值为 0 或达到要求的有效位数，将每一次得到的积的整数部分按由上到下的顺序排列，即可得到由小数部分转换为的目标非十进制整数。

【例 4】将 $(179.48)_{10}$ 转换成二进制数（取 7 位近似值）。

将十进制数转换成二进制数，对其整数部分采用除以 2 取余法；对其小数部分采用乘以 2 取整法。

整数部分的转换过程如图 1-24 所示，$(179)_{10}=(10110011)_2$。

小数部分的转换过程如图 1-25 所示，$(0.48)_{10}=(0.0111101)_2$（取 7 位近似值）。

因此转换结果为 $(179.48)_{10}=(10110011.0111101)_2$。

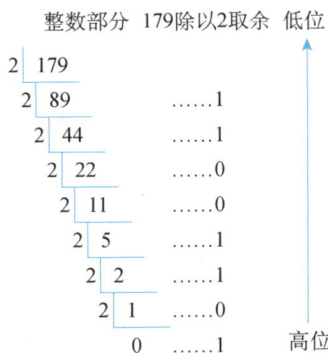

图 1-24　十进制数转换为二进制数的整数部分　　　图 1-25　十进制数转换为二进制数的小数部分

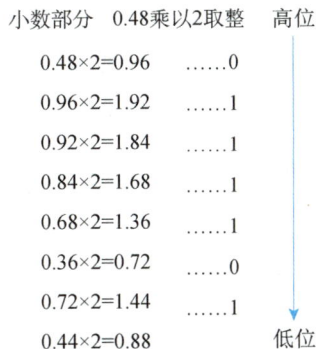

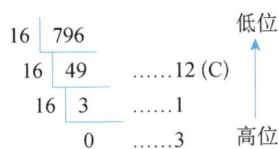

【例 5】将 $(796)_{10}$ 转换成八进制数。

将十进制数转换成八进制数，对其整数部分采用除以 8 取余法，无小数部分则不作处理。

转换过程如图 1-26 所示，转换结果为 $(796)_{10}=(1434)_8$。

【例 6】将 $(796)_{10}$ 转换成十六进制数。

将十进制数转换成十六进制数，对其整数部分采用除以 16 取余法，无小数部分则不作处理。

转换过程如图 1-27 所示，转换结果为 $(796)_{10}=(31C)_{16}$。

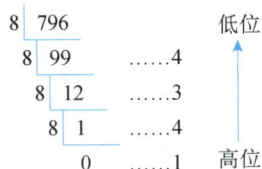

图 1-26　十进制数转换为八进制数　　　图 1-27　十进制数转换为十六进制数

需要注意的是，十六进制数是由 0～9 和 A～F（或者 a～f）组成的，十六进制中的 A 相当于十进制中的 10，十六进制中的 B 相当于十进制中的 11，依次类推，该例中取得的余数 12 为十六进制中的 C。

3. 二进制数与八进制数、十六进制数的转换

$2^3=8$、$2^4=16$，说明任何 1 个八进制数码都能用 1 个唯一的 3 位二进制数表示，反之亦然；任何 1 个十六进制数码都能用 1 个唯一的 4 位二进制数表示，反之亦然。

二进制数与八进制数的转换。

（1）二进制数转换为八进制数：采用取三合一法，即以二进制数的小数点为分界点，先向左（或向右）按每 3 位取成 1 位，接着将这 3 位二进制数按权相加，得到的数就是 8 位二进制数，然后按顺序进行排列，小数点的位置不变，得到的数就是八进制数。如果在向左（或向右）取 3 位，取到最高（或最低）位时，无法凑足 3 位，则可以在小数点最左（或最右），即在整数的最高位（或最低位）添 0，凑足 3 位。

【例 7】将$(1010111.01101)_2$转换成八进制数。

转换过程如图 1-28 所示，转换结果为$(1010111.01101)_2=(127.32)_8$。

（2）八进制数转换为二进制数：采用取一分三法，即将一位八进制数分解成 3 位二进制数，小数点位置不变。

【例 8】将$(327.5)_8$转换成二进制数。

转换过程如图 1-29 所示，转换结果为 $(327.5)_8=(011010111.101)_2$。

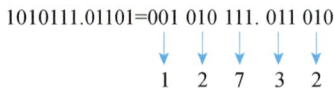

图 1-28　二进制数转换为八进制数

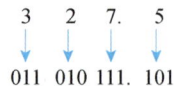

图 1-29　八进制数转换为二进制数

二进制数与十六进制数的转换。

（1）二进制数转换为十六进制数：采用取四合一法，即以二进制数的小数点为分界点，先向左（或向右）按每 4 位取成 1 位，接着将这 4 位二进制数按权相加，得到的数就是 16 位二进制数，然后按顺序进行排列，小数点的位置不变，得到的数就是十六进制数。如果在向左（或向右）取 4 位，取到最高（或最低）位时，无法凑足 4 位，则可以在小数点最左（或最右），即整数的最高位（或最低位）添 0，凑足 4 位。

【例 9】将$(110111101.011101)_2$转换成十六进制数。

转换过程如图 1-30 所示，转换结果为：$(11010111.01101)_2=(1BD.74)_{16}$。

（2）十六进制数转换为二进制数：采用取一分四法，即将 1 位十六进制数分解成 4 位二进制数，用 4 位二进制数按权相加凑这位十六进制数，小数点位置不变。

【例 10】将$(27.FC)_{16}$转换成二进制数。

转换过程如图 1-31 所示，转换结果为 $(27.FC)_{16}=(00100111.11111100)_2$。

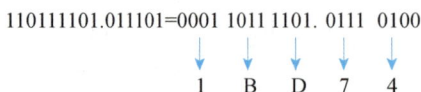

图 1-30　二进制数转换为十六进制数

图 1-31　十六进制数转换为二进制数

1.6 计算机内部的信息表示与输入

计算机内部的信息可以分成数据信息和控制信息两类，数据信息是计算机加工的对象，控制信息用于指挥计算机的操作。

在计算机内部，数据信息和控制信息都是以二进制方式存储或表示的。

1.6.1 计算机内部信息编码

编码指计算机内部代表字母或数字的一种方式，常见的编码有 ASCII 编码、UTF-8 编码和汉字编码（GB 2312-80）等，下面分别对这些编码和汉字的处理过程进行介绍。

1. ASCII 编码

字符编码主要指大小写英文字母、阿拉伯数字、标点符号、控制符号、汉字符等。在计算机中，它们被转换成能被计算机识别和接收的二进制编码。除了汉字符，使用最多、最普遍的是美国信息交换标准代码（American Standard Code for Information Interchange，简称 ASCII 编码或 ASCII 码）。ASCII 编码普遍用于微机及小型机中表示字符数据，被国际标准化组织采纳，是国际通用的信息交换码，也是现今最通用的单字节编码系统。ASCII 编码由 7 位二进制数组成，表示 128 个字符数据。在这 128 个字符数据中，有 95 个能在计算机终端设备（如标准键盘）上进行输入、显示，且能在打印机上打印。

第 0～31 个及第 127 个（共 33 个）字符数据是控制字符和通信专用字符，如控制符：LF（换行）、CR（回车）、FF（换页）、DEL（删除）、BEL（振铃）等；通信专用字符：SOH（文头）、EOT（文尾）、ACK（确认）等；第 32～126 个（共 95 个）是字符编码，其中第 48～57 个为 0～9 的阿拉伯数字，第 65～90 个为 26 个大写英文字母，第 97～122 个为 26 个小写英文字母，其余为标点符号、运算符号等。

2. UTF-8 编码

UTF-8 编码很好地实现了对 ASCII 编码的向后兼容，以保证 Unicode 编码可以被大众接受。UTF-8 编码是目前互联网上使用最广泛的一种 Unicode 编码方式，它的最大特点是可变长，可以用 1～4 字节表示一个字符，根据字符的不同而变换长度。

编码规则如下：对于单字节的字符，第一位设为 0，后面的 7 位对应这个字符的 Unicode 码点，因此第 0～127 个字符数据与 ASCII 编码完全相同，这意味着用 ASCII 编码编写的文档可以用 UTF-8 编码打开。

对于需要使用 N 字节表示的字符（$N>1$），第一字节的前 N 位都设为 1，第 $N+1$ 位设为 0，剩余的 $N-1$ 字节的前两位都设为 10，剩下的二进制位则使用这个字符的 Unicode 码点来填充。

3. 汉字编码

我国于 1980 年发布了国家汉字编码标准（GB 2312-1980），全称是《信息交换用汉字编码字符集·基本集》，简称 GB 码或国标码。

国标码的字符集：共收录了 7445 个图形符号和两级常用汉字等。

区位码：也称国际区位码，是国标码的一种变形，由区号（行号）和位号（列号）构成。区位码由 4 位十进制数组成，前 2 位为区号，后 2 位为位号。

（1）区：阵中的每一行，用区号表示，区号范围是 1～94。

（2）位：阵中的每一列，用位号表示，位号范围也是 1～94。

（3）区位码：汉字的区号与位号的组合（高 2 位是区号，低 2 位是位号）。

实际上，区位码是一种汉字输入码，其最大优点是一字一码，即无重码，最大缺点是难以记忆。

4. 汉字的处理过程

从汉字编码的角度看，计算机对汉字信息的处理过程实际上是各种汉字编码间的转换过程，汉字信息处理系统的模型如图 1-32 所示。下面对输入码、机内码、字形码进行简要介绍。

汉字输入　➡️　输入码　➡️　国标码　➡️　机内码　➡️　地址码　➡️　字形码　➡️　汉字输出

图 1-32　汉字信息处理系统的模型

（1）输入码。

输入码是为使用户能够使用西文键盘输入汉字而编制的编码，也叫外码。好的输入编码应具有编码短的特点，可以减少击键的次数；以及具有重码少的特点，可以实现盲打，便于学习和掌握，但目前还没有一种符合上述全部要求的汉字输入编码。

输入码有多种不同的编码方案，大致分为 4 类：音码、音形码、形码、数字码。

（2）机内码。

机内码是在计算机内部进行文字（字符、汉字）信息处理时使用的编码，简称内码。当汉字信息输入计算机中后，都要被转换为机内码，才能进行存储、加工、传输、显示和打印等处理。

ASCII 编码是 7 位单字节编码，最高位为"0"。国标码中，每个汉字采用 2 字节表示，故称为双字节编码，最高位也为"0"。为了实现中、英文兼容，在机内码中，通常利用字节的最高位来区分某个码值是代表汉字还是代表 ASCII 字符。具体方法如下：若最高位为"1"，则视为汉字，为"0"则视为 ASCII 字符。所以，机内码是在国标码的基础上，把 2 字节的最高位一律由"0"改为"1"构成。由此可见，同一汉字的国标码与机内码并不相同，而对 ASCII 字符来说，机内码与国标码的码值是一样的。所以，汉字的国标码与其机内码有下列关系。

$$汉字的机内码=汉字的国标码+8080H$$

例如，已知汉字"中"的国标码为 5650H，则根据上述关系得：

$$汉字"中"的机内码=汉字"中"的国标码 5650H+8080H=D6D0H$$

以二进制形式表示为：(01010110 01010000)B+(10000000 1000000)B=(11010110 11010000)B。

（3）字形码。

字形码是存放汉字字形信息的编码，它与机内码一一对应。每个汉字的字形码是预先存放在计算机内的，常称汉字库。

描述汉字字形的方法主要有点阵字形法和矢量表示方式：点阵字形法是用一系列排列成方阵的黑白点来描述汉字；矢量表示方式用于描述汉字字形的轮廓特征，采用数学方法描述汉字的轮廓曲线。下面重点介绍点阵字形法。

用点阵字形法表示汉字字形时，汉字字形的显示通常使用 16×16 点阵，汉字打印可选用 24×24、32×32、48×48 等点阵。点数越多，打印的字体越美观，但汉字占用的存储空间越大，不同的字体对应不同的字库。图 1-33 是汉字"景"的 24×24 点阵构成示意图。

由图 1-33 可知，若用 24×24 点阵表示一个汉字，则一个汉字占 24 行，每行有 24 个点，在存储时用 3 字节存放一行上 24 个点的信息。若对应位置为"0"，则表示该点为"白"，为"1"则表示该点为"黑"。因此，一个汉字"景"的点阵字库的总占用空间为 24×24/8=72 字节。

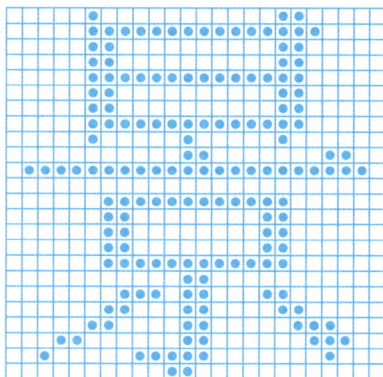

图 1-33 汉字"景"的 24×24 点阵构成示意图

矢量字库存储的是描述汉字字形轮廓特征的数学模型。矢量字库中的汉字可以随意放大、缩小且不失真，而且所需存储量和字符大小无关。矢量字符的输出分为两步，首先从字库中取出它的字符信息，然后根据数学模型进行计算，生成所需大小和形状的汉字点阵。

1.6.2 键盘

键盘是计算机的重要输入设备之一，其硬件接口有普通接口和 USB 接口两种，键盘可以将字符和数据等信息输入计算机中，还可以控制计算机的运行，如热启动和关闭程序等。

1. 认识键盘

常见的键盘有 101 键及 104 键等，一般键盘都有主键区、功能键区、控制键区、数字键区、状态指示区，键盘结构如图 1-34 所示，主要键盘按键功能如表 1-3 所示。

图 1-34 键盘结构

表 1-3　主要键盘按键功能

键区	名称	功能	名称	功能
主键区	Tab（制表键）	控制光标向右移动一个制表位	Enter（回车键）	用于文本换行、确认
	Caps Lock（大写字母锁定键）	切换字母大小写输入状态	Space（空格键）	打字确认或控制文本的空格输入
	Shift（上档键）	配合双排符号键以输入上方的符号	Alt（转换键）	配合其他键组合使用，完成一些特定的功能
	Ctrl（控制键）	配合其他键完成一些特殊的功能	图标键	鼠标右键
	Win	打开开始屏幕菜单	Back Space（退格键）	控制光标向左移动并删除
功能键区	Esc（取消键）	用于退出某个界面或取消某项操作	F8	启动键，在 WMP 中降低音量
	F1	打开帮助菜单	F9	在 Word 和 Excel 文档中刷新数据，在 WMP 中升高音量
	F2	重命名	F10	激活 Windows 或程序中的菜单，和 Shift 键一起使用相当于鼠标右键
	F3	搜索文件	F11	全屏显示
	F4	打开历史网址	F12	快速实现文件另存为
	F5	刷新	Print Screen（屏幕打印键）	用于截屏幕图
	F6	定位地址栏	Scroll Lock（滚动锁定键）	按下此键后，在 Excel 等文档中按上、下方向键滚动时，会锁定光标滚动页面；如果放开此键，则按上、下方向键时会滚动光标，锁定页面
	F7	在 Word 文档中打开检查拼写对话框	Pause Break（中断键）	中断某些程序的执行
控制键区	Page Down（向下翻页键）	光标向下翻一页，移动到页尾	方向键←、↑、→、↓	可将光标或对象在上、下、左、右 4 个方向移动，也可用于页面翻页等
	Page Up（向上翻页键）	光标向上翻一页，移动到页首	Delete（删除键）	删除光标右侧的字符或选中的对象
	Home（行首键）	移动光标到当前行的行首	End（行尾键）	移动光标到当前行的行尾
	Insert（插入键）	两种不同输入状态的切换		

（1）主键区。

主键区包括 26 个字母键、10 个数字键、21 个符号键和 14 个控制键，共 71 个键，是键盘的主体部分，主要用于在文档中输入数字、文字和符号等文本。

（2）功能键区。

功能键区位于键盘最上方，包括取消键 Esc、特殊功能键 F1～F12、屏幕打印键 Print Screen、屏幕滚动锁定键 Scroll Lock、中断键 Pause Break。

（3）控制键区。

控制键区位于主键区的右侧，主要用来移动光标和翻页，控制键区包括 4 个方向键←、↑、→、↓，以及插入键 Insert、删除键 Delete、行首键 Home、行尾键 End、向上翻页键 Page Up 和向下翻页键 Page Down。

（4）数字键区。

数字键区也被称为小键盘区，主要功能是快速输入数字，一般由右手控制输入，主要包括数字键锁定键 Num Lock、数字键 0～9、回车键 Enter 和符号键。

（5）状态指示区。

状态指示区有 3 个指示灯，主要用于提示键盘的工作状态。其中，当与数字键锁定键 Num Lock 对应的指示灯亮时，表示使用数字键区输入数字；当与大写字母锁定键 Caps Lock 对应的指示灯亮时，表示使用字母键输入大写字母；当与屏幕滚动锁定键 Scroll Lock 对应的指示灯亮时，表示屏幕被锁定。

2. 键位分工

键盘指法是指用 10 根手指敲击键盘的方法，规定每根手指负责敲击的键，以充分调动 10 根手指，并实现不看键盘输入（盲打），从而提高击键的速度。

（1）基本键位：主键区有 8 个基准键，分别是 A、S、D、F、J、K、L、；，依次对应左手的小指、无名指、中指、食指和右手的食指、中指、无名指、小指，2 根大拇指放在空格键上，如图 1-35 所示。

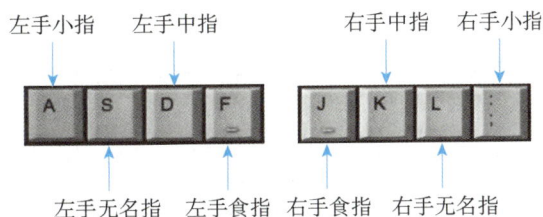

图 1-35 基准键对应的手指位置

（2）手指分工：使用键盘输入时，10 根手指都有明确的分工，只有按照正确的手指分工击键，才能提高速度，实现盲打。

其规则如下：将主键区分成 8 个部分的按键（分别对应图 1-36 中箭头指向的列），8 根手指分别对应 8 个部分的按键，2 根大拇指控制空格键，正确的手指分工如图 1-36 所示。

图 1-36 正确的手指分工

1.6.3 汉字输入

人们使用比较多的输入方式有键盘输入、手写识别输入、语音输入。相对来说，键盘输入比较成熟，其目前的发展方向是多环境、多内码和智能化语句输入；手写识别输入处于中期发展阶段，其目前已经解决了连笔问题，还要进一步解决词组问题；语音输入还处于初级发展阶段，其特殊性要求有相对安静的使用环境，还要求对文字中的人名、地名及生僻字进行分析，因此只能作为辅助输入技术，要想完成工作必须配合手写识别或键盘输入。

那么我们在使用键盘输入时，应该选择哪种键盘输入法呢？一般来讲，非专业打字人员可以选择简单的音码，专业打字人员可以选择形码，对打字速度有要求的非专业打字人员可以选择音码或音形码。

现在比较流行的键盘输入法有拼音输入法、五笔字型输入法等。用键盘输入法输入汉字的速度取决于用户对键盘和编码的熟悉程度，其中的拼音输入法是目前使用最广泛的输入法。

1. 拼音输入法

对于拼音输入法来说，只要会拼音的人都可以借助键盘自如地输入汉字，对于常用的字、词或词组，只要输入其声母就能显示对应的汉字，拼音输入法有很强的自动造词功能。

搜狗拼音输入法是目前国内主流的拼音输入法之一。搜狗拼音输入法与传统输入法不同的是，它采用了搜索引擎技术，输入速度有了质的飞跃，在词库的广度、词语的准确度上都远远领先于其他拼音输入法。

单击任务栏上的输入法按钮，在打开的"语言"菜单中选择"搜狗拼音输入法"选项或按"Ctrl+Shift"键，打开搜狗拼音输入法，如图 1-37 所示。

搜狗拼音输入法的输入窗口很简洁，上面一排是用户输入的拼音，下一排是候选字（词）（如图 1-38 所示），选择所需的候选字（词）对应的数字，即可输入该字（词）。第一个字（词）默认是红色的，直接按空格键即可输入第一个字（词）。

（1）全拼输入。

全拼输入是拼音输入法中最基本的输入方法。先在输入窗口中输入每个字（词）的全部拼音，然后选择所需的字（词）即可。

图 1-37　搜狗拼音输入法

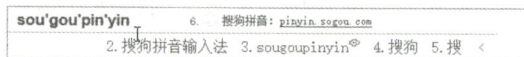

图 1-38　输入窗口

（2）简拼输入。

简拼输入是输入声母或声母的首字母来进行输入的一种方法，有效利用简拼输入可以大大提高输入效率，如输入目标是"计算机"，则可以输入"jsj"。

（3）混拼输入。

对于 2 个字的词组，一个字可以输入全拼，另一个字可以输入简拼，如输入目标是"电脑"，则可以输入"diann"或输入"dnao"。

2. 五笔字型输入法

五笔字型输入法的编码方案是一种纯字型的编码方案，从字型入手，完全避开汉字的读音，且重码少。对于不会拼音或拼音读写不准的用户来说，这应该是最佳的输入法之一。

汉字由构成汉字的基本单位按照一定规律构成。五笔字型输入法将这些构成汉字的基本单位称为字根，字根是由若干笔画交叉连接的相对不变的结构。

（1）汉字的基本笔画。

所有汉字都是由笔画构成的，在写汉字时，不间断、一次性写成的一条线段叫汉字的笔画。在五笔字型输入法中，笔画的分类只考虑其运笔方向，而不考虑其轻、重、长、短，故将汉字的笔画分为 5 类：横、竖、撇、捺、折。为了便于记忆，依次用 1、2、3、4、5 作为代号。

（2）汉字的基本字根。

由笔画交叉连接的相对不变的结构被称为字根。在传统的汉字偏旁部首中，优选组字能力强、使用频率高的作字根，根据这个原则，五笔字型输入法的创始人王永民共选定 130 个偏旁部首作为五笔字型的字根，任何一个汉字都只能按统一规则拆分为字根的确定组合。

根据起笔的笔画，将字根分为 5 类，同一个起笔的一类字根安排在键盘相连的区域，对应键盘上的 5 个"区"：1 区，横起笔；2 区，竖起笔；3 区，撇起笔；4 区，捺起笔；5 区，折起笔，如图 1-39 所示。每类又分为 5 组，分别对应键盘上的 5 个"位"，可用其区位号 11、12、13……53、54、55 来表示，它们分布在键盘的 25 个键上（26 个字母键中的 Z 键除外），每个键取一个字根作为其键名字根，如图 1-40 所示。

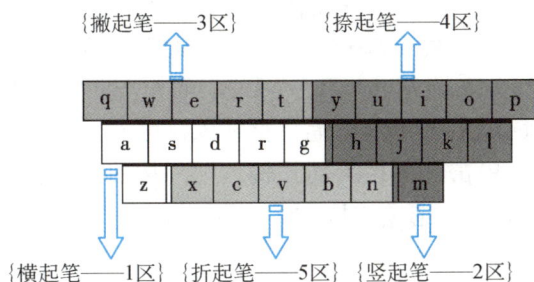

图 1-39　键盘布局

图 1-40　字根键位

（3）字根之间的位置关系。

汉字是由字根组成的，按照字根之间的位置关系可以分成单、散、连。

单：一个字根可单独构成一个汉字，如由、雨、竹、车、斤等。

散：构成汉字的字根不止一个，且字根间保持一定距离，如讲、肥、昌、张、吴等。

连：字根相连，包括以下 2 种情况。

① 单笔画与某个字根相连，如自（"丿"连"目"）、且（"月"连"一"）、尺（"尸"连"丶"）、下（"一"连"卜"）等。

② 带点结构，如勺、术、太、主、义、头、斗等。

（4）汉字的 3 种字型。

五笔字型输入法把汉字拆分为字根，字根又按一定的规律组成汉字，这种规律被称为汉字的字型。汉字的字型分为 3 种：左右型、上下型、杂合型，代号分别是 1、2、3。字根之间不分上、下、左、右，浑然一体，五笔字型输入法只研究由 2 个或 3 个字根组成的汉字的字型。

（5）汉字拆分为字根的原则。

当汉字就是一个字根时，若字根为"散"的关系，则比较容易拆分。拆分问题集中于解决连、交的情况，拆分原则如下。

① 取大优先：先拆出笔画最多的字根，以拆分出的字根数量最少的那种拆法优先。如将"舌"拆分为"丿""古"，而不是拆分为"丿""十""口"。

② 兼顾直观性：尽量兼顾汉字的直观性，同一个笔画不能拆分在 2 个字根中，如将"自"拆成"丿""目"，"生"拆成"丿""王"。

③ 能散不连：在拆分出的字根数量相同的情况下，按"散"的关系拆分比按"连"的关系拆分优先，如将"午"按"散"的关系拆分成"厂""十"，而不按"连"的关系拆分成"丿""干"。

④ 能连不交：在拆分出的字根数量相同的情况下，按"连"的关系拆分比按"交"的关系拆分优先，如"天"按"连"的关系拆分成"一""大"，而不按"交"的关系拆分成"二""人"；将"丑"按"连"的关系拆分成"乙""土"，而不按"交"的关系拆分成"刀""二"。

极品五笔输入法是目前国内主流的五笔字型输入法之一，适用于多种操作系统，通用性能好。单击任务栏上的"输入法"按钮，在打开的"语言"菜单中选择"极品五笔"选项或按 Ctrl+Shift 键，打开极品五笔输入法，如图 1-41 所示。

图 1-41　极品五笔
输入法

项目 2　Windows 10 操作系统

思政目标

1. 通过学习操作系统概述，提高学生对操作系统基础知识的理解，提升学生对操作系统功能和作用的认识。

2. 通过学习 Windows 10 基础，培养学生的常用操作系统操作技能，提高学生对 Windows 10 桌面和基本操作的熟悉程度。

3. 通过学习文件及文件夹，培养学生的电子文档组织和管理能力，提高学生对文件的存储、检索和安全保护意识。

4. 通过学习 Windows 10 控制面板，培养学生的操作系统设置和维护技能，引导学生思考如何优化操作系统性能和保障操作系统安全。

5. 通过学习操作系统的个性化设置，培养学生的个人计算机环境定制能力，提高学生的界面布局、功能设置和个人偏好调整的操作能力。

学习目标

1. 了解操作系统的功能和分类。
2. 熟练操作 Windows 10 操作系统。
3. 掌握文件及文件夹的新建、重命名、查看等操作。
4. 掌握通过控制面板对鼠标、键盘、区域等进行设置的方法。
5. 掌握操作系统的个性化设置。

项目描述

操作系统是计算机系统的核心，它负责管理和协调软、硬件资源，提供用户界面，以及为应用程序提供服务。无论是在个人计算机、服务器上，还是在移动设备上，操作系统都扮演着至关重要的角色。它能处理来自用户的输入、执行程序指令、管理内存和存储，以及控制网络通信等。操作系统的设计和实现直接影响用户体验、系统性能和安全性。本项目的内容包含操作系统概述、Windows 10 基础、文件及文件夹、Windows 10 控制面板、操作系统的个性化设置。

2.1　操作系统概述

操作系统（Operating System，OS）是指控制和管理整个计算机系统的硬件和软件资源，并合理地组织、调度计算机的工作和分配资源，以提供用户和其他软件方便的接口和环境。

2.1.1　操作系统的功能

操作系统的五大功能分别是处理器管理、存储器管理、设备管理、文件管理和作业管理。

1. 处理器管理

处理器管理最基本的功能是处理中断事件，在配置操作系统后，就可对各种事件进行处理。处理器管理还有一个功能就是处理器调度，针对不同情况采取不同的调度策略。

2. 存储器管理

存储器管理主要指内存储器的管理，主要任务是分配内存空间，保证各个作业占用的存储空间不发生矛盾，并使各个作业在自己所属的存储空间中互不干扰。

3. 设备管理

设备管理是负责管理各类外部设备，包括设备分配、设备启动和故障处理等。

4. 文件管理

文件管理是指操作系统对信息资源的管理。在操作系统中，将负责存取管理信息的部分称为文件系统。文件管理支持文件的存储、检索和修改等操作，以及提供文件的保护功能。

5. 作业管理

每个用户请求计算机系统完成的一个独立的操作被称为作业。作业管理包括作业的输入和输出、作业的调度与控制，根据用户的需要来控制作业的运行。

2.1.2　操作系统的主要特征

操作系统的 4 个主要特征为并发、共享、异步、虚拟，其中并发和共享是最基本的特征，二者互为存在条件。

1. 并发

并发指 2 个或多个事件在同一个时间间隔内发生。操作系统的并发性是指计算机系统中同时存在多个运行的程序，因此它应该具有处理和调度多个程序并同时执行的能力。在这种多个程序的环境下，一段时间内，宏观上有多个程序同时运行，而每个时刻的单处理器环境下仅有一个程序在执行，故从微观上看，这些程序在分时地交替执行。操作系统的并发性是通过分时得以实现的。

2. 共享

共享是指操作系统中的资源（硬件资源和信息资源）可以被多个并发的、在执行的程序共同使用，而不是被其中一个独占。资源共享有 2 种方式：互斥访问和同时访问。

3. 异步

在有多个程序的环境下，允许多个程序并发执行，但由于资源有限，进程的执行不能一贯到底，而是断断续续的，以不可预知的速度向前推进，这就是进程的异步性。

4. 虚拟

虚拟技术是一种管理技术，是把物理上的一个实体变成逻辑上的多个对应物，或把物理上的多个实体变成逻辑上的一个对应物的技术。采用虚拟技术的目的是为用户提供易使用、方便、高效的操作环境。

2.1.3　操作系统的分类

操作系统按操作环境和功能主要分为 3 种基本类型：批处理系统、分时系统和实时操作系统。但随着计算机体系结构的发展，又出现了嵌入式操作系统、网络操作系统和分布式操作系统。

1. 批处理系统

批处理系统（Batch Processing System）的工作方式是用户将作业交给系统操作员，系统操作员将许多用户的作业组成一批作业，输入计算机中，形成自动作业流，操作系统依次自动执行每个作业，最后由系统操作员将作业结果交给用户。

批处理系统的特点是用户可脱机使用计算机，操作方便；成批处理，提高 CPU 利用率。它的缺点是无交互性，即用户一旦将程序提交给操作系统，就失去了对程序的控制能力。

2. 分时系统

分时系统（Time Sharing System）是指一台主机连接了若干终端，每个终端作为一个独立的用户。为使一个 CPU 为多个程序服务， CPU 被划分为很小的时间片，采用循环轮转方式将这些时间片分配给排队队列中等待处理的每个程序。由于时间片被划分得很小，循环很快，每个程序都得到了 CPU 的响应，好像在独享 CPU。分时系统的主要特点是允许多个用户同时运行多个程序，每个程序都独立操作、独立运行、互不干涉。现代通用操作系统采用了分时处理技术，UNIX 就是一个典型的分时系统。常见的通用操作系统是分时系统与批处理系统的结合，其原则是分时优先，批处理在后。

3. 实时操作系统

实时操作系统（Real Time Operating System）分为实时控制系统和实时处理系统。所谓实时，就是要求操作系统及时响应外部请求，在规定的时间内完成处理，并控制所有实时设备和实时任务协调一致地运行。实时操作系统要求在严格的时间范围内对外部请求作出响应，有高可靠性和完整性。其主要特点是资源的分配和调度首先考虑实时性，然后才是效率。

4. 嵌入式操作系统

嵌入式操作系统（Embedded Operating System）是指用于嵌入式系统的操作系统，是对整个嵌入式系统及其所操作、控制的各种部件、装置等资源进行统一协调、调度、指挥和控制的操作系统。嵌入式操作系统具有通用操作系统的基本特点，能够有效管理复杂的系统资源。嵌入式操作系统在系统实时高效性、硬件的相关依赖性、软件固态化及应用的专用性等方面具有突出的特点。目前，嵌入式操作系统广泛应用于工业过程控制、通信、仪器及仪表、汽车及船舶、航空航天、军事装备及消费类产品等领域。

5. 网络操作系统

网络操作系统（Network Operating System）是基于计算机网络的操作系统，主要被应用于网络管理、通信、安全、资源共享。网络操作系统的目标是用户可以突破地理条件的限制，方便使用远程计算机资源，实现网络环境下的计算机之间的通信和资源共享。其主要特点是通过与网络的硬件相结合来完成网络通信任务。例如，Windows NT、UNIX 和 Linux 都是网络操作系统。

6. 分布式操作系统

分布式操作系统（Distributed Operating System）是指通过网络将大量计算机连接在一起，以获取极高的运算能力、广泛的数据共享能力及实现分散资源管理为目的的一种操作系统。它的优点是具有分布性、可靠性及并行处理能力。

2.1.4 常用操作系统

1. DOS

磁盘操作系统（Disk Operating System，DOS）是微软公司开发的面向计算机的单用户、单任务的磁盘操作系统。它以命令行形式显示，靠输入命令进行人机对话，让计算机执行命令。

2. UNIX

UNIX 是一个强大的多用户、多任务操作系统，具有较好的可移植性，可以运行于不同的计算机上；具有较好的可靠性和安全性；支持多种处理器架构，属于分时系统。其缺点是缺乏统一的标准，应用程序不够丰富，不易学习，其应用受到一定限制。

3. Linux

Linux 是一种具有自由和开放源码的类 UNIX 操作系统。Linux 可安装在各种计算机硬件设备中，如手机、平板、路由器、视频游戏控制台、台式计算机、大型计算机和超级计算机，支持多用户、多任务、多进程和多 CPU 工作，具有良好的字符界面和图形界面。

4. Windows

Windows 是微软公司开发的图形用户界面操作系统，使用最广泛。随着计算机软、硬件不断升级，Windows 从 16 位升级到了 32 位，再升级到了现在普遍应用的 64 位。在 Windows 发展进程中，产生过较大影响的有 Windows 95、Windows 98、Windows 2000 及 Windows XP，目前使用最广泛的是 Windows 10 及 Windows 11。

下面着重介绍 Windows 10，因为它具有性能高、启动快、兼容性强等特性和优点，提高了屏幕触控支持和手写识别能力，支持虚拟硬盘，改善了多内核处理器和开机速度。

2.2　Windows 10 基础

在众多个人计算机操作系统中，Windows 10 是一个广受欢迎的操作系统，由微软公司开发。Windows 10 的设计理念是提供一种无缝的跨设备体验，无论是个人计算机、平板，还是智能手机，都能让用户感受到一致的操作界面和用户体验。

2.2.1　Windows 10 的启动和关闭

1. Windows 10 的启动

当计算机成功安装 Windows 10 后，在启动计算机时将自动启动 Windows 10。在启动计算机之前，要先将一切电源线、数据线等正确连接在各自的端口上。

启动计算机的顺序是先打开外部设备（如显示器等）电源开关，再打开主机电源。

在计算机启动后，首先一般会出现系统登录界面。图 2-1 所示为 Windows 10 的系统登录界面。

如果设定了用户名和密码，则需要选定用户名并输入密码，才能进一步启动。默认的用户名是系统管理员身份"Administrator"，在启动成功后进入 Windows 10 桌面。

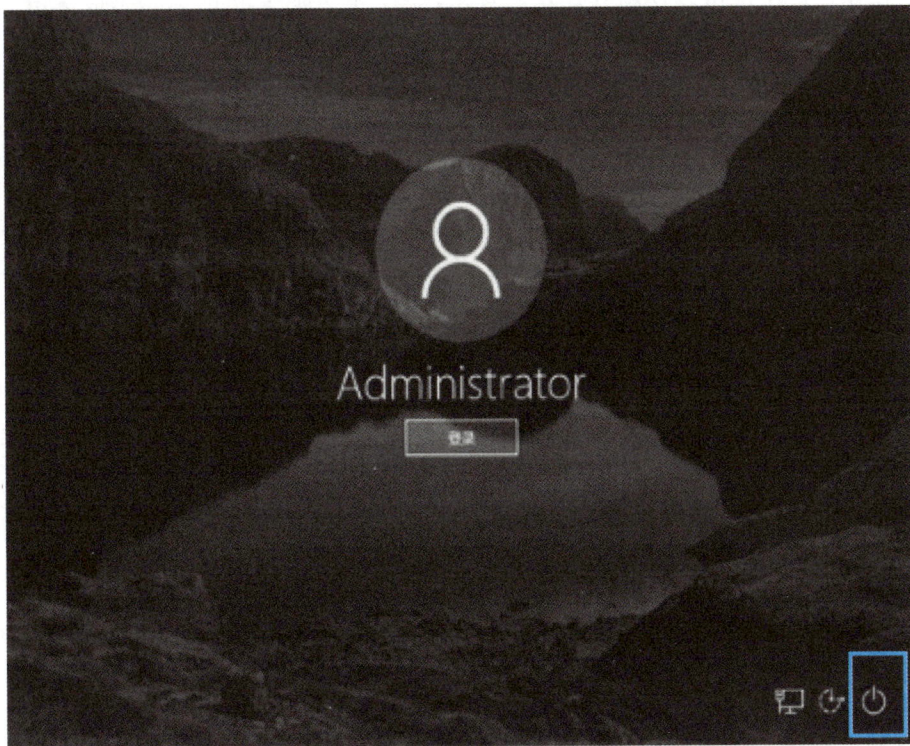

图 2-1　Windows 10 的系统登录界面

2. Windows 10 的关闭

Windows 10 的关闭有以下 2 种方法。

方法一：依次单击"开始"图标 ■ → "电源"按钮，打开如图 2-2 所示的"开始"下级菜单，单击"关机"按钮。

方法二：在启动 Windows 桌面后按 Alt+F4 键，打开如图 2-3 所示的"关闭 Windows"对话框。

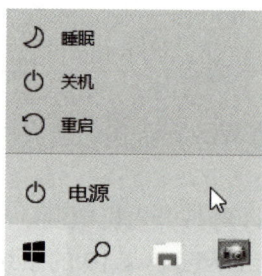

图 2-2 "开始"下级菜单

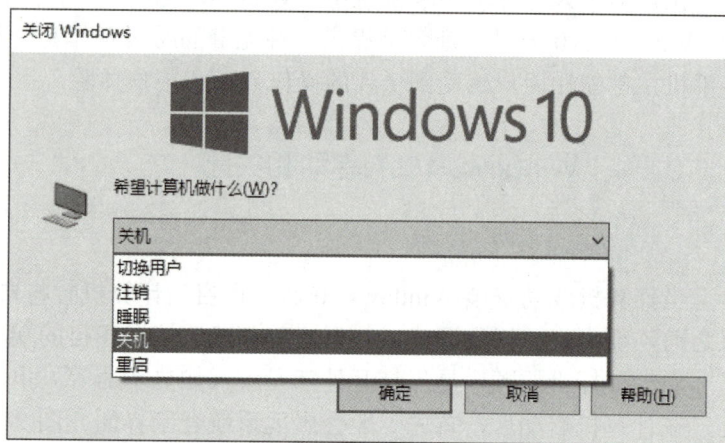

图 2-3 "关闭 Windows"对话框

"关闭 Windows"对话框中的各个操作选项的功能简述如下：

（1）切换用户：用户可以使用其他账户登录，用户使用计算机的原状态被保留。当用户重新切换回原账户时，可以继续使用上次登录的状态。

（2）注销：注销后，当前用户的操作状态将被关闭。

（3）睡眠：把当前操作系统的状态保存在内存储器中，除内存储器电源之外，切断本机所有电源。启动时，从内存储器读取保存的系统状态，直接恢复使用。

（4）关机：关闭当前操作系统。

（5）重启：又叫热启动。关闭操作系统，但不关闭电源，重新启动操作系统。

2.2.2　Windows 10 桌面

桌面是指计算机开机后，操作系统运行到正常状态时显示的画面。桌面是用户和计算机交互的窗口。Windows 10 的桌面主要由背景、任务栏和桌面图标等组成，如图 2-4 所示。其中，背景不仅能够提升视觉体验，还能反映用户的个性和喜好；任务栏位于桌面下方，用于存储和管理已开启的应用程序和文件；下面重点介绍桌面图标。

1. 桌面图标的含义

桌面图标由图片和文字 2 个部分组成，图片用于标识桌面图标表示的对象类别，文字用于描述桌面图标表示的对象。可用不同的桌面图标分别标识文件、文件夹、程序、快捷方式和其他项目。当鼠标光标指在桌面图标上并稍等片刻，将出现桌面图标表示对象的说明或显示其路径。

桌面图标便于用户快速执行命令和打开程序文件。双击桌面图标可以启动对应的应用程序、打开文档和文件夹；右击桌面图标可通过快捷菜单打开对象的属性操作菜单。

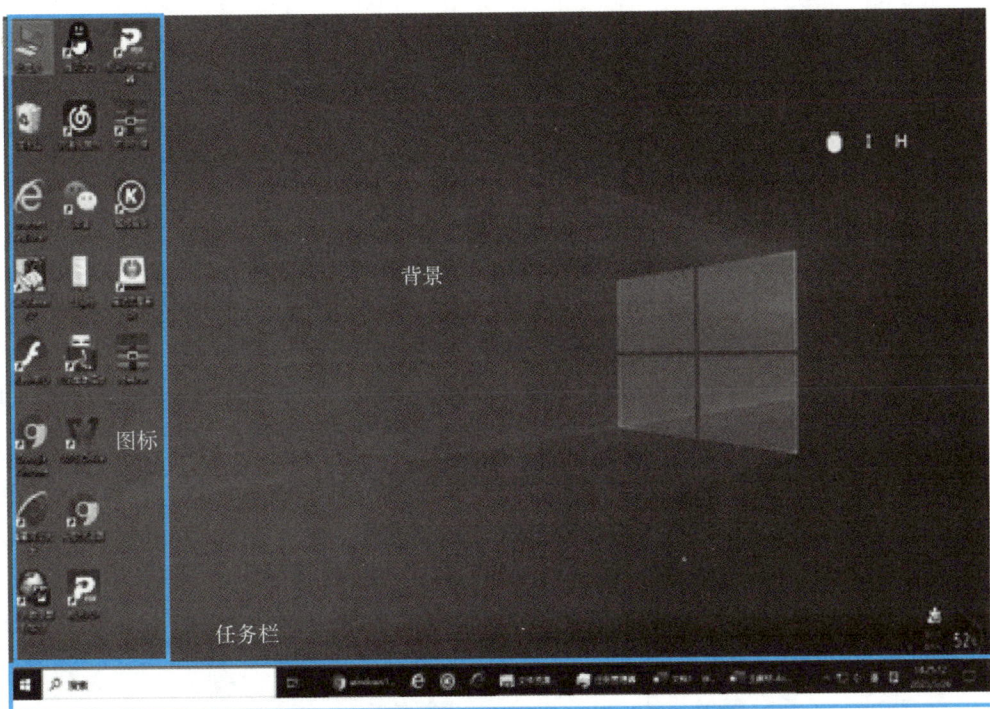

图 2-4　Windows 10 桌面

Windows 10 的桌面图标一般有默认的 Administrator、此计算机、回收站、网络等应用程序桌面图标，其含义如表 2-1 所示。

表 2-1　Windows 10 默认桌面图标的含义

桌面图标	含义
Administrator	用于管理文档、音乐、下载、视频等类型的资源，它是系统默认的文档保存位置
此电脑	实现对计算机硬盘、驱动器、文件及文件夹的管理，以及对照相机、扫描仪、摄像头等硬件的管理
回收站	暂时存放用户删除的文件及文件夹等内容。当回收站中的内容还没被清空时，被删除的对象可从回收站中还原
网络	提供公用网络和本地网络属性，用户可在其窗口中查看工作组中的计算机、网络位置等

2. 桌面图标的创建

使用桌面图标的目的是给用户打开应用程序带来方便。桌面图标除了系统默认的以外，用户可自行创建，Windows 10 桌面实质上就是一个特殊的文件夹。

创建桌面图标的方法较多，下面列出一些常用方法。

（1）用户在安装应用软件时勾选 "创建桌面快捷方式"复选框。

（2）鼠标光标指向某个文件夹中的某个对象（文件、文件夹）并右击，在打开的快捷菜单中依次选择"发送到"→"桌面快捷方式"命令，即可创建该对象的桌面图标。操作过程如图 2-5 所示。

（3）右击桌面空白处，在打开的快捷菜单中选择"新建"命令，可在桌面创建文件夹、桌面快捷方式等。

图 2-5　创建桌面图标

说明：桌面快捷方式是 Windows 10 提供的一种快速启动程序、打开文件及文件夹的方法。

3. 桌面图标的管理

要使 Windows 10 桌面保持简洁、美观，需要用户随时对桌面图标进行查看、排列及删除等处理。

（1）桌面图标的查看。

在桌面上右击，打开如图 2-6 所示的快捷菜单，"查看"命令位于快捷菜单的顶部，其作用是改变桌面图标的显示方式。

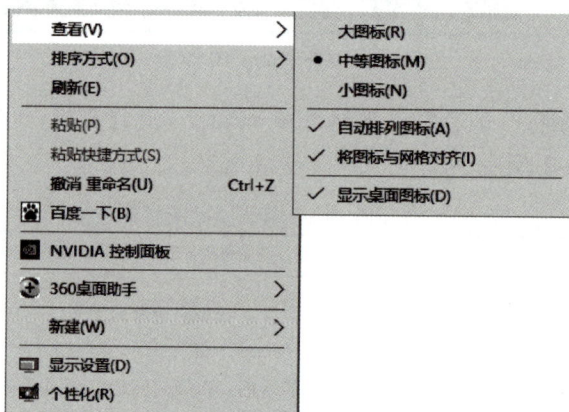

图 2-6　快捷菜单

"查看"命令中的命令项分为两部分：第一部分由大图标、中图标、小图标组成一个单选组（只能单选），选定的命令项用"•"表示；第二部分按多选组（可以同时选中多项）方式显示，被选中的命令项用"√"表示。

（2）桌面图标的排列。

桌面图标的"排列方式"命令的作用是改变桌面图标的排列方式，可以按名称、大小、项目类型、修改日期的方式排列。

（3）桌面图标的删除。

在 Windows 10 中，文件、文件夹等对象的删除方法有两种：一种是将要删除的对象移动到"回收站"中。"回收站"中存在的对象可以还原到删除前的文件夹中；另一种是将要删除的对象永久地从磁盘中删除，而不仅是移动到"回收站"内，采用这种方法删除的对象将永远不能恢复。

将桌面图标移动到"回收站"内有多种方法。

① 用快捷菜单中的"删除"命令删除：用鼠标光标指向要删除的桌面图标并右击，在打开

的快捷菜单中选择"删除"命令，该桌面图标将从原位置消失并被移动到"回收站"内。

② 按 Delete 键删除：用鼠标选中待删除的桌面图标，按 Delete 键，该桌面图标将从原位置消失并被移动到"回收站"内。

③ 直接用鼠标移动到"回收站"内：鼠标光标指向待删除的桌面图标，按下鼠标左键不放，移动该桌面图标到"回收站"内，此时鼠标光标左下角出现的提示信息为"移动到回收站"，释放鼠标左键，完成删除操作。

④ 使用键盘快捷键删除：选中要删除的对象，按 Ctrl+D 键，选中的对象就被移动到"回收站"内。

如果要将桌面图标永久删除，则可以按照以下操作进行。

如果要删除的对象已经被移动到"回收站"，则只需清空"回收站"即可；选中要删除的对象，按 Shift+Delete 键；在"回收站"中选择要删除的对象，右击，在打开的快捷菜单中选择"删除"命令。

特别强调：上述桌面图标的删除操作，对计算机硬盘上的任意文件及文件夹通用，但对 U 盘及存储卡等移动磁盘上的对象，只能进行永久删除。在执行永久删除时，请谨慎考虑，因为永久删除的对象将无法恢复。

2.2.3　"开始"菜单

Windows 10 推出的"开始"菜单功能强大，操作人性化，如图 2-7 所示。用户通过合理设置，可以有效地提高工作效率。

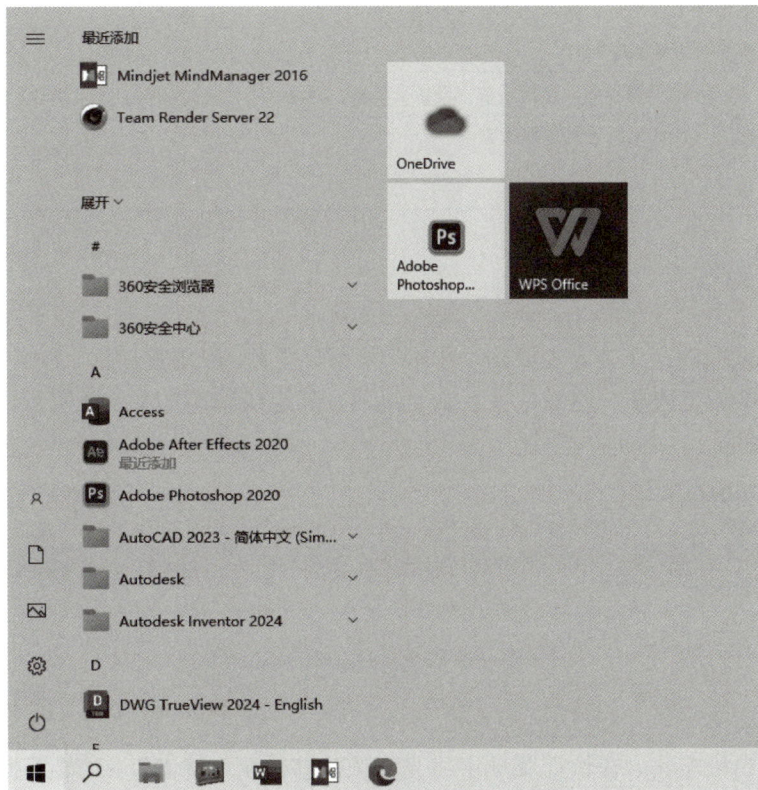

图 2-7　"开始"菜单

"开始"菜单分为应用区和磁贴区两个区域，可看成由左、右两个窗格组成。

单击任务栏左下角的 Windows 图标，应用区会列出目前已安装的应用清单，且按照数字 0～9、拼音 A～Z 的顺序依次列出。任意选择其中一项，单击就可以启动。

如果该应用从未固定到磁贴区，则在该应用上右击，打开如图 2-8 所示的快捷菜单，选择"固定到'开始'屏幕"选项，将此应用以快捷方式添加到磁贴区。如果该应用已经固定到磁贴区，则在该应用上右击时会显示"从'开始'屏幕取消固定"选项，将其选中后可以从磁贴区取消。选择"卸载"选项，可以快速进行卸载。选择"更多"选项，可打开"更多"级联菜单。

图 2-8　快捷菜单

> 选择"固定到任务栏"选项，可以将该应用的快捷方式固定到"任务栏"上。
> 选择"以管理员身份运行"选项，可以以管理员身份运行此应用。
> 选择"打开文件位置"选项，可以打开该应用所在的文件夹。

将鼠标光标放到"Administrator""文档""图片""设置""电源"选项上均可展开已折叠界面，具体用途如表 2-2 所示

表 2-2　"开始"菜单下的选项的用途

桌面	用途
Administrator	更改用户设置：对账户进行信息设置 锁定：快速锁定账户 注销：注销当前用户
文档	访问信函、报告、便笺及其他类型的文档
图片	查看和组织数字图片
设置	Windows 设置界面，包括系统、设备、手机、网络、个性化、应用、时间和语言、游戏、搜索等
电源	睡眠：使计算机进入睡眠状态 关机：关闭计算机 重启：将计算机重新重启

2.2.4　任务栏

任务栏位于桌面的最下方，主要由"开始"菜单、搜索、应用程序区、任务栏通知区域（或称"托盘区"）和语言选项、通知、显示桌面组成，其组成结构如图 2-9 所示。"开始"菜单、通知在此不作详解。

图 2-9　任务栏的组成结构

（1）搜索。

在任务栏空白处右击，在快捷菜单中将光标依次移动至"搜索"→"显示搜索框"选项上，即可将搜索框显示在任务栏"开始"菜单的右边。

（2）应用程序区。

在 Windows 10 中，当用户打开一个应用程序后，任务栏上的应用程序区内会出现一个相应名称的图标，如果要切换应用程序，只需单击代表该应用程序的图标。如果关闭应用程序，则对应的图标将从任务栏上消失；当鼠标光标指向应用程序区的图标上时，将并排显示该类应用程序的缩略预览框，此时鼠标光标指向某个应用程序的缩略预览框，该应用程序就放大成全屏预览状态，一旦鼠标光标离开该应用程序的缩略预览框，应用程序的缩略预览框就马上消失；当鼠标光标指向应用程序区的某个文档并右击，将打开最近打开过的所有文档。

（3）托盘区。

显示当前运行的应用程序，例如，网络连接情况、电池使用情况（笔记本电脑或装有 UPS 的计算机）、音量控制图标及日期等信息。

（4）语言选项。

语言选项用于显示中文/英文输入法图标。Windows 10 一般自带微软拼音输入法、智能 ABC 输入法及郑码输入法，其他输入法需用户自行添加或安装。

（5）显示桌面。

无论当前处于何种应用程序窗口，只要鼠标光标指向图 2-9 所示的"显示桌面"区域内，显示窗口就会动态切换到桌面。当鼠标光标移出该区域，显示窗口将还原到原来的显示状态。

2.2.5　窗口

1. 窗口组成

Windows 10 的窗口由标题栏、工具选项卡、地址栏、搜索栏、工作区、状态栏构成，如图 2-10 所示。

图 2-10　Windows 10 的窗口

（1）标题栏。

显示窗口名称。

（2）工具选项卡。

工具选项卡包含"文件""计算机""查看"选项卡。

①"文件"选项卡：包括打开新窗口、选项、帮助等功能，如图 2-11 所示。

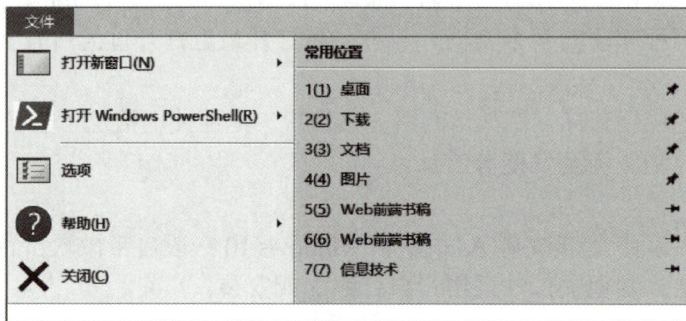

图 2-11　"文件"选项卡

②"计算机"选项卡：包括位置、网络、系统功能组，如图 2-12 所示。

图 2-12　"计算机"选项卡

③"查看"选项卡：包括窗格、布局、当前视图、显示/隐藏功能组，如图 2-13 所示。

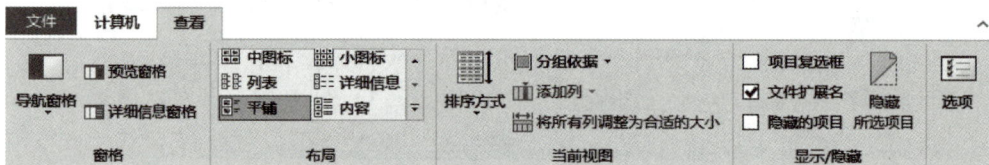

图 2-13　"查看"选项卡

（3）地址栏。

Windows 10 默认的地址栏用按钮来逐层表示文件夹目标地址。地址栏前面有"前进"按钮→、"返回"按钮←和"上移到"按钮↑。"前进"按钮→表示用户向前展开新的文件夹，细节窗中将同步显示文件夹的内容；"返回"按钮←表示对"前进"操作过程依次回退。

（4）搜索栏。

搜索栏在资源管理器右上角，用户需要进行文件搜索时，可直接在搜索栏中输入关键字，单击"搜索"按钮🔍即可。

单击资源管理器的"搜索"按钮，在出现插入点的同时会打开如图 2-14 所示的"搜索"选项卡。在该选项卡的"优化"功能组中可以对不同的范围进行搜索，优化条件各不相同，用户在使用时可以自行选择。

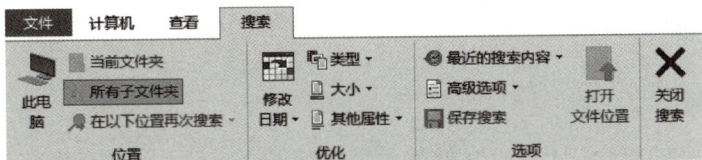

图 2-14　"搜索"选项卡

（5）工作区。

工作区一般分成左、右两部分：左窗格是导航窗，右窗格是细节窗。左窗格显示计算机资源的组织和结构；右窗格显示左窗格中选定对象包含的内容。

（6）状态栏。

状态栏显示状态、统计等提示信息，如在选中一个文件后，状态栏将显示该文件所在文件夹包含的文件总数，以及当前选中的文件的大小等信息。

2. 窗口的基本操作

（1）最小化/还原窗口：单击标题栏右侧的"最小化"按钮 ▬，窗口将最小化成图标在任务栏中的应用程序区中显示。在任务栏中单击该图标可将其还原。

（2）最大化/还原窗口：单击标题栏右侧的"最大化"按钮 ▢，窗口将最大化并充满整个桌面。此时"最大化"按钮变成"向下还原"按钮 ▣，单击该按钮，窗口可还原成原来大小。

（3）移动窗口：将鼠标光标指向窗口的标题栏并移动，可将窗口移动到目标位置；要精确移动窗口，可以右击标题栏，在打开的快捷菜单中选择"移动"命令。当屏幕上出现双向十字箭头 ✥ 时，通过键盘上的方向键移动到合适的位置，按 Enter 键确认。

（4）排列窗口：当同时打开多个窗口时，可以将窗口按层叠、堆叠或并排的三种方式排列显示。在任务栏空白处右击，打开图 2-15 所示的快捷菜单，从中选择其中一种排列方式即可。

（5）改变窗口尺寸：当窗口处于非最大化状态时，若将鼠标光标移到窗口边框或角的位置上，则鼠标光标会变成双向箭头 ⟷ 或 ⬁，按下鼠标左键并移动，即可改变窗口尺寸。

（6）关闭窗口：单击窗口标题栏右侧的"关闭"按钮 ✕ ，或按 Alt+F4 键，或右击菜单栏任意空白处，在打开的快捷菜单中选择"关闭"命令，即可关闭窗口。

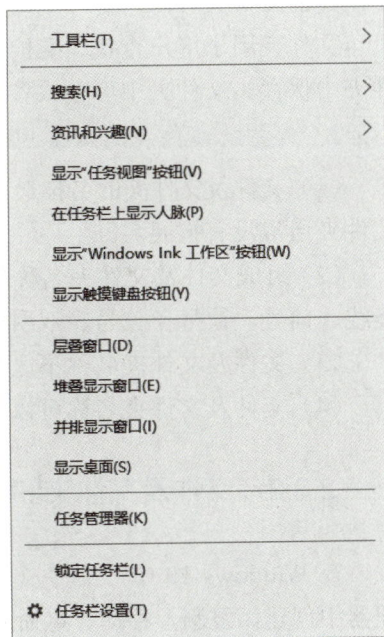

图 2-15　快捷菜单

2.3　文件及文件夹

在计算机系统中，文件及文件夹是组织和管理数据的基本单位。

2.3.1　文件及文件夹的概念

1. 文件的概念

文件是一个广义的概念，计算机文件就是用户赋予了名称，以磁盘为存储载体的信息集合。文件可以是用户创建的，也可以是软件系统中的，如磁盘上存储的一个应用程序、一张图片或一段声音等都是文件。文件是计算机系统中最小的数据组织单位。

文件具有以下特点。

（1）文件可以存放一切数字化信息，如文字、图片、音频和视频等。

（2）在同一个文件夹内，同一个类型和版本的文件不能同名，文件夹也不能同名。

（3）文件可以被复制、移动、删除、修改、存档及加密，但文件容易被计算机病毒入侵。

（4）文件具有表示特定意义的名称，并有标识文件类型的扩展名；文件还具有创建时间、大小及保存位置等标识。

2. 文件夹的概念

文件夹又称目录，用来管理计算机文件，每个文件夹对应一块磁盘空间，它提供了指向对应磁盘空间的地址。文件夹没有扩展名，但有几种类型，如文档、图片、相册、音乐，以及用户创建的文件夹等。

文件夹用于用户查找、维护、管理和存储文件。用户通常将文件分门别类地放到不同的文件夹中保存。文件夹中可存放各种类型的文件和子文件夹。

3. 文件及文件夹的命名规则

（1）文件及文件夹的名称最多可使用 255 个字符，在用汉字命名时最多可以用 127 个汉字，文件夹通常没有扩展名。

（2）组成文件及文件夹名称的字符可以是空格，但不能是下列字符：星号、斜线、反斜线、竖线、问号、冒号、分号、双引号、小于号、大于号。

（3）文件及文件夹名称不区分大小写英文字母。

（4）文件及文件夹名称可以有多个分隔符。

2.3.2　文件及文件夹的管理

在 Windows 10 中，文件及文件夹的管理是通过图形用户界面实现的。用户可以在资源管理器中创建、复制、移动、重命名、删除或查找文件及文件夹。每个文件及文件夹都有自己的路径，它定义了文件及文件夹在计算机存储结构中的位置。例如，一个文件的路径是"C:\Users\Username\Documents\Report.docx"，表示该文件位于 C 盘用户目录下的"文档"文件夹中，并且文件名为"Report.docx"。

1. 文件及文件夹的新建

进行数据管理前，必须先新建文件；要让文件分类存储，必须先新建文件夹。

（1）文件的新建。

新建文件的方法有以下几种。

① 单击"主页"选项卡中的"新建"功能组中的"新建项目"按钮 ，在打开的下拉列

表中单击相应的项目，或右击空白桌面，在打开的快捷菜单中选择"新建"级联菜单中的相应项目，输入文件名。

② 通过应用程序新建文件，并保存到目标文件夹中。

③ 可以依次通过"复制（Ctrl+C 键）"或"剪切（Ctrl+X 键）"→"粘贴（Ctrl+V 键）"命令实现新建文件。

（2）文件夹的新建。

在资源管理器中新建文件夹的操作过程如下。

① 选择新建文件夹的位置。

② 单击"主页"选项卡中的"新建"功能组中的"新建文件夹"按钮　，或右击空白桌面，在打开快捷菜单中依次选择"新建"→"文件夹"命令，新建文件夹，输入文件夹名。

2. 文件及文件夹的重命名

选择需要重命名的目标文件及文件夹，单击"主页"选项卡中的"组织"功能组中的"重命名"按钮　，或右击目标文件及文件夹，在打开的快捷菜单中选择"重命名"命令，输入新的名称。

3. 文件及文件夹的查看

在 Windows 10 文件夹窗口中，查看文件及文件夹的视图有以下两种方式。

（1）通过"查看"选项卡进行查看。

（2）右击资源管理器右侧窗口中的空白位置，在打开的快捷菜单中选择"查看"命令进行查看。

4. 文件及文件夹的选定

文件及文件夹的选定方法如下。

（1）单选：单击某个对象完成选定。

（2）全选：单击"主页"选项卡中的"选择"功能组中的"全部选择"按钮　，或按 Ctrl+A 键。

（3）选定不连续对象：按住 Ctrl 键的同时，逐一单击要选定的对象。

（4）选定连续对象：先选定第一个对象，再按住 Shift 键不放，单击需要选定的最后一个对象。

（5）将鼠标光标指向空白处，移动鼠标光标选定连续对象：按住鼠标左键移动光标，会形成一个浅蓝色的矩形区域，在释放鼠标左键后，该区域的文件及文件夹都会被选定。

注意：如果要取消选定，只要在选定区域以外的空白处单击即可。

5. 文件及文件夹的复制

可以使用以下方法进行复制。

（1）"主页"选项卡：选择要复制的文件及文件夹，单击"主页"选项卡中的"剪贴板"功能组中的"复制"按钮　复制文件及文件夹，确定目标位置后，单击"主页"选项卡中的"剪贴板"功能组中的"粘贴"按钮　粘贴文件及文件夹，完成复制。

（2）组合键：按 Ctrl+C 键将选定的文件及文件夹复制到剪贴板，确定要粘贴的目标位置，按 Ctrl+V 键粘贴，完成复制。

（3）使用鼠标移动：如果在不同的驱动器之间复制，则使用鼠标移动文件及文件夹就可以实现复制；如果在同一个驱动器上复制，则按住 Ctrl 键不放，用鼠标将选定的文件及文件夹移动到目标文件夹中，就实现了复制。

6. 文件及文件夹的移动

移动文件及文件夹的方法与复制类似。在使用"主页"选项卡时，只要将"复制"按钮 改成"剪切"按钮 即可；在使用组合键时，将 Ctrl+C 键改成 Ctrl+X 键即可，其他不变；使用鼠标移动时，在不同驱动器之间移动文件及文件夹需要按住 Shift 键进行移动，如果在同一个驱动器上执行移动操作，则直接移动即可。

注意：使用鼠标移动要复制的文件及文件夹时，若鼠标光标变成移动的对象且右下角出现"复制到"标识，则执行复制操作；若鼠标光标变成移动的对象且右下角出现"移动到"标识，则执行移动操作。

7. 文件及文件夹的发送

选定要发送的文件及文件夹，右击鼠标，在打开的快捷菜单中选择"发送到"命令，打开如图 2-16 所示的"发送到"级联菜单，根据需要选定发送目标，可以直接把文件及文件夹发送到压缩文件夹、桌面快捷方式等地方。

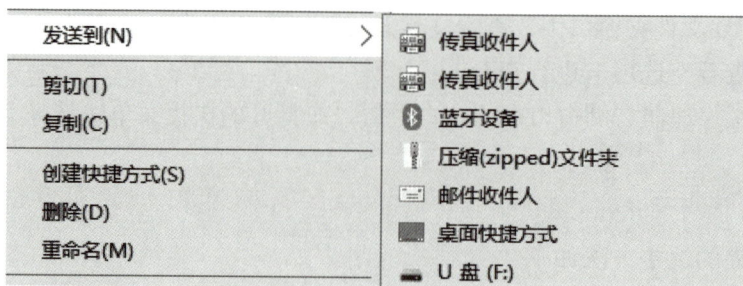

图 2-16 "发送到"级联菜单

8. 文件及文件夹的删除

首先选定要删除的文件及文件夹，然后执行下列操作之一。

（1）使用快捷菜单：选定文件及文件夹，右击鼠标，在打开的快捷菜单中选择"删除"命令。

（2）鼠标操作：将选定的文件及文件夹移到"回收站"中。

（3）键盘操作：选定的文件及文件夹，按 Delete 键。

注意：以上删除方法只是将文件及文件夹从原位置移到"回收站"中（被称为逻辑删除）。如果在对计算机硬盘上的文件及文件夹执行删除操作的同时按住 Shift 键，则被删除的对象将从计算机中真正删除，而不保存在"回收站"中（被称为物理删除）。对硬盘之外的辅助磁盘（如 U 盘等）中的对象进行删除时，只有物理删除，没有逻辑删除。

9. 文件及文件夹的属性设置

选定要设置属性的文件及文件夹，右击鼠标，在打开的快捷菜单中选择"属性"命令，打开如图 2-17 所示的"属性"对话框（以 3ds Max 2024 为例），设置所选文件及文件夹的属性为"只读"或"隐藏"。

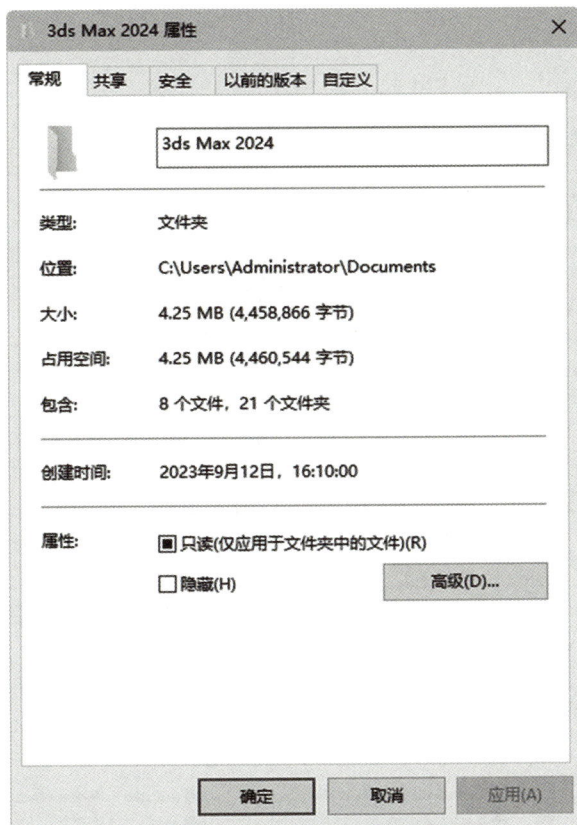

图 2-17　"属性"对话框

（1）只读：表示文件及文件夹为只读。勾选此复选框，将文件及文件夹设置为只读。如果选择了多个文件，则表示所选文件都是只读的。复选框为灰色，表示有些文件是只读的，有些文件不是只读的。

（2）隐藏：表示文件及文件夹为隐藏的，在隐藏后，如果不知道其名称，就无法查看或使用此文件及文件夹。勾选此复选框，将文件及文件夹设置为隐藏的。如果选定多个文件，则表示所选文件都是隐藏的。复选框为灰色，表示有些文件是隐藏文件，有些文件则不是。

2.4　Windows 10 控制面板

控制面板是 Windows 10 的功能控制及系统配置中心。通过控制面板，用户可以对计算机的各项配置进行个性化设置。

单击桌面上的"控制面板"图标 或按 Win+X 键，打开如图 2-18 所示的控制面板。

控制面板的查看方式有"类别""大图标""小图标"3 种："类别"查看方式（见图 2-18）可将所有资源共分成 8 个类进行管理；"大图标"与"小图标"查看方式的分类相同，只是图标大小不同，它们都将所有资源按 53 个类别进行管理，"小图标"查看方式如图 2-19 所示。无论是按哪种查看方式显示，鼠标光标指向某个类别的图标上时，都会显示其功能信息。

图 2-18　控制面板

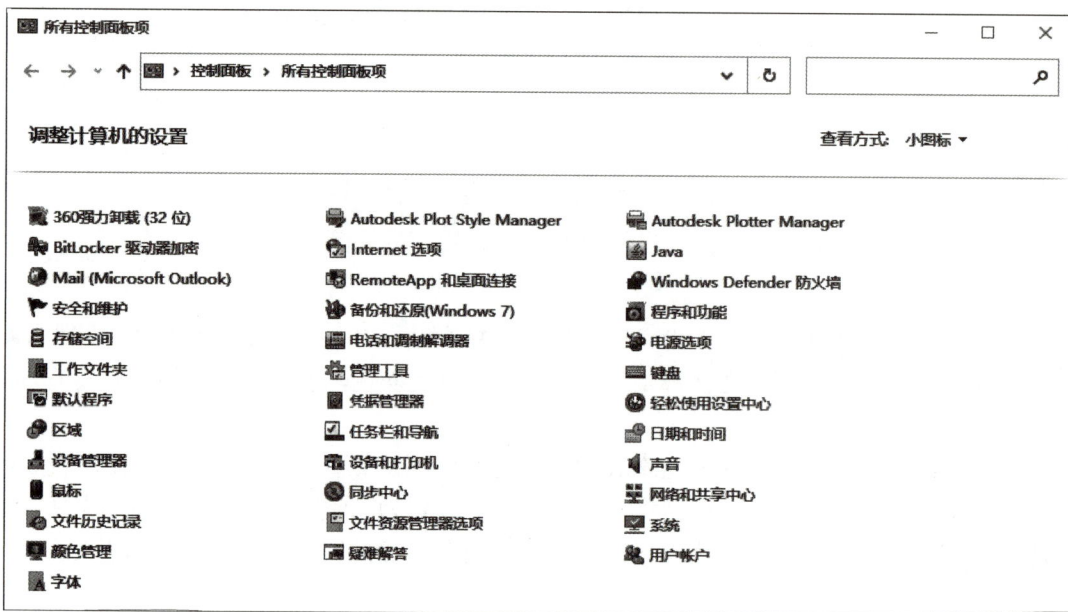

图 2-19　"小图标"查看方式

2.4.1　鼠标设置

在控制面板中更改查看方式为"大图标"或"小图标"，双击"鼠标"图标，打开如图 2-20 所示的"鼠标 属性"对话框，该对话框由 5 个选项卡组成。

（1）"鼠标键"选项卡：可切换鼠标的（左、右键）主次按键功能，调节鼠标的双击速度，并对鼠标的单击动作进行锁定。

（2）"指针"选项卡：可以从"方案"下拉列表中选定某种鼠标光标（即指针）方案，从"自定义"列表框中选定一种样式的鼠标光标，勾选"启用指针阴影"复选框，或单击"使用默认值"按钮来恢复鼠标的默认设置。

（3）"指针选项"选项卡：可进行鼠标光标的移动速度、贴靠及可见性等的设置。

（4）"滑轮"选项卡：可设置鼠标的滚轮键的垂直滚动和水平滚动的行数和字符数。

（5）"硬件"选项卡：主要用于显示鼠标硬件的名称、类型及驱动程序等信息。

2.4.2　键盘设置

在控制面板中更改查看方式为"大图标"或"小图标"，双击"键盘"图标，打开如图 2-21 所示的"键盘 属性"对话框。

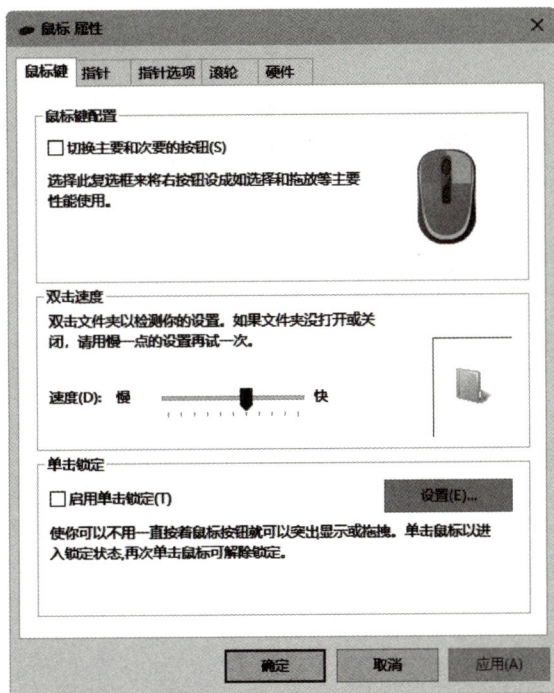

图 2-20　"鼠标 属性"对话框　　　　　　　图 2-21　"键盘 属性"对话框

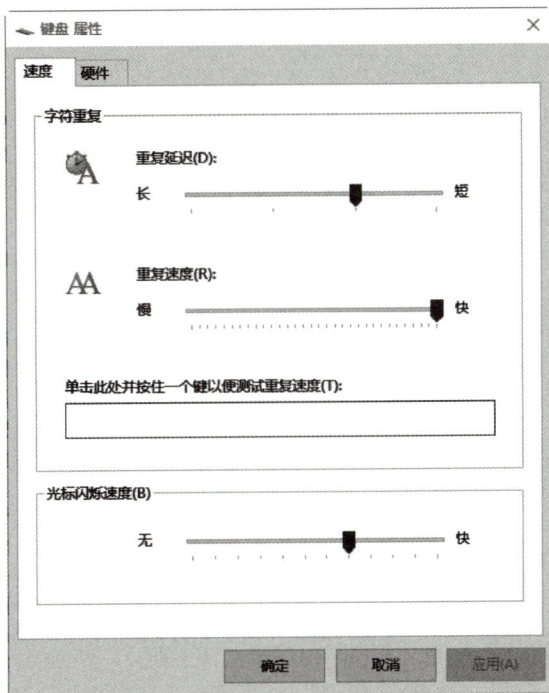

（1）"速度"选项卡：主要用于设置键盘输入字符时的重复延迟、重复速度及光标闪烁速度。

① 重复延迟：指当按下键盘的某个键不放时，显示第一个字符和第二个字符之间的时间间隔。

② 重复速度：指当按下键盘的某个键不放时，重复出现字符的速度。

③ 光标闪烁速度：用来调整光标闪烁的快慢。

（2）"硬件"选项卡：主要用于显示键盘硬件的名称、类型及驱动程序等信息。

2.4.3　区域设置

在控制面板中更改查看方式为"大图标"或"小图标"，双击"区域"图标，打开如图 2-22 所示的"区域"对话框，设置日期和时间格式。

在"格式"选项卡中单击"其他设置"按钮，打开如图 2-23 所示的"自定义格式"对话框。

（1）"数字"选项卡：可更改计算机系统中"数字"格式的相关设置。单击"重置"按钮，将数字、货币、时间和日期还原到系统默认设置。

（2）"货币"选项卡：可设置货币符号、货币数值格式、小数位数及数字分组等。

（3）"时间"选项卡：可设置长时间及短时间等时间格式。

（4）"日期"选项卡：可设置长日期、短日期、日历和星期格式等。

（5）"排序"选项卡：可选择排序方法，有"拼音"和"笔画"两种可选。

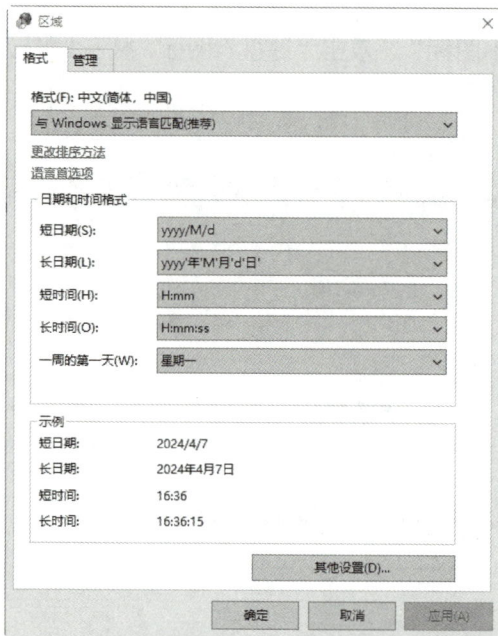

图 2-22 "区域"对话框

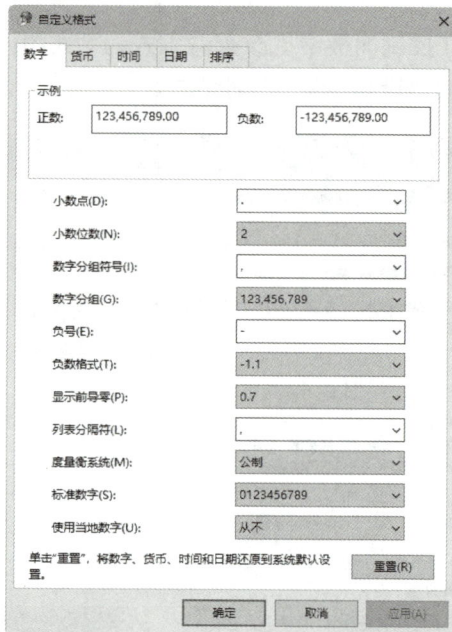

图 2-23 "自定义格式"对话框

2.4.4　程序的安装和卸载

在 Windows 10 中，程序需要在安装后才能使用，用户可以先通过控制面板更改查看方式为"大图标"或"小图标"，双击"程序和功能"图标，然后打开"程序和功能"窗口，计算机中所有已经安装的程序将会以列表形式显示，当选中某个程序后，在程序列表的上方将会出现"卸载"按钮，如图 2-24 所示，单击此按钮会对该程序进行卸载。

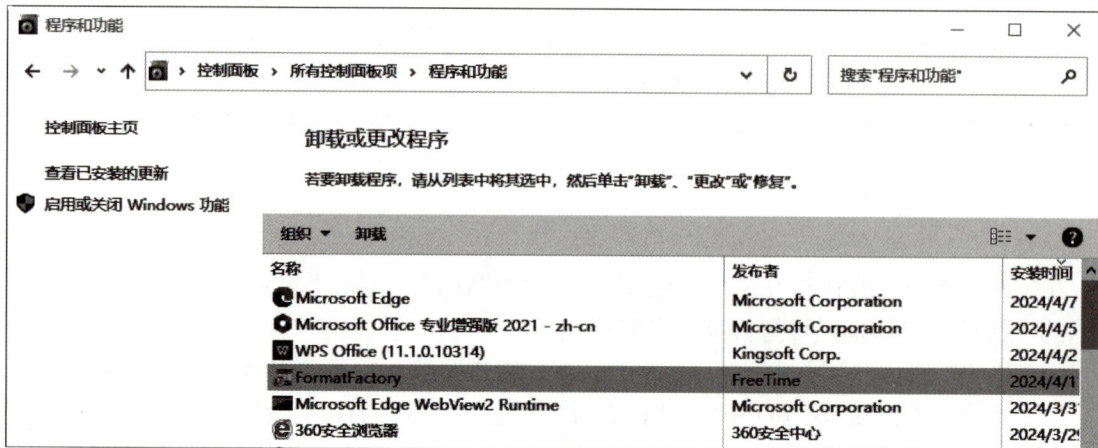

图 2-24 "程序和功能"窗口

2.4.5　用户账户

在控制面板中更改查看方式为"大图标"或"小图标"，双击"用户账户"图标（注意：窗口中为"用户帐户"图标，为规范表述，此处写为"用户账户"图标，下同），打开如图 2-25 所示的"用户账户"窗口。

图 2-25　"用户账户"窗口

通过用户账户，用户可以在拥有自己的文件和个性化设置的情况下与多人共享计算机。每个人都可以使用自己的用户名和密码访问其用户账户。

有 3 种类型的账户，分别提供了不同的计算机控制级别。

（1）标准账户：适用于日常计算。

（2）管理员账户（Administrator）：可以对计算机进行最高级别的控制。

（3）来宾账户（Guest）：主要针对需要临时使用计算机的用户。

可以通过"更改用户账户控制设置"按钮更改用户账户的控制级别，或创建多个管理员账户和标准账户，共同使用计算机。

1. 新用户的创建

在"用户账户"窗口中单击"管理其他账户"按钮，打开如图 2-26 所示的"管理账户"窗口，单击"在电脑设置中添加新用户"按钮，打开"设置"窗口，单击"将其他人添加到这台电脑"按钮，打开如图 2-27 所示的"lusrmgr-[本地用户和组(本地)\用户]"窗口，依次单击菜单中的"操作"→"新用户"按钮，打开如图 2-28 所示"新用户"对话框，在输入用户信息后，单击"创建"按钮，创建新用户。

图 2-26　"管理账户"窗口

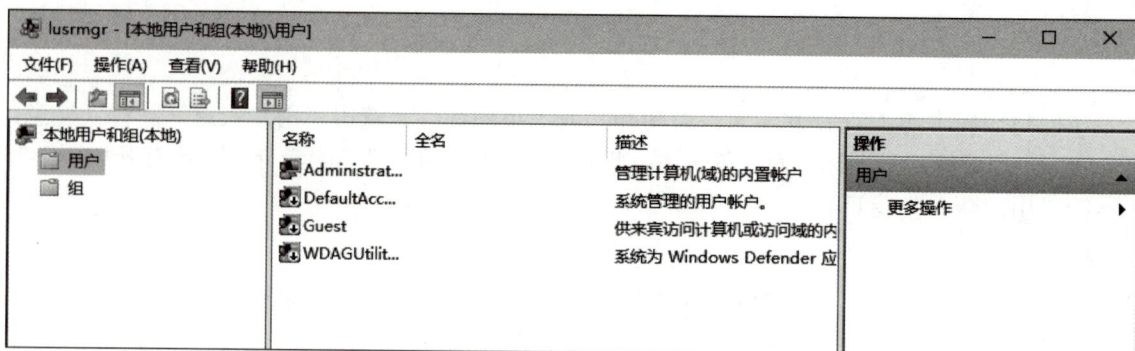

图 2-27 "lusrmgr-[本地用户和组(本地)\用户]"窗口

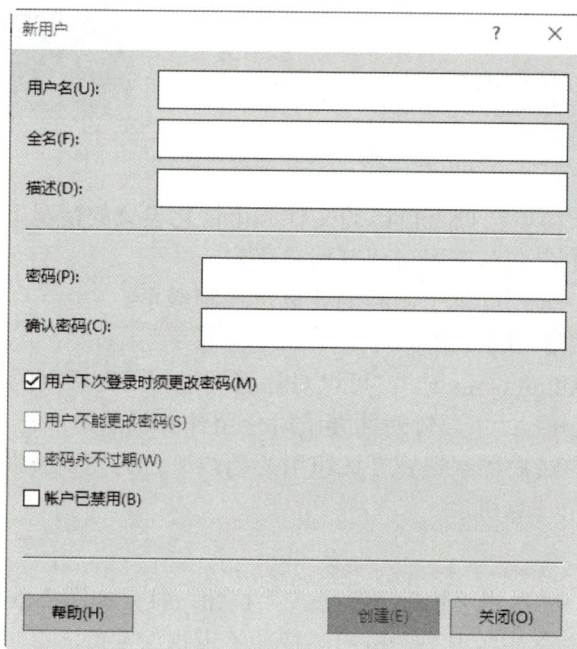

图 2-28 "新用户"对话框

2. 用户账户的管理

在用户账户被创建后，可以更改用户名、更改或删除密码、更改账户图标和对其他账户进行管理。

在图 2-26 所示的"管理账户"窗口中单击某一个账户，打开"更改账户"窗口，进行更改用户名、更改密码、删除密码等操作。

警告：在设置密码后，计算机启动时只有正确输入设置的密码才能以该账户的身份登录计算机。因此，对公用的计算机，若没有管理员的允许，请不要设置或修改密码。

2.5 操作系统的个性化设置

在 Windows 10 中，可以通过个性化设置，使操作系统更符合个人的需求和喜好。

依次单击"开始"→"设置"按钮，打开"设置"页面，选择"个性化"选项；或在桌面的空白处右击，在打开的快捷菜单中选择"个性化"选项，打开如图 2-29 所示的个性化"设置"界面。在该界面中可以进行背景、颜色、锁屏界面、主题、字体、开始和任务栏的个性化设置。

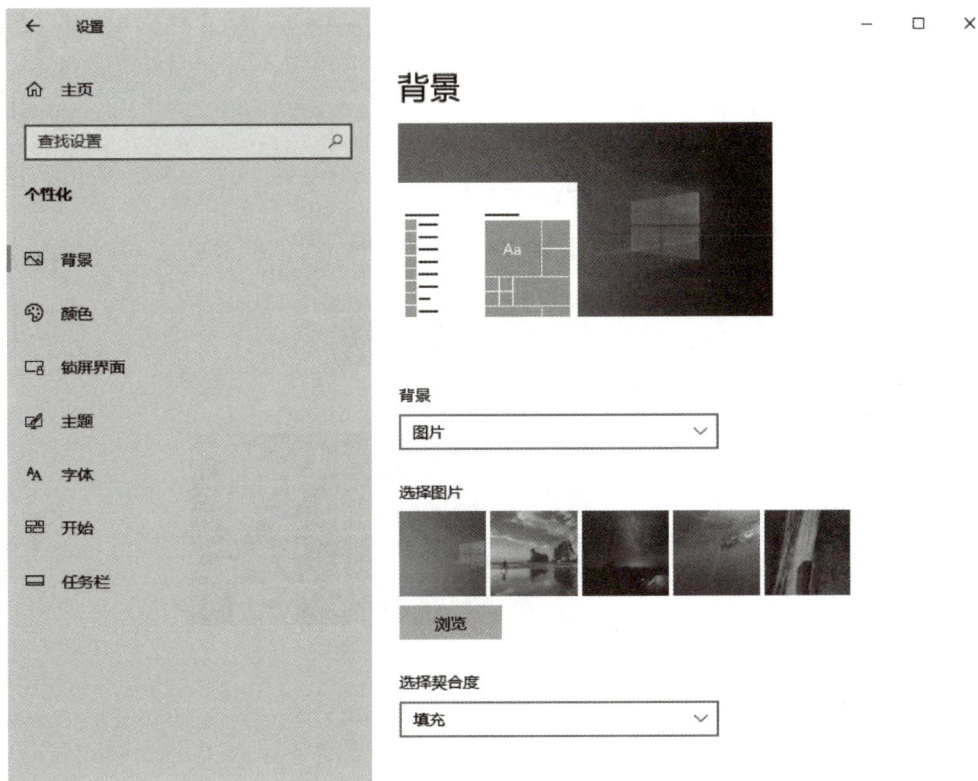

图 2-29 个性化"设置"界面

2.5.1 背景设置

背景就是进入操作系统后在桌面显示的背景图片，可以进行自定义设置。

在个性化"设置"界面中，单击"背景"按钮，根据自己的需要进行选择。

（1）图片：选择一张图片作为背景。

（2）纯色：设置某个颜色作为背景色。

（3）幻灯片放映：选择某个文件夹中的所有图片作为桌面背景的幻灯片，每隔一段时间进行切换。

2.5.2 颜色设置

可以智能地沿用已有背景中的某种颜色来设置窗口标题、边框、"开始"菜单或任务栏的颜色。

在个性化"设置"界面中，单击"颜色"按钮，如图 2-30 所示，根据自己的需要进行选择。

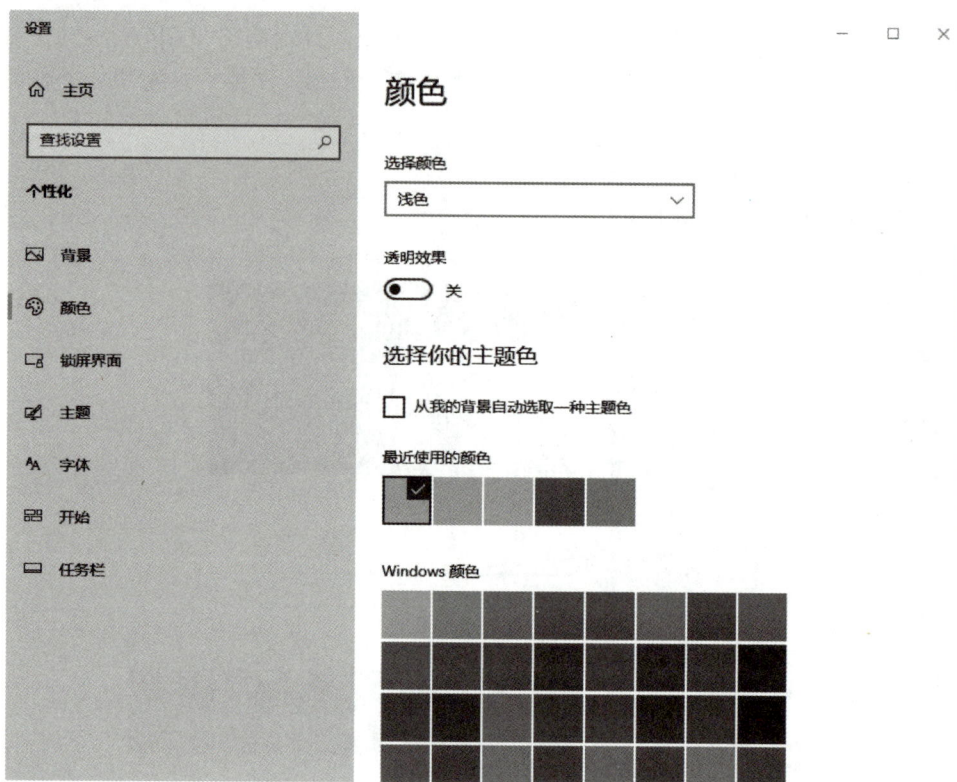

图 2-30　单击"颜色"按钮的效果

（1）浅色：在整个操作系统和应用程序中应用浅色配色方案。

（2）深色：在整个操作系统和应用程序中应用深色配色方案。

（3）自定义：根据需要，自行设置整个操作系统和应用程序的配色方案。

2.5.3　锁屏界面设置

在个性化"设置"界面中，单击"锁屏界面"按钮，如图 2-31 所示，根据自己的需要进行选择。

（1）背景：包括 Windows 聚焦、图片和幻灯片放映。选择 "Windows 聚焦"选项，将会每日更新来自世界各地的影像作品并自动显示在锁屏界面上。

（2）选择在锁屏界面上显示详细/快速状态的应用：单击"添加" ➕ 按钮，选择要在背景中显示详细状态或快速状态的应用。

（3）在登录屏幕上显示锁屏界面背景图片：若设置为"开"，则登录屏幕与锁屏界面的背景相同；当设置为"关"时，登录屏幕只显示普通背景。

（4）屏幕超时设置：打开"电源和睡眠"对话框，若计算机在特定时间内无人操作，便设置成自动锁定计算机进入休眠状态。

（5）屏幕保护程序设置：如果在使用计算机进行工作的过程中临时有一段时间需要做一些其他的事情，从而中断了计算机的操作，这时就可以启动屏幕保护程序，将屏幕上正在进行的工作状况隐藏起来。在图 2-32 所示的"屏幕保护程序设置"对话框中的"屏幕保护程序"下拉列表中选择屏幕保护程序，单击"设置"按钮，则可以设置等待屏幕保护程序运行的时间。

图 2-31　单击"锁屏界面"按钮的效果

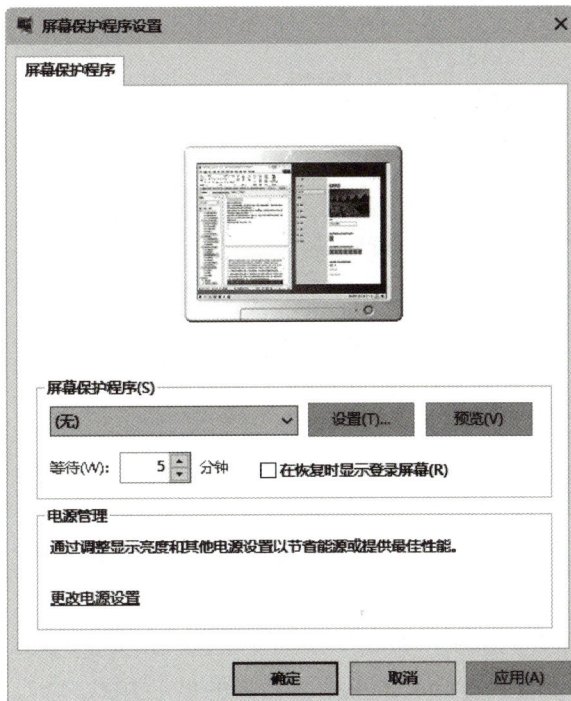

图 2-32　"屏幕保护程序设置"对话框

2.5.4 主题设置

主题是指一种定义了界面的外观和行为的组合，它包括窗口、图标、字体、颜色、声音等元素。通过应用不同的主题，可以改变操作系统的外观和行为，使操作系统更个性化和定制化。

在个性化"设置"界面中，单击"主题"按钮，如图 2-33 所示，根据自己的需要自定义主题的背景、颜色、声音和鼠标光标，定义完后单击"保存主题"按钮。也可以单击"在 Microsoft Store 中获取更多主题"按钮，从网上下载其他用户创建的主题。

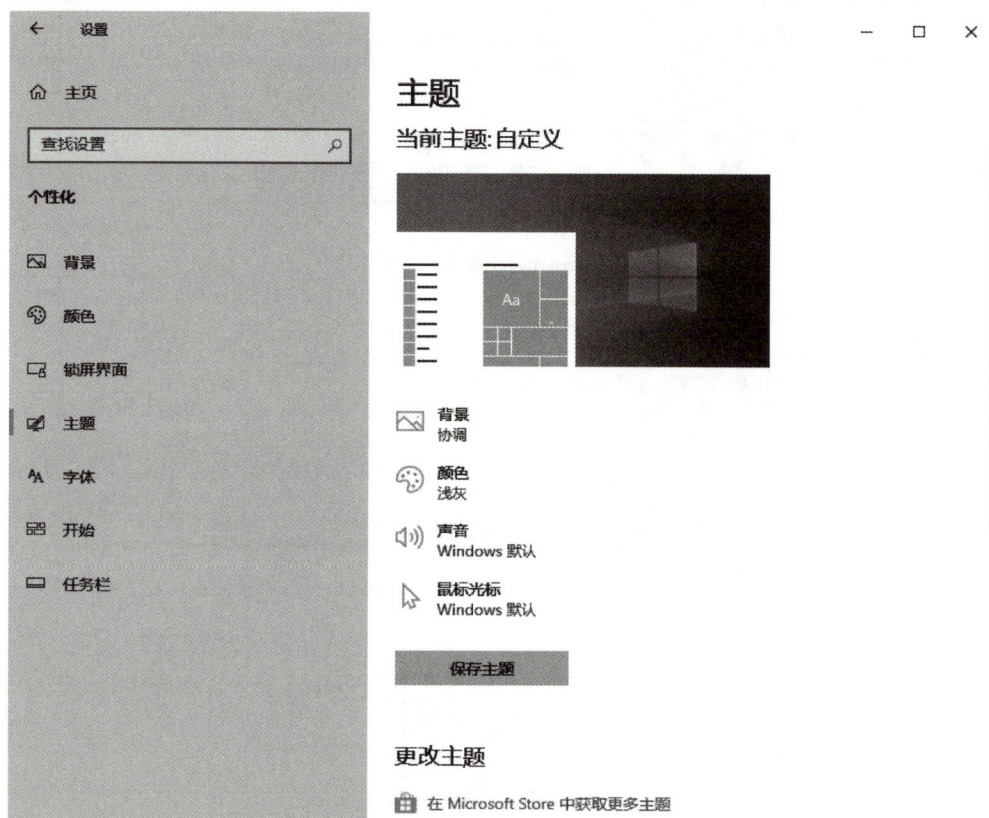

图 2-33　单击"主题"按钮的效果

2.5.5 "开始"菜单设置

在个性化"设置"界面中，单击"开始"菜单，如图 2-34 所示，根据自己的需要进行选择，如果想要在"开始"菜单中显示相应的选项，则在选项下方单击"开"或"关"按钮。

选择"选择哪些文件夹显示在'开始'菜单上"选项，如图 2-35 所示，只需单击对应的"开"或"关"按钮即可设置"开始"菜单中文件夹的显示方式。

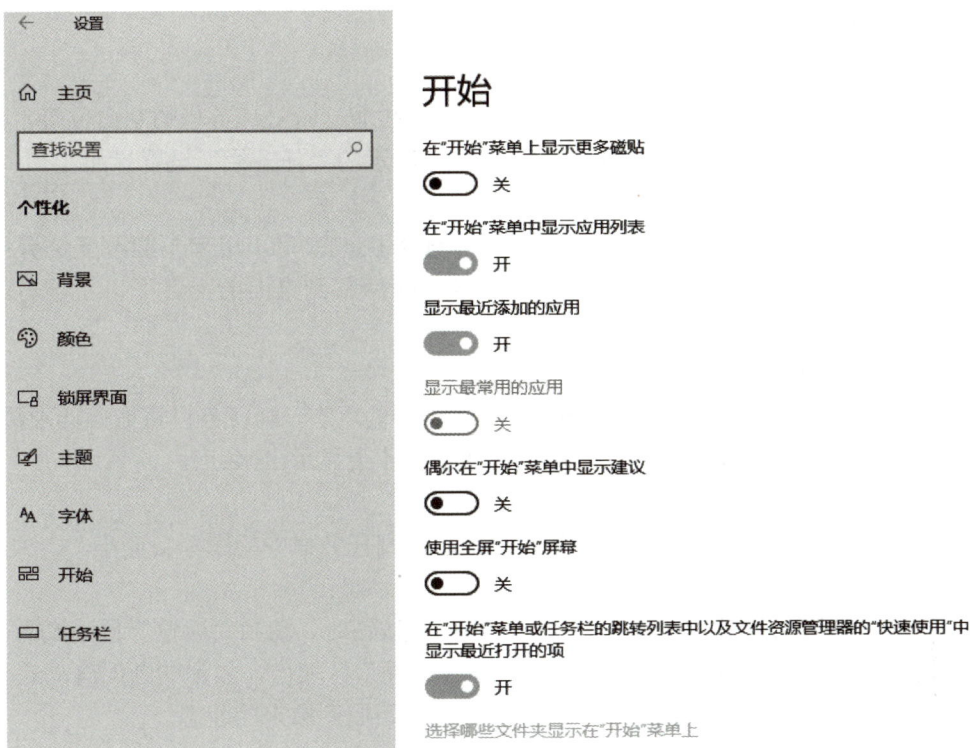

图 2-34　"开始"菜单的设置

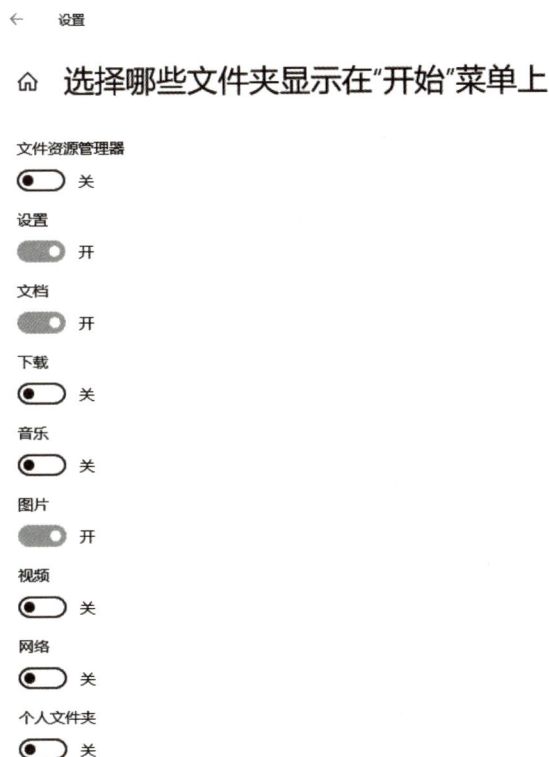

图 2-35　文件夹的显示设置

2.5.6　任务栏设置

用户可以根据自己的习惯设置任务栏的相关属性和位置。右击任务栏的空白位置，在打开的快捷菜单中选择"任务栏设置"选项，打开图 2-36 所示的"任务栏"设置界面。

（1）锁定任务栏。

若"锁定任务栏"开关处于"开"的状态，则任务栏被锁定，用户不能改变位置；否则将鼠标光标指向任务栏空白处并移动，即可将任务栏随意移到桌面的上、下、左、右的某个位置。

（2）自动隐藏任务栏。

若"在桌面模式下自动隐藏任务栏"开关处于"开"的状态，则任务栏将被自动隐藏起来，除非将鼠标光标指向任务栏所在位置，被隐藏的任务栏才会显示出来。

（3）使用小图标。

若"使用小任务栏按钮"开关处于"开"的状态，则任务栏中的图标会变小。

（4）显示桌面设置。

若"当你将鼠标移动到任务栏末端的'显示桌面'按钮时，使用'速览'预览桌面"开关处于"开"的状态，则只要将鼠标光标移动到"显示桌面"区域内，显示的画面就动态切换到Windows 桌面，当鼠标光标移出该区域，显示的画面将还原到原来的状态。

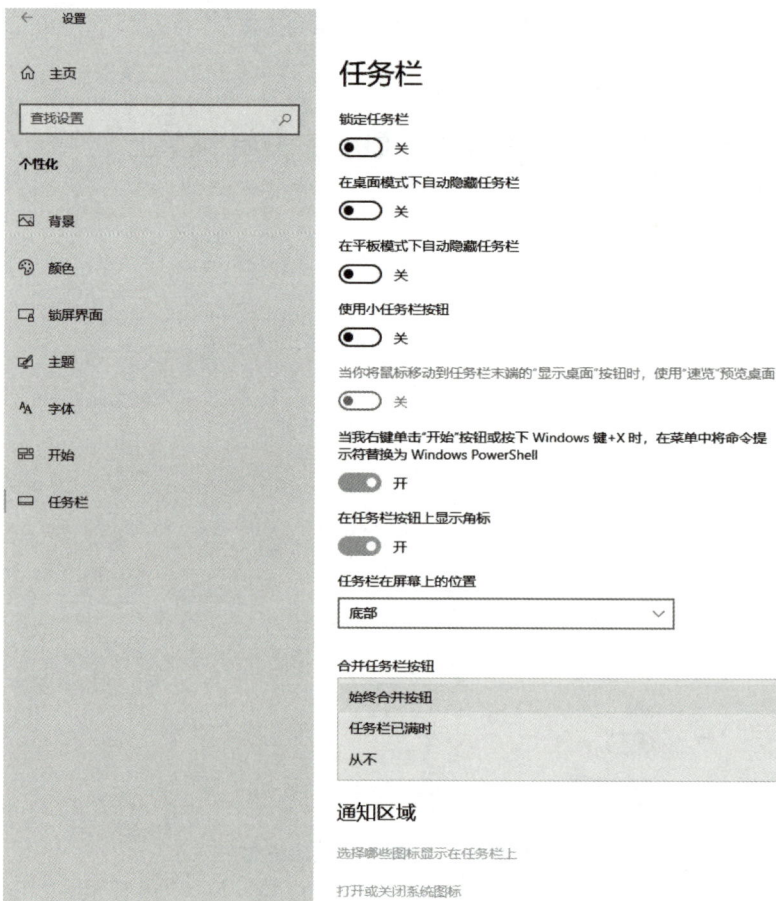

图 2-36　"任务栏"设置界面

（5）屏幕上的任务栏位置。

单击"任务栏在屏幕上的位置"右边的下拉按钮⌄，打开如图 2-37 所示的下拉列表，可将任务栏放置于桌面的靠左、顶部、靠右、底部位置。

（6）合并任务栏按钮。

单击"合并任务栏按钮"右边的下拉按钮⌄，打开如图 2-38 所示的下拉列表，可将任务栏设置为"始终合并按钮""任务栏已满时""从不"。

| 靠左 |
| 顶部 |
| 靠右 |
| 底部 |

图 2-37　"任务栏在屏幕上的位置"下拉列表

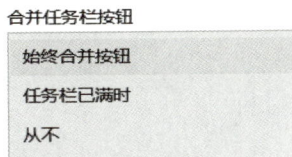

合并任务栏按钮

| 始终合并按钮 |
| 任务栏已满时 |
| 从不 |

图 2-38　"合并任务栏按钮"下拉列表

①"始终合并按钮"：不管打开的文件数量，在应用程序区内将同种文件合并成一个，并将文件名称隐藏，只显示文件图标。

②"任务栏已满时"：指当打开的文件较多，各个文件名称排列并超出应用程序区时，将同种文件进行合并，并占一个显示位置。

③"从不"：无论打开多少个文件，都不进行同种文件的合并和显示。

（7）通知区域。

选择"选择哪些图标显示在任务栏上"选项，打开相应界面，如图 2-39 所示，将要显示在任务栏中的图标对应的按钮设置成"开"的状态即可。

选择"打开或关闭系统图标"选项，打开相应界面，如图 2-40 所示，将要在任务栏中打开的系统图标对应的按钮设置成"开"的状态，将要在任务栏中关闭的对象后面的按钮设置成"关"的状态。

图 2-39　"选择哪些图标显示在任务栏上"界面

图 2-40　"打开或关闭系统图标"界面

项目 3　文档处理

思政目标

1. 通过学习文档的基本操作，培养学生对文字处理软件的理解和应用能力，学习文档编辑、格式化和排版的技巧，并引导学生思考如何利用文档处理技术进行有效的信息表达和沟通。

2. 通过学习应用形状、图片，提高学生对形状设计的基本概念和原理的理解，培养学生对形状、图片的应用能力，并引导学生思考如何利用形状、图片提升文档的视觉效果和信息传达效果。

3. 通过学习表格的操作和应用，提高学生对数据组织和管理的理解，培养学生对表格在文档中的数据展示和分析能力，并引导学生思考如何利用表格有效地呈现和解释数据。

4. 通过学习长文档排版，提高学生对版面设计和排版规范的理解，让学生掌握长文档的整体布局和排版技巧，并引导学生思考如何利用排版技术提升长文档的可读性和美观性。

5. 通过学习多人协同编辑文档，提高学生的团队合作意识和协作能力，培养学生在多人协作环境下的文档编辑和管理能力，并引导学生思考如何在团队中有效地进行共享和协作。

学习目标

1. 掌握文档的基本操作，如新建、保存、打开及保护文档等操作。

2. 掌握文本输入，文本编辑，文本移动、复制和粘贴，文本删除，文本查找和替换，撤销与恢复等操作。

3. 掌握形状、图片、文本框、艺术字、智能图形等对象的插入、编辑和美化等操作。

4. 掌握插入和编辑表格、美化表格、应用公式对表格中的数据进行处理等操作。

5. 熟悉分页符和分节符的插入，掌握页眉、页脚、页码的插入和编辑等操作。

6. 掌握编制目录和索引的方法。

7. 掌握文档的修订与批注方法。

8. 掌握多人协同编辑文档的方法和技巧。

项目描述

文档处理是信息化办公的重要组成部分，广泛应用于日常生活、学习和工作。本项目包含文档的基本操作，应用形状、图片，表格的操作和应用，长文档排版等内容。

3.1　文档的基本操作

3.1.1　WPS 2019 的启动和退出

WPS 2019 是由北京金山办公软件股份有限公司研发的一款办公软件，具有办公软件最常用的文字、表格、演示等功能，并集成了一系列适应办公需要的云文档、云服务，以融合的方式，创建了一个更先进、更便利、全方位的办公环境。

WPS 2019 功能强大，支持计算机、手机、平板随时随地高效办公，它集成的云文档服务，实现了不同设备的文档同步和备份功能，用户可以在各类移动终端上获得完全相同的文档处理体验。

1. 启动 WPS 2019

启动 WPS 2019 有以下几种常用的方法。

（1）通过桌面快捷方式启动：双击桌面上的"WPS 2019"快捷图标。

（2）通过"开始"菜单启动：单击桌面左下角的"开始"图标■，在"开始"菜单中单击"WPS 2019"应用程序图标。

（3）通过文档启动：双击指定的应用程序生成的文档，例如，双击后缀名为.docx 的文档，可启动 WPS 2019 的文字功能组，并打开该文档。

2. 退出 WPS 2019

如果不再使用 WPS 2019，则可以退出，以减少内存占用。退出 WPS 2019 有以下几种常用的方法。

（1）单击 WPS 2019 窗口右上角的"关闭"按钮　。

（2）右击桌面任务栏上的"WPS 2019"应用程序图标，在打开的快捷菜单中选择"关闭窗口"选项。

（3）单击 WPS 2019 窗口，按 Alt+F4 键。

3.1.2　WPS 2019 的文档操作界面

WPS 2019 的首页默认采用整合模式，文字、表格、演示等功能集成在一个界面中显示。

若在首页的左侧单击"新建"按钮，则将在顶部插入一个"新建"选项卡，其中显示所有可用的功能：文字、表格、演示、流程图、脑图、PDF 和表单。默认的"文字"功能提供丰富的模板给用户选择，如图 3-1 所示。

提示：WPS 2019 提供的模板大多是面向稻壳会员的，也有部分免费的模板。

在 WPS 2019 中打开多个文档，各个文档在同一个窗口中以顶部文档标签进行区分，单击顶部文档标签，可以在文档之间进行切换。

此外，WPS 2019 提供了完整的 PDF 支持，用户可更快、更轻便地阅读文档、转换文档格式和编辑批注。

在图 3-1 中单击"新建空白文档"按钮，打开如图 3-2 所示的文字操作界面，该界面由上至下由文档标签、快捷工具栏、选项卡标签、选项卡功能区、工作区、状态栏组成，如图 3-2 所示。

图 3-1 "文字"功能

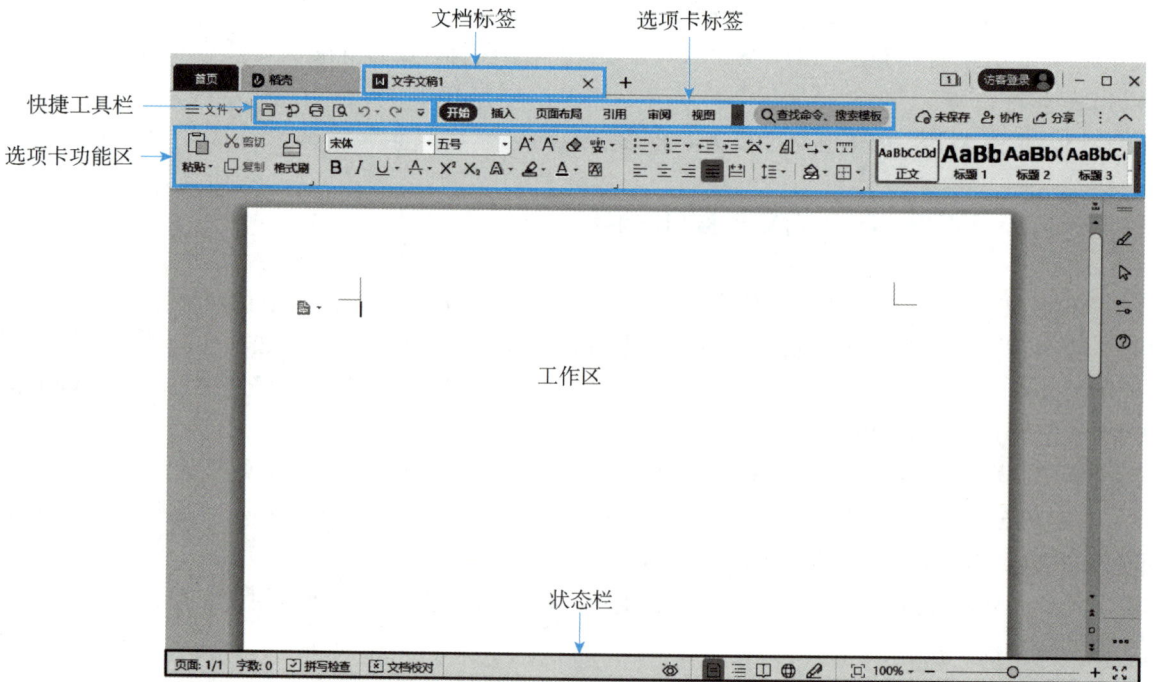

图 3-2 文字操作界面

下面对常用的选项卡进行介绍。

（1）"文件"选项卡："文件"选项卡和其他选项卡的结构、布局和功能有所不同。单击"文件"选项卡，打开相应的操作界面。利用该选项卡，可对文件进行各种操作及设置。

（2）"开始"选项卡：用于对文档进行文字编辑和格式设置，是最常用的选项卡之一。

（3）"插入"选项卡：用于在文档中插入各种元素。

（4）"设计"选项卡：用于对文档格式进行设计和对背景进行编辑。

（5）"页面布局"选项卡：用于帮助用户设置文档的页面样式。

（6）"引用"选项卡：用于在文档中插入目录等。

（7）"审阅"选项卡：用于对文档进行校对和修订等，适用于多人协作处理长文档。

（8）"视图"选项卡：用于帮助用户设置文档操作界面的视图类型。

（9）"章节"选项卡：用于设置章节样式（因界面比例，图 3-2 中未显示），例如，显示文章的目录列表，增加或删减分节符等。

3.1.3　文档的基本操作

1. 新建空白文档

在 WPS 2019 中，用户可以新建和编辑多个文档。

新建一个新文档是编辑和处理文档的第一步。启动 WPS 2019，单击首页上的"新建"按钮❶，打开"新建"选项卡，默认打开"文字"功能组，单击"新建空白文字"按钮，新建空白文档。

2. 保存文档

保存文档是将文档以文件的形式存储到硬盘上，以便将来再次对文件进行编辑、打印等。如果不保存文档，则本次对文档所做的各种操作都将不会被保存。常用的保存文档的方法有"保存"和"另存为"两种。

"保存"和"另存为"都可以保存正在编辑的文档，两者的区别在于："保存"不进行询问，直接将文档按原名保存在文档原来的存储位置；"另存为"会询问要把文档保存在何处。如果新建的文档还没有保存，那么通过"保存"或"另存为"都可以打开"另存文件"对话框（因为 WPS 2019 中既有"文档"二字，也有"文件"二字，为避免给读者带来困扰，这里除了 WPS 2019 中明确写明"文件"的描述，其他皆用"文档"进行描述）。

在保存文档时，应注意三点：第一点是存储位置，包括磁盘名称、文档位置；第二点是文件名，应能见名知意；第三点是文件类型，代表了数据存储格式，决定了扩展名。

（1）"保存"。

新建或修改过的文档的保存方法有如下几种。

① 单击快捷工具栏上的"保存"按钮🖫。

② 依次选择"文件"→"保存"选项。

③ 使用 Ctrl+S 快捷键，快速保存文档。

如果是新文件第一次被保存，则会打开如图 3-3 所示的"另存文件"对话框。

（2）"另存为"。

如果想把当前正在编辑的文档按新的名称保存且不改变编辑前的内容，则应使用如下的方法。

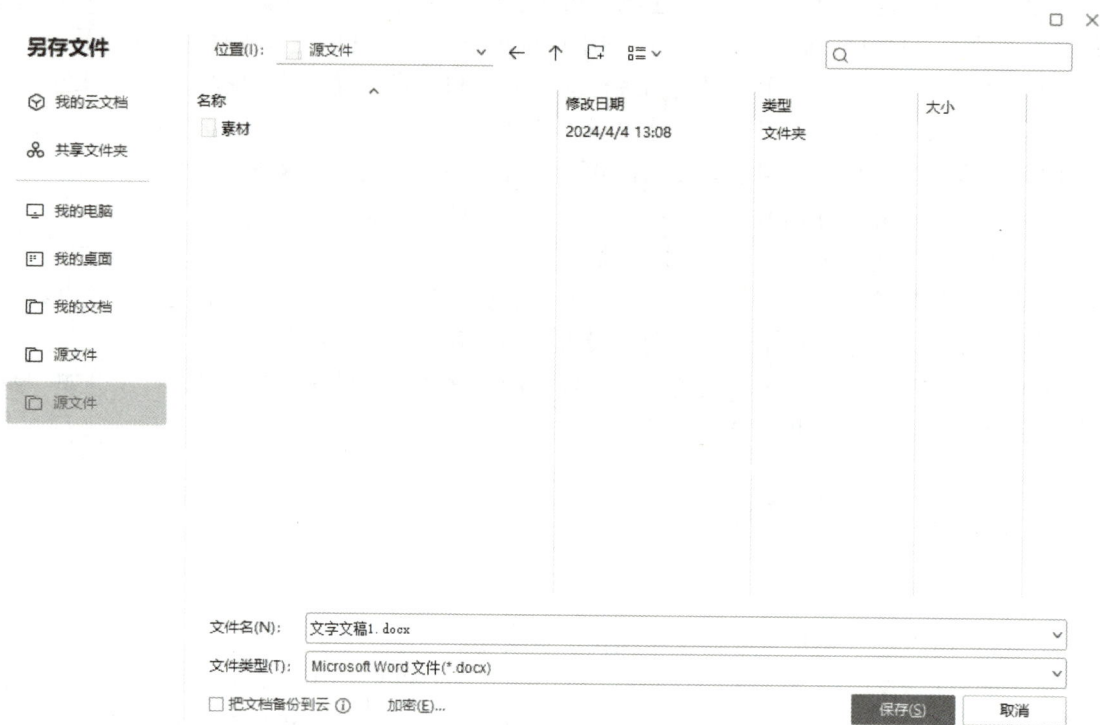

图 3-3 "另存文件"对话框

依次选择"文件"→"另存为"选项，打开如图 3-3 所示的"另存文件"对话框，输入新的文件名并确定新的存储位置后，单击"保存"按钮。

3. 打开文档

打开文档就是打开已经保存在磁盘上的文档，打开文档的方法有如下几种。

（1）在启动 WPS 2019 后打开文档。

在启动 WPS 2019 后，依次选择"文件"→"打开"选项，打开如图 3-4 所示的"打开文件"对话框，选择要打开的文档，单击"打开"按钮。

（2）不启动 WPS 2019，双击文档直接打开。

对于所有已保存在磁盘上的文档，用户可以直接双击该文档以在启动 WPS 2019 的同时打开该文档。

『知识拓展』：在 WPS 2019 各功能组中，文档的打开遵循用高版本打开低版本的原则，但反之不然。例如，WPS 2019 可以打开用 WPS 2016 创建的文档（呈兼容模式），但 WPS 2016 不能打开用 WPS 2019 创建的文件。

（3）快速打开最近使用过的文档。

WPS 2019 默认显示 20 个最近打开或编辑过的文档，用户可以从"文件"选项卡右侧的"最近使用"列表中打开文档。

（4）在 WPS 2019 启动的情况下，使用 Ctrl+O 键打开"打开文件"对话框，选择需要打开的文档。

图 3-4 "打开文件"对话框

4. 保护文档

在 WPS 2019 中，保护文档主要有两种方式，一种是使用 WPS 账号加密进行保护，另一种是密码加密。如果希望保护个人著作权，则可以进行文档认证。

（1）使用 WPS 账号加密。

依次选择"文件"→"文档加密"→"WPS 账号加密"选项，打开如图 3-5 所示的"文档安全"对话框。单击"使用 WPS 账号加密"按钮。

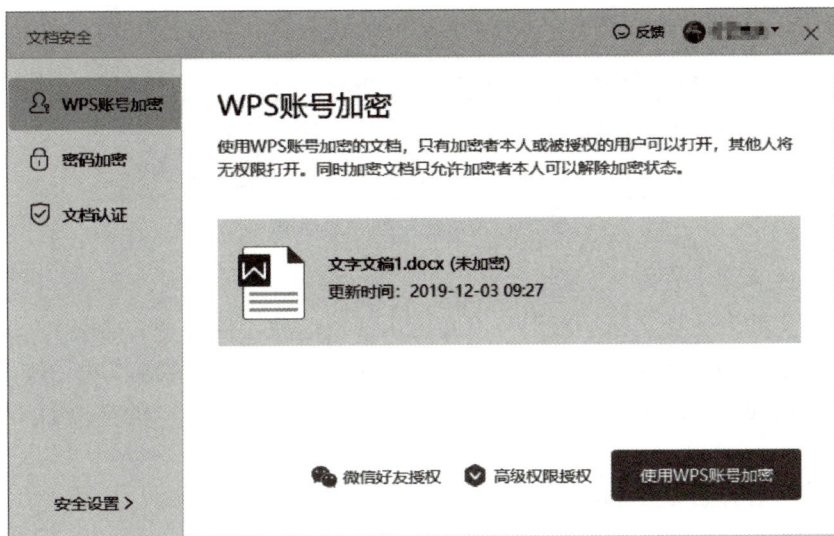

图 3-5 "文档安全"对话框 1

（2）使用密码加密。

依次选择"文件"→"文档加密"→"密码加密"选项，打开如图 3-6 所示的"文档安全"对话框。单击密码加密说明中的"高级"二字，打开如图 3-7 所示的"加密类型"对话框，选择加密类型，单击"确定"按钮，返回"文档安全"对话框。设置文档的打开权限和编辑权限，为防止忘记密码，还可以设置密码提示，单击"应用"按钮关闭"文档安全"对话框，此时可以看到加密标记 。

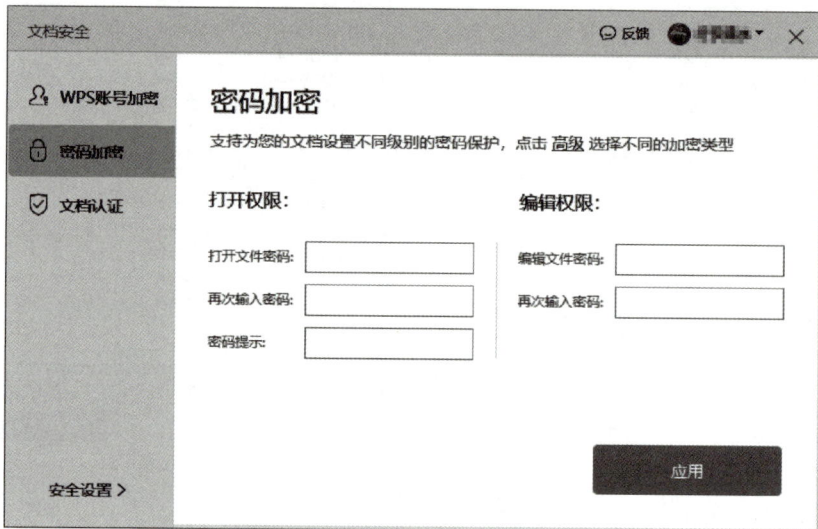

图 3-6 "文档安全"对话框 2

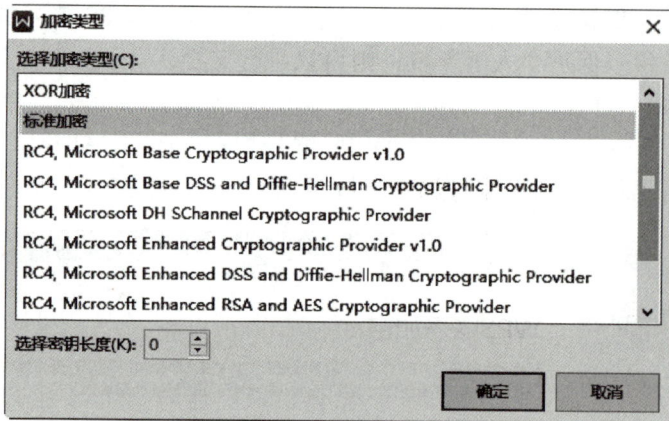

图 3-7 "加密类型"对话框

（3）文档认证。

依次选择"文件"→"文档加密"→"文档认证"选项，打开"文档安全"对话框，单击"开始认证"按钮，即可开始文档认证。文档认证结束后显示"认证成功"对话框，单击"关闭"按钮，返回"文档安全"对话框。此时，可以看到该文档的全网唯一的文档 DNA。

3.1.4 文本的输入与编辑

文字处理软件最基本的操作是文本输入，并对输入的文本进行编辑。

1. 文本的输入

在新建一个空白文档后，鼠标光标一般自动停留在文档的第一行的最左边位置，输入文本的起始位置就是鼠标光标所在的位置。

（1）输入文本。

输入文本主要包括输入中文和英文。设置插入点之后，通过键盘在文档中输入文本。

如果输入的文本满一行，则 WPS 2019 将自动换行；如果不满一行，但要开始新的段落，则可以按 Enter 键换行，此时在上一段的段末会出现段落标记↵。

如果要输入的文本中既有中文，又有英文，则使用键盘或鼠标切换中、英文输入法和英文的大小写，常用的快捷键如下。

① 切换输入法：Ctrl + Shift 键。

② 切换中、英文输入法：Ctrl + Space（空格键）键。

③ 切换英文大小写：CapsLock 键，或者在英文输入法小写状态下按下 Shift 键，可临时切换到大写状态。

④ 切换全角、半角：Shift + Space 键。

（2）输入标点。

标点所在的按键通常有两个符号，位于上面的符号是上档符号，位于下面的符号是下档符号。下档符号直接通过按键输入，如逗号（，）、句号（。）和分号（；）。上档符号则应先按 Shift 键，例如，按 Shift+：键，可以输入一个冒号。

2. 文本编辑

WPS 2019 提供了强大的编辑功能，可以很方便地完成对输入文本的编辑和格式的设置，如插入、选择。

（1）插入。

在输入文本的过程中，经常会用到符号。有些特殊符号可以使用键盘直接插入，键盘无法插入的可以使用"符号"对话框插入。

① 单击"插入"选项卡中的"符号"下拉按钮 Ω，可以在打开的符号列表中看到一些常用的符号，如图 3-8 所示。单击需要的符号，即可将其插入文档中。

② 如果符号列表中没有需要的符号，则单击"其他符号"按钮，打开如图 3-9 所示的"符号"对话框。

③ 在"符号"选项卡的"字体"下拉列表中选择需要的符号字体。

④ 在"子集"下拉列表中选择字符代码子集选项。

⑤ 在新打开的符号列表中选择需要的符号，单击"插入"按钮插入符号，单击"关闭"按钮关闭"符号"对话框。

（2）选择。

在对文档中的文本进行操作时，一般按"先选择、后操作"的原则进行。被选文本在屏幕上表现为"灰底黑字"。文本的选择方法较多，用户应根据实际情况确定文本选择方法，以便快速操作。

① 全文选择。

全文选择的方法有如下几种。

➢ 单击"开始"选项卡中的"选择"下拉列表中的"全选"按钮。

> ➤ 用鼠标在文档左边的选定区域三击左键。
> ➤ 使用 Ctrl+A 键。
> ➤ 先将鼠标光标定位到文档的开始位置，按 Shift+Ctrl+End 键选择全文。

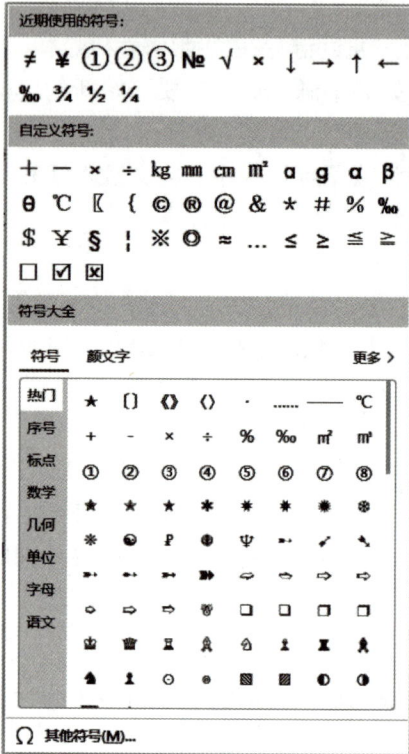

图 3-8　常用的符号

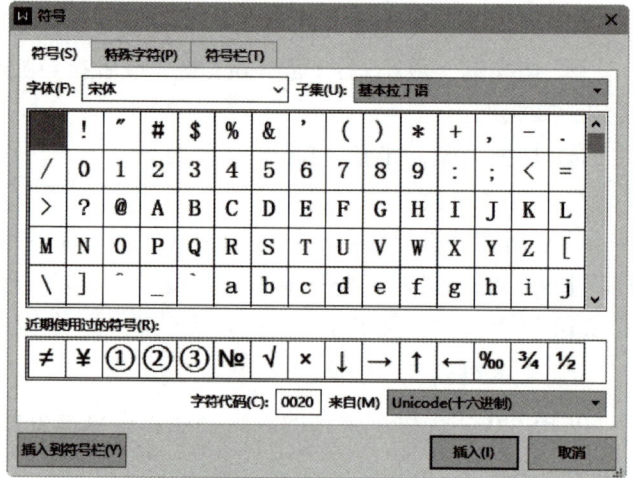

图 3-9　"符号"对话框

② 选择部分文本。

选择部分文本的操作方法如表 3-1 所示。

表 3-1　选择部分文本的操作方法

选择范围	操作方法
字符的选择	选择一个字符：将鼠标光标移到字符前，单击并移动一个字符的位置
	选择多个字符：把鼠标光标移动到要选择的第一个字符前，按住鼠标左键，移动到要选择的多个字符的末尾，释放鼠标左键
行的选择	选择一行：在一行文本左边的选择区单击
	选择多行：在选择一行文本后，按住鼠标左键并向上或下移动便可选择多行文本，或者按住 Shift 键，单击要选择的最后一行文本
	选择鼠标光标所在位置到行尾（或行首）的文本：把鼠标光标定位在要选择文本的开始位置，按 Shift+End 键（或 Home 键）
	选择从当前插入点到鼠标光标所经过的文本：确定插入点，按 Shift 键移动鼠标光标
句的选择	选择单句：按住 Ctrl 键并单击，单击处的整个句子就被选择了
	选择多句：在选择单句的条件下，按下 Shift 键，单击最后一个句子的任意位置即可选择多句
段落的选择	双击选择段落左边的选择区，或三击段落中的任何位置
矩形区域的选择	按住 Alt 键，同时移动鼠标
多页文本的选择	先在开始处单击鼠标，按 Shift 键，并单击所选文本的结尾处
撤销选择的文本	在文本选择区外的任何地方单击鼠标左键

3. 文本移动、复制和粘贴

（1）一般方法。

① 快捷键移动/复制法。

选择要移动/复制的文本区，按 Ctrl+X 或 Ctrl+C 键（分别表示"剪切"和"复制"命令）。鼠标光标定位于目标处，按 Ctrl+V 键（表示"粘贴"命令），至此完成了文本的移动/复制操作。

② 鼠标移动/复制法。

如果文本不长，则可用鼠标移动/复制法。

先选择要移动的文本，然后选择文本区，将其移动到目标处，从而完成选择文本的移动操作；先选择要复制的文本，然后选择文本区，按 Ctrl 键，将其移动到目标处，并先释放鼠标左键再释放 Ctrl 键，从而完成选择文本的复制操作。

（2）选择性粘贴。

在移动/复制文本后，单击"开始"选项卡中的"粘贴"下拉按钮，在打开的"粘贴"下拉列表中选择适当的选项实现选择性粘贴，如图 3-10 所示。

（3）使用剪贴板。

剪贴板的存储功能，可以快速复制多个不相邻的文本。

单击"开始"选项卡中的"剪贴板"选项组中的 按钮，打开"剪贴板"任务窗格，如图 3-11 所示，选择要复制的文本，按 Ctrl+C 键，可以看到选择的文本已放入剪贴板，之后单击需要粘贴的文本即可。

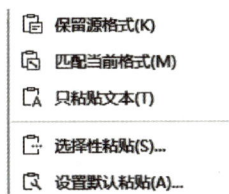

图 3-10　"粘贴"下拉列表　　　　　　　　图 3-11　"剪切板"任务窗格

4. 文本删除

文本删除是指将指定文本从文档中删除，操作方法如下。

（1）按 Backspace 键可以删除插入点左侧的文本，按 Ctrl+Backspace 键可以删除插入点左侧的一个单词。

（2）按 Delete 键可以删除插入点右侧的文本，按 Ctrl+Delete 键可以删除插入点右侧的一个单词。

（3）如果要删除的文本较多，则可以首先将这些文本选中，然后按 Backspace 键或 Delete 键一次全部删除。

5. 文本查找和替换

（1）使用"章节"窗格查找文本。

通过"章节"窗格，可以查看文档结构，也可以对文档中的文本进行查找，并自动将其高亮显示。

① 将鼠标光标定位到文档的起始处，单击"页面"选项卡中的"章节导航"按钮 ，打开"章节"窗格。

② 在"章节"窗格中单击"查找和替换"按钮 ，打开"查找和替换"窗格，在编辑框中输入要查找的文本。

③ 单击"查找"按钮，"章节"窗格中列出文档中包含要查找文本的段落，同时自动将查找到的文本高亮显示。

（2）使用"查找和替换"对话框查找文本。

在通过"查找和替换"对话框查找文本时，可以对文本逐一进行查找，灵活性比较强。

① 按 Ctrl+F 键，或单击"开始"选项卡中的"查找替换"下拉按钮 ，在打开的下拉列表中选择"查找"选项，打开"查找和替换"对话框，如图 3-12 所示。

② 在"查找内容"下拉列表中输入要查找的文本，如果之前已经进行过查找，则可以在"查找内容"下拉列表中选择。

③ 单击"查找下一处"按钮，开始查找，被找到的文本会高亮显示；如果查找的文本不存在，则将打开含有提示文字"无法找到您所查找的内容"的对话框。

④ 如果要继续查找，则单击"查找下一处"按钮；如果单击"取消"按钮，则"查找和替换"对话框关闭，同时，插入点将停留在当前查找到的文本处。

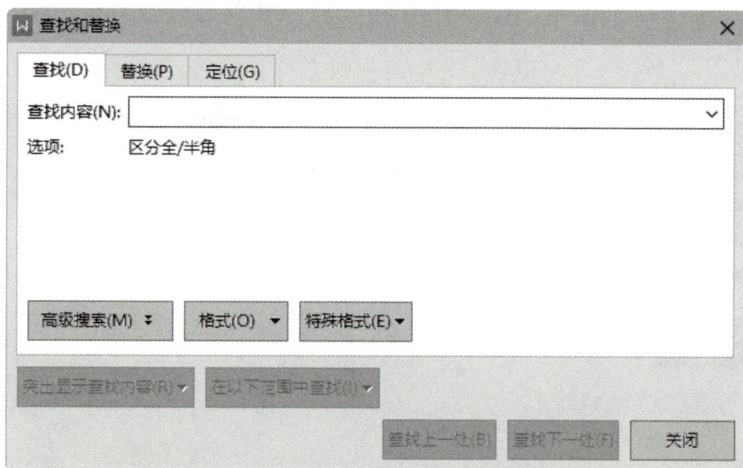

图 3-12 "查找和替换"对话框

（3）替换文本。

替换文本是指将从文档中查找到的文本用指定的文本替换，或者将查找到的文本的格式进行修改。

① 按 Ctrl+H 键，或单击"开始"选项卡中的"查找替换"下拉按钮，在打开的下拉列表中选择"替换"选项，打开"查找和替换"对话框，并显示"替换"选项卡。

② 在"查找内容"下拉列表中输入或选择要被替换的文本，在"替换为"下拉列表中输入或选择要替换成的新文本。当"替换为"下拉列表中未输入文本时，被替换的文本将删除。

③ 单击"全部替换"按钮，若要查找的文本存在，则该文本都会被替换。如果要进行选择性替换，则可以先单击"查找下一处"按钮找到要被替换的文本，并单击"替换"按钮；否则

继续单击"查找下一处"按钮。

（4）如果要根据某些条件进行替换，则可以单击"更多"按钮打开扩展的对话框，在其中设置查找或替换的相关选项，按照上述步骤进行操作。

6. 撤销与恢复

撤销是撤销最近进行的操作，恢复到执行最近进行的操作前的状态。

撤销前一次操作的快捷键是 Ctrl+Z 键；恢复撤销操作的快捷键是 Ctrl+Y 键。

用户可以使用快捷键方式或快速访问工具栏中的"撤销"按钮↶进行撤销。

3.1.5　字符格式化

设置并改变字符的外观被称为字符格式化，包括设置字体、字号，使用粗体、斜体，添加下画线，改变字符颜色，设置特殊效果，调整字符间距等。

1. 字体效果设置

（1）利用"字体"功能组进行快速设置。

在"开始"选项卡中的"字体"功能组（如图 3-13 所示）中，通过相应的按钮完成字体设计。该功能组可以完成字体、字号、字体颜色等的设置。

图 3-13　"字体"功能组

（2）使用"字体"对话框进行设置。

单击"开始"选项卡中的"字体"功能组右下角的按钮 ，打开如图 3-14 所示的"字体"对话框。在"字体"选项卡中可以完成字体、字形、字号、字体颜色、效果等的设置。

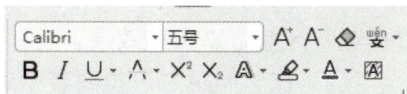

图 3-14　"字体"对话框

在"字体"对话框中单击"文本效果"按钮，打开如图 3-15 所示的"设置文本效果格式"对话框，进行文本填充、颜色、透明度等的设置。

2. 设置字符宽度、间距与位置

在默认情况下，WPS 2019 文档中的字符宽度的缩放比例是 100%，同一行文本依据同一条基线进行分布。通过修改字符宽度、间距与位置，可以设置特殊的文本效果。

（1）在"字体"对话框中切换到如图 3-16 所示的"字符间距"选项卡，在"缩放"下拉列表中选择字符宽度的缩放比例。如果下拉列表中没有需要的字符宽度缩放比例，则直接输入所需的字符宽度缩放比例。在"预览"区域可以预览效果。

（2）在"间距"下拉列表中选择需要的间距类型。字符的间距是指文档中相邻字符间的水平距离。WPS 2019 文档提供了"标准""加宽""紧缩"三种选项，默认为"标准"。如果选择其他两个选项，则可以在"值"编辑框中指定具体值。

（3）在"位置"下拉列表中选择文本的显示位置。"位置"选项用于设置相邻字符之间的垂直距离。WPS 2019 文档提供了"标准""上升""下降"三种选项。其中，"标准"为默认选项，"上升"是指相对于原来的基线上升指定的值；"下降"是指相对于原来的基线下降指定的值。

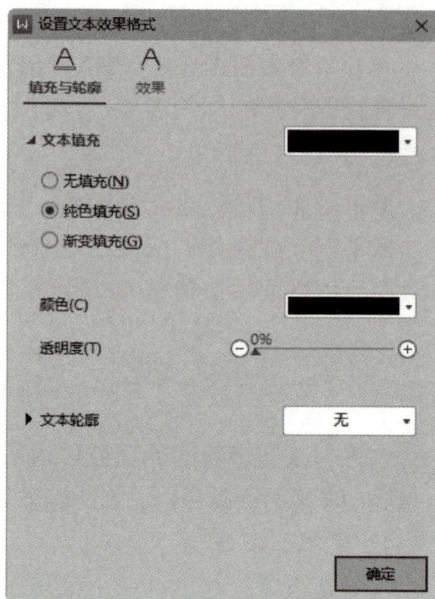

图 3-15　"设置文本效果格式"对话框

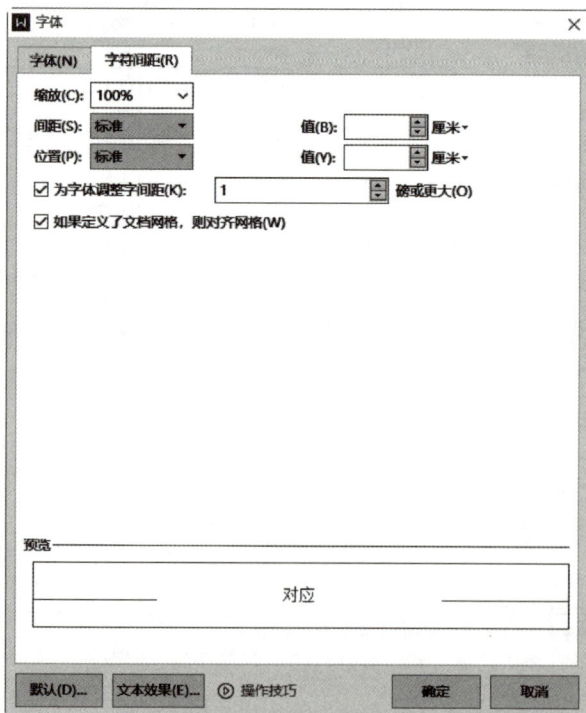

图 3-16　"字符间距"选项卡

3.1.6　段落格式化

段落指用回车键进行换行而形成的一段文字，具有自身的格式特征，如对齐方式、间距和样式。每个段落都以段落标记 ↵ 作为结束标志。在按下回车键结束一个段落并开始另一个段落时，生成的新段落具有与前一个段落相同的格式特征，但可以为每个段落设置不同的格式。

利用如图 3-17 所示的"段落"功能组可以很便捷地设置段落格式。

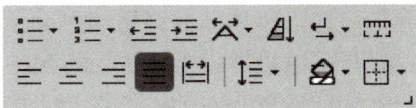

图 3-17　"段落"功能组

1. 段落的缩进设置

段落的缩进包括左缩进（文本之前）、右缩进（文本之后）、首行缩进和悬挂缩进。为了标识一个新段落的开始，一般都将一个段落的首行缩进两个字符，即首行缩进两个字符。悬挂缩进是指文档的第二行及后续各行的缩进量都大于首行，常用于项目符号和编号列表。可以使用"开始"选项卡中的"段落"功能组进行设置，或使用"段落"对话框进行设置，也可以使用标尺进行设置。

（1）使用"段落"功能组设置段落缩进。

把鼠标光标定位到需要改变缩进量的段落内或选中要改变缩进量的段落，单击"开始"选项卡中的"增加缩进量"按钮或"减少缩进量"按钮。

（2）使用"段落"对话框设置段落缩进。

如果要精确地设置首行缩进，则可以使用"段落"对话框。单击"开始"选项卡中的"段落"功能组的右下角按钮 ⌐，打开如图 3-18 所示的"段落"对话框。

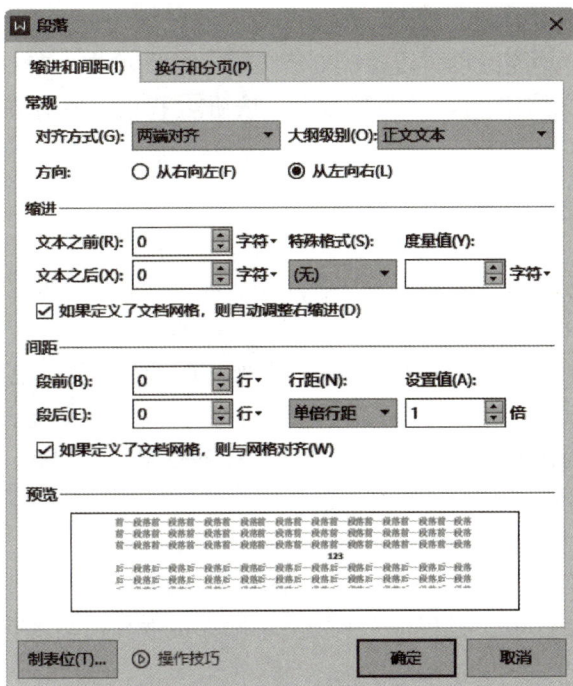

图 3-18　"段落"对话框

在"缩进"区域中的"文本之前"编辑框中输入文本之前的缩进字符量，在"文本之后"

编辑框中输入文本之后的缩进字符量，在"特殊格式"下拉列表中选择"首行缩进"或"悬挂缩进"选项，在"度量值"编辑框中输入数值或单击"字符"滚动框。

（3）使用标尺设置段落缩进。

WPS 2019 默认不显示标尺，如果要使用标尺，则首先要让标尺显示出来，在"视图"选项卡中勾选"标尺"复选框即可显示文档的标尺。

标尺可以设置段落缩进，标尺上的标记⊟被称为"左缩进"，移动此标记可以将本段落第二行到末行设置为左缩进。标尺上的标记△被称为"右缩进"，移动此标记可以将段落设置为右缩进。标尺上的标记▽被称为"首行缩进"，移动此标记可以设置段落首行文字的开始位置，如图 3-19 所示。

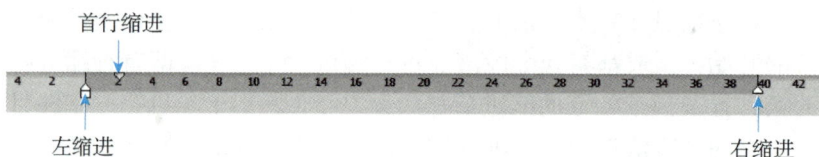

图 3-19　标尺

2. 段落的对齐方式设置

在编辑文档时，有时为了满足需求，要设置段落的对齐方式。例如，文档的标题一般要居中，正文要左对齐等。

在"段落"对话框的"常规"区域中，在"对齐方式"下拉列表中选择对齐方式，若选择"左对齐"选项，则当前段落严格左对齐；若选择"右对齐"选项，则当前段落严格右对齐；若选择"居中"选项，则该段落居中排列；若选择"分散对齐"选项，则当前段落的左、右两端都对齐，末行的字符间距将会随之改变，所有字符在该行均匀分布。

也可以利用"段落"功能组设置段落的对齐方式，分别单击"左对齐"按钮≡、"居中对齐"按钮≡、"右对齐"按钮≡、"两端对齐"按钮≡和"分散对齐"按钮≝，可实现不同的对齐效果。

3. 段落的行距与间距设置

（1）行距。

行距表示各行文本间的垂直距离，改变行距将影响整个段落中所有的行。选中要更改行距的段落，在图 3-18 中的"行距"下拉列表中选择所需的行距。

① 单倍行距：在该行最大字体高度的基础上加一段额外间距，额外间距的大小取决于所用的字体。如果将行距设置为单倍行距，在段落某行插入的图片高度大于文本的高度时，则本行的高度将自动调整得与图片的高度相同，使图片能够完整显示出来。

② 1.5 倍行距：行距为单倍行距的 1.5 倍。

③ 2 倍行距：行距为单倍行距的 2 倍。

④ 最小值：恰好容纳本行中最大的文字或图片的行距。

⑤ 固定值：行距固定，在"设置值"编辑框中输入或选择所需的行距即可。默认的固定值为 12。

（2）间距。

间距是不同段落之间的垂直距离。间距的设置步骤如下：将插入点置于段落中或选中多个段落，在如图 3-18 所示的"间距"区域中的"段前"和"段后"编辑框中输入需要的数值，单击"确定"按钮。

3.1.7　项目符号与编号

1. 项目符号

WPS 2019 文档具有自动编号功能，只需在输入第一个列表项时添加项目符号，就可以在输入其他列表项时自动添加项目符号。

（1）在文档中选中第一个列表项，或将鼠标光标放置在第一个列表项的文本中。如果已输入多个列表项，则选中所有列表项。

（2）单击"开始"选项卡中的"项目符号"下拉按钮 ☷，打开如图 3-20 所示的"预设项目符号"下拉列表。

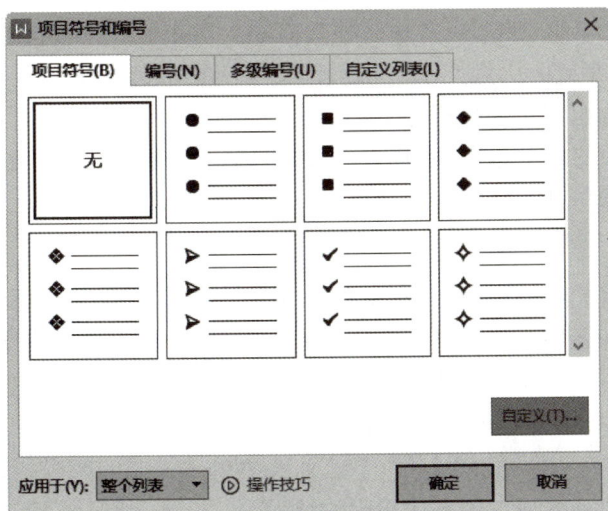

（3）在"预设项目符号"下拉列表中单击需要的项目符号，即可在选定段落的左侧添加指定的项目符号。

（4）按 Enter 键结束段落并换行，WPS 2019 文档会自动在下一个段落的开始处添加项目符号。

（5）在项目符号右侧输入其他列表项，按 Enter 键输入下一个列表项。

（6）在所有列表项输入完成后，按 Enter 键另起一行，按 Backspace 键删除自动添加的最后一个项目符号，即可结束列表项的输入。

如果"预设项目符号"下拉列表中没有需要的项目符号，则用户可以进行自定义。

（1）选择"自定义项目符号"选项，打开如图 3-21 所示的"项目符号和编号"对话框。

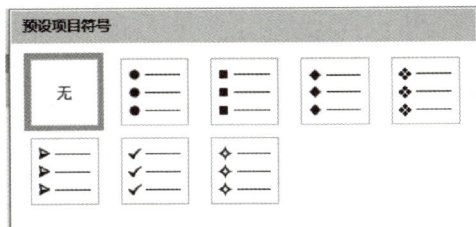

图 3-20　"预设项目符号"下拉列表（部分）　　　图 3-21　"项目符号和编号"对话框

（2）在项目符号列表中选择一种项目符号（选择"无"选项则保持原样），单击"自定义"按钮，打开如图 3-22 所示的"自定义项目符号列表"对话框。

（3）单击"字符"按钮打开如图 3-23 所示的"符号"对话框，在设置字体后，选择需要的符号，单击"插入"按钮，返回"自定义项目符号列表"对话框。

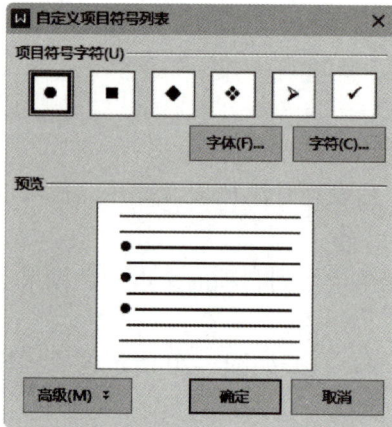

图 3-22 "自定义项目符号列表"对话框

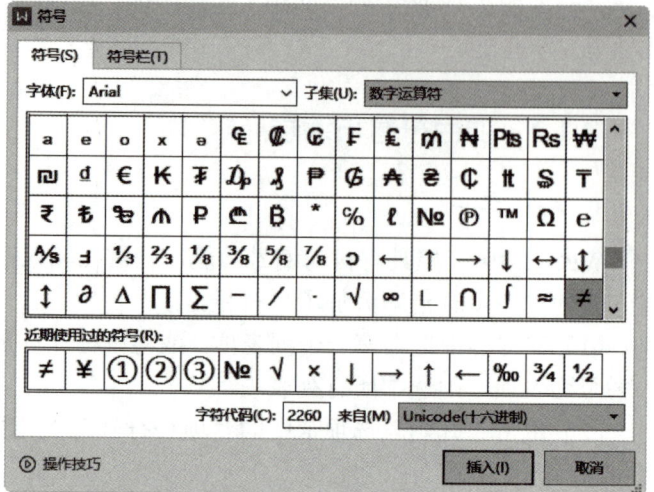

图 3-23 "符号"对话框

此时，在"自定义项目符号列表"对话框中的"预览"区域可以看到使用项目符号的效果。

（1）单击"高级"按钮，在展开的对话框中根据需要设置项目符号及文本的缩进量。

（2）如果要修改项目符号和列表项的字体、颜色等，则单击"字体"选项卡打开"字体"对话框，在"复杂文种"区域设置项目符号的字体、字形和字号；在"所有文字"区域设置项目符号的颜色。在设置完成后，单击"确定"按钮返回"自定义项目符号列表"对话框。

（3）在"自定义项目符号列表"对话框中单击"确定"按钮，返回"项目符号和编号"对话框。在"应用于"下拉列表中自定义项目符号要应用的范围，具体有如下三种范围。

① 整个列表：将当前插入点所在的整个列表的项目符号都改为自定义项目符号。

② 插入点之后：将当前插入点之后的列表项的项目符号改为自定义项目符号。

③ 所选文字：将所选文字所在的列表项的项目符号都改为自定义项目符号。

（4）设置完成后，单击"确定"按钮，关闭所有对话框，即可在文档中查看效果。

2. 编号

（1）在文档中选中第一个列表项，或将鼠标光标放置在第一列表项的文本中。如果已创建多个列表项，则选中所有列表项。

（2）单击"开始"选项卡中的"编号"下拉按钮 ≡▾，打开如图 3-24 所示的"编号"下拉列表。

（3）在"编号"下拉列表中单击需要的编号，即可在选中的列表项左侧添加指定的编号。

如果"编号"下拉列表中没有需要的，则用户可以自定义，操作如下。

（1）在"编号"下拉列表中选择"自定义编号"选项，打开如图 3-25 所示的"项目符号和编号"对话框中的"编号"选项卡。

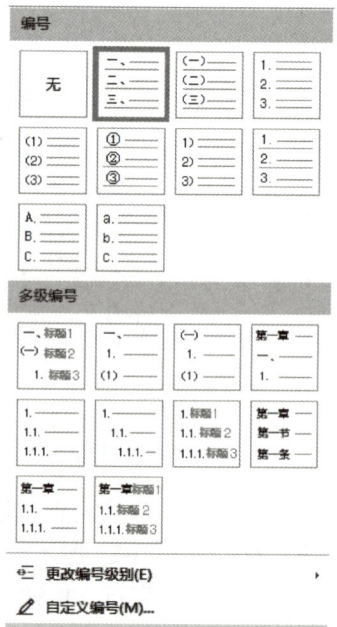

图 3-24 "编号"下拉列表

（2）在编号列表中选择一种编号（选择"无"选项则保持原样），单击"自定义"按钮打开如图 3-26 所示的"自定义编号列表"对话框。根据需要设置编号格式、字体、编号样式及起始编号。

（3）设置完成后，单击"确定"按钮，关闭该对话框，即可在文档中查看效果。

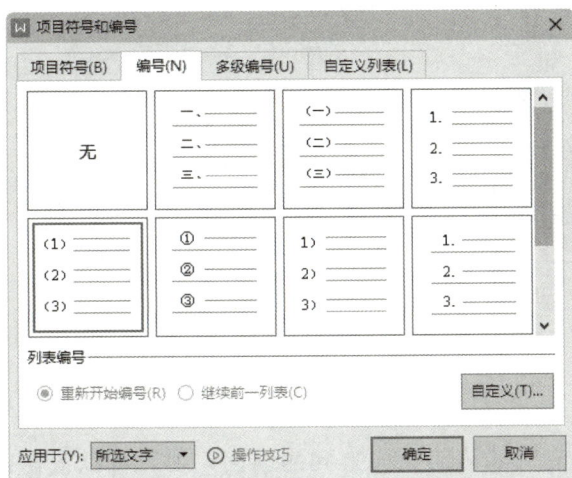

图 3-25　"编号"选项卡

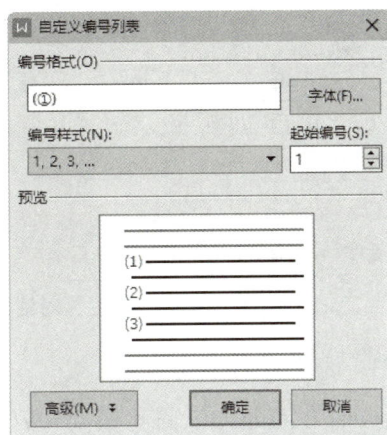

图 3-26　"自定义编号列表"对话框

3.1.8　分栏及首字下沉

1. 分栏设置

出版物大多采用分栏的排版方式。

选中要设置为分栏格式的文本，单击"页面布局"选项卡中的"分栏"下拉按钮，打开如图 3-27 所示的"分栏"下拉列表，可以选择将文本分成一栏、两栏和三栏等。

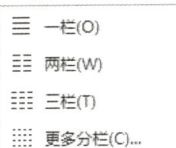

图 3-27　"分栏"下拉列表

在"分栏"下拉列表中选择"更多分栏"选项，打开如图 3-28 所示的"分栏"对话框，在该对话框中设置所需的栏、宽度和间距等，单击"确定"按钮，完成分栏。

2. 首字下沉

"首字下沉"是指加大段落的第一个字符并下沉，具有突出显示的效果，以引起人们的注意。

（1）选择要首字下沉的段落。

（2）单击"插入"选项卡中的"首字下沉"下拉按钮，打开如图 3-29 所示"首字下沉"对话框。

（3）选择"下沉"或"悬挂"选项，可对字体、下沉行数、距正文等参数进行设置，单击"确定"按钮，完成首字下沉设置。

3.1.9　页面设置

文档大小被默认设置为 A4，按纵向编排、打印及输出，可以通过"页面设置"对话框进行改变。

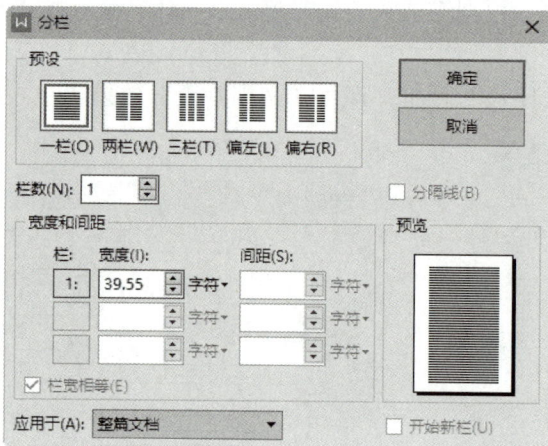

图 3-28 "分栏"对话框

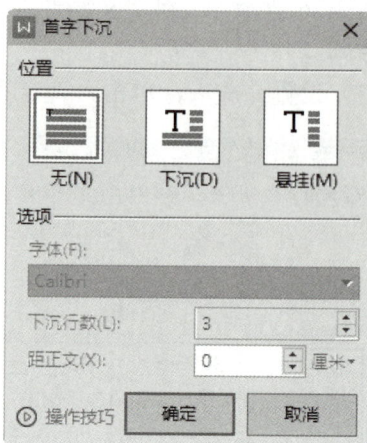

图 3-29 "首字下沉"对话框

1. 设置页面方向

页面方向分为纵向和横向，WPS 2019 文档默认的页面方向为纵向，用户可以根据需要进行调整。

（1）打开要设置页面属性的文档，单击"页面布局"选项卡中的"纸张方向"下拉按钮，打开的下拉列表包括"纵向"和"横向"选项。

（2）在下拉列表中单击需要的页面方向。

设置的页面方向默认应用于当前节，如果没有添加分节符，则应用于整个文档。如果要指定应用的范围，则可以单击"页面布局"选项卡中的"页面设置"按钮，打开"页面设置"对话框。

在"方向"区域选择需要的页面方向，在"应用于"下拉列表中选择要应用的范围，如图3-30 所示。设置完成后，单击"确定"按钮，关闭"页面设置"对话框。

2. 设置纸张大小

通常情况下，用户应该根据文档的类型要求或打印机的型号设置页面的规格（即纸张大小）。

（1）打开要设置纸张大小的文档。

（2）单击"页面布局"选项卡中的"纸张大小"下拉按钮，在打开的"纸张大小"下拉列表中可以看到，WPS 2019 文档预置了 13种常用的纸张大小，如图 3-31 所示。

（3）单击需要的纸张大小，即可修改为指定的纸张大小。

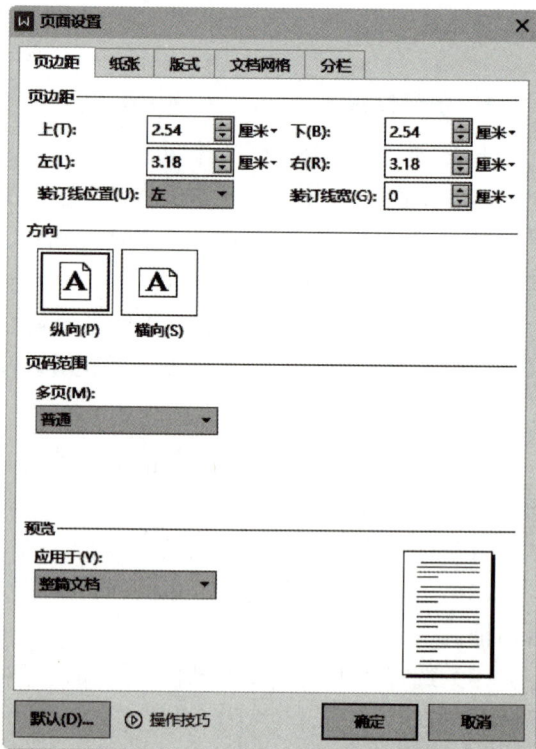

图 3-30 设置页面方向和应用范围

　　如果预置的纸张大小中没有需要的，则单击"其他页面大小"按钮，打开"页面设置"对话框。在"纸张大小"下拉列表中选择"自定义大小"选项，在"宽度"和"高度"编辑框中输入数值，如图 3-32 所示。在"应用于"下拉列表中指定应用范围。在设置完成后，单击"确定"按钮，关闭"页面设置"对话框。

图 3-31　"纸张大小"下拉列表　　　　　　图 3-32　自定义纸张大小

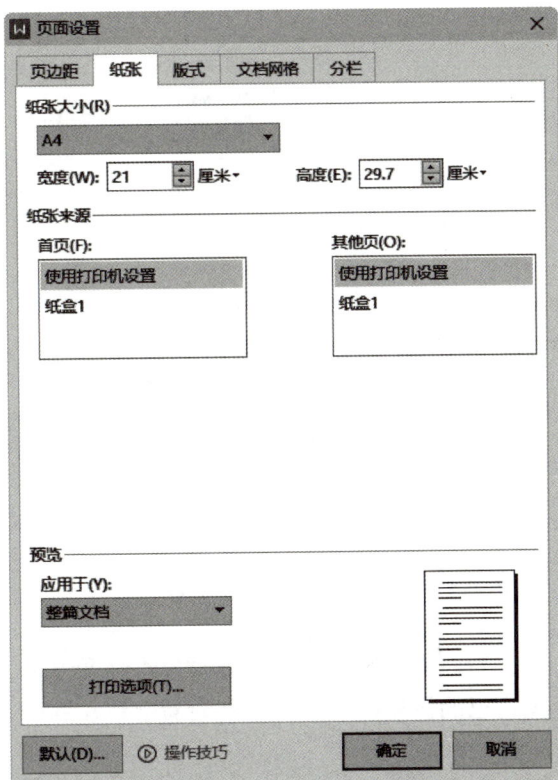

3．调整页边距

　　（1）页边距是正文区域与文档边缘之间的距离，包括上、下、左、右四个方向，以及装订线。页边距的设置在文档排版中十分重要，太窄会影响文档装订，太宽不仅浪费纸张，而且影响版面美观。

　　（2）打开要设置页边距的文档。单击"页面布局"选项卡中的"页边距"按钮，可以看到，WPS 2019 文档内置了常用的页边距。

　　（3）如果内置的页边距中没有合适的，则可以单击"自定义页边距"按钮打开"页面设置"对话框（见图 3-33），在"页边距"区域自定义上、下、左、右四个方向的页边距。如果文档要装订，还应设置装订线位置和装订线宽，从 "应用于"下拉列表中指定页边距的应用范围。

　　（4）设置装订线宽可以避免文档边缘在装订文档时被遮挡。在设置完成后，单击"确定"按钮，关闭"页面设置"对话框。此时，在单击"页边距"按钮后可看到自定义的页边距参数，可将该自定义的页边距应用于其他文档。

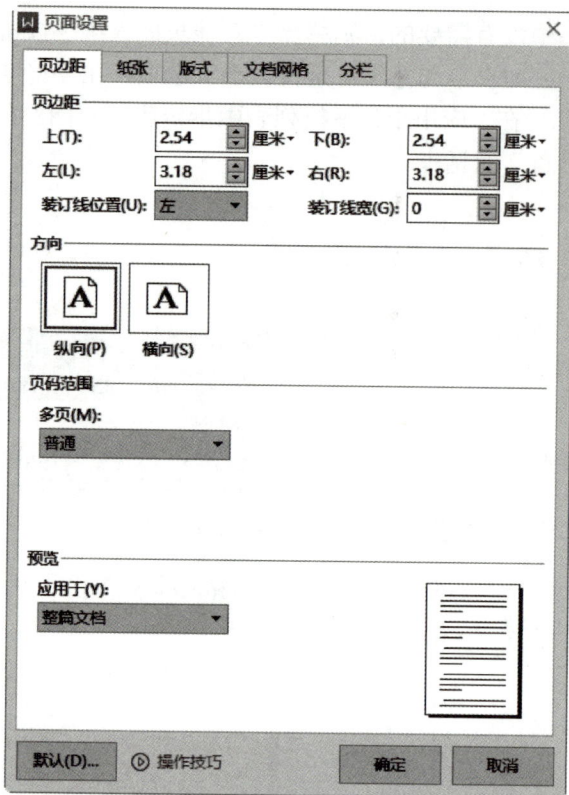

图 3-33 "页面设置"对话框

3.1.10 打印预览及打印

在新建文档时，WPS 2019 文档对页边距、方向及其他选项应用默认的设置，但用户可以根据自己的需要随时改变这些设置。

1. 打印预览

用户可以通过"打印预览"功能查看文档的打印效果，还可以设置打印的份数、方式及顺序。

（1）依次单击"文件"→"打印"→"打印预览"按钮，打开"打印预览"选项卡，如图 3-34 所示，用户可以预览打印效果，这就是打印机打印的实际效果。用户还可以通过调整预览区域下面的滑块改变预览视图的大小。

（2）若用户对打印效果不满意，则单击"打印预览"选项卡中的"关闭"按钮 ，关闭"打印预览"选项卡，返回文档编辑状态，对文档作进一步调整，直到得到满意的预览效果为止。

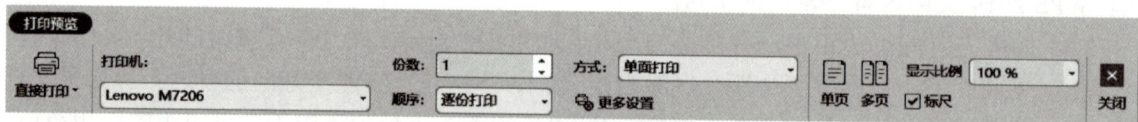

图 3-34 "打印预览"选项卡

2. 打印文档

（1）在打印文档之前，确定打印机的电源已经打开，并且打印机处于联机状态。为了稳妥起见，最好先打印文档的其中一页看实际效果，在确定没有问题后，再将文档的其余部分打印出来。

（2）依次单击"文件"→"打印"→"打印"按钮（第二个"打印"按钮为跳转到的新页面按钮），打开如图 3-35 所示的"打印"对话框。

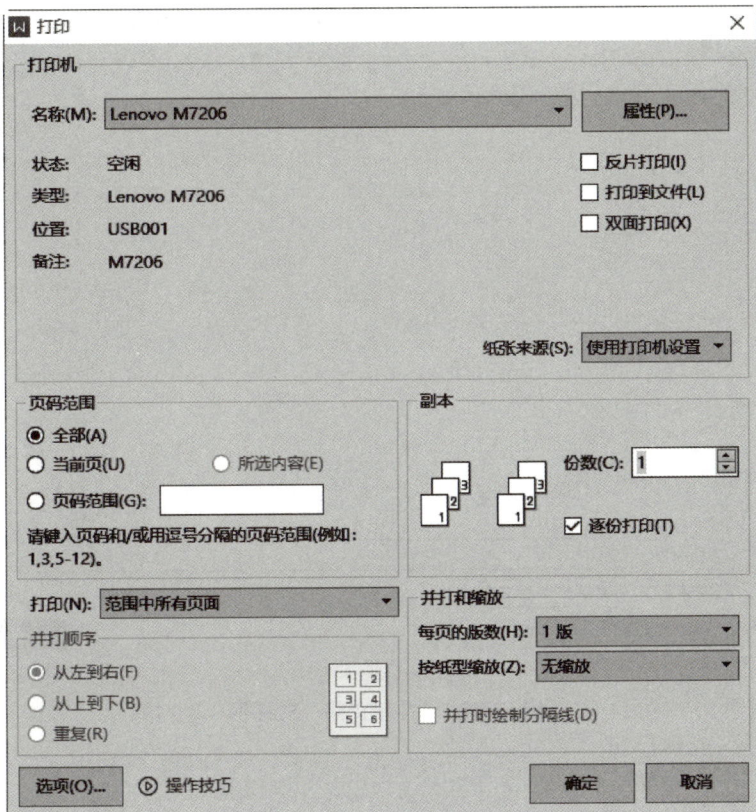

图 3-35 "打印"对话框

（3）在"名称"下拉列表中选择计算机中安装的打印机。

（4）若仅打印部分文档，则选中"页码范围"选项，在该选项后方的编辑框中输入页码范围，用逗号分隔不连续的页码，用连字符连接连续的页码。例如，要打印第 2、5、6、7、11、12、13 页，可以在编辑框中输入"2，5-7，11-13"。

（5）如果需打印多份，则在"份数"编辑框中设置打印的份数。

（6）如果要双面打印文档，则勾选"双面打印"复选框。

（7）单击"确定"按钮，即可开始打印。

任务实施——写一封求职信

（1）启动 WPS 2019，单击首页上的"新建"按钮 ⊕，打开"新建"选项卡，默认打开"文字"功能组，单击"新建空白文字"按钮，新建一个空白文档。

（2）单击快捷工具栏上的"保存"按钮 🖫，打开"另存文件"对话框，指定保存位置，输入文件名为"求职信"，如图 3-36 所示，单击"保存"按钮，保存文档。

（3）将输入法切换为中文输入法，在光标闪烁的位置输入标题"求职信"，如图 3-37 所示。

（4）选中标题，在"开始"选项卡中设置标题的字体为"黑体"，字号为"小初"，字体颜色为黑色，文本对齐方式为"居中对齐"，并单击"加粗"按钮**B**，标题效果如图 3-38 所示。

图 3-36　"另存文件"对话框

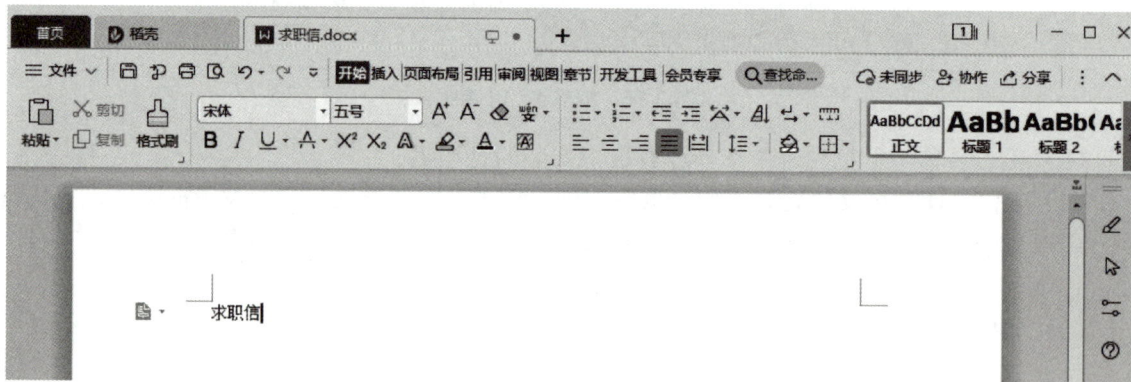

图 3-37　输入标题

求职信

图 3-38　标题效果

（5）再次选中标题，单击"开始"选项卡中的"字体"功能组右下角的按钮，打开"字体"对话框。在"字符间距"选项卡中设置间距为"加宽"，值为 0.1 厘米，如图 3-39 所示。单击"确定"按钮，关闭"字体"对话框，设置字符间距的标题效果如图 3-40 所示。

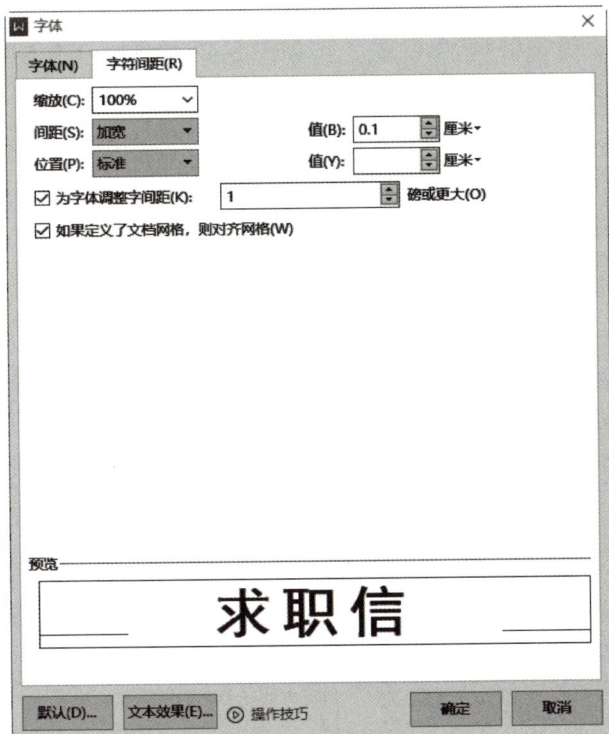

图 3-39 设置字符间距

图 3-40 设置字符间距的标题效果

（6）按 Enter 键换行，因为此时默认采用标题格式，所以要先设置正文格式，再输入文字，或者在输入文字后设置正文格式。通过"字体"功能组设置字体为"宋体"，字号为"小四"，字体颜色为黑色，文本对齐方式为"左对齐"，如图 3-41 所示。

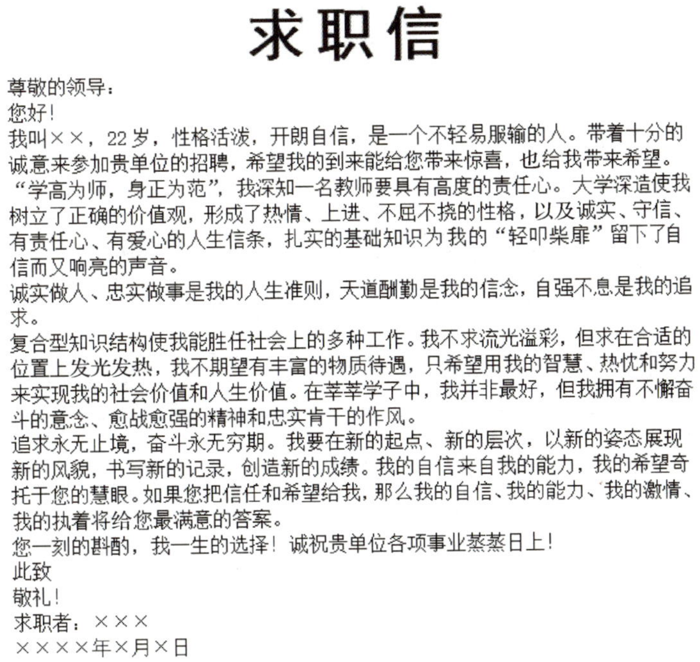

求职信

尊敬的领导：

您好！

我叫××，22 岁，性格活泼，开朗自信，是一个不轻易服输的人。带着十分的诚意来参加贵单位的招聘，希望我的到来能给您带来惊喜，也给我带来希望。

"学高为师，身正为范"，我深知一名教师要具有高度的责任心。大学深造使我树立了正确的价值观，形成了热情、上进、不屈不挠的性格，以及诚实、守信、有责任心、有爱心的人生信条，扎实的基础知识为我的"轻叩柴扉"留下了自信而又响亮的声音。

诚实做人、忠实做事是我的人生准则，天道酬勤是我的信念，自强不息是我的追求。

复合型知识结构使我能胜任社会上的多种工作。我不求流光溢彩，但求在合适的位置上发光发热，我不期望有丰富的物质待遇，只希望用我的智慧、热忱和努力来实现我的社会价值和人生价值。在莘莘学子中，我并非最好，但我拥有不懈奋斗的意念、愈战愈强的精神和忠实肯干的作风。

追求永无止境，奋斗永无穷期。我要在新的起点、新的层次，以新的姿态展现新的风貌，书写新的记录，创造新的成绩。我的自信来自我的能力，我的希望寄托于您的慧眼。如果您把信任和希望给我，那么我的自信、我的能力、我的激情、我的执着将给您最满意的答案。

您一刻的斟酌，我一生的选择！诚祝贵单位各项事业蒸蒸日上！

此致

敬礼！

求职者：×××

××××年×月×日

图 3-41 设置标题格式和正文格式

（7）选中"您好"至"此致"的正文文本，单击"段落"功能组右下角的按钮，打开"段落"对话框。设置特殊格式为"首行缩进"，度量值为"2 字符"，如图 3-42 所示。单击"确定"按钮，关闭"段落"对话框，段落首行缩进效果如图 3-43 所示。

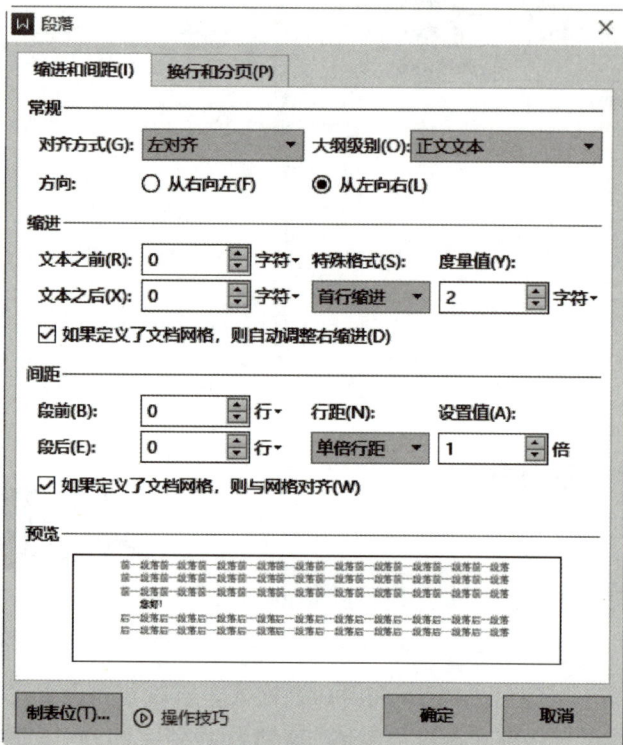

图 3-42 "段落"对话框

求 职 信

尊敬的领导：

您好！

我叫××，22 岁，性格活泼，开朗自信，是一个不轻易服输的人。带着十分的诚意来参加贵单位的招聘，希望我的到来能给您带来惊喜，也给我带来希望。

"学高为师，身正为范"，我深知一名教师要具有高度的责任心。大学深造使我树立了正确的价值观，形成了热情、上进、不屈不挠的性格，以及诚实、守信、有责任心、有爱心的人生信条，扎实的基础知识为我的"轻叩柴扉"留下了自信而又响亮的声音。

诚实做人、忠实做事是我的人生准则，天道酬勤是我的信念，自强不息是我的追求。

复合型知识结构使我能胜任社会上的多种工作。我不求流光溢彩，但求在合适的位置上发光发热，我不期望有丰富的物质待遇，只希望用我的智慧、热忱和努力来实现我的社会价值和人生价值。在莘莘学子中，我并非最好，但我拥有不懈奋斗的意念、愈战愈强的精神和忠实肯干的作风。

追求永无止境，奋斗永无穷期。我要在新的起点、新的层次，以新的姿态展现新的风貌，书写新的记录，创造新的成绩。我的自信来自我的能力，我的希望寄托于您的慧眼。如果您把信任和希望给我，那么我的自信、我的能力、我的激情、我的执着将给您最满意的答案。

您一刻的斟酌，我一生的选择！诚祝贵单位各项事业蒸蒸日上！

此致

敬礼！

求职者：×××

××××年×月×日

图 3-43 段落首行缩进效果

（8）选中全部正文文本，单击"段落"功能组右下角的按钮，打开"段落"对话框。设置行距为"1.5 倍行距"，单击"确定"按钮，关闭"段落"对话框，段落行距效果如图 3-44 所示。

尊敬的领导：

　　您好！

　　我叫××，22 岁，性格活泼，开朗自信，是一个不轻易服输的人。带着十分的诚意来参加贵单位的招聘，希望我的到来能给您带来惊喜，也给我带来希望。

　　"学高为师，身正为范"，我深知一名教师要具有高度的责任心。大学深造使我树立了正确的价值观，形成了热情 上进、不屈不挠的性格，以及诚实、守信、有责任心、有爱心的人生信条，扎实的基础知识给我的"轻叩柴扉"留下了自信而又响亮的声音。

　　诚实做人、忠实做事是我的人生准则，天道酬勤是我的信念，自强不息是我的追求。

　　复合型知识结构使我能胜任社会上的多种工作。我不求流光溢彩，但求在合适的位置上发光发热，我不期望有丰富的物质待遇，只希望用我的智慧、热忱和努力来实现我的社会价值和人生价值。在莘莘学子中，我并非最好，但我拥有不懈奋斗的意念、愈战愈强的精神和忠实肯干的作风。

　　追求永无止境，奋斗永无穷期。我要在新的起点、新的层次，以新的姿态展现新的风貌，书写新的记录，创造新的成绩。我的自信来自我的能力，我的希望奇托于您的慧眼。如果您把信任和希望给我，那么我的自信、我的能力、我的激情、我的执着将给您最满意的答案。

　　您一刻的斟酌，我一生的选择！诚祝贵单位各项事业蒸蒸日上！

　　此致

敬礼！

求职者：×××

××××年×月×日

图 3-44　段落行距效果

（9）选中正文中的第一个段落，单击"段落"功能组右下角的按钮，打开"段落"对话框，设置段前间距为 1.5 行，效果如图 3-45 所示。

（10）选取最后两个段落，单击"开始"选项卡中的"右对齐"按钮，将段落对齐方式设置为右对齐，效果如图 3-46 所示。

求 职 信

尊敬的领导：

此致

敬礼！

求职者：×××

××××年×月×日

图 3-45　设置段前间距的效果　　　　**图 3-46　设置段落对齐方式为右对齐的效果**

（11）选取第五个段落，单击"开始"选项卡中的"字体"功能组右下角的按钮，打开"字体"对话框。在"字体"选项卡中设置下画线类型为"波浪线"（注：文中以规范写法"下画线"进行描述，对应图 3-47 中的"下划线"），颜色为绿色，如图 3-47 所示。单击"确定"按钮，关闭"字体"对话框，效果如图 3-48 所示。

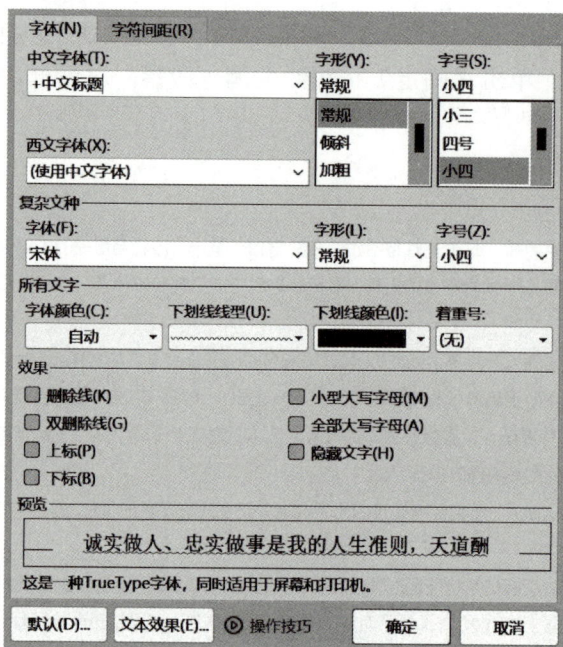

图 3-47 "字体"对话框

诚实做人、忠实做事是我的人生准则、天道酬勤是我的信念，自强不息是我的追求。

图 3-48 第五个段落的效果

（12）单击"页面布局"选项卡中的扩展按钮 ⌐，打开"页面设置"对话框。在"页边距"选项卡中设置方向为纵向，上、下页边距各为 3 厘米，左、右页边距各为 3.2 厘米，如图 3-49 所示。在设置完成后，单击"确定"按钮，关闭"页面设置"对话框。

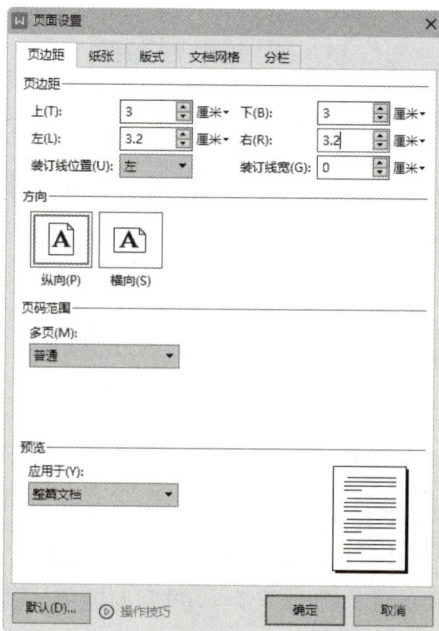

图 3-49 "页面设置"对话框

（13）依次单击"文件"→"打印"→"打印预览"按钮，打开如图 3-50 所示的"打印预览"选项卡，检查文档是否有误，单击"打印预览"选项卡中的"关闭"按钮 ，返回文档编辑状态。

（14）依次单击"文件"→"打印"→"打印"按钮，打开"打印预览"选项卡。在"打印机"下拉列表中选择计算机中安装的打印机，打印文档。

（15）单击快捷工具栏上的"保存"按钮 ，保存文档。

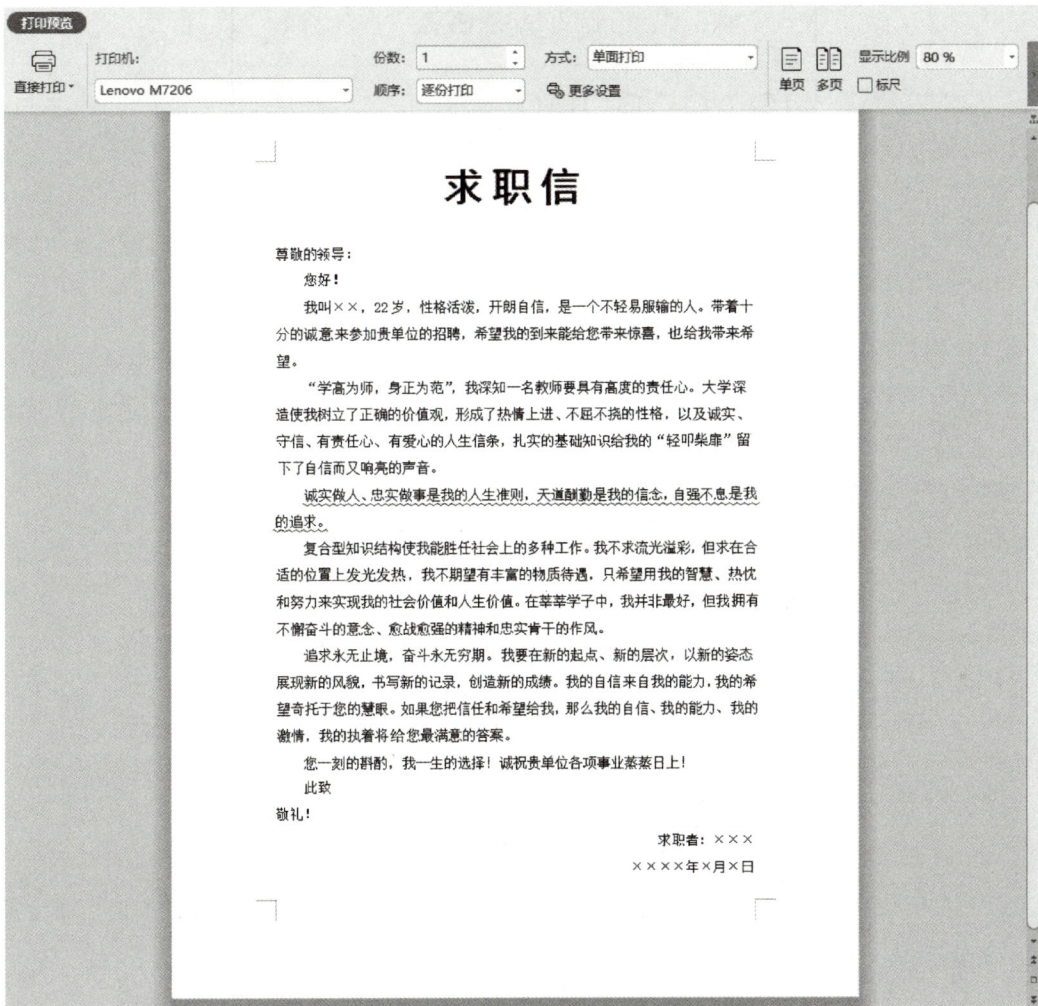

图 3-50　"打印预览"选项卡

3.2　应用形状、图片

3.2.1　形状的插入、编辑和修饰

WPS 2019 提供了丰富的内置形状，用户可以一键绘制常用形状，即使用户没有绘画经验，也能通过简单的组合、编辑顶点绘制复杂形状。

1. 插入形状

单击"插入"选项卡中的"形状"下拉按钮 ，打开"形状"下拉列表，如图 3-51 所示，可以选择的有线条、矩形、基本形状、箭头总汇、公式形状、流程图等形状，在绘图起始位置按住鼠标左键，移动形状至结束位置就能完成所选形状的绘制，示例如图 3-52 所示。

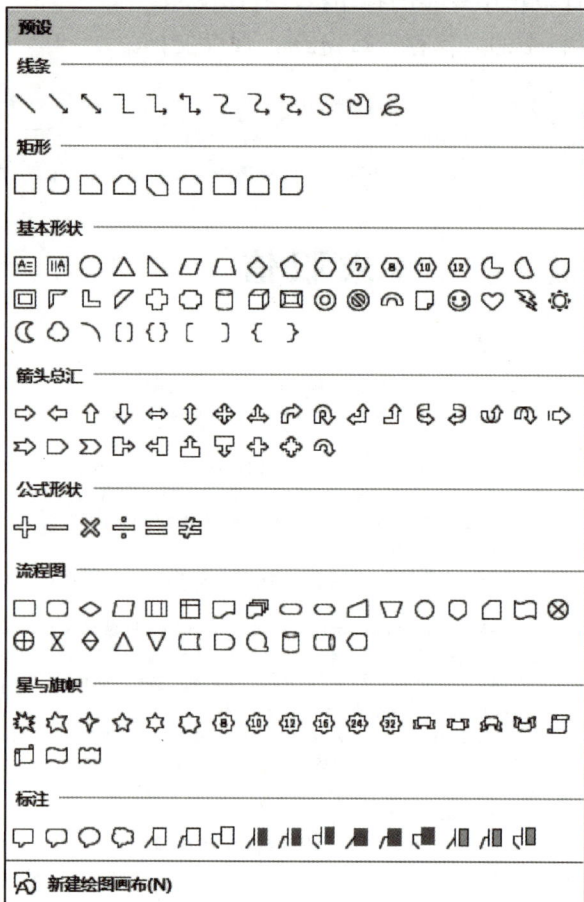

图 3-51 "形状"下拉列表

注意： 在按住鼠标左键的同时按住 Shift 键，可绘制宽和高相等的形状，如圆、正方形等。

2. 编辑形状

一开始绘制的形状不一定满足要求，往往需要对形状的尺寸和角度进行调整。

（1）选中形状，形状四周出现控制手柄，如图 3-53 所示，移动控制手柄可调整形状尺寸和角度。

将鼠标光标移动到圆形控制手柄上，在鼠标光标变成双向箭头时，按下左键将形状移动到合适位置并释放，即可改变形状尺寸。

提示： 在形状四个角的控制手柄上按下鼠标左键并移动，可按比例缩放。

如果要精确地设置形状尺寸，则在选中形状后，在"绘图工具"选项卡中的"大小和位置"功能组中设置形状的高度和宽度。

（2）单击"大小和位置"功能组右下角的按钮 ，在打开的"布局"对话框中可以精确设置形状参数，如图 3-54 所示。

图 3-52　绘制形状示例　　　　　　　　　图 3-53　选中形状，出现控制手柄

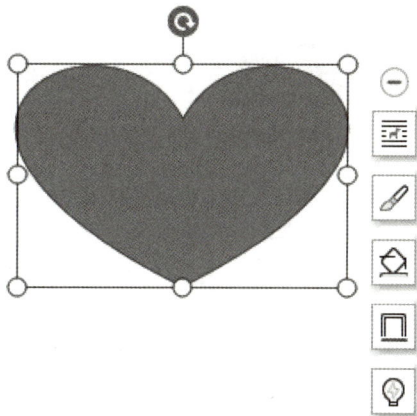

（3）将鼠标光标移到旋转手柄 ⟳ 上，鼠标光标显示为 ↻，按下鼠标左键并移动形状到合适角度后释放，形状绕中心点进行相应角度的旋转，如图 3-55 所示。

如果要将形状旋转某个精确的角度，则单击"大小和位置"功能组右下角的按钮 ↵，打开如图 3-54 所示的"布局"对话框，在"旋转"区域中输入旋转角度。

如果要对形状进行 90° 的倍数的旋转，则可单击"绘图工具"选项卡中的"旋转"下拉按钮 ⌐ 旋转 ，在打开的"旋转"下拉列表中选择需要的旋转选项，如图 3-56 所示。

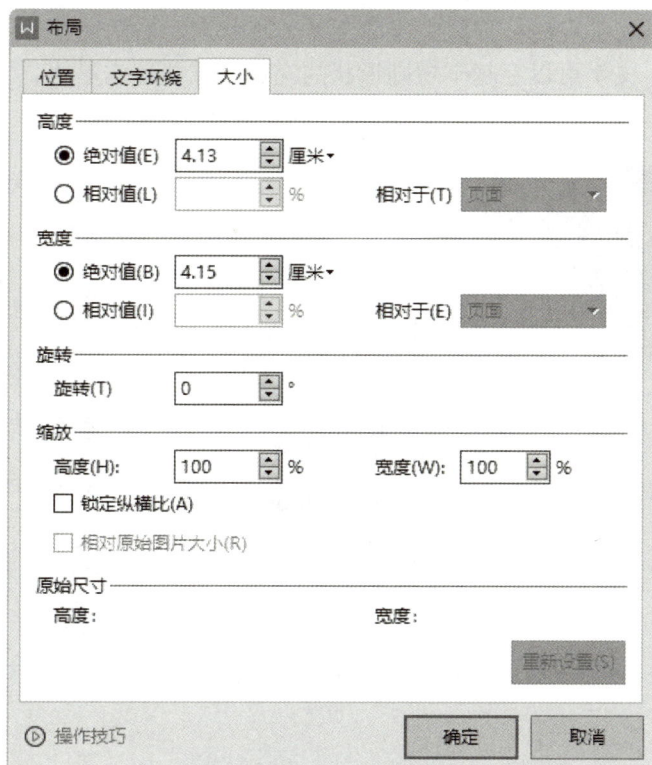

图 3-54　"布局"对话框

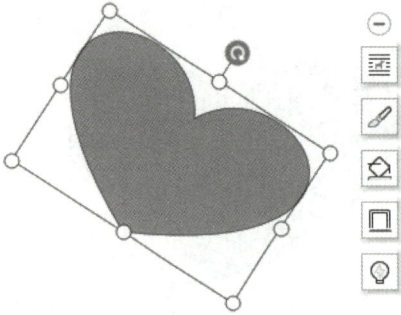

图 3-55　旋转形状

图 3-56　"旋转"下拉列表

（4）单击形状右侧的"布局选项"按钮，在打开的"布局选项"列表中可以看到多种环绕方式，如图 3-57 所示。单击"绘图工具"选项卡中的"环绕"下拉按钮，打开"环绕"下拉列表，设置环绕方式，如图 3-58 所示。

① 嵌入型：将形状嵌入某一行中，不能随意移动。

② 四周型环绕：文字以矩形形式环绕在形状四周。

③ 紧密型环绕：文字根据形状轮廓紧密环绕在其四周。当形状轮廓不规则时，紧密型环绕效果与穿越型环绕效果相同。

④ 衬于文字下方：形状显示在文字下方，被文字覆盖。

⑤ 浮于文字上方：形状显示在文字上方，覆盖文字。

⑥ 上下型环绕：文字环绕在形状上方和下方，形状左、右两侧不显示文字。

⑦ 穿越型环绕：文字可以穿越不规则形状的空白区域并环绕形状。

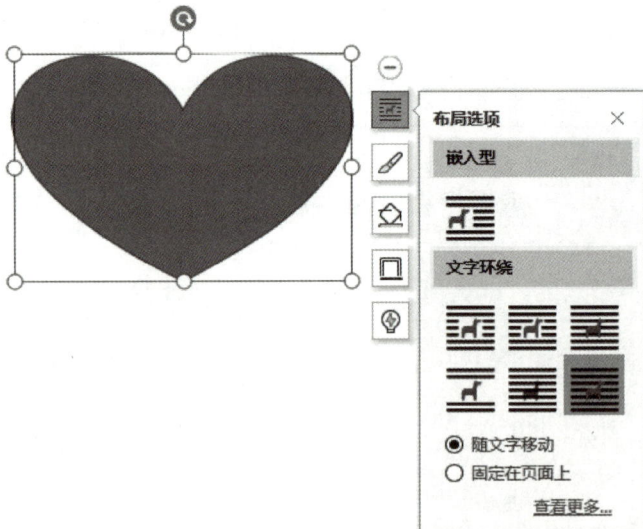

图 3-57　"布局选项"列表

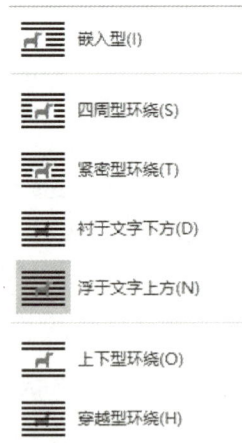

图 3-58　"环绕"下拉列表

3. 修饰形状

如果需要设置形状填充、轮廓、组合、旋转和排列等，则先选中要编辑的形状，在如图 3-59 所示的"绘图工具"选项卡中选择相应的功能按钮。

图 3-59　"绘图工具"选项卡

（1）形状填充。

选择要填充的形状，单击"绘图工具"选项卡中的"填充"下拉按钮🖈，打开如图 3-60 所示的"填充"下拉列表。如果选择单色填充，则可选择面板中已有的颜色，或选择"其他填充颜色"选项，以选择其他颜色为填充色；如果选择用图片填充，则依次选择 "图片或纹理"→"本地图片"选项，打开"插入图片"对话框，选择一张图片进行填充；如果选择渐变填充，则选择"渐变"选项，打开如图 3-61 所示的"属性"窗格，可选择"渐变填充"选项，并选择一种渐变样式，也可自行设置渐变填充效果。

图 3-60　"填充"下拉列表

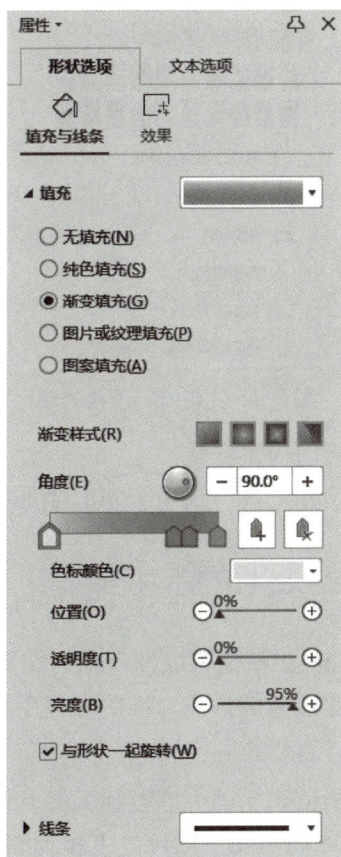

图 3-61　"属性"窗格

（2）形状轮廓。

选中形状，单击"绘图工具"选项卡中的"轮廓"下拉按钮▫，打开如图 3-62 所示的"轮廓"下拉列表，设置轮廓的线型和颜色等。

（3）形状效果。

形状效果包括阴影、倒影、发光、柔化边缘及三维旋转等。选中要设置形状效果的形状，单击"绘图工具"选项卡中的"形状效果"下拉按钮，打开如图 3-63 所示的"形状效果"下拉列表，选择一种形状效果进行设置。

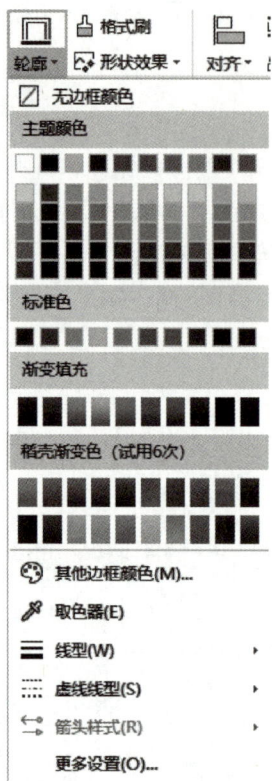

图 3-62 "轮廓"下拉列表　　　　图 3-63 "形状效果"下拉列表

（4）应用内置样式。

在"绘图工具"选项卡中的"形状样式"中选择一种内置样式应用到形状上。

3.2.2　图片的插入和编辑

WPS 2019 不仅可以插入稻壳图片和本地计算机收藏的图片，还支持从扫描仪插入图片，甚至可以通过微信扫描二维码连接手机，插入手机中的图片。

1. 插入图片

（1）定位到文档中需要插入图片的位置，单击"插入"选项卡中的"图片"下拉按钮，在如图 3-64 所示的"图片"下拉列表中选择图片来源。

（2）在选择图片来源后插入图片，例如，单击"本地图片"按钮，打开"插入图片"对话框，选择要插入的图片，单击"打开"按钮，插入图片。

在文档中插入的图片默认按原始尺寸或文档可容纳的最大尺寸显示，且往往需要对图片的尺寸和角度进行调整，有时还需要设置图片的颜色和效果，从而与文档风格和主题融合。

2. 编辑图片

（1）如果插入的图片中包含不需要的部分，或者仅希望显示图片的某个区域，则不需要使用专业的图片处理软件，使用 WPS 2019 提供的图片裁剪功能即可。

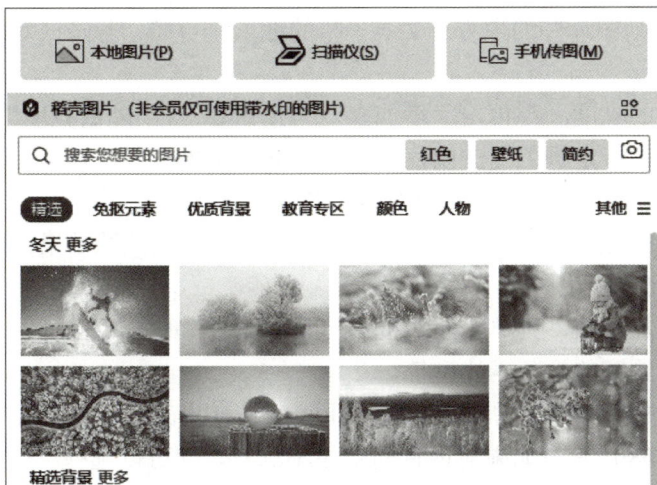

图 3-64　"图片"下拉列表

选中图片，单击"图片工具"选项卡中的"裁剪"按钮，图片四周显示黑色的裁剪标志，将鼠标光标移动到某个裁剪标志上，按下鼠标左键，将裁剪标志移动至合适的位置并释放，即可沿移动方向裁剪图片。在确认无误后，按 Enter 键或单击空白区域完成裁剪。

如果要将图片裁剪为某种形状，则单击"裁剪"级联菜单（如图 3-65 所示）中的形状，按 Enter 键或单击文档中的空白区域完成裁剪。

如果要将图片的宽度和高度裁剪得有一定比例，则在"裁剪"级联菜单中切换到"按比例裁剪"选项卡，单击需要的比例，按 Enter 键或单击文档中的空白区域完成裁剪。

提示：如果要调整裁剪区域，则可在裁剪状态下，在图片上按下鼠标左键并移动。

（2）选中图片，在"图片工具"选项卡的"设置形状格式"功能组中修改图片的效果，如图 3-66 所示。

图 3-65　"裁剪"级联菜单

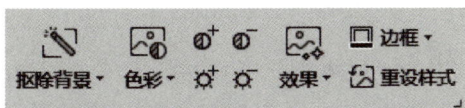

图 3-66　"设置形状格式"功能组

如果要调整图片的明暗反差程度，则单击"增加对比度"按钮或"降低对比度"按钮

◔¯。若增加对比度，则图片亮的地方会更亮，暗的地方会更暗；若降低对比度，则明暗反差会减小。

如果要调整图片的亮度，则单击"增加亮度"按钮 ☼⁺ 或"降低亮度"按钮 ☼ 。

如果要将图片中的特定颜色变透明，则单击"抠除背景"下拉列表中的"设置透明色"按钮 ◊ ，在鼠标光标显示为 ⟋ 时，在要变为透明的颜色区域单击。

如果要更改图片的颜色效果，例如，显示为灰度、黑白或冲蚀效果，则单击"色彩"下拉按钮 ，选择相应的选项。

如果要为图片添加边框，则单击"边框"下拉按钮 □ 边框▾，在如图 3-67 所示的"边框"下拉列表中设置图片轮廓的颜色、线型等。

如果要为图片添加特效，则单击"效果"下拉按钮 ，在打开的"效果"下拉列表中选择需要的效果，如图 3-68 所示。如果对内置的效果不满意，则可以选择"更多设置"选项，打开如图 3-69 所示的"属性"窗格，修改效果参数。

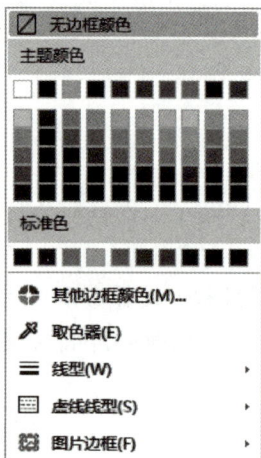

| 图 3-67 "边框"下拉列表 | 图 3-68 "效果"下拉列表 | 图 3-69 "属性"窗格 |

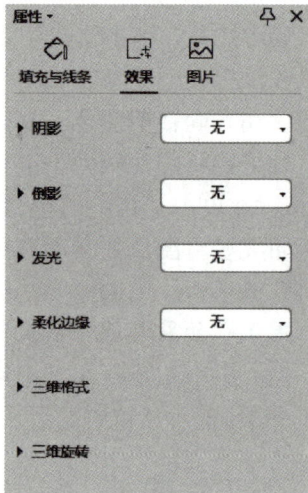

如果要取消图片的所有设置，则单击"重设样式"按钮 。

如果要替换文档中的图片，但保留所有设置，如大小、颜色、边框和效果等，单击"替换图片"按钮 ，打开"更改图片"对话框，选择要替换的图片，单击"打开"按钮。

图片的尺寸、角度的调整及环绕方式与形状的一样，这里不再详细介绍。

3.2.3 文本框的插入和编辑

通过文本框，用户可以将文本很方便地放到文档中的任意位置，不必受到段落格式、页面设置等的影响。用户可以重新设置文字的方向、格式化文字、设置段落格式等。

1. 插入文本框

（1）单击"插入"选项卡中的"文本框"下拉按钮 ，打开如图 3-70 所示的"文本框"下拉列表。选择任意选项，当鼠标光标变为十字形时，把它移到要插入文本框的起始位置，即按住鼠标左键并移到目标位置后释放鼠标左键，即可绘制出以起始位置和终止位置为对角顶点的空白文本框，如图 3-71 所示。

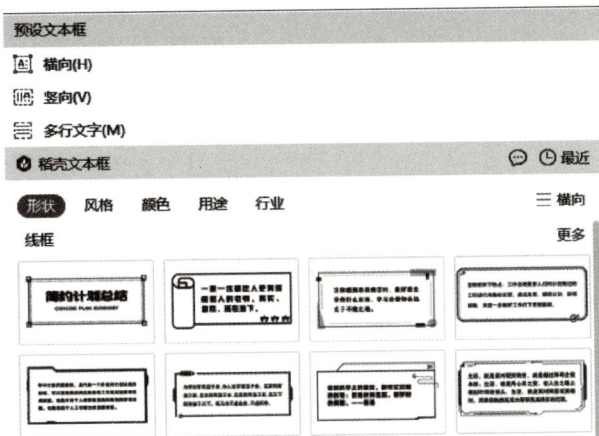

图 3-70　"文本框"下拉列表

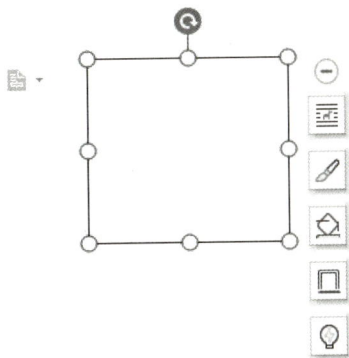

图 3-71　输入文本框

（2）可以将已有文本插入文本框。选中需要插入文本的文本框，单击"插入"选项卡中的"文本框"下拉按钮 ⊞，在打开的"文本框"下拉列表中选择"横向"或"竖向"文本框，则被选中的文本将被插入文本框。

在文本框中输入文本时会发现不同类型的文本框的区别，"横向"和"竖向"文本框的大小是固定的，如果其中的文本超出了文本框的显示范围，则超出的部分将不可见。"多行文字"文本框则可随其中文本的增加而自动扩展，以完全容纳所有文本。

如果在文本框中插入图片等非文本类型的内容，则插入的内容将自动等比例缩小到与文本框的宽度一致。

2. 设置文本框格式

处理文本框中的文本就像处理标题和正文文本一样，可以在文本框中设置页边距，也可以设置环绕方式等。

选中文本框，利用图 3-71 中文本框右侧的快速工具栏可设置文本框的布局和外观。

右击文本框边框，打开快捷菜单，选择"设置对象格式"选项，打开如图 3-72 所示的"属性"窗格。

（1）在"形状选项"下方的"填充与线条"选项卡中，根据需要进行设置。

（2）在"形状选项"下方的"效果"选项卡中，根据需要设置文本框的效果，如阴影、发光、柔化边缘、三维旋转等。

（3）在"文本选项"下方的"布局区域"选项卡中，设置文本框内部边距，输入文本框各边与文本之间的间距即可。

3.2.4　艺术字的创建和编辑

在 WPS 2019 中创建艺术字有两种方式，一种是为选中的文本套用一种艺术字效果，另一种是直接插入艺术字。

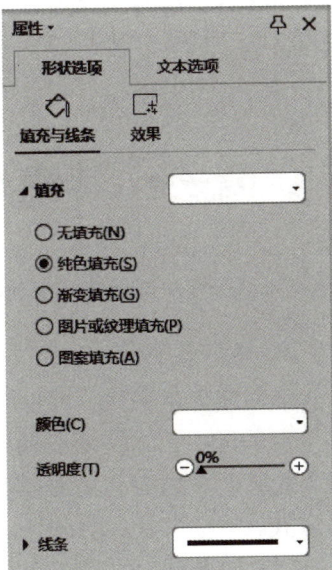

图 3-72　"属性"窗格

1. 创建艺术字

（1）选中需要制作成艺术字的文本。如果不选中文本，则将直接插入艺术字。

（2）单击"插入"选项卡中的"艺术字"下拉按钮，打开如图3-73所示的"艺术字"下拉列表。

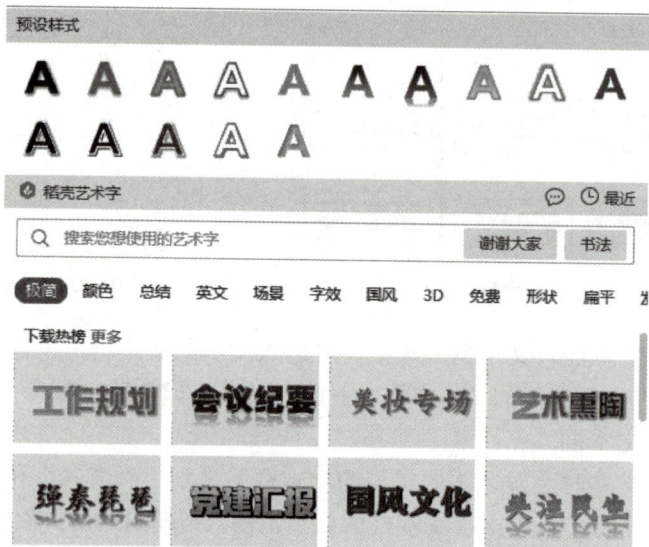

图3-73 "艺术字"下拉列表

（3）单击需要的艺术字即可应用。

如果先选中了文本，则选中的文本可在保留字体的同时，应用指定的艺术字字号和效果，且文本显示在文本框中，如图3-74所示。

如果没有先选中文本，直接插入艺术字，则自动选中占位文本"请在此放置您的文字"，如图3-75所示，可输入文本替换占位文本，并修改字体。

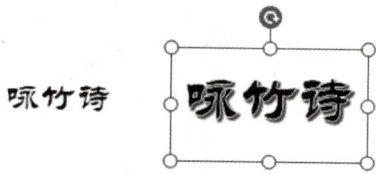

图3-74 应用艺术字前、后的效果

图3-75 直接插入艺术字

2. 编辑艺术字

在创建艺术字后，可以编辑艺术字。

（1）选中艺术字所在的文本框，利用快速工具栏中的"填充"按钮和"轮廓"按钮进行设置。单击"布局选项"按钮，修改艺术字的布局方式。

（2）如果要创建具有特殊排列方式的艺术字，则单击"文本工具"选项卡中的"文本效果"下拉按钮，在如图3-76所示的"文本效果"下拉列表中选择"转换"选项，在打开的级联菜单中选择一种排列方式。

图3-76 "文本效果"下拉列表

3.2.5　智能图形的插入和编辑

WPS 2019 中的智能图形与 Office 中的 SmartArt 图形基本相同，都用于表达和信息交流，可以帮助用户轻松创建具有设计师水准的列表、流程图、组织结构图等。

1．插入智能图形

（1）单击"插入"选项卡中的"智能图形"下拉按钮 智能图形 ，选择"智能图形"选项，打开如图 3-77 所示的"选择智能图形"对话框。

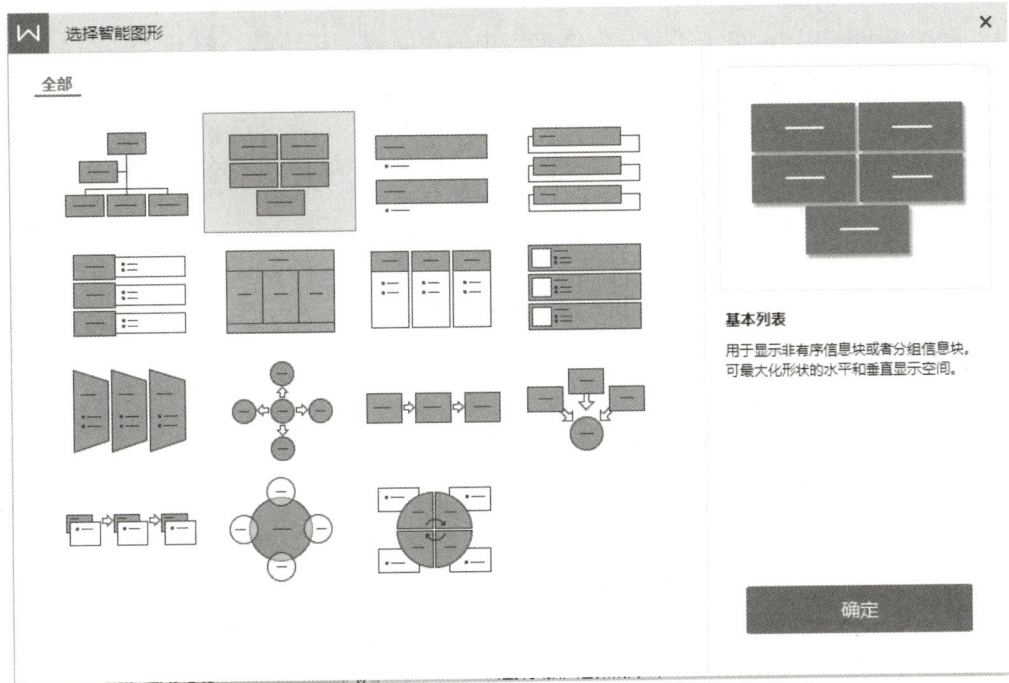

图 3-77　"选择智能图形"对话框

（2）先选择智能图形类型，然后选择需要的智能图形，右侧窗格将显示被选中的智能图形的简要说明。

（3）单击"确定"按钮，即可插入指定类型的智能图形。

（4）单击智能图形中的占位文本，直接输入文本进行替换；单击智能图形中的图片占位符，在打开的"插入图片"对话框中选择需要的图片，单击"打开"按钮，图片将以指定的大小和样式显示。

2．编辑智能图形

智能图形默认的项目个数通常与实际需要不符，因此需要在智能图形中添加或删除项目。

（1）如果要添加项目，则在要添加项目的邻近位置选中一个项目，单击"设计"选项卡中的"添加项目"下拉按钮 添加项目 ，打开如图 3-78 所示的"添加项目"下拉列表。选择要添加的项目相对于当前选中项目的位置，即可在智能图形中添加项目。

图 3-78　"添加项目"下拉列表

（2）如果要从智能图形中删除某个项目，则选中项目中的占位文本，按 Delete 键。

注意： 选中项目中的图片占位符并按 Delete 键，并不能删除选中的项目。

（3）如果要调整项目的排列顺序，则在选中项目后，先单击右侧的"更改位置"图标 ，再单击"前移"按钮 ⬆ 前移 或"后移"按钮 ⬇ 后移 。

（4）对于有层次结构的智能图形，如果要调整项目的层级，则在选中项目后，单击"设计"选项卡中的"上移一层"按钮 上移一层 或"下移一层"按钮 下移一层 。

（5）单击智能图形的边框以选中智能图形，单击"更改颜色"下拉按钮 更改颜色 ，选择需要的配色方案并应用到智能图形中。

任务实施——制作摄影培训班海报

（1）启动 WPS 2019，单击"首页"选项卡中的"新建"按钮 ，打开"新建"选项卡，默认打开"文字"功能组，单击"新建空白文字"按钮，新建一个空白文档。

（2）输入文本，设置字体为"宋体"，字号为"四号"，字体颜色为黑色，对齐方式为"左对齐"，段落行距为"单倍行距"；设置标题字号为"小初"并将标题加粗，文本效果如图 3-79 所示。

摄影培训班

【课程简介】：

本课程是培训专业摄影师的系统课程，通过本门课程的学习，学员不仅可以掌握国际摄影标准照片的基本拍摄技法，还可以了解到摄影工作的完整体系，对以后开设自己的摄影工作室有很大帮助。

在完成本课程学习后，学员可以根据自己的喜好和风格，确定自己摄影事业的发展方向。无论你现在是专职摄影师，还是摄影爱好者，认真完成本课程的学习，摄影技能将获得大幅度提升。

【开班时间】： 2024 年 7 月 13 日晚上 8 时开班

【上课地点】： xx 市新江北路总商会大楼一楼摄影家协会

【上课时间】： 7 月 13 日至 8 月 15 日，共 30 课时

【培训费用】： 980 元/期；学生（凭有效证件）优惠价：880 元/期

【报名热线】： xxxxxxx

图 3-79　文本效果

（3）单击"插入"选项卡中的"图片"下拉列表中的"本地图片"按钮，打开"插入图片"对话框，选择"背景.jpg"图片，单击"打开"按钮，插入该图片。单击该图片右侧的"布局选项"按钮 ，在打开的级联菜单中单击"衬于文字下方"环绕方式 ，效果如图 3-80 所示。

（4）选中"背景"图片，选择"图片工具"选项卡中的"旋转"下拉列表中的"向左旋转90°"选项，取消勾选"锁定纵横比"复选框，设置该图片的高度为 21 厘米，宽度为 29.7 厘米，选择"对齐"下拉列表中的"水平居中"和"垂直居中"选项，效果如图 3-81 所示。

（5）选择"插入"选项卡中的"图片"下拉列表中的"本地图片"选项，打开"插入图片"对话框，选择"剪影.jpg"图片，单击"打开"按钮，插入该图片。

（6）选中"剪影.jpg"图片，选择"图片工具"选项卡中的"抠除背景"下拉列表中的"智能抠除背景"选项，打开"抠除背景"对话框，抠除背景，如图 3-82 所示，单击"完成抠图"

按钮，抠除背景的效果如图 3-83 所示。

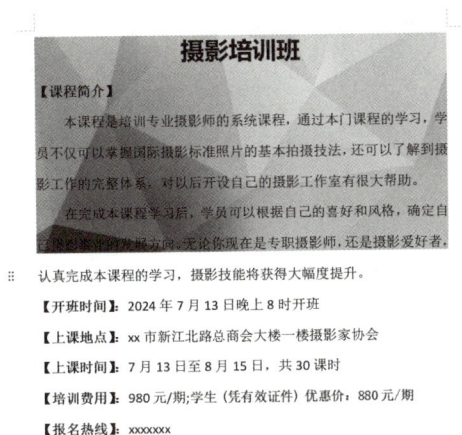

图 3-80 "衬于文字下方"环绕方式的效果

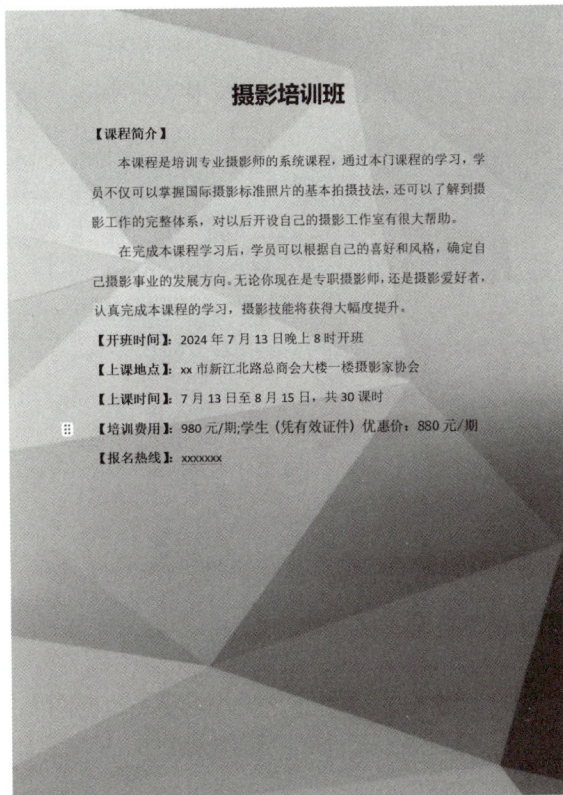

图 3-81 设置图片的效果

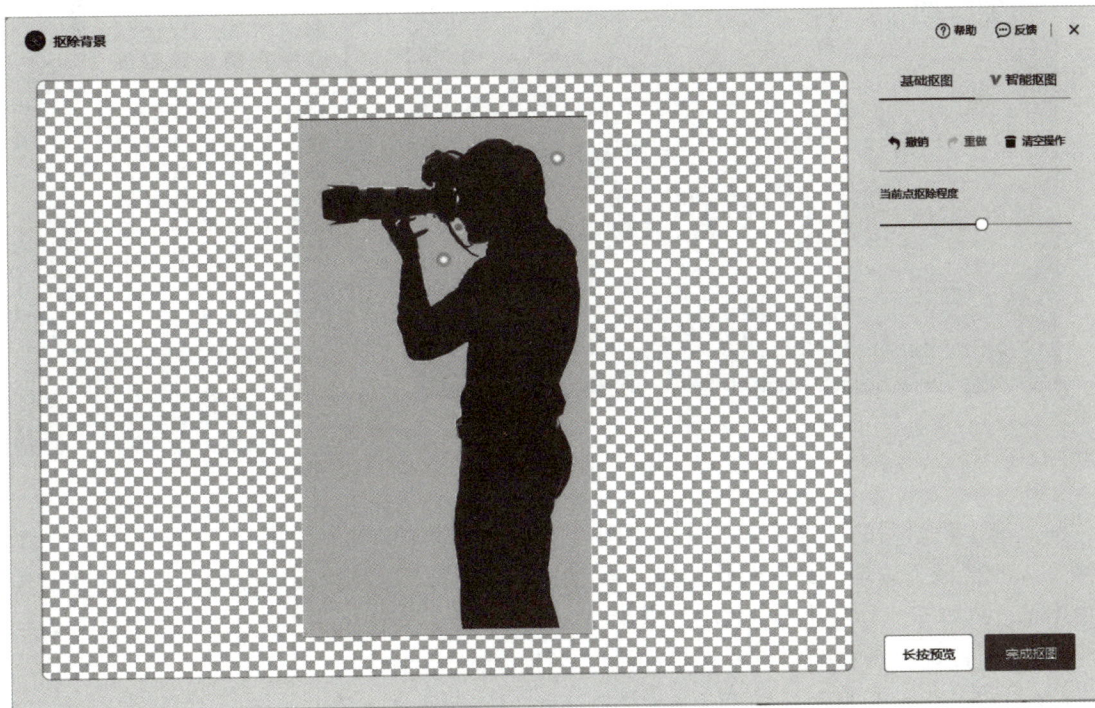

图 3-82 "抠除背景"对话框

（7）选中"剪影.jpg"图片，单击该图片右侧的"布局选项"按钮▤，在打开的级联菜单中单击"衬于文字下方"环绕方式▤，选择"图片工具"选项卡中的"旋转"下拉列表中的"水平翻转"选项，取消勾选"锁定纵横比"复选框，设置该图片的高度为 5.5 厘米，宽度为 2.95 厘米，将其移至摄影培训班海报的左上角，调整图片的效果如图 3-84 所示。

图 3-83　抠除背景的效果

图 3-84　调整图片的效果

（8）选择"插入"选项卡中的"图片"下拉列表中的"本地图片"选项，打开"插入图片"对话框，选择"风景.jpg"图片，单击"打开"按钮，插入该图片。单击该图片右侧的图标⌐⌐，将鼠标光标放在该图片左侧的裁剪标志上，如图 3-85 所示，按 Enter 键或单击空白区域完成裁剪。

图 3-85　裁剪图片

（9）选中裁剪后的图片，依次选择"图片工具"选项卡中的"效果"下拉列表中的"柔化边缘"→"25 磅"选项，柔化图片边缘。单击图片右侧的"布局选项"按钮▤，在打开的级联菜单中单击"浮于文字上方"环绕方式▤，移动图片到文字下方，选择"对齐"下拉列表中的"水平居中"选项，调整图片后的效果如图 3-86 所示。

（10）在"插入"选项卡中的"艺术字"下拉列表中选择"填充-白色，轮廓-着色 2，清晰阴影-着色 2"选项，插入文本框并输入"欢迎您"，设置字体为"方正姚体"，字号为"初号"，效果如图 3-87 所示。

图 3-86　调整图片后的效果

（11）选中艺术字"欢迎您"，先依次选择"绘图工具"选项卡中的"文本效果"下拉列表中的"发光"→"橙色，18pt 发光，着色 4"选项，再依次选择"转换"→"前远后近"选项，将其移至右上角，效果如图 3-88 所示。

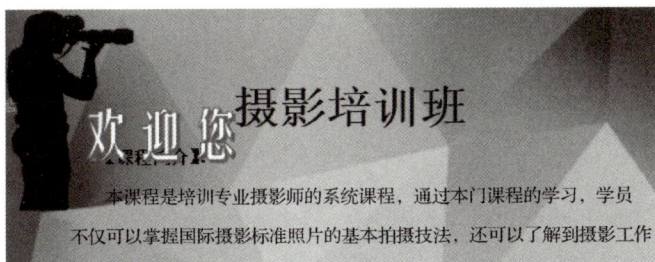

图 3-87　插入艺术字的效果

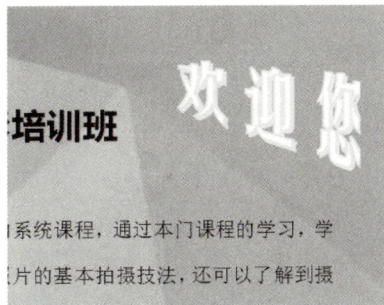

图 3-88　设置艺术字的效果

（12）选择"插入"选项卡中的"形状"下拉列表中的"矩形"选项□，在"开班时间"处绘制矩形，并在"绘图工具"选项卡中的"填充"下拉列表中选择填充效果为"无填充效果"，在"轮廓"下拉列表中选择颜色为"红色"，线型为 1.5 磅，虚线线型为"短划线"，效果如图 3-89 所示。

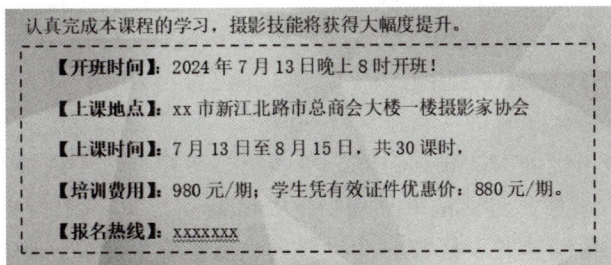

图 3-89　插入形状的效果

3.3 表格的操作和应用

3.3.1 创建表格

WPS 2019 提供了多种创建表格的方法，用户可以根据自己的使用习惯灵活选择。

将插入点定位在文档中要插入表格的位置，单击"插入"选项卡中的"表格"下拉按钮，打开如图 3-90 所示的"表格"下拉列表。

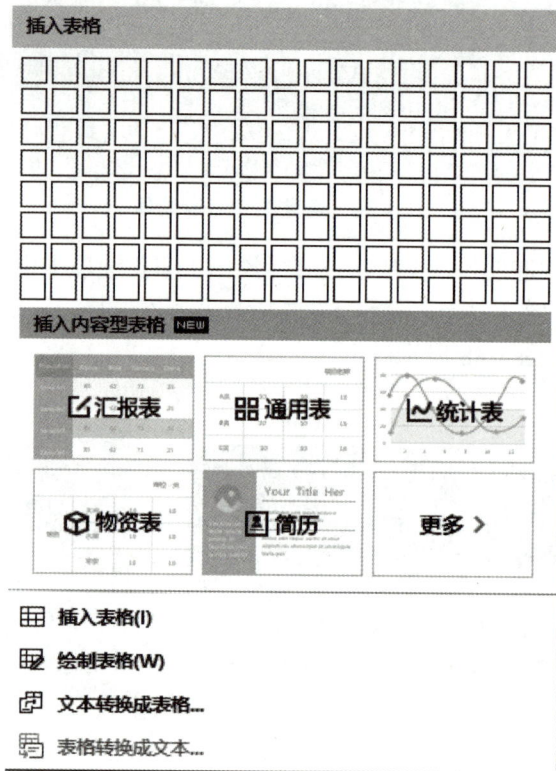

图 3-90 "表格"下拉列表

在"表格"下拉列表中可以看到，WPS 2019 提供了 4 种创建表格的方式，下面分别进行介绍。

（1）如果要快速创建一个无任何样式的表格，则在"表格"下拉列表中的"插入表格"区域移动鼠标光标以指定表格的行数和列数，此时被选中的单元格显示为橙色，"插入表格"区域顶部显示当前选中的行、列数，如图 3-91 所示。单击鼠标左键，即可在文档中创建表格，列宽按照窗口宽度自动调整。

（2）如果希望创建指定列宽的表格，则在"表格"下拉列表中选择"插入表格"选项，在如图 3-92 所示的"插入表格"对话框中分别指定表格的列数和行数，在"列宽选择"区域指定表格列宽。如果希望以后创建的表格被自动设置为当前指定的列宽，则勾选"为新表格记忆此尺寸"复选框。设置完成后，单击"确定"按钮。

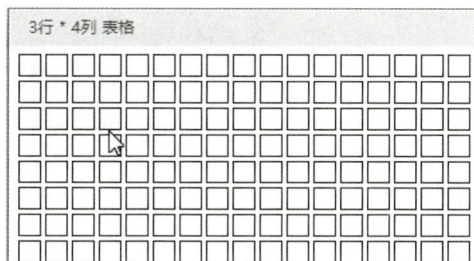

图 3-91　通过"插入表格"区域创建表格

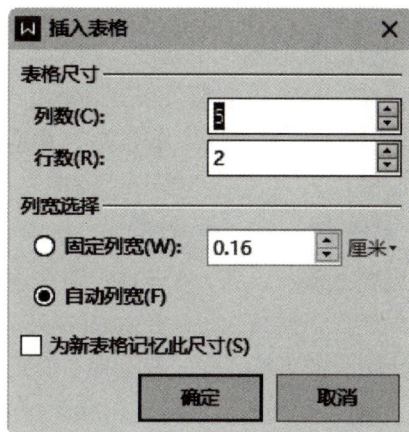

图 3-92　"插入表格"对话框

（3）如果希望快速创建特殊结构的表格，则选择"绘制表格"选项，此时鼠标光标显示为铅笔图标 ✎，按下鼠标左键并移动，文档中将显示表格的预览图，在铅笔图标右侧显示当前表格的行、列数，如图 3-93 所示。释放鼠标左键，即可创建指定行、列数的表格。

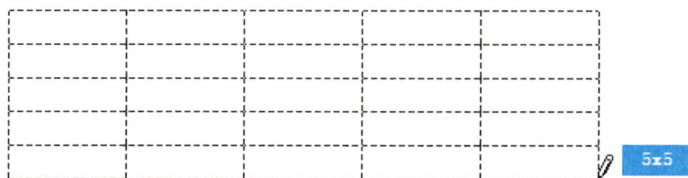

图 3-93　显示当前表格的行列数

在绘制表格模式下，在单元格中按下鼠标左键并移动，就可以很方便地绘制表头斜线，或对单元格进行拆分。在绘制完成后，单击"表格工具"选项卡中的"绘制表格"按钮 ⊞，即可退出绘制表格模式。

3.3.2　编辑表格

在创建表格后，如果表格不满足要求，则可以对表格进行编辑，如改变表格的大小和位置，以及插入或删除行、列、单元格，合并、拆分单元格等。

1. 改变表格的大小和位置

（1）移动表格右下角的控制点 ⬚，调整表格的宽度和高度。

（2）移动表格左上角的移动标记 ✥，移动表格到所需位置。

2. 插入行和列

（1）将鼠标光标定位于表格中需要插入行、列的位置。

（2）在"表格工具"选项卡中按需要单击"在上方插入行"按钮 ⊞、"在下方插入行"按钮 ⊞、"在左侧插入列"按钮 ⊞、"在右侧插入列"按钮 ⊞，可方便地插入行、列。

（3）如果要在表格底部添加行，则可以直接单击表格底部边框上的 ＋ 按钮或将鼠标光标置于末行行尾的段落标记前，直接按 Enter 键插入一行；如果要在表格右侧添加列，则直接单击表格右侧边框上的┊按钮。

3. 插入单元格

将鼠标光标置于要插入单元格的位置，单击鼠标右键，选择"插入"选项，打开"插入单元格"对话框，如图 3-94 所示。在选择相应的插入方式后，单击"确定"按钮。

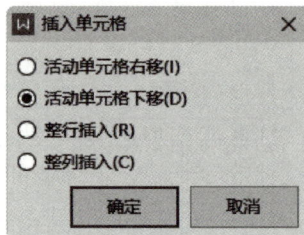

4. 删除行、列、单元格

如果要删除行、列、单元格，则在选中相应的表格内容之后，单击"删除"下拉按钮🔳，在如图 3-95 所示的"删除"下拉列表中选择要删除的表格元素。若选择"单元格"选项，则在如图 3-96 所示的"删除单元格"对话框中选择填补空缺单元格的方法。

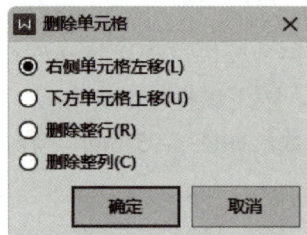

图 3-94 "插入单元格"对话框

图 3-95 "删除"下拉列表　　　　图 3-96 "删除单元格"对话框

提示： 在选中单元格后，按 Delete 键只能删除该单元格的内容，不会从结构上删除单元格。使用"删除单元格"对话框不但可以删除单元格内容，也可以从结构上删除单元格。

5. 合并单元格

将多个单元格合并有以下两种方法。

（1）选中需要合并的单元格，单击"表格工具"选项卡中的"合并单元格"按钮🔳，或者单击鼠标右键，在打开的快捷菜单中选择"合并单元格"选项，如图 3-97 所示。在合并单元格后，原来单元格的列宽和行高合并为当前单元格的列宽和行高。

（2）选中需要合并的单元格，单击"表格工具"选项卡中的"擦除"按钮🔳，此时鼠标光标显示为橡皮擦形状✐，在要合并的单元格之间的边框线上按下鼠标左键并移动，此时被选中的边框线变为红色的粗线，释放鼠标左键即可擦除边框线，共用该边框线的单元格将合并为一个。

6. 拆分单元格

将一个单元格拆分为多个的步骤如下。

（1）选中要进行拆分的单元格。单击"表格工具"选项卡中的"拆分单元格"按钮🔳，或者单击鼠标右键，在快捷菜单中选择"拆分单元格"选项，打开如图 3-98 所示的"拆分单元格"对话框。

（2）指定拆分的列数和行数。如果选中多个单元格，勾选"拆分前合并单元格"复选框，则可以先合并选中的单元格，然后进行拆分。

（3）单击"确定"按钮，关闭"拆分单元格"对话框，即可看到拆分效果。

图 3-97　快捷菜单

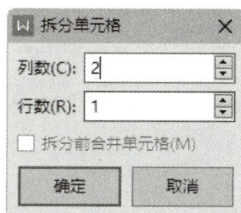

图 3-98　"拆分单元格"对话框

7. 调整表格的列宽与行高

在创建表格后，可以根据表格内容调整表格的列宽与行高。

（1）使用鼠标调整表格的列宽与行高。

若要调整列宽与行高，则可以将鼠标光标停留在要调整的列或行的边框线上，直至鼠标光标变为┼形状时，按住鼠标左键并移动，在达到所需列宽与行高时，释放鼠标左键。

（2）使用"表格属性"对话框调整列宽与行高。

虽然用鼠标调整直观，但不易精确掌握尺寸，此时可以使用"表格属性"对话框进行调整。将鼠标光标置于要调整列宽与行高的表格中，单击"表格工具"选项卡中的"表格属性"按钮，打开"表格属性"对话框，如图 3-99 所示，精确设置表格的指定宽度；切换到"行"和"列"选项卡，分别设置列宽与行高。在设置完成后，单击"确定"按钮，关闭"表格属性"对话框。

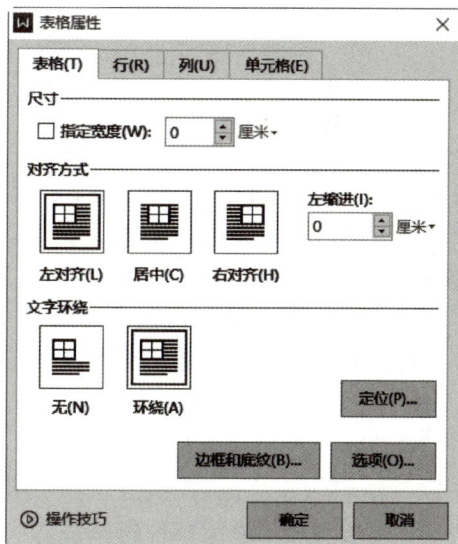

图 3-99　"表格属性"对话框

3.3.3　设置表格的边框和底纹

为美化表格或突出表格的某一部分，可以为表格添加边框和底纹。

选中要设置边框和底纹的单元格，单击"表格工具"选项卡中的"表格属性"按钮，打开"表格属性"对话框，在"表格"选项卡中单击"边框和底纹"按钮，打开"边框和底纹"对话框，如图 3-100 所示。可以在"边框"选项卡中设置边框的样式，选择边框的线型、颜色和宽度，还可以在"底纹"选项卡中设置填充色等。若只将当前设置应用于所选单元格，则在"应用于"下拉列表中选择"单元格"选项。

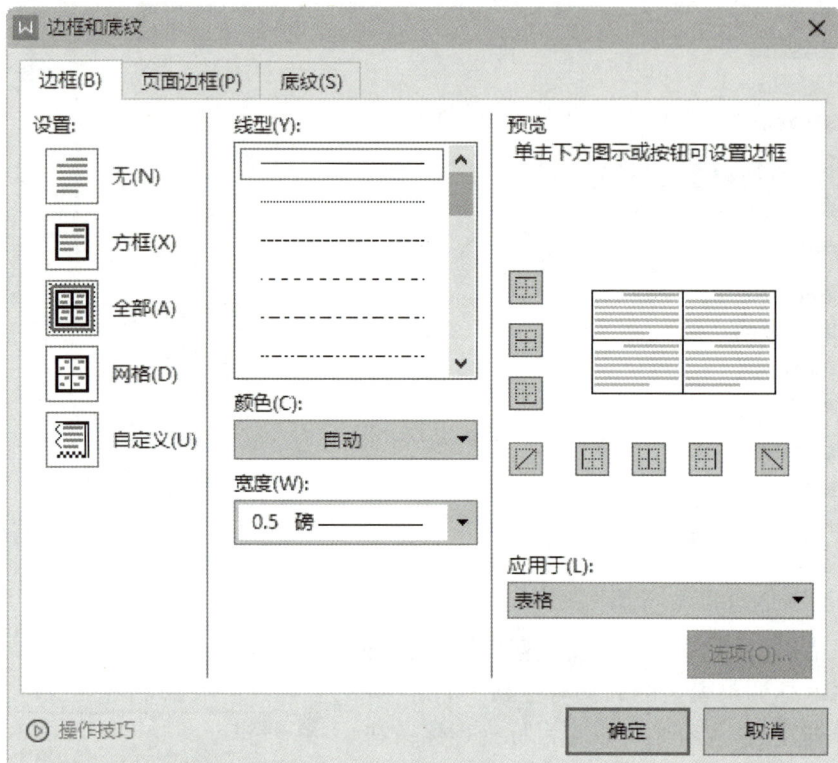

图 3-100 "边框与底纹"对话框

另外，可以使用选项卡的功能区中的命令或按钮设置边框和底纹。选中要设置边框和底纹的单元格，单击"表格样式"选项卡中的"边框"下拉按钮⊞ 边框▼，选择相关的边框命令进行设置，包括边框的样式、线型、线的粗细等。单击"表格样式"选项卡中的"底纹"下拉按钮▲ 底纹▼，设置底纹。

『知识拓展』：上述有关表格的操作，还可以在选中表格（或行、列、单元格）的前提下，单击鼠标右键，使用快捷菜单实现。

3.3.4 表格的自动套用格式

有时使用上述方法设置表格格式比较麻烦，因此 WPS 2019 提供了很多现成的表格样式供用户选择，即表格的自动套用格式。

选中表格，因为"表格样式"选项卡中列出了 WPS 2019 自带的常用格式，所以单击▼按钮，打开如图 3-101 所示的"表格样式"下拉列表，在选择表格样式时，表格将自动套用所选的表格样式。

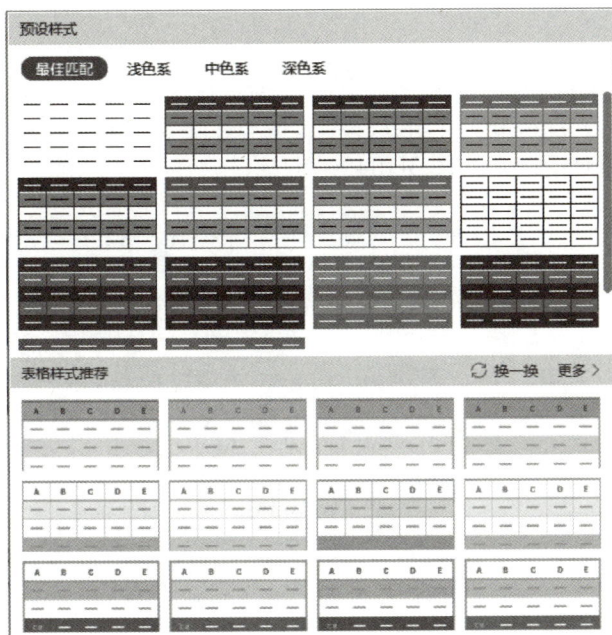

图 3-101 "表格样式"下拉列表

3.3.5 表格的计算与排序功能

1. 表格的计算功能

表格的计算功能大致分为两部分，一部分是直接对行或列数据求和，另一部分是对任意单元格的数据进行计算，如求和、求平均值等。

（1）选中要输入公式的单元格，该单元格也是存放计算结果的单元格。

（2）将插入点置于要存放计算结果的单元格中，单击"表格工具"选项卡中的"公式"按钮 fx ，打开如图 3-102 所示的"公式"对话框。

（3）在"公式"编辑框中输入公式，或从"粘贴函数"下拉列表中选择一个内置函数。

输入的公式应以"="开头，被引用的单元格使用单元格地址（单元格的"列号+行号"的形式）表示，参数之间用逗号分

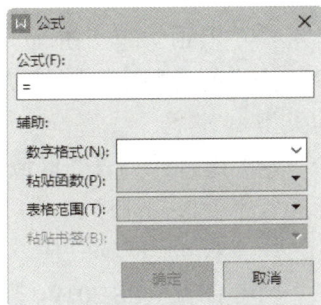

图 3-102 "公式"对话框

隔。例如，"=SUM(A2,B3)"表示计算 A2 单元格与 B3 单元格的和。如果计算的是连续的单元格区域，则可以用冒号分隔首尾的两个单元格进行表示，如"=SUM(B2:E4)"表示以 B2 和 E4 单元格为对角顶点的矩形区域的所有单元格的和。

（4）在"数字格式"下拉列表中选择计算结果的格式。在设置完成后，单击"确定"按钮得到计算结果。

此外，如果要对相邻单元格进行计算，则可以在选中这些单元格后，单击"表格工具"选项卡中的"快速计算"下拉按钮 快速计算 ，在如图 3-103 所示的"快速计算"下拉列表中选择一个函数。WPS 2019 将自动在选中的相邻单元格下方或右侧新建一行或一列以显示计算结果。

2. 表格的排序功能

WPS 2019 可以对表格中的数字、文字和日期进行排序。

（1）在需要进行排序的表格中单击任意单元格后，单击"表格工具"选项卡中的"排序"按钮 A↓，打开"排序"对话框，如图 3-104 所示。

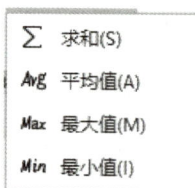

Σ	求和(S)
Avg	平均值(A)
Max	最大值(M)
Min	最小值(I)

图 3-103 "快速计算"下拉列表

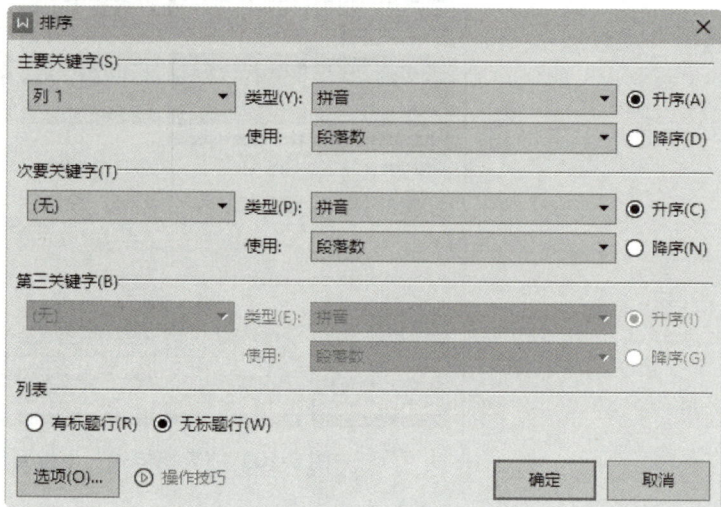

图 3-104 "排序"对话框

（2）在"次要关键字"和"第三关键字"区域进行相关设置，并单击"确定"按钮，完成排序。

（3）单击"主要关键字"下拉按钮，选择排序依据的主要关键字。单击"类型"下拉按钮，根据需要选择"笔画""数字""日期""拼音"选项。如果参与排序的是文字，则可以选择"笔画"或"拼音"选项；如果参与排序的是日期，则可以选择"日期"选项；如果参与排序的是数字，则可以选择"数字"选项。选择"升序"或"降序"单选框，可设置排序的类型。

（4）选择"列表"区域中的"有标题行"选项。如果选择"无标题行"选项，则表格中的标题行也会参与排序。

任务实施——制作个人简历

（1）启动 WPS 2019，默认打开"文字"功能组，单击"新建空白文字"按钮，新建一个空白文档。

（2）在"页面布局"选项卡中设置左、右页边距为 2 厘米，采用默认纸张规格。

（3）输入标题"个人简历"，利用"开始"选项卡设置字体为"宋体"，字号为"一号"，字体颜色为黑色，文本对齐方式为"居中对齐"，标题效果如图 3-105 所示。

个人简历

图 3-105 标题效果

（4）按 Enter 键换行，利用"开始"选项卡设置字体为"宋体"，字号为"小四"，单击"插入"选项卡中的"表格"下拉列表中的"插入表格"按钮，打开"插入表格"对话框，设置列数为 2、行数为 12，选择"自动列宽"选项，如图 3-106 所示。单击"确定"按钮，插入表格如图 3-107 所示。

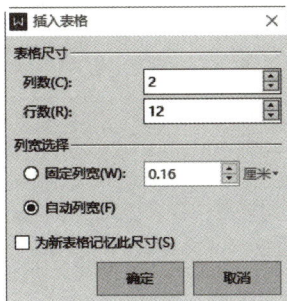

图 3-106　"插入表格"对话框

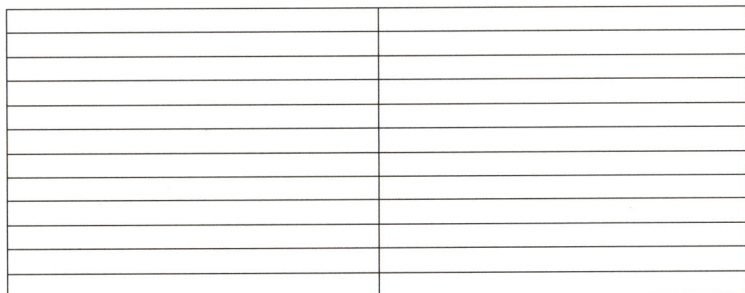

图 3-107　插入表格

（5）将鼠标光标停留在第一列右侧的边框线上，当鼠标光标变为 ⊪ 形状时，按住鼠标左键向左侧移动，在达到所需列宽时，释放鼠标左键即可，调整列宽如图 3-108 所示。

（6）选中整个表格，单击"表格工具"选项卡中的"表格属性"按钮 囲，打开"表格属性"对话框，切换至"行"选项卡，勾选"指定高度"复选框，高度为 1 厘米，将"行高值是"设置为"最小值"，如图 3-109 所示，单击"确定"按钮，调整行高。

图 3-108　调整列宽

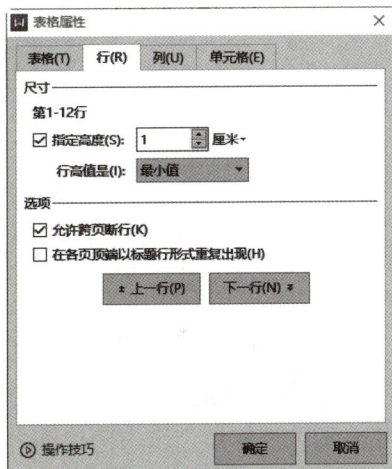

图 3-109　"表格属性"对话框

（7）选中要拆分的单元格，如图 3-110 所示。单击"表格工具"选项卡中的"拆分单元格"按钮 囲，打开"拆分单元格"对话框，列数为 4，其他采用默认设置，如图 3-111 所示，单击"确定"按钮，拆分后的单元格如图 3-112 所示。

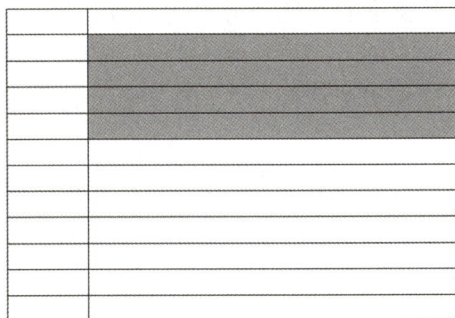

图 3-110　选中要拆分的单元格

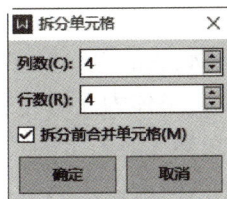

图 3-111　"拆分单元格"对话框

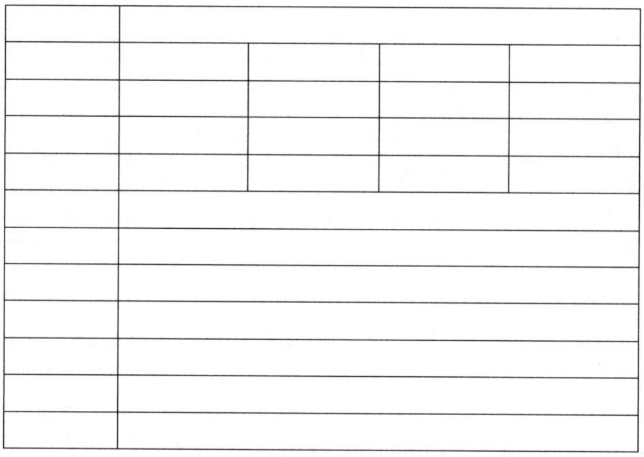

图 3-112　拆分后的单元格

（8）选中要合并的单元格，如图 3-113 所示。单击"表格工具"选项卡中的"合并单元格"按钮▦，将选中的单元格合并，如图 3-114 所示。

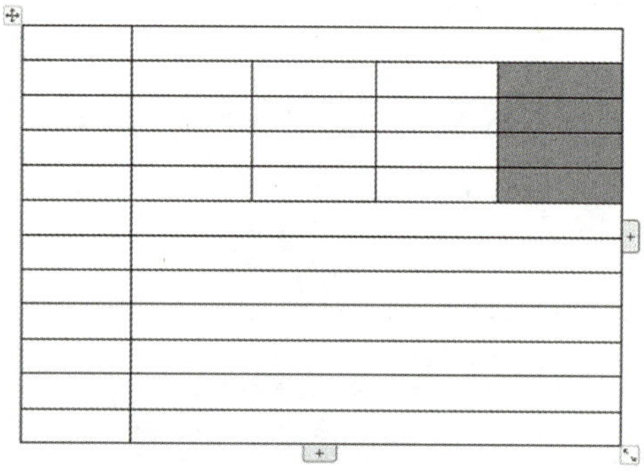

图 3-113　选中要合并的单元格

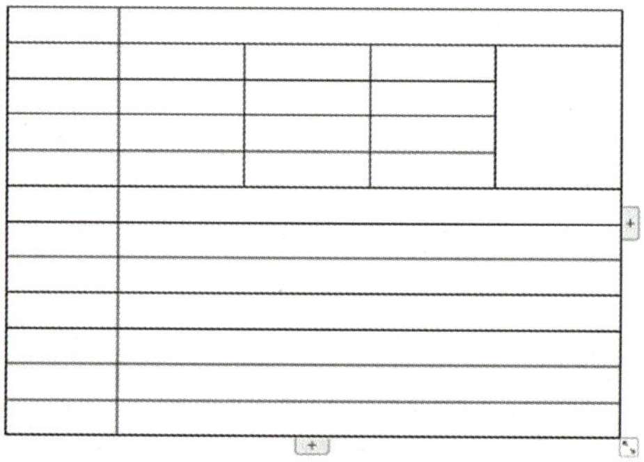

图 3-114　合并后的单元格

（9）将鼠标光标置于最后一行的底部边框线上，当鼠标光标变为双向箭头时，按住鼠标左键并移动到适当位置。采用同样的方法，对整个表格的所有单元格进行适当调整，如图 3-115 所示。

（10）选中整个表格，单击"表格样式"选项卡中的"边框"下拉列表中的"边框和底纹"按钮，打开"边框和底纹"对话框。在"设置"区域选择"网络"样式；宽度为 1.5 磅，其他设置默认，如图 3-116 所示，单击"确定"按钮，设置好边框后的表格如图 3-117 所示。

（11）选中表格的第一列，单击采用"表格样式"选项卡中的"底纹"下拉列表中的"矢车菊蓝，着色 1，浅色 80%"按钮。采用同样的方法对表格的其他部分设置底纹，如图 3-118 所示。

（12）选中带有底纹的单元格并右击，在打开的快捷菜单中选择"单元格对齐方式"级联菜单中的"居中对齐"选项。

（13）在带有底纹的单元格中输入文本，字体为"宋体"，字号为"小四"，加粗；输入其他单元格的文本，字体为"宋体"，字号为"五号"。

（14）单击快捷工具栏上的"保存"按钮🖫，打开"另存文件"对话框，指定保存位置，输入文件名"个人简历"，单击"保存"按钮，保存表格。

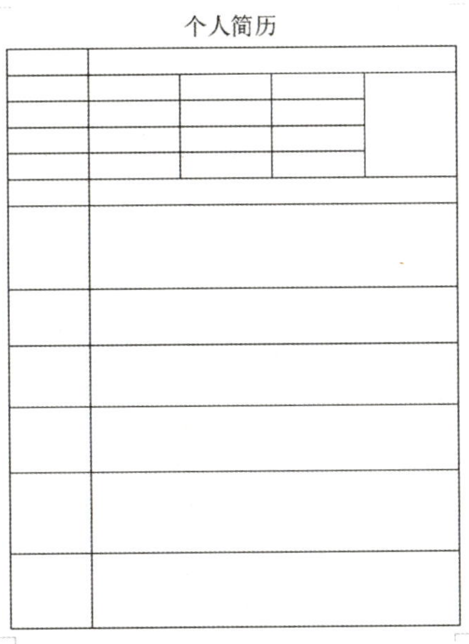

个人简历

图 3-115　调整后的表格

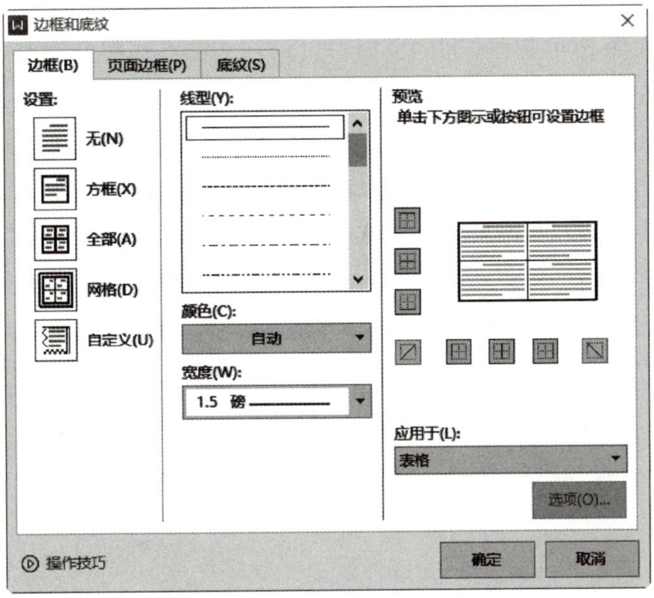

图 3-116　"边框和底纹"对话框

图 3-117　设置好边框后的表格

图 3-118　设置底纹

3.4　长文档排版

3.4.1　页眉、页脚的设置

页眉和页脚包括页码、日期和时间、徽标、文档标题、文件名或作者名等文字或图形信息。文档可以自始至终都用同一个页眉和页脚，也可以在不同部分按节设置不同的页眉和页脚。例如，可以在首页使用与众不同的页眉和页脚，或者不使用页眉和页脚，也可以在奇数页和偶数页使用不同的页眉和页脚。文档不同部分的页眉和页脚可以不同。

1. 插入页眉和页脚

（1）打开要插入页眉和页脚的文档。将鼠标光标移到顶端，WPS 2019 显示提示信息"双击编辑页眉"；如果将鼠标光标移到底端，则显示"双击编辑页脚"。

（2）双击插入页眉或页脚的位置，或单击"插入"选项卡中的"页眉页脚"按钮，即可进入编辑状态，并自动切换到"页眉页脚"选项卡中，如图 3-119 所示。

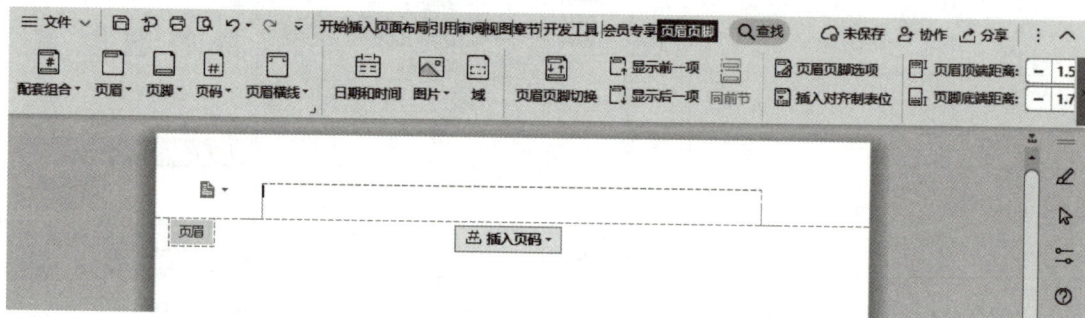

图 3-119 "页眉页脚"选项卡

（3）在"页眉页脚"选项卡中，单击"页眉顶端距离"编辑框中的 - 或 + 按钮，或直接输入数值调整页眉的高度；单击"页脚底端距离"编辑框中的 - 或 + 按钮，或直接输入数值调整页脚的高度。

（4）可以在页眉或页脚中输入文字，也可以利用"页眉页脚"选项卡中的相应按钮插入页码、页眉横线、日期和时间、图片、域等。

① 单击"页眉横线"下拉按钮，选择页眉横线的线型和颜色。单击"删除横线"按钮，可取消横线显示。

② 单击"日期和时间"按钮，打开如图 3-120 所示的"日期和时间"对话框，选择可用格式、语言。勾选"自动更新"复选框，插入的日期和时间会实时更新。

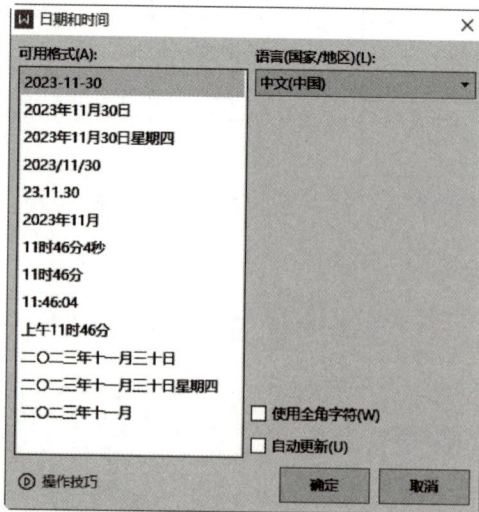

图 3-120 "日期和时间"对话框

提示： 选择的语言不同，可用格式也会有所不同。

③ 单击"图片"下拉按钮![图片]，选择图片来源，可以是本地计算机上的图片，也可以是通过扫描仪或手机获取的图片，稻壳会员还可以免费使用图片库中的图片。

④ 单击"域"按钮![域]，打开如图 3-121 所示的"域"对话框，选择所需的域，或手动编辑域代码，定制个性化的页眉和页脚。

⑤ 单击"插入对齐制表位"按钮![对齐制表位]，打开如图 3-122 所示的"对齐制表位"对话框，设置制表位的对齐方式和前导符。

插入的页眉可以像正文一样进行编辑、修改和格式设置。

（5）在完成页眉编辑后，单击"页眉页脚"选项卡中的"页眉页脚切换"按钮![切换]，自动跳转至当前页的页脚。

（6）按照（4）中编辑页眉的方法编辑页脚。

（7）如果对文档进行了分节或设置了首页的不同页眉、页脚，则在编辑完当前页的页眉、页脚后，单击"显示前一项"按钮![前一项]，可进入上一节的页眉或页脚；单击"显示后一项"按钮![后一项]，可进入下一节的页眉或页脚。

（8）完成所有编辑后，单击"页眉页脚"选项卡中的"关闭"按钮![关闭]，即可退出编辑状态。

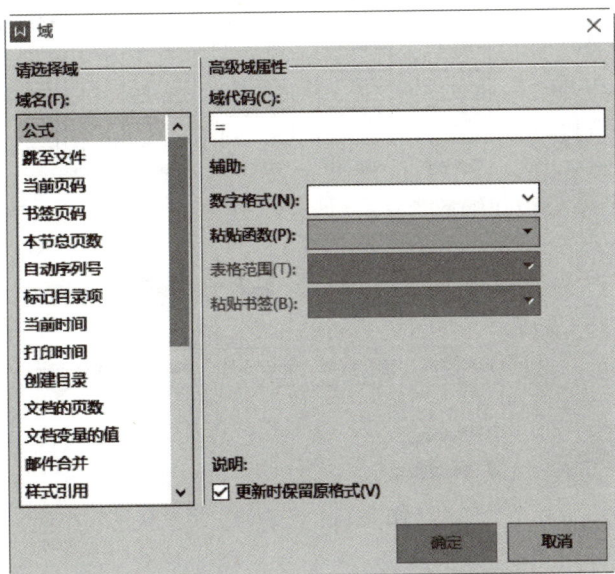

图 3-121 "域"对话框

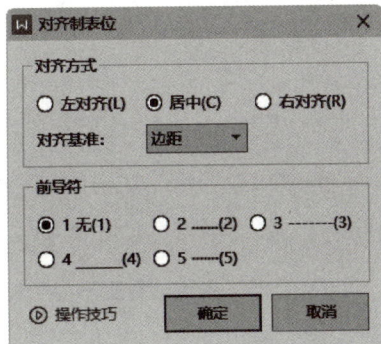

图 3-122 "对齐制表位"对话框

2. 为首页、奇页、偶页设置不同的页眉和页脚

在默认情况下，所有页面在相同的位置显示相同的页眉和页脚。在编排长文档时，通常要求首页与其他页面设置不同的页眉、页脚样式。

（1）在文档的页眉或页脚处双击鼠标左键进入编辑状态。

（2）单击"页眉页脚"选项卡中的"页眉页脚选项"按钮![选项]，打开"页眉/页脚设置"对话框，勾选"首页不同"复选框，如图 3-123 所示。如果要在首页页眉中显示横线，则勾选"显示首页页眉横线"复选框。

（3）在设置完成后，单击"确定"按钮，关闭"页眉/页脚设置"对话框。此时，首页的页眉和页脚会分别标注"首页页眉"和"首页页脚"。

（4）在"页眉页脚"选项卡中，分别调整页眉和页脚的高度，并在首页的页眉中编辑页眉的内容。

（5）在完成编辑后，单击"页眉页脚"选项卡中的"关闭"按钮☒，退出页眉、页脚编辑状态。

采用相同的方法，为奇、偶页分别创建不同的页眉、页脚。

3. 插入页码

为文档插入页码，一方面可以统计文档的页数，另一方面便于用户快速定位和检索。页码通常添加在页眉或页脚中。

（1）打开要插入页码的文档。单击"插入"选项卡中的"页码"下拉按钮🖼，在如图 3-124 所示的"页码"下拉列表中单击页码的显示位置，即可进入页眉、页脚编辑状态，此时在指定位置插入页码，如图 3-125 所示。

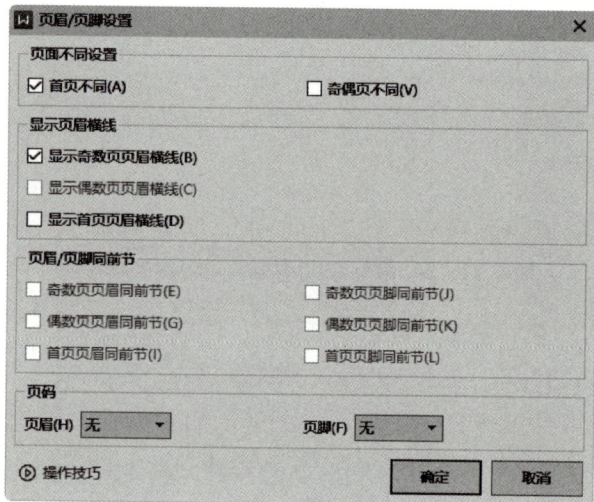

图 3-123　勾选"首页不同"复选框

图 3-124　"页码"下拉列表

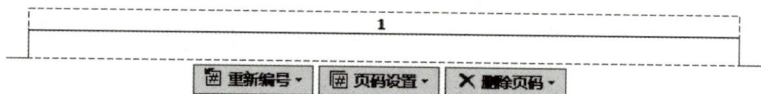

图 3-125　插入页码

（2）单击"重新编号"下拉按钮，设置页码的起始编号，如图 3-126 所示。如果在文档中插入了分节符，则可以设置当前节的页码是否延续前一节。

（3）单击"页码设置"下拉按钮，在打开的"页码设置"下拉列表中修改页码的样式、位置及应用范围，如图 3-127 所示。

（4）如果要删除页码，则单击"删除页码"下拉按钮，选择要删除的页码或页码范围，如图 3-128 所示。

图 3-126　设置页码的起始编号

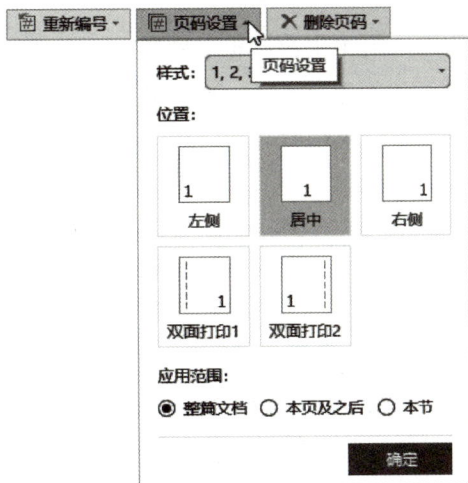

图 3-127　"页码设置"下拉列表

（5）在完成后单击"页眉页脚"选项卡中的"关闭"按钮⊠，退出页眉、页脚编辑状态。

如果要修改页码，则双击页眉、页脚，按照步骤（3）～（5）重新设置，或单击"插入"选项卡中的"页码"下拉按钮 ，选择"页码"选项，打开如图 3-129 所示的"页码"对话框进行修改。

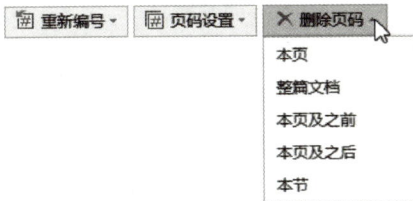

图 3-128　删除页码

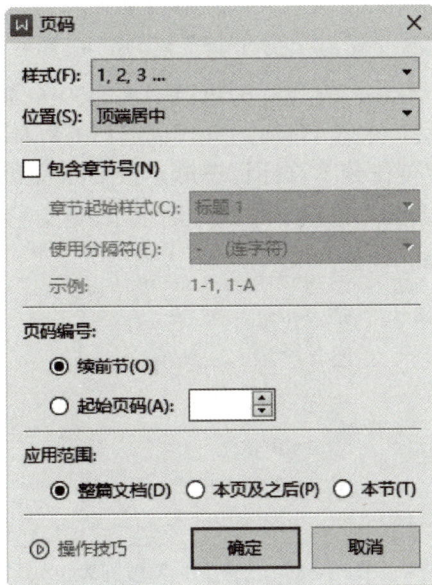

图 3-129　"页码"对话框

3.4.2　分页与分节

长文档通常包含多个并列的或有层级的组成部分，因此在编排时，可合理地进行分页或分节，使文档结构更清晰。在将文档分页或分节后，不同的部分可采用不同的页面布局和版面设置。

1. 使用分页符分页

分页符用于标记一页的终止并开始下一页。默认情况下，当文档内容超出当前页面的最大容量时，会自动进入下一页。如果希望文档中的指定位置之后的内容在下一页显示，则可以利用分页符进行精准分页。

（1）将鼠标光标定位在需要分页的位置，单击"插入"选项卡中的"分页"下拉按钮，打开如图 3-130 所示的"分页"下拉列表。

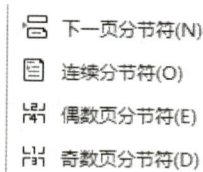

（2）选择"分页符"选项，或直接按 Ctrl+Enter 键，即可在指定位置显示分页符标记。分页符前、后页面的属性默认保持一致。

2. 使用分节符分节

分节符可以将文档内容按结构分为不同的节，在不同的节采用不同的页面设置或版式。

（1）将鼠标光标定位在需要分节的位置。

（2）单击"插入"选项卡中的"分页"下拉按钮，在打开的"分页"下拉列表中选择需要的分节符。

选择"下一页分节符"选项，在插入点之后的内容将作为新节内容移到下一页。

选择"连续分节符"选项，在插入点之后的内容将换行显示，并可设置新的版式，通常用于混合分栏的文档。

选择"偶数页分节符"选项，在插入点之后的内容将移到下一个偶数页的开始位置显示。如果插入点在偶数页，则将自动插入一个空白页。

选择"奇数页分节符"选项，在插入点之后的内容将移到下一个奇数页开始位置显示。如果插入点在奇数页，则将自动插入一个空白页。

在插入分节符后，上一页的内容结尾处显示分节符标记。如果要删除分节符，则可将鼠标光标定位在分节符标记左侧，按 Delete 键。

"章节"选项卡中的"新增节"下拉列表（如图 3-131 所示），可以很方便地创建分节符。

吕 分页符(P)　　　Ctrl+Enter	吕 下一页分节符(N)
分栏符(C)	连续分节符(O)
换行符(W)　　　Shift+Enter	偶数页分节符(E)
吕 下一页分节符(N)	奇数页分节符(D)
连续分节符(T)	
偶数页分节符(E)	
奇数页分节符(O)	

图 3-130　"分页"下拉列表　　　　　　　图 3-131　"新增节"下拉列表

单击"章节"选项卡中的"删除本节"按钮，可删除当前鼠标光标定位点所在的节的内容及分节符标记；单击"上一节"按钮或"下一节"按钮，可将鼠标光标定位点移到上一节或下一节的开始位置。

3.4.3　样式

样式是一组已经命名的字符格式或段落格式。样式的方便之处在于可以被应用于一个段落或者段落中的选定字符中。按照样式定义的格式，能批量地完成段落或字符格式的设置，提高工作效率。

1. 应用内置样式

选中文本，或将光标置于某一段落，在"开始"选项卡中单击"样式"的内置样式列表中的某一种样式。若要删除具有某种样式的文本格式，则可先选中文本，再单击"清除格式"按钮。

2. 新建样式

用户可以根据自己的需求新建样式，并应用到特定的文本中。在"新建样式"对话框里，需要输入新样式名，选择样式的类型、基准样式、后续段落的样式，并单击"格式"按钮，设置字符、段落、边框、编号、文字效果、制表位等的格式。单击"确定"按钮，完成样式的新建。

也可以先对文档中的文本进行格式设置，之后选中设置好的文本，单击样式列表中的"将所选内容保存为快速样式"按钮，输入样式名称即可。

3. 修改样式

内置样式和用户自建样式都可以修改，在样式列表中，右键单击要修改的样式名，单击"修改"按钮，在打开的"修改样式"对话框中进行格式修改。在修改之后，所有对应该样式的文本都将显示新的样式效果。

3.4.4 编制目录和索引

1. 编制目录

目录是文档中的标题列表，在目录中按 Ctrl+鼠标左键可跳转到目录指向的章节，通过打开"视图导航"窗格可将整个文档结构列出来。

（1）选中需要显示在目录中的标题，单击"引用"选项卡中的"目录"下拉按钮，打开如图 3-132 所示的"目录"下拉列表。WPS 2019 内置了几种目录的样式，单击即可插入指定样式的目录。

（2）单击"自定义目录"按钮，打开如图 3-133 所示的"目录"对话框，自定义制表符前导符、显示级别和页码显示方式。

"显示级别"下拉列表用于指定在目录中显示的标题的最低级别，低于此级别的标题不会显示在目录中。

如果勾选"使用超链接"复选框，则目录将显示为超链接，单击即可跳转到相应的章节。

如果要将目录的级别和标题样式的级别对应起来，则单击"选项"按钮，打开如图 3-134 所示的"目录选项"对话框进行设置。

（3）在设置完成后，单击"确定"按钮，即可插入目录。此时，按住 Ctrl 键单击目录，即可跳转到对应的章节。

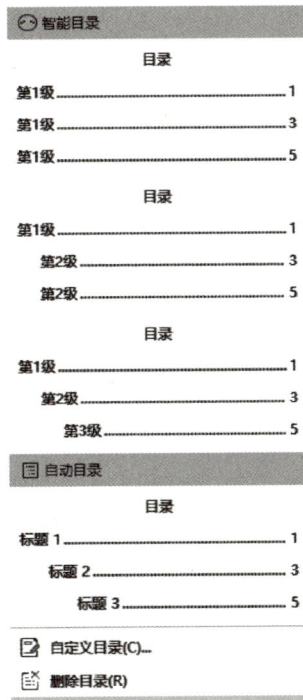

图 3-132 "目录"下拉列表

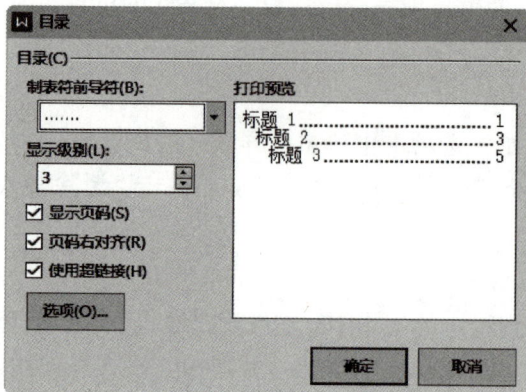

图 3-133 "目录"对话框

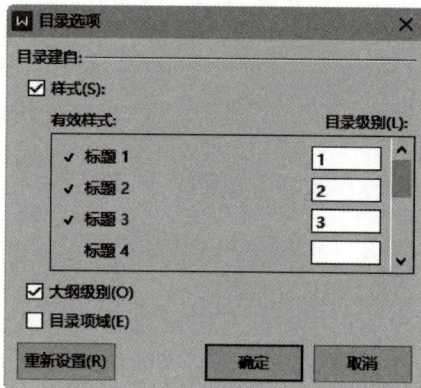

图 3-134 "目录选项"对话框

2. 编制索引

目录可以用来快速了解文档的主要内容，索引可以用来快速查找需要的信息。

单击"引用"选项卡中的"插入索引"按钮 ☰，打开如图 3-135 所示的"索引"对话框，在该对话框中进行设置，单击"确定"按钮退出。

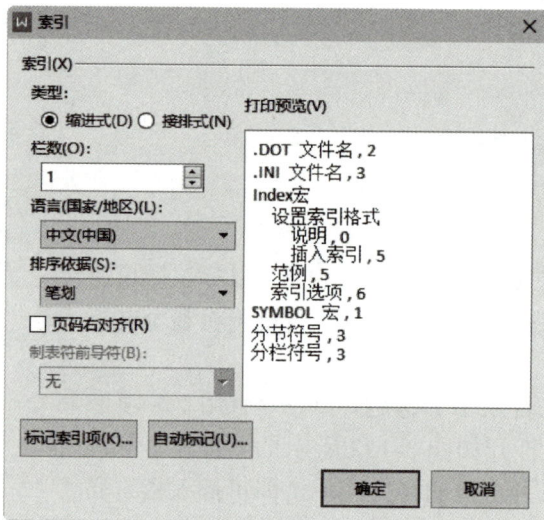

图 3-135 "索引"对话框

3.4.5 文档的修订与批注

1. 文档的修订

修订是显示在文档中进行过删除、插入、编辑、更改等的位置的标记。

单击"审阅"选项卡中的"修订"下拉按钮 ，打开如图 3-136 所示的"修订"下拉列表，选择"修订"选项或按 Ctrl+Shift+E 键启动修订功能。

选择"修订选项"选项，打开"选项"对话框（如图 3-137 所示）中的"修订"选项卡，

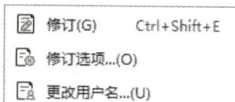

图 3-136 "修订"下拉列表

用户可以根据自己的需要设置标记、批注框和打印信息。

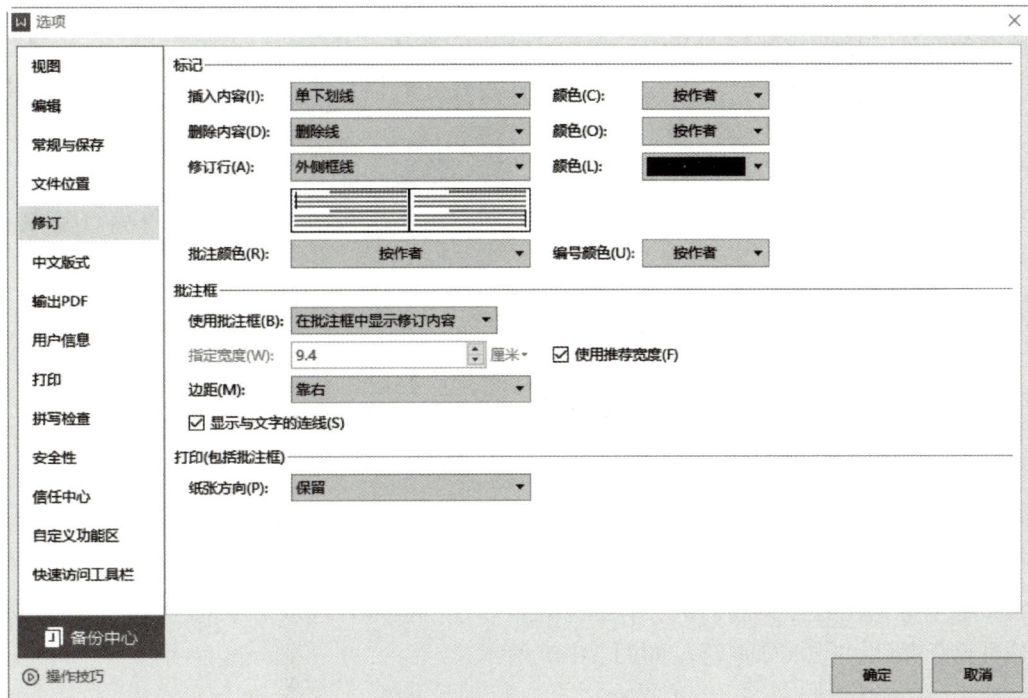

图 3-137 "选项"对话框

在"修订"下拉按钮右侧有"显示标记最终状态"设置栏，单击该设置栏右下角的 按钮，
打开如图 3-138 所示的"显示标记的最终状态"下拉列表，根据
需要进行选择。

在启动修订功能后，再次单击"修订"下拉按钮，或按
Ctrl+Shift+E 键即可关闭修订功能。

用户可对修订的内容选择"接受"或"拒绝"，单击"审阅"
选项卡中的"接受"或"拒绝"按钮，根据需要选择"接受或拒
绝单个修订""接受或拒绝所有格式的修订""接受或拒绝所有
显示的修订""接受或拒绝对文档所做的所有修订"选项中的其
中一个。

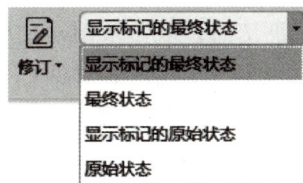

图 3-138 "显示标记的最终
状态"下拉列表

2. 文档的批注

批注指作者或审阅者为文档添加的注释。

（1）插入批注。

选中要插入批注的文字或插入点，单击"审阅"选项卡中的"插入批注"按钮 ，插入批
注，批注可以是意见、建议或疑问等。

（2）删除批注。

若要快速删除单个批注，则用鼠标右击批注，从打开的快捷菜单中选择"删除批注"选项，
或者单击"审阅"选项卡中的"删除"下拉按钮 ，选择"删除批注"选项，删除所选批注。
如果选择"删除文档中的所有批注"选项，则删除文档中的所有批注。

任务实施——毕业论文排版

（1）启动 WPS 2019，单击"首页"选项卡中的"打开"按钮📂，打开"打开文件"对话框，选择名称为"毕业论文"的文档，单击"确定"按钮打开。

（2）依次单击"文件"→"另存为"按钮，打开"另存文件"对话框，输入名称"毕业论文-排版"，单击"保存"按钮，保存文件。

（3）将鼠标光标放在"2017 年 6 月 11 日"后，单击"章节"选项卡中的"新增节"下拉列表中的"下一页分节符"按钮，插入下一页分节符；采用相同方法，在"目录"后插入一个分节符，如图 3-139 所示。

标题：云计算综述。

作者：林 *

系部：计算机系。

指导老师：李＊＊

2017 年 6 月 11 日················分节符(下一页)················

图 3-139　插入分节符

（4）将鼠标光标放在关键词这一行的末尾，单击"插入"选项卡中的"分页"下拉列表中的"分页符"按钮，插入分页符，如图 3-140 所示。

关键词：云计算；高性能；分布式；**SaaS**···········分节符(下一页)···········

图 3-140　插入分页符

（5）为目录之后的正文部分添加奇、偶页的页眉。在正文部分双击顶部，进入页眉、页脚编辑界面。打开"页眉/页脚设置"对话框，勾选"奇偶页不同"复选框，将"页眉/页脚同前节"内的选项都取消勾选，如图 3-141 所示。单击"确定"按钮退出。在奇数页的页眉中写入"云计算综述"，设置对齐方式为左对齐，在偶数页的页眉中写入"XX 职业技术学院"，设置对齐方式为右对齐。

（6）在"开始"选项卡下的"样式"区域，找到"正文"样式，单击鼠标右键，选择"修改样式"选项，在打开的窗口中设置样式，如图 3-142 所示。将正文样式修改为：宋体、小四号、首行缩进 2 字符、行距为固定值 25 磅。

（7）使用相同的方法，将标题 1 样式修改为：宋体、小二号、加粗、首行无缩进、段前距为 20 磅、段后距为 15 磅、行距为 1.5 倍行距。

（8）使用相同的方法，将标题 2 样式修改为：仿宋、三号、加粗、首行无缩进、段前距为 15 磅、段后距为 10 磅、行距为 1.5 倍行距。

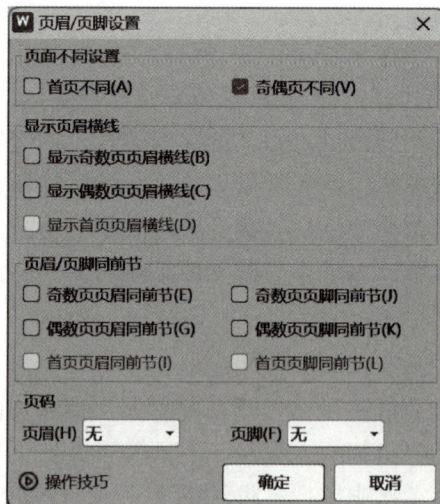

图 3-141　"页眉/页脚设置"对话框

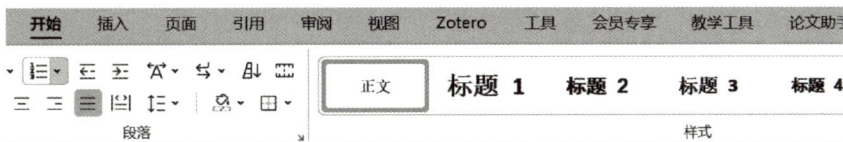

图 3-142　样式设置

（9）使用"标题 1"样式，设置一级标题，使用"标题 2"样式，设置二级标题。

（10）在正文第一页页脚处单击"页码设置"按钮，打开"页码设置"对话框，设置样式为"1,2,3…"，如图 3-143 所示，应用范围为"本节"，单击"确定"按钮；单击"重新编号"按钮，将页码编号设为 1，如图 3-144 所示，按 Enter 键确认。

图 3-143　"页码设置"对话框

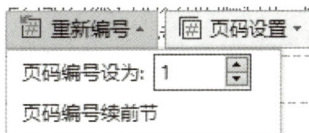

图 3-144　设置页码编号

（11）定位到目录页，将鼠标光标移至"目录"后，按 Enter 键换行，单击"引用"选项卡中的"目录"下拉列表中的"自定义目录"按钮，打开"目录"对话框，同时勾选"显示页码""页码右对齐""使用超链接"复选框，如图 3-145 所示。单击"确定"按钮，生成目录，如图 3-146 所示。

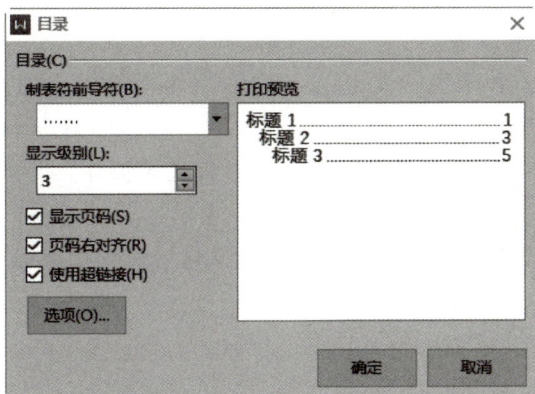

图 3-145　"目录"对话框

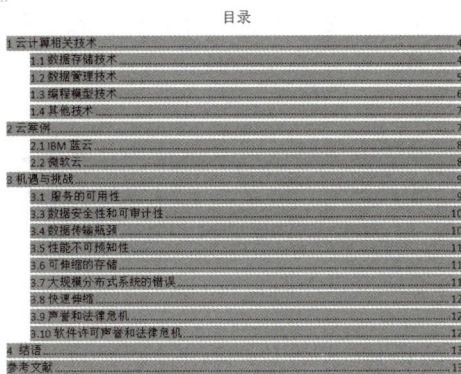

图 3-146　生成目录

（12）单击快捷工具栏上的"保存"按钮 🖫，将排版后的论文进行保存。

项目 4 电子表格处理

思政目标

1. 通过对工作簿和工作表的基本操作的学习，培养学生对电子表格软件的理解和应用能力，提高学生对数据组织和管理的技巧的掌握程度，并引导学生思考如何利用电子表格进行有效信息处理和分析。

2. 通过学习公式和函数的使用，培养学生对数学和逻辑运算的理解和应用能力，以及解决实际问题的能力，并引导学生思考如何利用公式和函数进行高效数据分析和计算。

3. 通过对数据处理的学习，使学生掌握数据处理的基本技能，提高学生的数据规范性意识，并引导学生思考如何确保数据的准确性和可靠性。

4. 通过对图表分析数据的学习，培养学生的数据处理和分析能力，提高学生的数据敏感度，并引导学生思考如何利用数据处理技术揭示数据背后的规律。

学习目标

1. 掌握新建、保存、打开和关闭工作簿等基本操作。
2. 掌握插入、选择、重命名、移动和复制、显示和隐藏工作表等操作。
3. 掌握单元格、行和列的相关操作。
4. 掌握数据输入的技巧，如快速输入特殊数据、使用自定义序列填充单元格、快速填充。
5. 熟悉工作表的边框、底纹、套用主题等。
6. 掌握相对引用、绝对引用、混合引用的引用方法。
7. 熟悉公式和函数的使用方法，掌握求和、平均值、最大/最小值、计数等常见函数的使用方法。
8. 掌握数据排序、数据筛选、分类汇总、有效性数据设置、条件格式设置等操作。
9. 掌握利用表格数据制作常用图表的方法。
10. 掌握数据透视表的创建，以及删除数据透视表、查看数据明细等操作，能利用数据透视表创建数据透视图。

项目描述

电子表格处理是信息化办公的重要组成部分，在数据分析和处理中发挥着重要的作用，广泛应用于财务、管理、统计、金融等领域。本项目的内容包含工作簿和工作表的基本操作、公式和函数的使用、数据处理、图表分析数据。

4.1　工作簿和工作表的基本操作

4.1.1　表格的功能和工作界面

WPS 表格是一款常用的电子表格处理软件，它集数据、图形、图表于一体，能进行数据处理和分析、辅助决策。

启动 WPS 2019，在首页的左侧窗格中单击"新建"按钮，打开一个名称为"新建"的选项卡，单击"表格"按钮 $\boxed{\text{S 表格}}$，在模板列表中单击"新建空白文档"按钮，即可新建一个名称为"工作簿 1"的电子表格。

WPS 表格工作界面由上至下依次是标题栏、功能区、编辑框、工作区和状态栏，如图 4-1 所示。

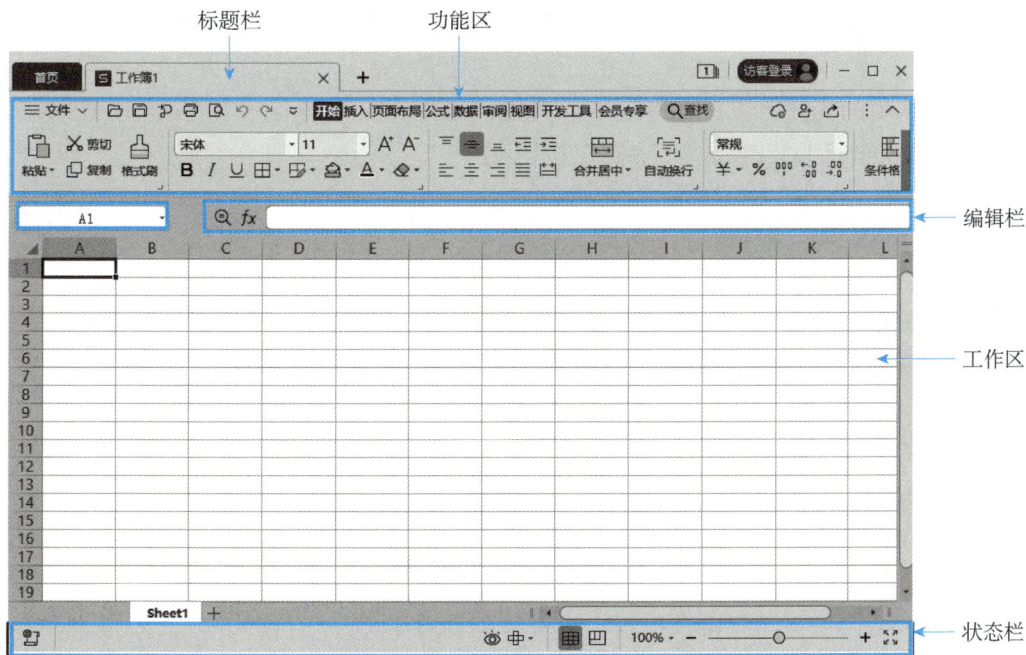

图 4-1　WPS 表格工作界面

WPS 表格工作界面中的标题栏、功能区、状态栏和文档中的功能是类似的，这里不再进行介绍，下面介绍 WPS 表格工作界面中特有的功能。

1. 名称框

名称框用于定义单元格或单元格区域的名称。如果单元格没有名称，则在名称框中显示活动单元格的地址名称（如 A1）。如果选中的是单元格区域，则名称框中显示单元格区域左上角的地址名称。

2. 编辑框

编辑框用于显示活动单元格的内容或使用的公式。在单元格的宽度不足以显示单元格的全部内容时，通常在编辑框中编辑内容。

3. 工作区

工作区是进行编辑的主要工作区域，左侧为行号，顶部为列号，被行号、列号包围的单元格为活动单元格，底部的工作表标签用于标记工作表的名称。

4.1.2　管理工作簿

1. 工作簿

工作簿是用来计算和存储数据的文件，是用户的工作平台。每个工作簿都可以包含一个或多个工作表。

（1）新建工作簿。

启动 WPS 2019，单击"首页"选项卡中的"新建"按钮●，打开"新建"选项卡，单击"新建表格"按钮，进入新建表格的界面，单击"新建空白表格"按钮，新建工作簿。

（2）保存工作簿。

无论是新建的工作簿，还是编辑后的工作簿，都要及时保存，防止工作成果由于意外情况丢失。

对新建或编辑的工作簿进行保存的方法有如下三种。

① 单击快捷访问工具栏上的"保存"按钮。

② 依次选择"文件"→"保存"选项。

③ 使用 Ctrl+S 键，快速保存工作簿。

（3）打开工作簿。

如果用户想对以前保存的工作簿继续进行编辑、修改等操作，则需要打开工作簿。

打开工作簿的方法有如下四种。

① 打开工作簿所在的文件夹，直接双击该工作簿的图标即可打开。

② 启动 WPS 表格，依次选择"文件"→"打开"选项。

③ 单击快捷访问工具栏中的"打开"按钮。

④ 使用 Ctrl+O 键，打开工作簿。

（4）关闭工作簿。

关闭不需要的工作簿既可节约内存，也可防止失误发生。

关闭工作簿的方法有如下两种。

① 单击工作簿标签右侧的"关闭"按钮 ✕ 。

② 在工作簿标签上右击，在打开的快捷菜单中选择"关闭"选项。

4.1.3　管理工作表

工作表又称电子表格，一个工作表由若干行、列组成。一个工作簿是多个工作表的集合，工作表之间是相互独立的，通过单击工作表标签可以很方便地在各个工作表之间进行切换。

在新建工作簿后，可以根据需要对指定的工作表进行插入、选择、重命名、移动和复制、隐藏和显示、冻结、删除等操作。

（1）插入工作表。

在默认情况下，每个工作簿中只包含一个工作表"Sheet1"。用户可以根据需要在一个工作簿中插入多个工作表，常用的方法有以下两种。

①　单击工作表标签右侧的"新工作表"按钮 ➕，即可在当前工作表右侧插入一个新的工作表。新工作表的名称依据工作簿中工作表的数量自动命名。

②　在工作表标签上右击，在打开的快捷菜单中选择"插入工作表"选项（如图 4-2 所示），打开如图 4-3 所示的"插入工作表"对话框，设置插入数目及插入位置，单击"确定"按钮，即可插入新的工作表。

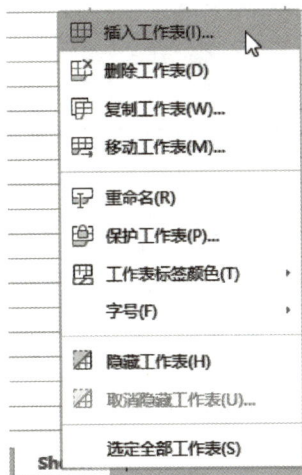

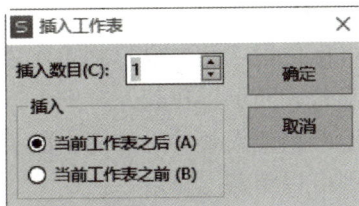

图 4-2　快捷菜单　　　　　　　　　　　图 4-3　"插入工作表"对话框

（2）选择工作表。

单击工作表标签，即可进入对应的工作表。工作表标签位于状态栏上方，其中高亮显示的工作表为活动工作表。

如果要选择多个连续的工作表，则可以在选择一个工作表之后，按下 Shift 键，单击最后一个要选择的工作表。

如果要选择不连续的工作表，则可以在选择一个工作表之后，按下 Ctrl 键，单击其他要选择的工作表。

如果要选择当前工作簿中所有的工作表，则可以在工作表标签上单击鼠标右键，在打开的快捷菜单中选择"选定全部工作表"选项。

（3）重命名工作表。

重命名工作表有以下两种常用方法。

①　双击要重命名的工作表标签，在输入新的名称后按 Enter 键。

②　在要重命名的工作表标签上右击，在打开的快捷菜单中选择"重命名"选项，并在输入新名称后按 Enter 键。

（4）移动或复制工作表。

在实际应用中，可能需要在同一个工作簿中新建两个相似的工作表，或者将工作簿中的工作表移动或复制到另一个工作簿中。

将工作表移动或复制到工作簿中的指定位置，可以采用以下两种方式。

① 使用鼠标。

如果要在同一个工作簿中快速移动或复制工作表，则可以使用鼠标移动工作表标签。

选中要移动的工作表标签，按下鼠标左键移动，鼠标光标显示为 ，当前选中的工作表标签的左上角出现一个黑色倒三角标志，如图 4-4 所示。当黑色倒三角标志显示在目标位置上时，释放左键，即可将工作表移动到指定的位置。

如果在移放的同时按住 Ctrl 键，则鼠标光标显示为 ，当前选中的工作表标签的左上角出现一个黑色倒三角标志，如图 4-5 所示。当黑色倒三角标识显示在目标位置时，释放左键，即可在指定位置生成一个当前选中工作表的副本。

图 4-4　按住鼠标左键移动工作表标签　　　　图 4-5　按住鼠标左键和 Ctrl 键，移动工作表标签

② 使用"移动或复制工作表"对话框。

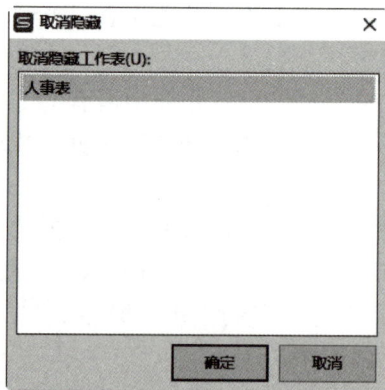

在要移动或复制的工作表标签上右击，在打开的快捷菜单中选择"移动或复制"选项，打开如图 4-6 所示的"移动或复制工作表"对话框。在"下列选定工作表之前"下拉列表中选择要移到的目标位置。如果要复制工作表，则勾选"建立副本"复选框，单击"确定"按钮。

（5）隐藏和显示工作表。

如果不希望他人查看工作簿中的某个工作表，或在编辑工作表时为避免对重要数据进行错误操作，则可以隐藏工作表。

在要隐藏的工作表标签上右击，在打开的快捷菜单中选择"隐藏"选项，即可隐藏对应的工作表，其标签也随之被隐藏。

如果要取消隐藏，则右击任意工作表标签，在打开的快捷菜单中选择"取消隐藏"选项，打开如图 4-7 所示的"取消隐藏"对话框，选择要显示的工作表，单击"确定"按钮，即可显示工作表。

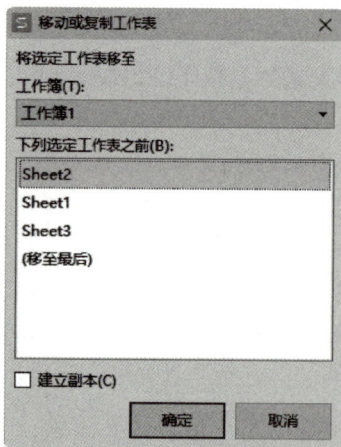

图 4-6　"移动或复制工作表"对话框　　　　　图 4-7　"取消隐藏"对话框

（6）冻结工作表。

如果在移动工作表的滚动条时，希望某些行或列始终显示在可视区域中，则可以将这些行

或列冻结。被冻结的部分通常是标题行或列，即表头部分。

　　选中要冻结的行和列的交叉处的单元格的右下方单元格。例如，要冻结第 1 行和第 1 列，则选中 B2 单元格。单击"视图"选项卡中的"冻结窗格"下拉按钮 ，打开如图 4-8 所示的"冻结窗格"下拉列表。

图 4-8　"冻结窗格"下拉列表

　　注意：如果在单击"冻结窗格"下拉按钮后选择第一个选项，则会根据当前选中的单元格的位置自动变化。例如，在选中 A1 单元格时显示"冻结窗格"；在选中 D5 单元格时显示"冻结至第 4 行 C 列"。

　　根据需要选择要冻结的范围。在选中的单元格左上方显示两条垂直的拆分线，窗格被拆分为四部分。此时，无论怎样移动滚动条，冻结的行和列都会固定显示。

　　如果要撤销被冻结的窗格，则单击"冻结窗格"下拉列表中的"取消冻结窗格"按钮。

（7）删除工作表。

　　如果不再使用某个工作表，则可以将其删除。

　　在要删除的工作表标签上单击鼠标右键，在打开的快捷菜单中选择"删除"选项。删除工作表是永久性的，不能通过"撤销"选项恢复。

　　若要删除多个工作表，则在选择工作表时按住 Ctrl 键或 Shift 键以选择多个工作表。

4.1.4　行和列的基本操作

　　工作表是一个二维表格，由行和列构成。由行和列相交形成的方格被称为单元格，单元格中可以填写数据，是存储数据的基本单位，也是 WPS 表格用来存储信息的最小单位。单元格的地址用列号、行号标识，例如，A2 单元格表示该单元格为 A 列的第 2 行。

1. 选定单元格区域

　　在输入和编辑单元格数据之前，必须使单元格处于活动状态。活动单元格是指可以进行数据输入的单元格，其特征是被绿色的粗边框围绕。

　　通过键盘和鼠标选定单元格区域的操作如表 4-1 所示。

表 4-1　选定单元格区域的操作

选定内容	操作
单个单元格	单击相应的单元格，或用方向键移动到相应的单元格
连续单元格区域	选定该区域的第一个单元格，按下鼠标左键移动，直至选定最后一个单元格。值得注意的是，在移动鼠标左键前，鼠标光标应呈空心十字形
工作表中的所有单元格	单击工作表左上角的"全选"按钮
不相邻的单元格或单元格区域	先选定一个单元格或单元格区域，然后按住 Ctrl 键选定其他的单元格或单元格区域
较大的单元格区域	先选定该区域的第一个单元格，然后按住 Shift 键，单击单元格区域中的最后一个单元格
整行	单击行号
整列	单击列号
相邻的行或列	沿行号或列号移动鼠标
不相邻的行或列	先选定第一行或列，然后按住 Ctrl 键选定其他的行或列
增加或减少活动单元格	按住 Shift 键并单击新选定单元格区域中的最后一个单元格，活动单元格和单击的单元格之间的矩形区域将成为新选定的单元格区域
取消单元格选定区域	单击工作表中的未被选定的任意一个单元格

2. 插入单元格

在需要插入单元格的位置右击，打开如图 4-9 所示的快捷菜单，选择所需的插入方式，插入单元格。

如果选择"插入单元格，活动单元格右移"或"插入单元格，活动单元格下移"选项，则将新单元格插入活动单元格左侧或上方。

如果选择"插入行"选项，则在活动单元格下方插入一个或多个空行。

如果选择"插入列"选项，则在活动单元格左侧插入一个或多个空列。

3. 清除或删除单元格

清除单元格只清除单元格中的内容、格式和批注，单元格仍然保留在工作表中；删除单元格则是从工作表中删除这些单元格，并调整周围的单元格，在删除后填补空缺。

（1）清除单元格内容。

选中要清除的单元格内容，按 Delete 键。

（2）清除单元格的格式和批注。

选中要清除格式和批注的单元格，单击"开始"选项卡中的"单元格"下拉列表中的"清除"按钮，在如图 4-10 所示的"清除"级联菜单中选择要清除的部分。

图 4-9　快捷菜单

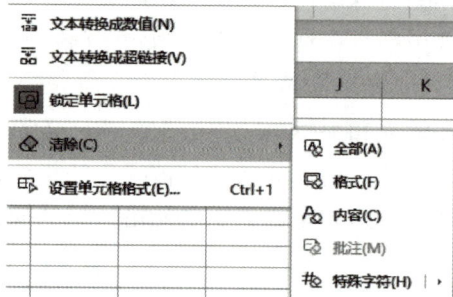

图 4-10　"清除"级联菜单

（3）删除单元格。

选中要删除的单元格并右击，在打开的快捷菜单中选择"删除"选项，在如图 4-11 所示的"删除"级联菜单中选择删除方式。

4. 移动或复制单元格

移动单元格是指把某个单元格的内容从当前位置移到另一个位置；复制单元格是指当前内容不变，在另一个位置生成一个副本。

可以通过鼠标移动或复制单元格，步骤如下。

（1）选中要移动或复制的单元格。

（2）将鼠标光标指向选中的单元格边框，此时鼠标光标变为 。

（3）按下鼠标左键，移动单元格到目标位置，释放鼠标左键，即可将选中的单元格区域移到指定位置。

（4）如果要复制单元格，则在移动鼠标的同时按住 Ctrl 键。

如果要将选中单元格区域移动或复制到其他工作表中，则可以在选中单元格区域后单击"剪切"按钮✂或"复制"按钮▢，打开要复制到的工作表，在将要粘贴到的单元格区域上单击"粘贴"按钮▢。

5. 合并单元格

WPS 表格中的单元格大小默认一样，排列规整。如果希望某些单元格占用多行或多列，则可以将一个单元格区域中的多个单元格合并为一个。

（1）选中要合并的多个连续的单元格，这些单元格形成一个单元格区域。

（2）单击"开始"选项卡中的"合并居中"下拉按钮▦，打开如图 4-12 所示的"合并居中"下拉列表，选择合并方式。

图 4-11　"删除"级联菜单　　　　　图 4-12　"合并居中"下拉列表

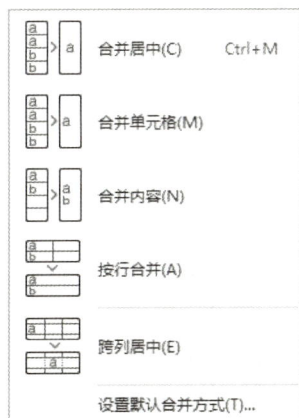

如果要取消合并单元格，则选中合并后的单元格，单击"开始"选项卡中的"合并居中"下拉按钮▦，选择"取消合并单元格"选项，如图 4-13 所示。

注意：在取消合并单元格之后，单元格将被拆分为合并之前的样子。如果合并后的单元格仅保留了最左侧或左上角单元格中的数据，则在取消合并单元格后，其他单元格中的数据会丢失。

6. 调整行高和列宽

WPS 表格中的所有单元格都有默认的行高和列宽，如果要在单元格中容纳不同大小和类型的内容，就需要调整行高和列宽。

如果对行高和列宽的要求不高，则可以利用鼠标进行调整。

（1）将鼠标光标移到行号的下边界上，当鼠标光标显示为纵向双向箭头✛时，按下左键并移动到合适的位置释放，即可改变行高。

（2）将鼠标光标移到列号的右边界上，当鼠标光标显示为横向双向箭头✛时，按下左键并移动到合适的位置释放，即可改变列宽。

提示：双击列标题的右边界，可使列宽自动适应单元格中的内容。如果要一次改变多行或多列的行高或列宽，则只需要选中多行或多列，用鼠标移动其中任何一行或一列的边界。

如果希望精确地指定行高和列宽，则可以使用选项卡进行设置。

（1）选中要调整行高和列宽的单元格。

（2）单击"开始"选项卡中的"行和列"下拉按钮 ，在如图 4-14 所示的"行和列"下拉列表中进行选择。

（3）如果要调整行高，则单击"行高"按钮，打开"行高"对话框，设置行高的单位与数值，如图 4-15 所示。如果希望根据输入的内容自动调整行高，则单击"最适合的行高"按钮。

（4）如果要调整列宽，则单击"列宽"按钮，打开"列宽"对话框，设置列宽的单位与数值，如图 4-16 所示。如果希望根据输入的内容自动调整列宽，则单击"最适合的列宽"按钮。

（5）如果希望将工作表中的所有列的列宽设置为固定值，则单击"标准列宽"按钮，在如图 4-17 所示的"标准列宽"对话框中设置列宽。

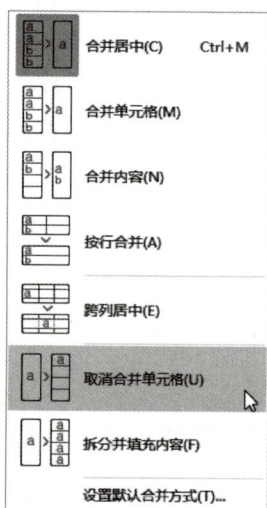

图 4-13　选择"取消合并单元格"选项

图 4-14　"行和列"下拉列表

图 4-15　"行高"对话框

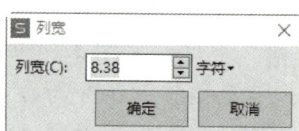

图 4-16　"列宽"对话框

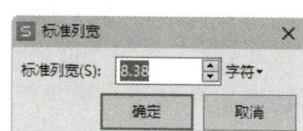

图 4-17　"标准列宽"对话框

4.1.5　数据输入

WPS 表格支持多种数据类型，在单元格中输入的数据可由数字、字母、汉字、标点和特殊符号等组成。在单元格中输入数据后，按 Enter 键或单击编辑框中的"√"按钮确定输入，按 Esc 键或单击编辑框中的"×"按钮取消输入。

1. 输入数值型数据

数值型数据指由数字（0～9）、正负号、小数点等组成的数。默认情况下，输入的数值型数据会自动右对齐，输入分为以下几种情况。

（1）输入正数，直接将数字输入单元格中。

（2）输入负数，可直接在数字前加一个负号"-"或给数字加上圆括号。例如，在单元格中输入"-78"或"（78）"都可以得到"-78"。

（3）输入分数，应在整数和分数之间输入一个空格。如果输入的分数小于1，则应先输入"0"和空格，再输入分数，例如，4/9正确的输入方法为：0 空格 4/9；如果输入的分数大于1，则应先输入整数和空格，再输入分数，例如，8 又 5/7 正确的输入方法为：8 空格 5/7。

（4）输入科学记数，先输入整数部分，再输入"E"（或"e"）和指数部分。

（5）输入百分比数据，直接在数字后输入百分号"%"，如80%。

在输入数据时，单元格中出现符号"####"，是因为单元格的列宽不够，不能显示全部数据，此时增大单元格的列宽即可。如果输入的数据过长（超过单元格的列宽或超过11位数时），则自动以科学记数法表示。

2. 输入文本

文本是指由汉字、数字、字母或符号等组成的数据。一般的文本型数据可以直接输入，输入后在单元格中自动左对齐。

数字形式的文本型数据，如身份证号码、邮政编码、电话号码、学号、编号等，在输入时应先在该类文本型数据前输入英文状态的单引号，以区别数值型数据。例如，是输入编号0506，则应输入"'0506"，单引号不在单元格中显示，只在编辑框中显示，其显示形式为 0506 。

当输入的文本长度超出单元格的宽度，不能在一个单元格中全部显示时，若右边的单元格无内容，则 WPS 表格允许该文本扩展到右边的单元格中显示，否则截断显示，此时占用该位置的文本被隐藏。

3. 输入日期、时间

WPS 表格内置了日期、时间的格式，当用户输入的数据与这些格式匹配时，系统立即识别其是否为日期、时间型数据。因此在输入日期、时间时，必须遵循格式。

（1）日期型数据的输入。

常用的日期格式有："yyyy/mm/dd""yyyy-mm-dd""yy/mm/dd""mm/dd"等，其中y表示年，m表示月，d表示日，斜线"/"或连接符"-"作为日期型数据中年、月、日的分隔符，如 2023/12/18、2023-12-18、23/12/18、12/18。

（2）时间型数据的输入。

常用的时间格式有："hh:mm:ss"，"hh:mm:ss（AM/PM）"，"hh:mm"，"hh:mm（AM/PM）"等，其中 h 表示时，m 表示分，s 表示秒。WPS 表格时间是 24 小时制的，若要以 12 小时制来表示时间，则在时间后先输入一个空格，再输入 AM 或 PM，分别表示上午和下午。例如，13:35:34、1:35:34PM、13:35、1:35PM。

提示： 如果要输入当前的日期，则按Ctrl+;键；如果要输入当前的时间，则按Ctrl+Shift+;键。

4. 快速填充相同数据

在选中的单元格区域填充相同数据有多种方法，下面简要介绍几种常用的。

（1）使用快捷键快速填充。

选中要填充相同数据的单元格区域，输入要填充的数据，要填充的单元格区域可以是连续的，也可以是不连续的。按 Ctrl+Enter 键，即可在选中的单元格区域填充相同数据。

（2）移动填充手柄快速填充。

选中已输入数据的单元格，将鼠标光标移到单元格右下角的绿色方块（被称为"填充手柄"）上，鼠标光标显示为黑色十字形 ✚。按下鼠标左键并移动要填充的单元格区域，释放鼠标左键，即可在选中的单元格区域填充相同数据。

使用填充手柄在单元格区域填充相同数据后，最后一个单元格右侧将显示"自动填充选项"按钮 ⊞▾，单击该按钮，在如图 4-18 所示的"自动填充选项"下拉列表中选择填充方式。

提示：根据在单元格区域填充的数据类型的不同，"自动填充选项"下拉列表中显示的选项也会有所差异。

（3）利用"填充"下拉按钮快速填充。

选中已输入数据的单元格，按下鼠标左键并移动，形成要填充相同数据的单元格区域。单击"开始"选项卡中的"填充"下拉按钮 ⊞填充▾，打开如图 4-19 所示的"填充"下拉列表，选择填充方式。

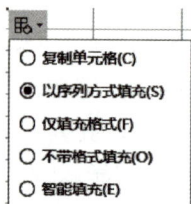

图 4-18　"自动填充选项"下拉列表　　　　图 4-19　"填充"下拉列表

4.1.6　格式化工作表

在表格编辑过程中，需要对表格进行必要的格式设置和美化，WPS 表格提供了多种手动及自动格式设置和变化方法。

1. 设置对齐方式

在默认情况下，单元格中不同类型的数据的对齐方式会有所不同。为使数据排列整齐，通常会修改单元格数据的对齐方式。

选中要设置对齐方式的单元格或单元格区域，在"开始"选项卡中（如图 4-20 所示）选择对齐方式。如果要对单元格进行更多格式设置，则可以打开"单元格格式"对话框进行设置。在单元格上右击，

图 4-20　选择对齐方式

在打开的快捷菜单中选择"设置单元格格式"选项，打开"单元格格式"对话框，切换到"对齐"选项卡，如图 4-21 所示的。

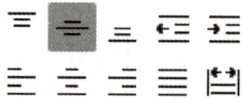

分别在"水平对齐"和"垂直对齐"下拉列表中选择一种对齐方式。在"文本控制"区域进一步设置文本格式。

注意：如果先勾选了"自动换行"复选框，则"缩小字体填充"复选框将不可选。勾选"缩小字体填充"复选框容易破坏工作表的整体风格，最好不要采用这种方法显示多行内容或长文本。

除了可以直接设置竖排文本或指定旋转角度，还可以用鼠标移动文本，直观地设置文本的方向。

提示： 在"度"编辑框中输入正数，可以使文本顺时针旋转，输入负数则逆时针旋转。

2. 设置数据格式

在用 WPS 表格处理数据时，不同类型的数据需要进行格式化处理，比如，期末考试成绩需要保留一位小数（如 98.5），日期需要使用年月日格式（如 2023-12-15）或中文格式（如 2023 年 12 月 15 日）；表示货币的数值则需要加上货币符号（如$或￥）；表示百分比的数据需要加上百分号等。WPS 表格能在输入数据时实现数据格式的自动转换，也能先输入数据再统一进行设置。

（1）选中需要设置数据格式的工作表并右击，在打开的快捷菜单中选择"设置单元格格式"选项，打开"单元格格式"对话框，切换到如图 4-22 所示的"数字"选项卡。

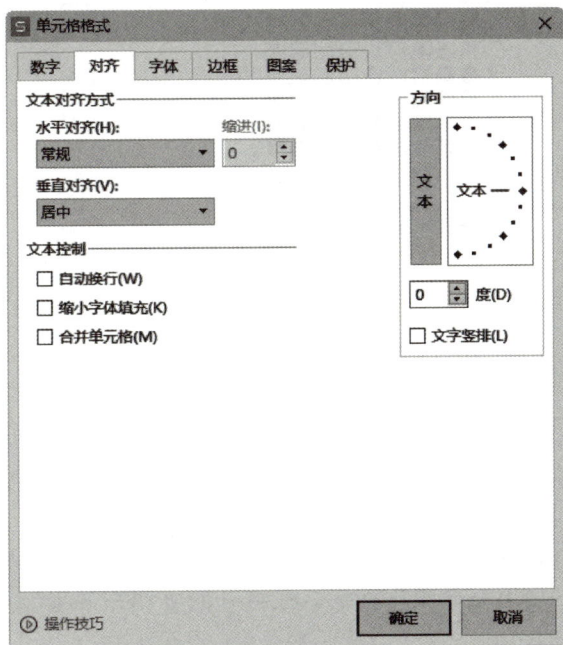

图 4-21　"对齐"选项卡　　　　　　图 4-22　"数字"选项卡

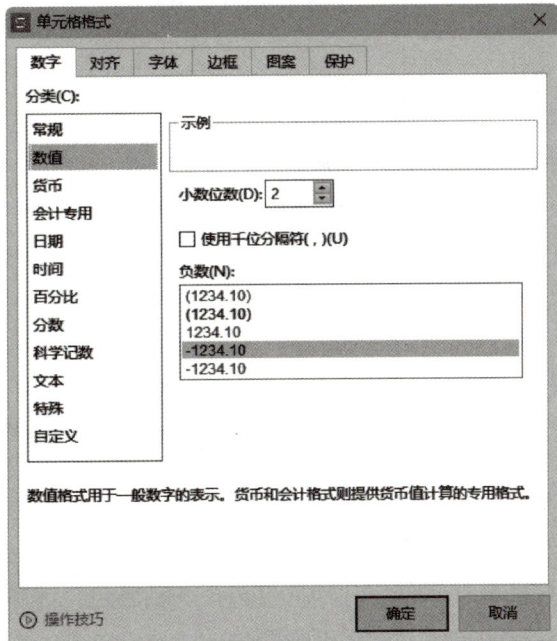

（2）在"分类"列表中进行选择，根据需要设置数据格式。例如，在"分类"列表中选择"数值"选项，在"小数位数"编辑框中输入或微调小数位数。如果需要千位分隔符，则勾选"使用千位分隔符"复选框。

3. 设置边框和底纹

在默认情况下，WPS 表格的背景颜色为白色，各个单元格以浅灰色网格线进行分隔，但网格线不能打印和显示。为单元格或单元格区域设置边框和底纹，不仅能美化工作表，而且可以更清楚地区分单元格。

（1）选中要设置边框和底纹的单元格或单元格区域并右击，在打开的快捷菜单中选择"设置单元格格式"选项，打开"单元格格式"对话框，切换到如图 4-23 所示的"边框"选项卡中设置线条的样式、颜色等。

（2）在设置边框的位置时，在"预置"区域单击"无"按钮可以取消已设置的边框；单击"外边框"按钮可以在选定区域的四周显示边框；单击"内部"按钮可设置用于分隔相邻单元格的线条样式。

（3）在"边框"区域的预览草图上单击，即可在指定位置显示或取消边框显示。

（4）切换到如图4-24所示的"图案"选项卡，在"颜色"列表中选择单元格底纹的颜色；在"图案样式"列表框中选择图案样式；在"图案颜色"列表框中选择底纹的前景色（图案颜色）。

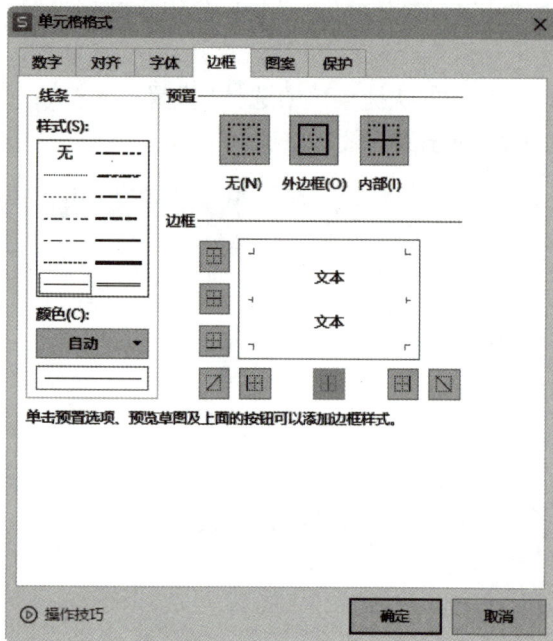

图4-23　"边框"选项卡

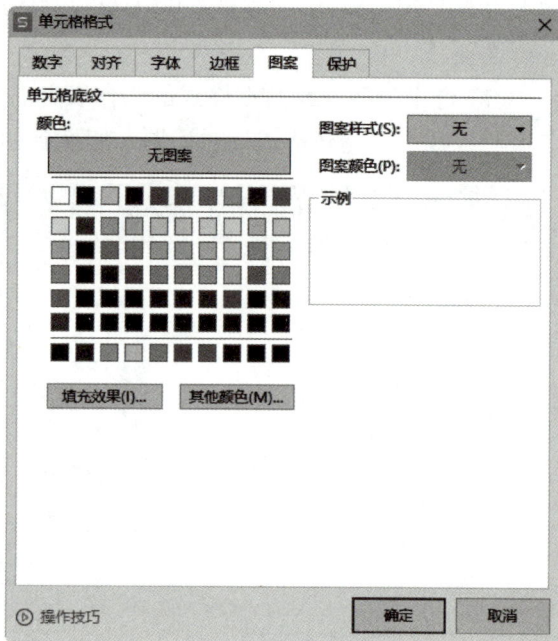

图4-24　"图案"选项卡

（5）如果"颜色"列表中没有需要的单元格底纹颜色，则可以单击"其他颜色"按钮，在打开的"颜色"对话框中选择一种颜色，或单击"填充效果"按钮，在打开的"填充效果"对话框中自定义一种渐变颜色。

（6）设置完成后，单击"确定"按钮。

4. 套用样式

所谓样式，实际上就是一些特定属性的集合，如字体大小、对齐方式、边框和底纹等。可以通过样式在不同的单元格区域一次应用多种格式，快速设置单元格外观。WPS 表格预置了丰富的表格样式和单元格样式，单击相关样式即可一键设置。

（1）如果要套用单元格样式，则选择要格式化的单元格，单击"开始"选项卡中的"单元格样式"下拉按钮 单元格样式▼，选择需要的单元格样式，如图4-25所示。

（2）如果要套用表格样式，则选择要格式化的单元格区域，或选中其中一个单元格，单击"开始"选项卡中的"表格样式"下拉按钮 表格样式▼，打开如图4-26所示的"表格样式"下拉列表。

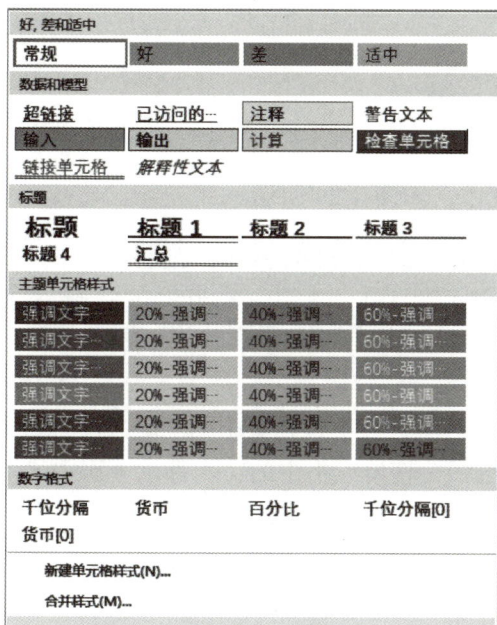

图 4-25 单元格样式

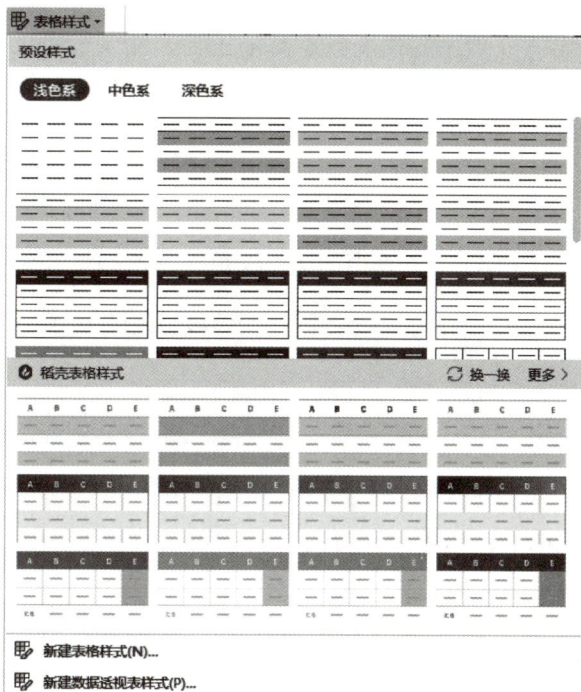

图 4-26 "表格样式"下拉列表

（3）单击需要的表格样式，打开如图 4-27 所示的"套用表格样式"对话框。"表数据的来源"编辑框将自动识别并填充要套用表格样式的单元格区域，用户可以根据需要修改。

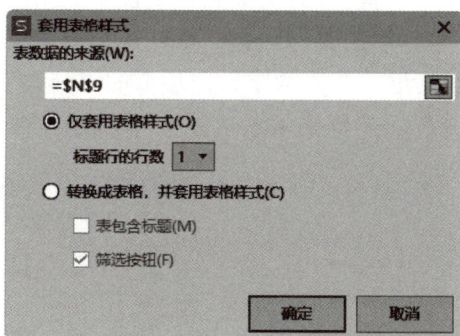

图 4-27 "套用表格样式"对话框

如果选中的单元格区域包含标题行，则可以在"标题行的行数"下拉列表中指定标题的行数；如果没有标题行，则选择 0。

如果要将选中的单元格区域转换为表格，则选择"转换成表格，并套用表格样式"选项；如果第一行是标题行，则勾选"表包含标题"复选框，否则 WPS 表格会自动添加以"列 1""列 2"……命名的标题行。

注意：在将普通的单元格区域转换为表格后，有些操作将不能进行，如分类汇总。

（4）单击"确定"按钮，即可关闭当前下拉列表，并应用表格样式。

任务实施——新建员工工资表

（1）在首页的左侧窗格中单击"新建"按钮，打开一个标签名称为"新建"的选项卡，单击"表格"按钮 S表格 ，在模板列表中单击"新建空白文档"按钮，新建一个空白文档。

（2）双击工作表标签"sheet1"，输入新的名称"员工工资表"，按 Enter 键确认，如图 4-28 所示。

图 4-28　更改工作表名称

（3）在工作表中的 A3:J3 单元格区域依次输入文本，如图 4-29 所示。

	A	B	C	D	E	F	G	H	I	J
1										
2										
3	编号	日期	姓名	部门	基础工资	绩效工资	应发工资	缺勤情况	缺勤扣款	实发工资

图 4-29　在指定单元格区域依次输入文本

（4）选中 A 列到 J 列，单击"开始"选项卡中的"行和列"下拉列表中的"最适合的列宽"按钮，以合适的列宽显示文本；单击"水平居中"按钮 ，使单元格中的文本都水平居中显示，如图 4-30 所示。

	A	B	C	D	E	F	G	H	I	J
1										
2										
3	编号	日期	姓名	部门	基础工资	绩效工资	应发工资	缺勤情况	缺勤扣款	实发工资

图 4-30　水平居中显示文本

（5）选中第 1 行到第 11 行，单击"开始"选项卡中的"行和列"下拉列表中的"行高"按钮，在打开的"行高"对话框中设置行高为 20 磅，如图 4-31 所示。

（6）选中 E、F、G、I、J 列，单击鼠标右键，在打开的快捷菜单中选择"设置单元格格式"选项，打开"单元格格式"对话框，在"数字"选项卡的"分类"列表中选择"会计专用"选项，设置"货币符号"为"无"，其他采用默认设置，如图 4-32 所示。

图 4-31　设置行高

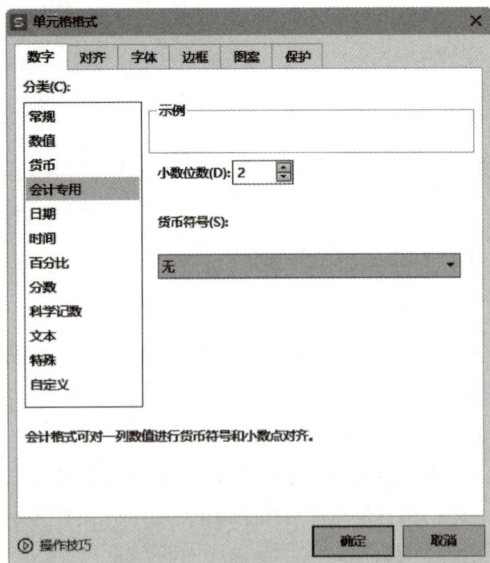

图 4-32　"单元格格式"对话框

（7）选中 A1:J1 单元格区域，单击"开始"选项卡中的"合并居中"按钮🔁，合并单元格区域，在单元格中输入文本"员工工资表"，如图 4-33 所示。

	A	B	C	D	E	F	G	H	I	J
1					员工工资表					
2										
3	编号	日期	姓名	部门	基础工资	绩效工资	应发工资	缺勤情况	缺勤扣款	实发工资
4										

图 4-33　合并单元格区域并输入文本

（8）选中已合并的单元格中的文本，设置字体为"等线"，字号为"16"，字形加粗，将鼠标光标移到第 1 行的下边界上，当鼠标光标显示为纵向双向箭头 ✛ 时，按下鼠标左键并移到合适位置释放，改变第一行的行高，如图 4-34 所示。

	A	B	C	D	E	F	G	H	I	J
1					**员工工资表**					
2										
3	编号	日期	姓名	部门	基础工资	绩效工资	应发工资	缺勤情况	缺勤扣款	实发工资

图 4-34　设置文本格式和行高

（9）在工作表中的 A2:B2 的单元格区域中输入日期，如图 4-35 所示。

	A	B	C	D	E	F	G	H	I
1					**员工工资表**				
2	日期：	2023年8月							
3	编号	日期	姓名	部门	基础工资	绩效工资	应发工资	缺勤扣款	实发工资
4									

图 4-35　输入日期

（10）在 A4 单元格中输入编号 1。选中 A4 单元格，将鼠标光标移到该单元格右下角，鼠标光标显示为黑色十字形 ✚。按下鼠标左键并移到 A11 单元格位置，释放鼠标左键，选择以序列方式填充编号，填充的编号是等差数列，如图 4-36 所示。

（11）按 Ctrl+C 键复制 B2 单元格，按 Ctrl+V 键粘贴到 B4 单元格，选中 B4 单元格，将鼠标光标移到该单元格右下角，鼠标光标显示为黑色十字形 ✚。按下鼠标左键并移到 B11 单元格位置，释放鼠标左键，选择以复制单元格的方式填充日期，如图 4-37 所示。

	2	日期：	2023年8月
3	编号	日期	
4	1		
5	2		
6	3		
7	4		
8	5		
9	6		
10	7		
11	8		
12			

图 4-36　填充编号

	2	日期：	2023年8月	
3	编号	日期	姓名	
4	1	2023年8月		
5	2	2023年8月		
6	3	2023年8月		
7	4	2023年8月		
8	5	2023年8月		
9	6	2023年8月		
10	7	2023年8月		
11	8	2023年8月		
12				

图 4-37　填充日期

（12）在工作表中依次输入员工工资，如图 4-38 所示。

图 4-38　输入员工工资

（13）选中 A 列至 J 列，单击"开始"选项卡中的"行和列"下拉列表中的"最合适的列宽"按钮，调整列宽。

（14）选中 A1:J1 单元格区域，单击"开始"选项卡中的"单元格"下拉列表中的"单元格格式"按钮，打开"单元格格式"对话框，在"边框"选项卡中的"样式"列表中选择"双线"选项，设置颜色为"蓝色"，其他采用默认设置，单击"边框"区域的下边框，如图 4-39 所示。效果如图 4-40 所示。

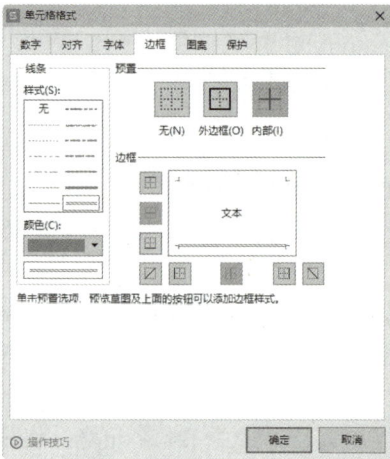

图 4-39　"单元格格式"对话框

图 4-40　单元格样式设置效果

（15）选中 A3:J11 单元格区域，依次单击"开始"选项卡、"单元格样式"下拉列表、"表样式浅色 9"按钮，打开如图 4-41 所示的"套用表格样式"对话框，这里采用默认设置，效果如图 4-42 所示。

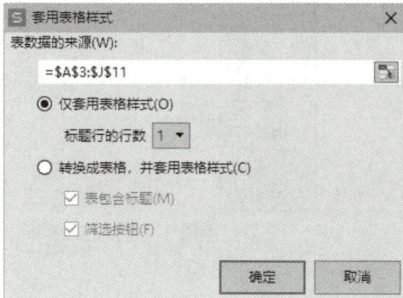

图 4-41　"套用表格样式"对话框

图 4-42　套用表格样式的效果

（16）单击快速工具栏上的"保存"按钮 ⬜，打开"另存文件"对话框，指定保存位置，输入文件名"8 月员工工资表"，采用默认文件类型，单击"保存"按钮退出。

4.2　公式和函数的使用

4.2.1　单元格引用

本节所说的引用，是指使用单元格地址标识公式中使用的数据的位置。公式可以引用同一个工作表中的单元格、同一个工作簿中不同工作表的单元格，甚至其他工作簿中的单元格。引用可简化工作表的修改和维护流程。

在默认情况下，WPS 表格使用 A1 引用样式，使用字母标识列（从 A 到 IV，共 256 列），使用数字标识行（从 1 到 1048,576），以标识单元格的位置，A1 引用样式示例如表 4-2 所示。

表 4-2　A1 引用样式示例

引用单元格区域	引用方式
列 E 和行 3 交叉处的单元格	E3
在列 E 和行 3～10 的单元格区域	E3:E10
在列 A～E 和行 5 的单元格区域	A5:E5
行 5 中的全部单元格	5:5
行 5～10 的全部单元格	5:10
列 H 中的全部单元格	H:H
列 H～J 的全部单元格	H:J
列 A～E 和行 10～20 的全部单元格	A10:E20

提示：WPS 表格还支持 R1C1 引用样式，可同时统计工作表上的行和列，这种引用样式对计算位于宏内的行和列很有用。从 WPS 表格的"选项"对话框切换到"常规与保存"选项卡，勾选"R1C1 引用样式"复选框，即可打开 R1C1 引用样式。

在 WPS 表格中，常用的单元格引用类型有三种，下面分别进行介绍。

1. 相对引用

相对引用是基于公式和单元格引用所在单元格的相对位置。

在公式中引用单元格时，可以直接输入单元格的地址，也可以单击该单元格获取地址。

如果公式所在单元格的位置改变，引用也随之自动调整。

提示：在默认情况下，单元格中显示的是计算结果，如果要查看单元格中输入的公式，则可以双击单元格，或者在选中单元格后在编辑框中查看。

如果要查看的公式较多，则可以在英文输入状态下，按下 Ctrl+'键，显示当前工作表中输入的所有公式。再次按下 Ctrl+'键，隐藏公式，并显示所有单元格中通过公式计算的结果。

单击"公式"选项卡中的"显示公式"按钮 ⬚，可以显示或隐藏单元格中的所有公式。

2. 绝对引用

顾名思义，绝对引用的地址是绝对的，不会随着公式位置的改变而改变。绝对引用会在单元格地址的行、列引用前显示绝对地址符"$"。如果移动包含绝对引用地址的公式，单元格中的公式不会变化。

3. 混合引用

混合引用与绝对引用类似，不同的是混合引用中有一项为绝对引用，另一项为相对引用，因此，绝对引用可分为绝对引用行（采用 A\$1、B\$1 等形式）和绝对引用列（采用\$A1、\$B1 等形式）。

如果复制混合引用地址，则相对引用地址自动调整，而绝对引用地址不变。例如，如果将一个混合引用地址"=B\$3"从 E3 单元格复制到 F3 单元格，则地址将自动调整为"=C\$3"；如果复制到 F4 单元格，则地址自动调整为"=C\$3"，因为列为相对引用，行为绝对引用。

如果移动混合引用地址，则公式不会变化。

4.2.2　输入与编辑公式

输入公式类似于输入文本，不同的是公式以等号（=）开头，其后是由操作数和运算符组成的表达式。

（1）选中要输入公式的单元格。

（2）在单元格或编辑框中输入"="，在"="后输入公式内容，可以直接输入数值，也可以引用单元格。例如，输入"=120*2"，表示求两个数相乘的积。

注意：在输入公式时，如果不以等号开头，则 WPS 表格会将输入的公式作为单元格内容填入单元格。如果公式中有括号，则必须在英文状态或者是半角中文状态下输入。

（3）按下 Enter 键或者单击编辑框中的"输入"按钮☑，即可在单元格中得到计算结果，在编辑框中仍然显示输入的公式。

（4）如果要修改输入的公式，则单击公式所在的单元格，在单元格或编辑框中修改公式，方法与修改文本相同。在修改完成后，按 Enter 键，单元格中的计算结果将自动更新。

（5）如果要删除公式，则选中公式所在的单元格，按 Delete 键。

在 WPS 表格中，单元格中的公式也可以像单元格中的其他数据一样进行复制和移动，方法相同，本节不再赘述。

4.2.3　使用函数

WPS 表格中的函数是预定义公式，是对计算过程中一些较为复杂的公式的封装成果。函数将特定变量按特定顺序或结构进行计算。函数能够简化公式的输入，方便数据计算，通常可以用于常规的数据统计、财务计算、日期与时间的计算，以及三角函数的计算等。

1. 常用函数

（1）SUM 函数。

函数名称：SUM。

主要功能：计算所有参数的和。

使用格式：SUM(number1,number2,…)。

参数说明：number1、number2……代表需要计算的值或单元格（区域）。

应用举例：在 B8 单元格中输入公式=SUM(D3:H3)，在确认后即可求出 D3 至 H3 单元格区域的和。

（2）AVERAGE 函数。

函数名称：AVERAGE。

主要功能：求出所有参数的平均值。

使用格式：AVERAGE(number1,number2,…)。

参数说明：number1、number2……代表需要求平均值的数值或单元格（区域），参数不超过 30 个。

应用举例：在 B8 单元格中输入公式=AVERAGE(B7:D7,F7:H7,7,8)，在确认后即可求出 B7 至 D7 单元格区域、F7 至 H7 单元格区域中的数值与数字 7、8 的平均值。

特别提醒：如果引用的单元格区域中包含"0"的单元格，则需要将其计算在内；如果引用的单元格区域中包含空格或字符单元格，则需要将其不计算在内。

（3）MAX 函数。

函数名称：MAX。

主要功能：求出一组数值中的最大值。

使用格式：MAX(number1,number2,…)。

参数说明：number1、number2……代表需要求最大值的数值或引用单元格（区域），参数不超过 30 个。

应用举例：输入公式=MAX(E44:J44,7,8,9,10)，在确认后即可显示 E44 至 J44 单元格区域的数值和数字 7、8、9、10 中的最大值。

特别提醒：如果数值中有文本或逻辑值，则需要将其忽略。

（4）MIN 函数。

函数名称：MIN。

主要功能：求出一组数值中的最小值。

使用格式：MIN(number1,number2,…)。

参数说明：number1、number2……代表需要求最小值的数值或引用单元格（区域），参数不超过 30 个。

应用举例：输入公式=MIN(E44:J44,7,8,9,10)，在确认后即可显示 E44 至 J44 单元格区域的数值和数字 7、8、9、10 中的最小值。

特别提醒：如果数值中有文本或逻辑值，则需要将其忽略。

（5）IF 函数。

函数名称：IF。

主要功能：根据指定条件的逻辑判断的结果（真或假），返回对应的内容。

使用格式：IF(Logical,Value_if_true,Value_if_false)。

参数说明：Logical 代表逻辑判断表达式；Value_if_true 表示当判断条件为逻辑真（True）时显示的内容，如果忽略，则返回"True"；Value_if_false 表示当判断条件为逻辑假（False）时显示的内容，如果忽略，则返回"False"。

应用举例：在 C29 单元格中输入公式=IF(C26>=18,"符合要求","不符合要求")，在确认后，如果 C26 单元格中的数值大于或等于 18，则 C29 单元格显示"符合要求"字样，反之则显示"不符合要求"字样。

特别提醒：对于类似"在 C29 单元格中输入公式"的提示，用户在使用时可以不受其约束。

（6）COUNT 函数。

函数名称：COUNT。

主要功能：统计所有参数中包含的数值的单元格个数。

使用格式：COUNT(number1,number2,…)。

参数说明：number1、number2……代表需要统计的数值或引用单元格（区域），参数不超过 30 个。

应用举例：在 B8 单元格中输入公式=COUNT(B2:D8)，在确认后即可求出 B2 至 D8 单元格区域中所有数值型数据的个数。

特别提醒：如果引用的单元格区域中包含空格或字符单元格，则不统计在内。

（7）COUNTIF 函数。

函数名称：COUNTIF。

主要功能：统计某个单元格区域中符合指定条件的单元格数目。

使用格式：COUNTIF(Range,Criteria)。

参数说明：Range 代表要统计的单元格区域；Criteria 代表指定的条件表达式。

应用举例：在 C15 单元格中输入公式=COUNTIF(C1:C12,">=90")，在确认后即可统计 C1 至 C12 单元格区域中，数值大于或等于 90 的单元格数目。

特别提醒：允许引用的单元格区域中有空格出现。

2. 使用函数计算数据

（1）选中要输入函数的单元格。

（2）在编辑框中单击"插入函数"按钮 fx，打开如图 4-43 所示的"插入函数"对话框。

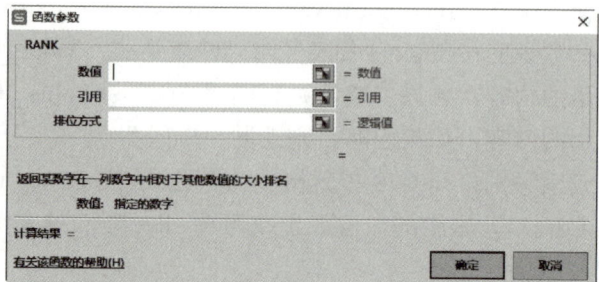

（3）在"或选择类别"下拉列表中选择需要的函数类别，在"选择函数"列表中选择需要的函数，在该对话框底部可以查看对应函数的语法和说明。

提示：如果对需要使用的函数不太了解或者不会使用，则可以在"插入函数"对话框顶部的"查找函数"编辑框中输入一条自然语言，如输入"排名"，则在"选择函数"列表中可以看到相关的函数，例如 RANK、RANK.AVG、RANK.EQ。

（4）单击"确定"按钮，打开如图 4-44 所示的"函数参数"对话框。输入单元格或单元格区域地址，或者单击编辑框右侧的 按钮，即在工作表中选择参数所在的单元格或单元格区域。

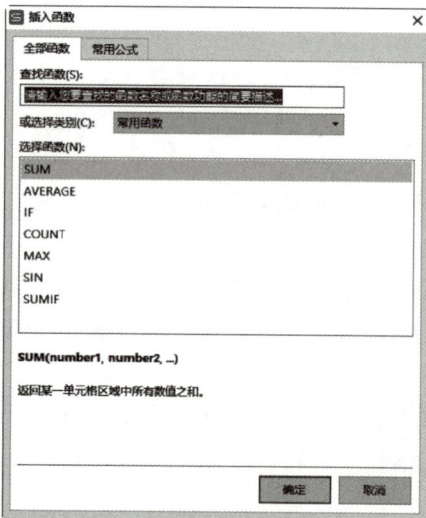

图 4-43 "插入函数"对话框   图 4-44 "函数参数"对话框

（5）在参数设置完成后，单击“确定”按钮，即可输入函数，并得到计算结果。

任务实施——设置员工工资表

（1）依次选择“文件”→“打开”选项，打开“打开文件”对话框，选择“员工工资表”，单击“打开”按钮，打开员工工资表，如图 4-45 所示。

	A	B	C	D	E	F	G	H	I	J
1	员工工资表									
2	日期：	2023年8月								
3	编号	月份	姓名	部门	基础工资	绩效工资	应发工资	缺勤情况	缺勤扣款	实发工资
4	1	2023年8月	李想	市场部	3,000.00	2,800.00		2		
5	2	2023年8月	王文	研发部	6,000.00	3,800.00		0		
6	3	2023年8月	林珑	财务部	3,000.00	2,000.00		1		
7	4	2023年8月	丁宁	研发部	6,000.00	3,200.00		1		
8	5	2023年8月	张扬	人力资源部	3,200.00	2,400.00		0		
9	6	2023年8月	马林	企划部	3,200.00	2,900.00		1		
10	7	2023年8月	陈材	研发部	5,500.00	2,600.00		2		
11	8	2023年8月	高尚	市场部	3,200.00	3,000.00		1		

图 4-45　员工工资表

（2）由于“应发工资=基础工资+绩效工资”，所以在 G4 单元格中输入公式“=E4+F4”，如图 4-46 所示，按 Enter 键，得到应发工资。

	A	B	C	D	E	F	G	H	I	J
1	员工工资表									
2	日期：	2023年8月								
3	编号	月份	姓名	部门	基础工资	绩效工资	应发工资	缺勤情况	缺勤扣款	实发工资
4	1	2023年8月	李想	市场部	3,000.00	2,800.00	=E4+F4	2		

图 4-46　输入应发工资公式

（3）选中 G4 单元格，鼠标光标显示为黑色十字形+。按下鼠标左键并移动到 G11 单元格，释放鼠标左键，将自动计算剩余员工的应发工资，如图 4-47 所示。

	A	B	C	D	E	F	G	H	I	J
1	员工工资表									
2	日期：	2023年8月								
3	编号	月份	姓名	部门	基础工资	绩效工资	应发工资	缺勤情况	缺勤扣款	实发工资
4	1	2023年8月	李想	市场部	3,000.00	2,800.00	5,800.00	2		
5	2	2023年8月	王文	研发部	6,000.00	3,800.00	9,800.00	0		
6	3	2023年8月	林珑	财务部	3,000.00	2,000.00	5,000.00	1		
7	4	2023年8月	丁宁	研发部	6,000.00	3,200.00	9,200.00	1		
8	5	2023年8月	张扬	人力资源部	3,200.00	2,400.00	5,600.00	0		
9	6	2023年8月	马林	企划部	3,200.00	2,900.00	6,100.00	1		
10	7	2023年8月	陈材	研发部	5,500.00	2,600.00	8,100.00	2		
11	8	2023年8月	高尚	市场部	3,200.00	3,000.00	6,200.00	1		
12										

图 4-47　计算剩余员工的应发工资

（4）由于“缺勤扣款=缺勤情况*基础工资/30”，所以在 I4 单元格中输入公式“=H4*E4/30”，如图 4-48 所示。在输入完成后，按 Enter 键，得到缺勤扣款。

图 4-48　计算缺勤扣款

（5）选中 I4 单元格，鼠标光标显示为黑色十字形**+**。按下鼠标左键并移动到 I11 单元格，释放鼠标左键，自动计算剩余缺勤扣款，如图 4-49 所示。

图 4-49　计算剩余缺勤扣款

（6）选中 J4 单元格，输入实发工资的计算公式"=G4-I4"，如图 4-50 所示，按 Enter 键，得到实发工资。

图 4-50　计算实发工资

（7）选中 J4 单元格，鼠标光标显示为黑色十字形**+**。按下鼠标左键并移动到 G11 单元格，释放鼠标左键，将自动计算剩余实发工资，如图 4-51 所示。

图 4-51　计算剩余实发工资

（8）在 A12 单元格中输入文本"总数"，单击 J12 单元格，在编辑框中单击"插入函数"按钮 fx，打开"插入函数"对话框，如图 4-43 所示，在"选择函数"列表中选择"SUM"函数，单击"确定"按钮，打开"函数参数"对话框，单击编辑框右侧的 按钮，在工作表中选择 J4:J11 单元格区域，图 4-52 表示的是计算 J4:J11 单元格区域的总和。单击"确定"按钮，即可计算。

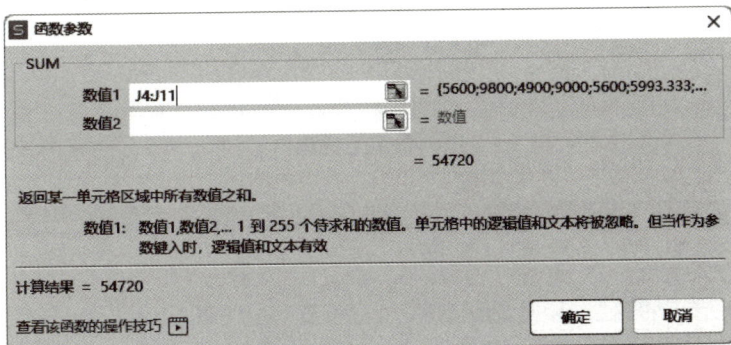

图 4-52　在"函数参数"对话框中设置单元格区域

（9）选中 J11 单元格，单击"开始"选项卡中的"格式刷"按钮。选中 J12 单元格，将 J11 单元格的格式刷到 J12 单元格，如图 4-53 所示。

图 4-53　应用格式刷后的效果

（10）在 A13 单元格中输入文本“全勤人数”，单击 H13 单元格，输入公式“COUNTIF(H4:H11,"=0")”，图 4-54 表示的是计算 H4:H11 单元格区域的缺勤情况为 0 的人数。按 Enter 键，或单击编辑框中的“输入”按钮✓，即可计算全勤人数，如图 4-55 所示。

（11）依次选择“文件”→“另存为”选项，打开“另存文件”对话框，设置保存位置，输入文件名“统计员工工资”，单击“保存”按钮，保存文件。

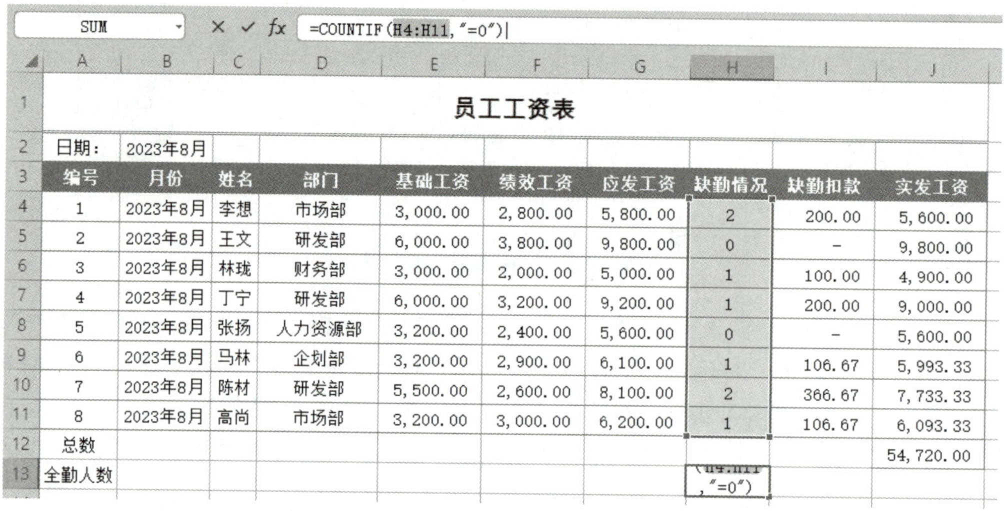

	A	B	C	D	E	F	G	H	I	J
1	员工工资表									
2	日期：	2023年8月								
3	编号	月份	姓名	部门	基础工资	绩效工资	应发工资	缺勤情况	缺勤扣款	实发工资
4	1	2023年8月	李想	市场部	3,000.00	2,800.00	5,800.00	2	200.00	5,600.00
5	2	2023年8月	王文	研发部	6,000.00	3,800.00	9,800.00	0	-	9,800.00
6	3	2023年8月	林珑	财务部	3,000.00	2,000.00	5,000.00	1	100.00	4,900.00
7	4	2023年8月	丁宁	研发部	6,000.00	3,200.00	9,200.00	1	200.00	9,000.00
8	5	2023年8月	张扬	人力资源部	3,200.00	2,400.00	5,600.00	0	-	5,600.00
9	6	2023年8月	马林	企划部	3,200.00	2,900.00	6,100.00	1	106.67	5,993.33
10	7	2023年8月	陈材	研发部	5,500.00	2,600.00	8,100.00	2	366.67	7,733.33
11	8	2023年8月	高尚	市场部	3,200.00	3,000.00	6,200.00	1	106.67	6,093.33
12	总数									54,720.00
13	全勤人数							,"=0")		

图 4-54　输入统计公式

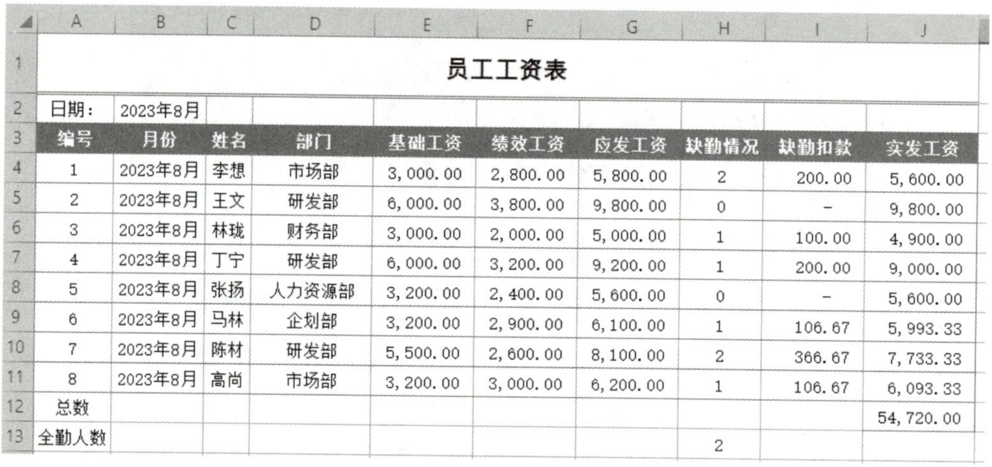

	A	B	C	D	E	F	G	H	I	J
1	员工工资表									
2	日期：	2023年8月								
3	编号	月份	姓名	部门	基础工资	绩效工资	应发工资	缺勤情况	缺勤扣款	实发工资
4	1	2023年8月	李想	市场部	3,000.00	2,800.00	5,800.00	2	200.00	5,600.00
5	2	2023年8月	王文	研发部	6,000.00	3,800.00	9,800.00	0	-	9,800.00
6	3	2023年8月	林珑	财务部	3,000.00	2,000.00	5,000.00	1	100.00	4,900.00
7	4	2023年8月	丁宁	研发部	6,000.00	3,200.00	9,200.00	1	200.00	9,000.00
8	5	2023年8月	张扬	人力资源部	3,200.00	2,400.00	5,600.00	0	-	5,600.00
9	6	2023年8月	马林	企划部	3,200.00	2,900.00	6,100.00	1	106.67	5,993.33
10	7	2023年8月	陈材	研发部	5,500.00	2,600.00	8,100.00	2	366.67	7,733.33
11	8	2023年8月	高尚	市场部	3,200.00	3,000.00	6,200.00	1	106.67	6,093.33
12	总数									54,720.00
13	全勤人数							2		

图 4-55　计算全勤人数

4.3　数据处理

4.3.1　数据排序

在现实生活和工作中，排序对于数据分析与应用非常重要。我们经常要将数据按从小到大或者按从大到小的顺序进行排序。例如，学生成绩排名、每日股票的涨跌排名等。

WPS 表格默认根据单元格中的数据进行排序，在按升序排序时，遵循以下规则。

① 文本及包含数字的文本按 0～9、a～z、A～Z 的顺序排序。如果两个字符串文本除了连字符不同，其余都相同，则带连字符的文本排在后面。

② 当按字母先后顺序对文本进行排序时，从左到右逐个将字符进行排序。

③ 逻辑值 False 排在 True 前面。

④ 所有错误值的优先级相同。

⑤ 空格始终排在最后。

提示：在 WPS 表格中排序时，可以指定是否区分字母大小写。在对汉字排序时，既可以根据汉语拼音的字母顺序进行排序，也可以根据汉字的笔画进行排序。

在按降序排序时，除了空格总是在最后，其他的排列次序相反。

1. 按关键字排序

按关键字排序是指按某一列字段值进行排序，是最常用的一种排序方法。

（1）单击待排序数据列中的任意一个单元格。

（2）单击"数据"选项卡中的"排序"下拉列表中的"升序"按钮 **A↓** 或"降序"按钮 **↓A**，即可根据指定列的字段值按指定的顺序对数据进行排列。

在按单个关键字进行排序时，经常会遇到两个或多个关键字相同的情况。如果在排序后的数据中单击第二个关键字所在列的任意一个单元格，则重复步骤（2），按指定的第二个关键字重新进行排序，而不是在原有基础上进一步排序。

针对多个关键字排序，WPS 表格提供了"排序"对话框，不仅可以按多行或多列排序，还可以按拼音、笔画、颜色或条件格式图标排序。

（3）选中任意单元格，单击"数据"选项卡中的"排序"下拉列表中的"自定义排序"按钮，打开"排序"对话框，如图 4-56 所示。

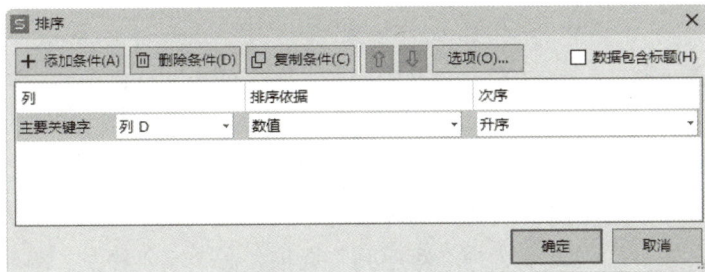

图 4-56　"排序"对话框

设置列的主要关键字、排序依据和排序方式（次序）。

（4）单击"添加条件"按钮，添加列的次要关键字，如图 4-57 所示。

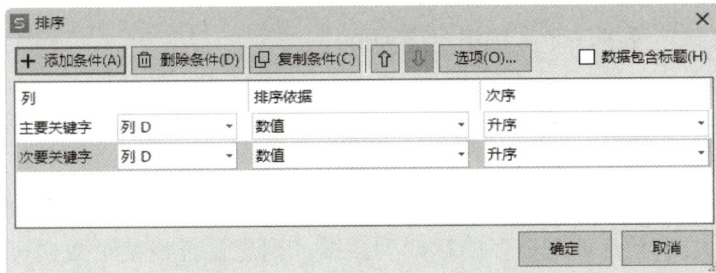

图 4-57　添加列的次要关键字

（5）单击"下移"按钮 ⇩ 或"上移"按钮 ⇧，调整主要关键字和次要关键字的次序。

（6）如果要添加多个次要关键字，则重复步骤（3）。

（7）如果要利用同一个关键字按不同的条件排序，则可以选中已添加的条件，单击"复制条件"按钮，并进行修改。

（8）如果要删除某个条件，则选中该条件，单击"删除条件"按钮。

（9）在设置完成后，单击"确定"按钮，即可完成排序。

2. 自定义条件排序

在实际应用中，有时需要将数据按某种特定的顺序排列，则可以自定义条件，完成排序。

（1）在"排序"对话框的"主要关键字"列表中选择排序的关键字，"排序依据"选择"单元格值"选项，在"次序"下拉列表中选择"自定义序列"下拉列表，打开如图 4-58 所示的"自定义序列"对话框。

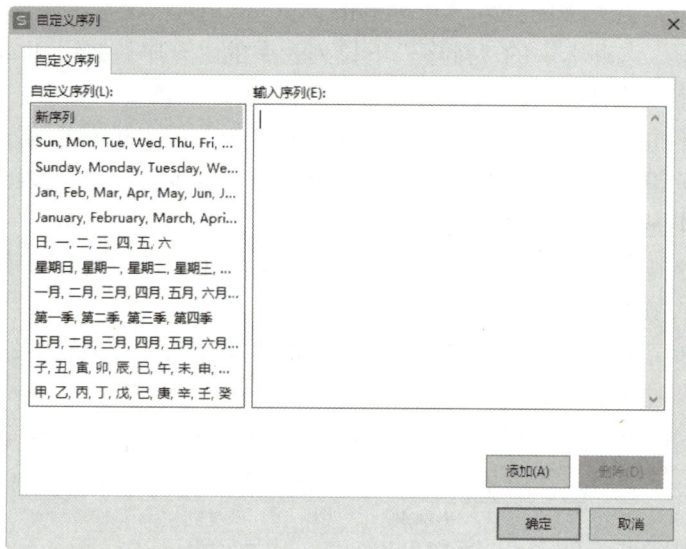

图 4-58 "自定义序列"对话框

注意：自定义条件排序只作用于从"主要关键字"下拉列表中指定的数据列。

（2）在"自定义序列"列表中选择"新序列"选项，在"输入序列"编辑框中输入序列项，序列项之间用 Enter 键分隔。

（3）在序列项输入完成后单击"添加"按钮，将输入的序列项添加到"自定义序列"列表中，且新序列项自动处于选中状态。单击"确定"按钮，返回"排序"对话框，可以看到排列次序指定为创建的序列。

（4）单击"确定"按钮，即可按指定序列排序。

4.3.2 数据筛选

在 WPS 表格中，一张工作表共有 1048,576 行、16384 列、17,179,869,184 个单元格。如果工作表很大，包括成千上万甚至更多的行或列数据，则想要查找某个数据可以说是大海捞针。但是 WPS 表格为用户提供了两种筛选数据的方法：一种是自动筛选，另一种是高级筛选。

1. 自动筛选

自动筛选是对单个字段进行筛选，或在多个字段之间通过逻辑与的关系进行筛选。在执行自动筛选时，所选的顶行的各列（不一定是列标题）单元格旁边均出现一个下拉按钮▾，用户以选定的单元格区域内的所属列的信息为自定义条件进行筛选，在当前位置只显示符合自定义条件的数据。

（1）选中要筛选数据的单元格区域。如果首行为标题行，则可以单击任意一个单元格。

（2）单击"数据"选项卡中的"自动筛选"按钮▽，所有列号右侧会显示一个下拉按钮▾。

（3）单击自定义条件对应的列标题右侧的下拉按钮▾，在打开的下拉列表中选择要筛选的内容，如图 4-59 所示，取消勾选"全选"复选框可取消筛选。

（4）如果当前筛选的数据列为单元格设置了多种颜色，则可以切换到"颜色筛选"选项卡，按单元格颜色进行筛选。

（5）如果要对筛选结果进行排序，则单击"自动筛选"下拉列表顶部的"升序""降序""颜色排序"按钮之一。

（6）单击"确定"按钮，即可显示符合自定义条件的结果。

如果要取消筛选，显示所有数据行，则单击"数据"选项卡中的"全部显示"按钮▽ 全部显示。

图 4-59　设置筛选条件

2. 高级筛选

进行"自动筛选"的各个字段之间设定的自定义条件是逻辑与的关系，只显示同时满足各个自定义条件的数据。若要实现各个字段之间逻辑或的关系，显示至少满足一个自定义条件的数据，那就要用高级筛选来实现。

（1）创建条件区域。

在使用高级筛选前，需要创建条件区域。所谓条件区域，是指在数据清单以外的任意单元格位置创建的一组存储筛选条件、用于进行高级筛选的数据区域。条件区域至少由两行组成：首行为列标题字段，该字段一定要与原数据清单中的相应字段精确地匹配；从第二行开始为呈现逻辑判断关系的筛选条件。处于同一行的筛选条件在进行筛选时，按逻辑与处理；处于不同行的筛选条件在进行筛选时，按逻辑或处理。筛选结果可以显示在原数据清单中，也可以显示在工作表中的其他位置。在进行高级筛选之前，必须把条件区域创建好。创建条件区域的方法如下。

① 按列创建用于存储筛选条件的列标题，各个列标题同处一行并左右紧靠，各个列标题要保证与原数据清单中相应的列标题精确匹配，不能有任何差别，否则 WPS 表格不能根据筛选条件对列标题进行正确识别，必将导致错误的筛选结果。

② 在列标题下面输入筛选条件。筛选条件的表达式一般由关系符号和数据常量组成。关系符号一般有>、<、>=、<=、<>，若要表示"等于"关系，则只需直接输入相关的数值即可（注意，WPS 表格通常把"＝"理解为公式的开头而导致错误）。关系符号的意义如表 4-3 所示。

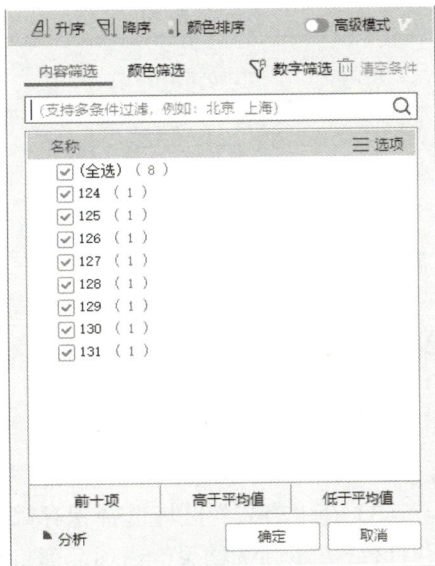

表 4-3　关系符号的意义

关 系 符 号	意义
>	大于一个给定的数值
<	小于一个给定的数值
>=	大于或等于一个给定的数值
<=	小于或等于一个给定的数值
<>	不等于一个给定的数值或者文本
不写符号（表示"="）	等于一个给定的数值或者文本

③ 如果列标题下需要两个以上的筛选条件，那么筛选需求为逻辑与关系的筛选条件必须放在同一行；对筛选需求为逻辑或关系的筛选条件必须放在不同行。

（2）单击"数据"选项卡中的"筛选"选项右下角的按钮，打开如图 4-60 所示的"高级筛选"对话框。

（3）在"方式"区域选择保存筛选结果的位置。如果选择"在原有区域显示筛选结果"选项，则将筛选结果显示在原有区域，筛选结果与自动筛选结果相同。如果选择"将筛选结果复制到其他位置"选项（标准写法为"其他"，与图 4-60 中的"其它"存在区别），则在保留原有区域的同时，将筛选结果复制到指定的单元格区域显示。

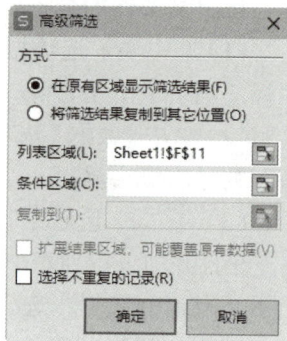

图 4-60　"高级筛选"对话框

（4）单击"列表区域"右侧的按钮，可以在工作表中重新选择进行筛选的区域。

（5）单击"条件区域"右侧的按钮，在工作表中选择条件区域所在的单元格区域，在选择时应包含条件列号和筛选条件，可以直接输入条件区域的单元格引用。

注意：在输入条件区域的单元格引用时，必须使用绝对引用。

（6）如果选择"将筛选结果复制到其他位置"选项，则单击"复制到"编辑框右侧的按钮，在工作表中选择筛选结果的首行显示的位置。

（7）如果不显示重复的筛选结果，则勾选"选择不重复的记录"复选框。

（8）在设置完成后，单击"确定"按钮，即可在"复制到"编辑框中指定的单元格区域来显示筛选结果。

4.3.3　分类汇总

分类汇总指对当前数据清单按指定字段进行分类，并进行求平均值、求和、计数、求最大值、求最小值等运算。分类汇总工具可以准确、高效地对给定数据进行分类汇总和分析，以提取有用的统计数据和创建数据表。例如，仓库商品库存管理数据、销售管理数据等。分类汇总可以分为简单分类汇总和嵌套分类汇总。

在进行分类汇总前，需要把要分类汇总的字段作为主要关键字在数据清单中进行排序，使字段值相同的数据排在相邻的行中，从而保证分类汇总的正确性。

（1）打开要进行分类汇总的数据表。

注意：WPS 表格根据列标题进行数据分组和分类汇总，因此进行分类汇总的数据表的各列应有列标题，并且没有空行或者空列。

（2）选中要进行分类汇总的数据，单击"数据"选项卡中的"分类汇总"按钮 ，打开如图 4-61 所示的"分类汇总"对话框。

（3）在"分类字段"下拉列表中选择用于分类汇总的列标题。选中的数据列一定要与进行排序的数据列相同。

（4）在"汇总方式"下拉列表中选择进行汇总的计算方式。

（5）在"选定汇总项"列表中选择要进行汇总的数据列。如果勾选多个复选框，则可以同时对多列进行汇总。

（6）如果之前已对数据表进行了分类汇总，希望在再次进行分类汇总时保留先前的分类汇总结果，则取消勾选"替换当前分类汇总"复选框。

图 4-61　"分类汇总"对话框

（7）如果要分页显示每一类数据，则勾选"每组数据分页"复选框。

（8）单击"确定"按钮，即可看到分类汇总结果。

如果不再需要分类汇总结果，则单击"全部删除"按钮。

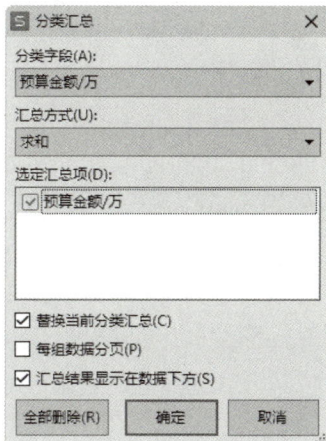

4.3.4　有效性数据设置

WPS 表格提供了数据的有效性检查功能，用于在数据输入过程中发现重复的数据、超出范围的无效数据等，以提高输入数据的有效性。只需要进行有效性条件设置，就可以减少甚至避免不必要的输入错误。

1. 设置有效性条件

（1）选中要设置有效性条件的单元格或单元格区域。

（2）单击"数据"选项卡中的"有效性"下拉列表中的"有效性"按钮，打开如图 4-62 所示的"数据有效性"对话框。

（3）在"允许"下拉列表中指定允许输入的数据类型，包括任何值、序列、整数、小数、日期、时间等。

（4）如果选择"序列"有效性条件，则"数据有效性"对话框底部将显示"来源"编辑框，用于输入或选择有效数据序列的引用，如图 4-63 所示。如果工作表中存在要引

图 4-62　"数据有效性"对话框

用的序列，则单击"来源"编辑框右侧的 按钮，可以缩小"数据有效性"对话框（如图 4-64 所示），以免"数据有效性"对话框阻挡视线。单击 按钮可恢复"数据有效性"对话框。

注意：在"来源"编辑框中输入序列时，各个序列必须用英文逗号隔开。

（5）如果允许的数据类型为整数、小数、日期、时间，则还应在"数据"下拉列表中选择数据之间的操作符，并根据选中的操作符指定数据的上限或下限（某些操作符只有一个操作数，如"＝"），或同时指定二者，如图 4-65 所示。

（6）如果允许单元格中出现空值，或者在设置上、下限时允许使用的单元格引用或公式引用基于初始值为空值的单元格，则勾选"忽略空值"复选框。

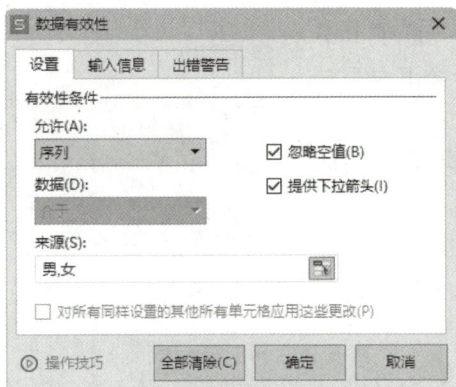

图 4-63　显示"来源"编辑框

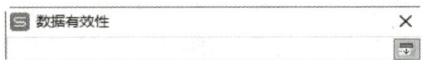

图 4-64　缩小"数据有效性"对话框

（7）在设置完成后，单击"确定"按钮。在指定的单元格中输入错误的数据时，会打开如图 4-66 所示的错误提示。

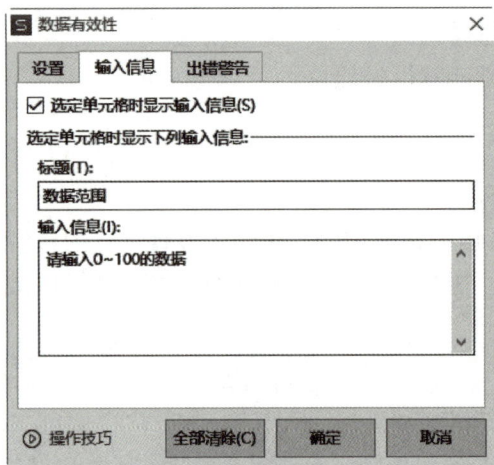

图 4-65　指定数据的上限或下限

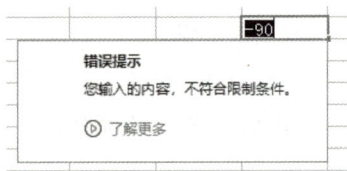

图 4-66　错误提示

2. 设置有效性提示信息

在单元格中输入数据时，如果能显示数据有效性的提示信息，则可以帮助用户输入正确的数据。

（1）选中要设置有效性条件的单元格或单元格区域。

（2）单击"数据"选项卡中的"有效性"下拉列表中的"有效性"按钮，打开"数据有效性"对话框，切换到"输入信息"选项卡。

（3）如果希望在选中单元格时显示提示信息，则勾选"选定单元格时显示输入信息"复选框。

（4）如果要在提示信息中显示黑体的提示信息标题，则在"标题"编辑框中输入所需的文本。

（5）在"输入信息"编辑框中输入要显示的提示信息，如图 4-67 所示。

（6）单击"确定"按钮完成设置。在选中指定的单元格时，会显示如图 4-68 所示的提示信息，提示用户输入正确的数据。

图 4-67　输入要显示的提示信息

图 4-68　在选中单元格时显示的提示信息

3. 定制出错警告

在默认情况下，当在设置了数据有效性的单元格中输入了错误的数据时，出现的错误提示只是告知用户输入的数据不符合条件，用户可能并不知道具体的错误原因。WPS 表格允许用户定制出错警告，并控制用户响应。

（1）选中要定制出错警告的单元格或单元格区域，从"数据有效性"对话框中切换到如图4-69 所示的"出错警告"选项卡。

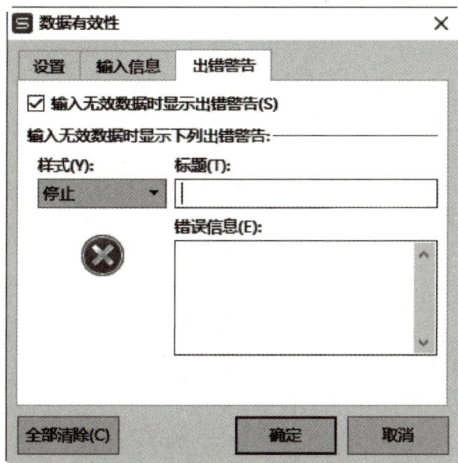

图 4-69　"出错警告"选项卡

（2）勾选"输入无效数据时显示出错警告"复选框。

（3）在"样式"下拉列表中选择出错警告的信息类型。若选择"停止"，则在输入数据无效时显示提示信息，且在错误被更正或取消之前禁止用户继续输入数据；若选择"警告"，则在输入数据无效时询问用户是否确认输入并继续其他操作；若选择"信息"，则在输入数据无效时显示提示信息，用户可保留已经输入的数据。

（4）如果希望提示信息中包含标题，则在"标题"编辑框中输入文本。

（5）如果希望在提示信息中显示特定的文本，则在"错误信息"编辑框中输入所需的文本，如图 4-70 所示，按 Enter 键可以换行。

（6）单击"确定"按钮退出。在指定单元格中输入无效数据时，将打开指定类型的错误提示，如图 4-71 所示。

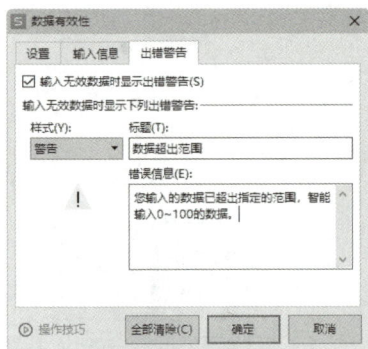

图 4-70　显示特定的文本

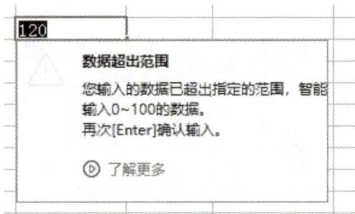

图 4-71　输入无效数据

4. 快速标识无效数据

对于已经输入的大批量数据，如果在输入时未设置数据的有效性检查，则需要对其进行有效性审核。如果采用人工方法，则从大量的数据中找到无效数据是件麻烦事儿，可以利用 WPS 表格的数据有效性检查功能，快速标识无效数据。

（1）选中要进行有效性检查和标识的单元格区域（注意：只能选择数据，不能选择标题），按照有效性条件的设置方法设置好数据有效性条件。

（2）单击"数据"选项卡中的"有效性"下拉列表中的"圈释无效数据"按钮，表格中的所有无效数据将被红色的椭圆圈释出来，如图 4-72 所示。

图 4-72　圈释无效数据

5. 清除无效数据标识

如果不再需要被圈释的无效数据，则可以将其清除。

（1）选中需要清除无效数据标识的工作表。

（2）单击"数据"选项卡中的"有效性"下拉列表中的"清除验证标识圈"按钮，即可将所有无效数据标识圈清除。

4.3.5　条件格式设置

条件格式可以使满足指定条件的单元格自动应用指定的底纹、字体、颜色等，或使用数据条、色阶或图标集，突出显示满足条件的单元格，从而增强数据的可读性。

1. 设置条件格式

（1）选中要设置条件格式的单元格区域，通常是同一个标题的列数据。

（2）如果要突出显示指定范围的单元格，则单击"开始"选项卡中的"条件格式"下拉按钮，选择"突出显示单元格规则"选项或"项目选取规则"选项，在级联菜单中选择条件规则，如图 4-73 所示。

在选择条件规则后，打开对应的格式设置对话框，例如，选择"介于"条件规则，打开如

图 4-74 所示的"介于"对话框。

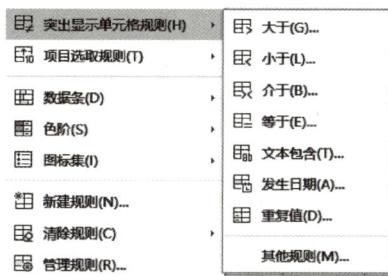

图 4-73 选择"突出显示单元格规则"选项

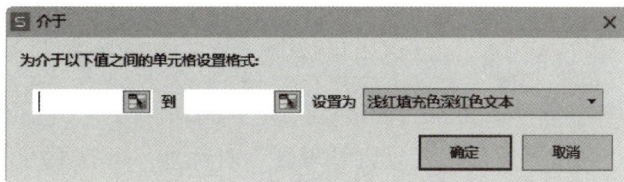

图 4-74 "介于"对话框

在设置要进行突出显示的数据范围之后,在"设置为"下拉列表中设置符合条件的单元格显示格式,如图 4-75 所示。

提示: 如果在编辑框中输入公式,则要加前导符"="。

WPS 表格提供了一些预置格式,单击即可应用,也可以单击"自定义格式"按钮,打开"单元格格式"对话框进行设置。

(3)如果要使用数据条、色阶或图标集直观地体现单元格数据的大小,则在"条件格式"下拉列表中选择"数据条"选项、"色阶"选项或者"图标集"选项,在级联菜单中选择样式,"数据条"级联菜单如图 4-76 所示。

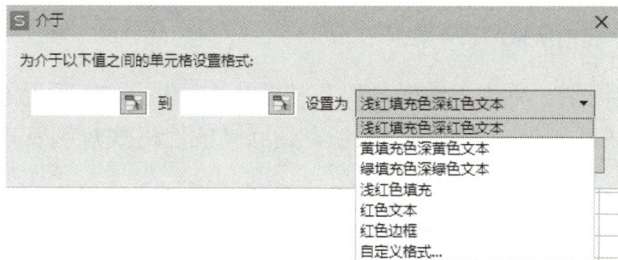

图 4-75 设置符合条件的单元格显示格式

图 4-76 "数据条"级联菜单

在选择一种填充样式或图标样式后,所选单元格区域即可根据单元格数据的大小显示长短不一或颜色各异的数据条或图标。

注意: 如果对同一列数据设定了多个条件,且不只一个条件为真,则 WPS 表格将自动应用最后一个为真的条件。

2. 清除条件格式

对于设置了条件格式的表格,如果需要消除条件格式,则可以采用如下步骤。

(1)打开需要清除条件格式的表格,选中设置了条件格式的单元格区域。

(2)单击"开始"选项卡中的"条件格式"下拉列表中的"清除规则"按钮,打开如图 4-77 所示的"清除规则"级联菜单。如果选择"清除所选单元格的规则"选项,则清除所选单元格(区域)的条件格式;如果选择"清除整个工作表的规则"选项,则清除当前工作表中的所有条件格式。

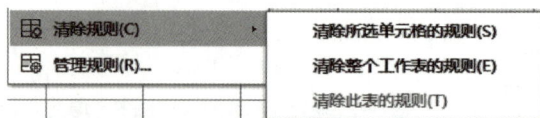

图 4-77 "清除规则"级联菜单

3. 管理条件格式规则

利用"条件格式规则管理器"对话框，可以很方便地对当前工作表中的所有条件格式进行编辑，还可以新建或删除条件格式。

（1）选中要修改的设置了条件格式的任意单元格，单击"开始"选项卡中的"条件格式"下拉列表中的"管理规则"按钮，打开"条件格式规则管理器"对话框。

"条件格式规则管理器"对话框默认显示当前所选的条件格式，可以在"显示其格式规则"下拉列表中选择"当前工作表"选项，如图 4-78 所示。

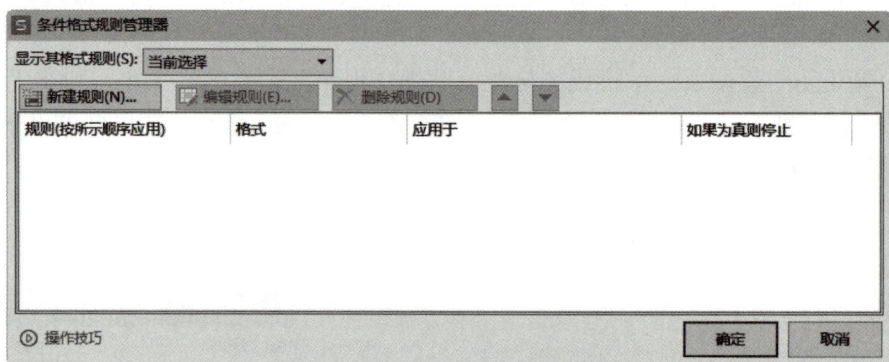

图 4-78 显示当前所选的条件规则

（2）在"规则"区域选中要进行管理的规则，单击"编辑规则"按钮，在如图 4-79 所示的"编辑规则"对话框中进行编辑。在编辑完毕后，单击"确定"按钮，返回"条件格式规则管理器"对话框。

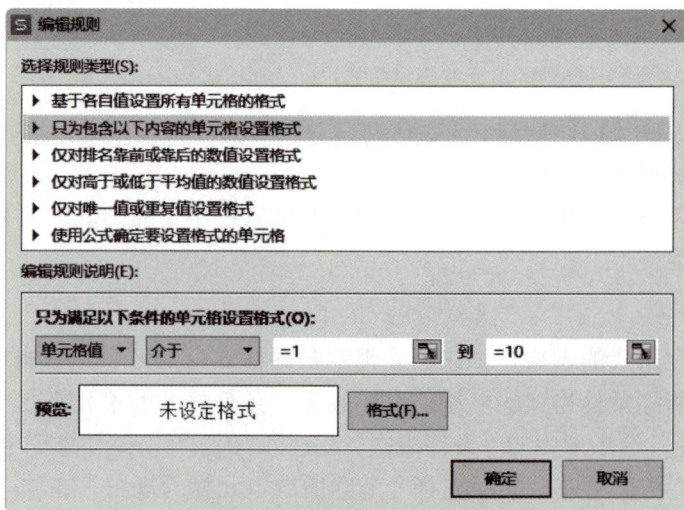

图 4-79 "编辑规则"对话框

（3）单击"上移"按钮▲或"下移"按钮▼，编辑条件格式的应用顺序。

（4）如果要删除当前选中的条件格式，则单击"删除规则"按钮。

（5）在编辑完成后，单击"确定"按钮。

任务实施——员工工资表数据处理

（1）依次选择"文件"→"打开"选项，打开"打开文件"对话框，选择名为"统计员工工资"的文件，单击"打开"按钮。

（2）选中 D 列，依次单击"开始"选项卡中的"条件格式"下拉列表中的"突出显示单元格规则"→"等于"按钮，打开"等于"对话框，输入等于值为"研发部"，设置为"浅红填充色深红色文本"，如图 4-80 所示，单击"确定"按钮，表格中部门为"研发部"的数据将以"浅红填充色深红色文本"显示，如图 4-81 所示。

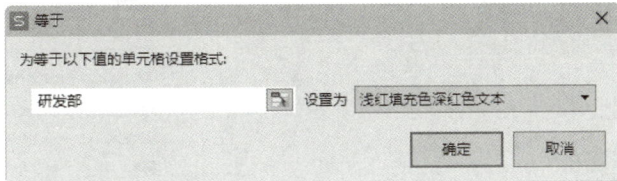

图 4-80 　"等于"对话框

（3）选中 H4:H11 单元格区域，单击"数据"选项卡中的"有效性"下拉列表中的"有效性"按钮，打开"数据有效性"对话框。在"允许"下拉列表中指定数据类型为"整数"，在"数据"下拉列表中选择"大于"选项，输入最小值为"0"，勾选"忽略空值"复选框，如图 4-82 所示。

图 4-81 　突出显示"研发部"

图 4-82 　"数据有效性"对话框

（4）单击"数据"选项卡中的"有效性"下拉列表中的"圈释无效数据"按钮，表格中缺勤情况为 0 的所有无效数据将被红色的椭圆圈释出来，如图 4-83 所示。

（5）在 L4 单元格中输入条件列标题"应发工资"，在 L5 单元格中输入条件值">6000"，如图 4-84 所示。

（6）选中数据表中的任意一个单元格，单击"数据"选项卡中的"筛选"选项右下角的"高级筛选"按钮↓，打开"高级筛选"对话框，如图 4-85 所示。在"方式"区域选择"将筛选结果复制到其他位置"选项，"列表区域"选择单元格区域 A3:J11；"条件区域"选择单元格区域 L4:L5；"复制到"选择原数据表下方第二行。单击"确定"按钮，即可在指定的位置显示筛选结果，如图 4-86 所示。

图 4-83　圈释缺勤情况为 0 的无效数据

图 4-84　设置条件区域

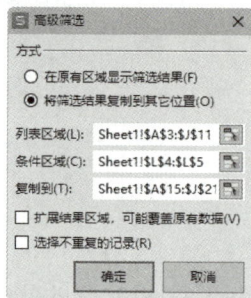

图 4-85　"高级筛选"对话框

图 4-86　筛选结果

（7）修改条件区域，M 列的条件值与前一个条件在同一行，表明该条件与前一个条件是逻辑与的关系，如图 4-87 所示。

（8）选中数据表中的任意一个单元格，单击"数据"选项卡中的"筛选"选项右下角的"高级筛选"按钮，打开"高级筛选"对话框。在"方式"区域选择"将筛选结果复制到其他位置"按钮；"列表区域"选择单元格区域 A3:J11（编辑框中显示的文本与单元格区域 A3:J11 对应，下同）；"条件区域"选择单元格区域 L4:M5；"复制到"保留了上一步的设置，现为"复制到"选择数据表下方第二行，如图 4-88 所示。在设置完成后，单击"确定"按钮，查找应发工资大于 6000，且实发工资也大于 6000 的数据，满足两个条件的筛选结果如图 4-89 所示。

图 4-87　修改条件区域

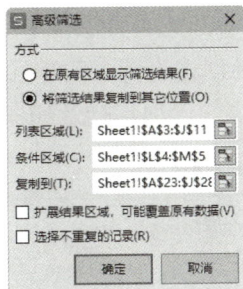

图 4-88　"高级筛选"对话框

23	编号	月份	姓名	部门	基础工资	绩效工资	应发工资	缺勤情况	缺勤扣款	实发工资
24	2	2023年8月	王文	研发部	6,000.00	3,800.00	9,800.00	0	—	9,800.00
25	4	2023年8月	丁宁	研发部	6,000.00	3,200.00	9,200.00	1	200.00	9,000.00
26	7	2023年8月	陈材	研发部	5,500.00	2,600.00	8,100.00	2	366.67	7,733.33
27	8	2023年8月	高尚	市场部	3,200.00	3,000.00	6,200.00	1	106.67	6,093.33

图 4-89　满足两个条件的筛选结果

（9）选中上一步得到的筛选结果中的所有单元格，单击"数据"选项卡中的"排序"下拉列表中的"自定义排序"按钮，打开"排序"对话框，在"主要关键字"下拉列表中选择"实发工资"选项，排序依据和次序保留默认设置，如图 4-90 所示，单击"确定"按钮，排序结果如图 4-91 所示。

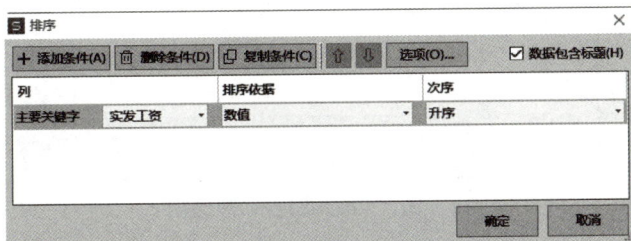

图 4-90　"排序"对话框

23	编号	月份	姓名	部门	基础工资	绩效工资	应发工资	缺勤情况	缺勤扣款	实发工资
24	8	2023年8月	高尚	市场部	3,200.00	3,000.00	6,200.00	1	106.67	6,093.33
25	7	2023年8月	陈材	研发部	5,500.00	2,600.00	8,100.00	2	366.67	7,733.33
26	4	2023年8月	丁宁	研发部	6,000.00	3,200.00	9,200.00	1	200.00	9,000.00
27	2	2023年8月	王文	研发部	6,000.00	3,800.00	9,800.00	0	—	9,800.00

图 4-91　排序结果

（10）依次选择"文件"→"另存为"选项，打开"另存文件"对话框，设置保存位置，输入文件名为"分析员工工资表"，单击"保存"按钮。

4.4　图表分析数据

4.4.1　使用图表分析数据

图表能将工作表的数据之间的复杂关系用图形表示出来，能更加直观、形象地反映数据的趋势和对比关系。

1. 插入图表

（1）选择要创建为图表的单元格区域，单击"插入"选项卡中的"全部图表"下拉按钮 ，选择"全部图表"选项，打开如图 4-92 所示的"插入图表"对话框。

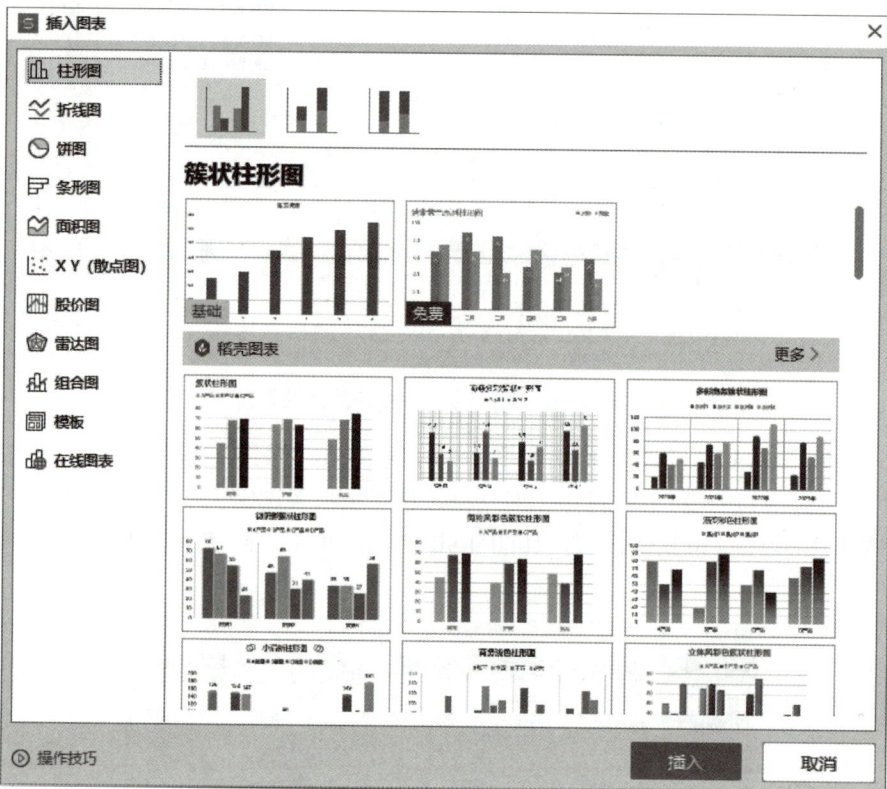

图 4-92 "插入图表"对话框

在左侧窗格中可以看到，WPS 表格提供了丰富的图表类型，在右侧窗格中可以看到每种图表类型包含一种或多种子类型。

选择合适的图表类型，能恰当地表现数据，清晰地反映数据的差异和变化。各种图表的使用情况的简要介绍如下。

① 柱形图：常用于显示一段时间内的数据变化情况，或者描述各项数据之间的差异。

② 折线图：等间隔显示数据的变化趋势。

③ 饼图：以圆心角不同的扇形显示某个数据系列中的每一项数据与全部数据的关系。

④ 条形图：显示特定时间内各项数据的变化情况，或者比较各项数据之间的差别。

⑤ 面积图：强调幅度随时间的变化量。

⑥ XY（散点图）：多用于科学数据，可显示和比较数值。

⑦ 股价图：描述股票价格走势，或用于科学数据。

注意：在制作股价图时，要注意数据必须完整，而且排列顺序必须与图表要求的顺序一致。例如，要创建"成交量—开盘—盘高—盘低—收盘价"股价图，则选中的数据也应按照成交量、开盘、盘高、盘低、收盘价的顺序排列。

⑧ 雷达图：用于比较若干数据系列的总和。

⑨ 组合图：用不同类型的图表显示不同的数据系列。

（2）在选择需要的图表类型后，双击即可插入图表，如图 4-93 所示。

在编辑图表之前，有必要对图表的结构、相关术语和类型有大致了解。

① 图表区：用图表边框包围的整个图表区域。

② 绘图区：以坐标轴为界，包含全部数据系列在内的区域。

③ 网格线：坐标轴刻度线的延伸线，方便用户查看数据。主要网格线用于标识坐标轴上的主要间距，次要网格线用于标识主要间距。

④ 数据标志：代表一个单元格的条形、面积、圆点、扇面或其他符号。相同样式的数据标志可形成一个数据系列。

将鼠标光标停在某个数据标志上，会显示该数据标志所属的数据系列、代表的数据点及对应的值，如图 4-94 所示。

⑤ 数据系列：对应数据表中一行或一列的单元格区域。每个数据系列都有唯一的颜色或图案，使用图例标示。例如，图 4-93 中的图表有 3 个数据系列，分别代表不同的税。

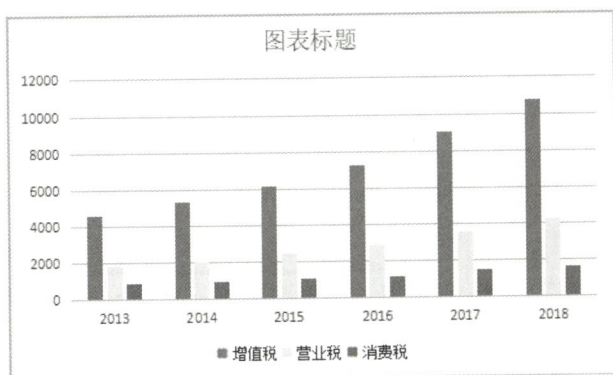

图 4-93　插入的图表

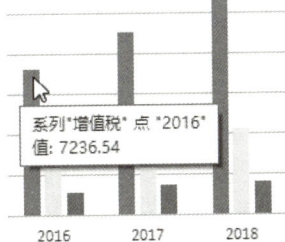

图 4-94　显示数据标志的值及有关信息

⑥ 分类名称：通常是行或列标题。例如，在图 4-93 中，年份 2013、2014……2018 为分类名称。

⑦ 图例：用于标识数据系列的颜色、图案和名称。

⑧ 数据系列名称：通常为行或列标题，显示在图例中。

2. 编辑图表

快速创建的图表很不完美，在实际的图表编辑过程中需要调整图表的大小和位置、设置图表格式、编辑图表数据等。

（1）调整图表的大小和位置。

选中图表，图表边框上会出现 8 个控制点。将鼠标光标移至控制点上，当鼠标光标显示为双向箭头时，按下鼠标左键并移动，可调整图表的大小；将鼠标光标移到图表区域或图表边框上，当鼠标光标显示为四向箭头时，按下鼠标左键并移动，可以移动图表。

（2）设置图表格式。

在创建图表后，通常会对图表的外观进行美化。WPS 表格内置了颜色方案和图表样式，可很方便地设置图表格式。

单击"图表工具"选项卡中的"更改颜色"下拉按钮，在打开的颜色列表中选择一种颜色方案，图表中的数据系列的颜色随之更改，如图 4-95 所示。

单击"图表工具"选项卡中的"更改类型"按钮 ，打开"更改图表类型"对话框，单击需要的图表样式，即可套用，如图 4-96 所示。

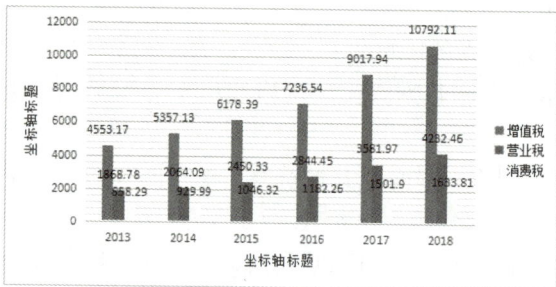

图 4-95　更改颜色方案

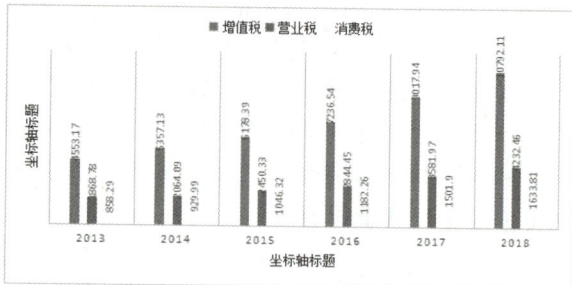

图 4-96　套用图表样式 1

利用图表右侧的"图表样式"按钮 ，可以很方便地套用图表样式，如图 4-97 所示。

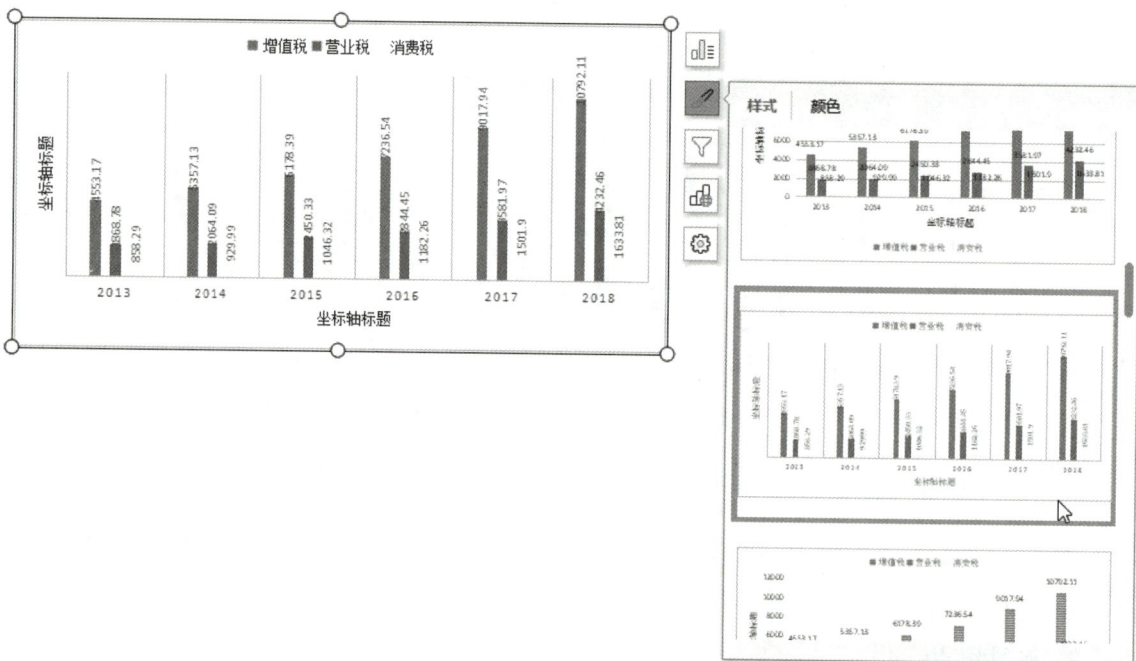

图 4-97　套用图表样式 2

（3）编辑图表数据。

在创建图表后，可以随时根据需要在图表中添加、更改和删除数据。

① 选中图表，单击"图表工具"选项卡中的"选择数据"按钮 ，打开如图 4-98 所示的"编辑数据源"对话框。

② 如果要修改图表数据区域，则单击"图表数据区域"编辑框右侧的 按钮，在工作表中选择重新包含在图表中的数据区域。

③ 在默认情况下，每列数据显示为一个数据系列，如果希望将每行数据显示为一个数据系列，则在"系列生成方向"下拉列表中选择"每行数据作为一个系列"选项。

④ 如果要修改数据系列的名称和对应的值，则在"系列"列表右侧单击"编辑"按钮 ，

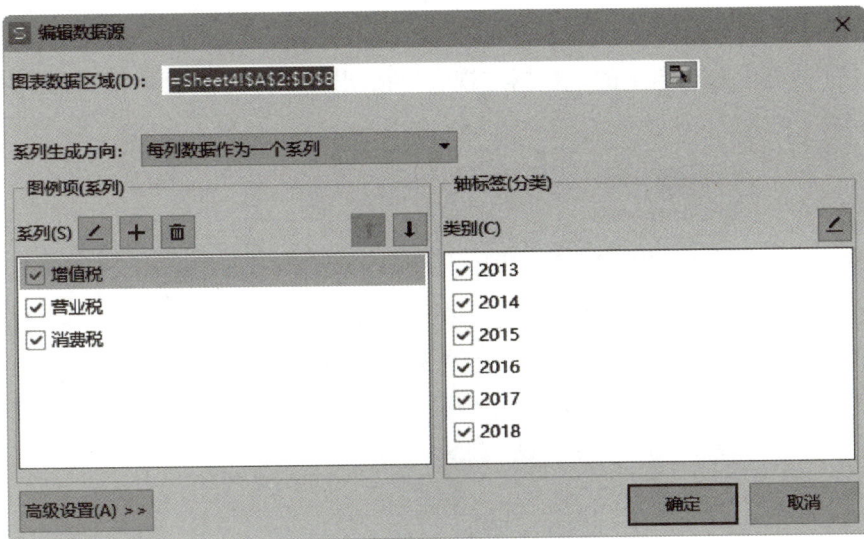

图 4-98　"编辑数据源"对话框

在如图 4-99 所示的"编辑数据系列"对话框中进行修改。在修改完成后，单击"确定"按钮关闭该对话框。

⑤　如果要在图表中添加数据系列，则单击"添加"按钮 <kbd>+</kbd>，在如图 4-100 所示的"编辑数据系列"对话框中指定系列名称和对应的系列值。在设置完成后，单击"确定"按钮，即可在图表中显示添加的数据系列。

⑥　如果要删除图表中的某些数据序列，则在"系列"列表中选中要删除的数据序列，单击"删除"按钮 <kbd>🗑</kbd>，图表中对应的数据系列随之消失。

⑦　如果希望图表仅显示指定类别的数据，则在"类别"列表中取消勾选"不显示的类别"复选框，单击"确定"按钮。

⑧　如果要修改类别轴的显示标签，则单击"类别"列表右侧的"编辑"按钮 <kbd>✎</kbd>，在如图 4-101 所示的"轴标签"对话框中进行修改。在修改完成后，单击"确定"按钮，关闭该对话框。

图 4-99　"编辑数据系列"对话框　　图 4-100　"编辑数据系列"对话框　　图 4-101　"轴标签"对话框

4.4.2　使用数据透视表分析数据

分类汇总的特点是按一个字段分类，按一个或多个字段汇总。如果要实现按多个字段分类、按多个字段汇总，就需要使用数据透视表。

数据透视表是具有交互性的数据表，可以汇总较多的数据，同时可以筛选各种汇总结果以便查看源数据的各种统计结果。

1. 创建透视表

（1）单击"数据"选项卡中的"数据透视表"按钮 ，打开如图 4-102 所示的"创建数据透视表"对话框。

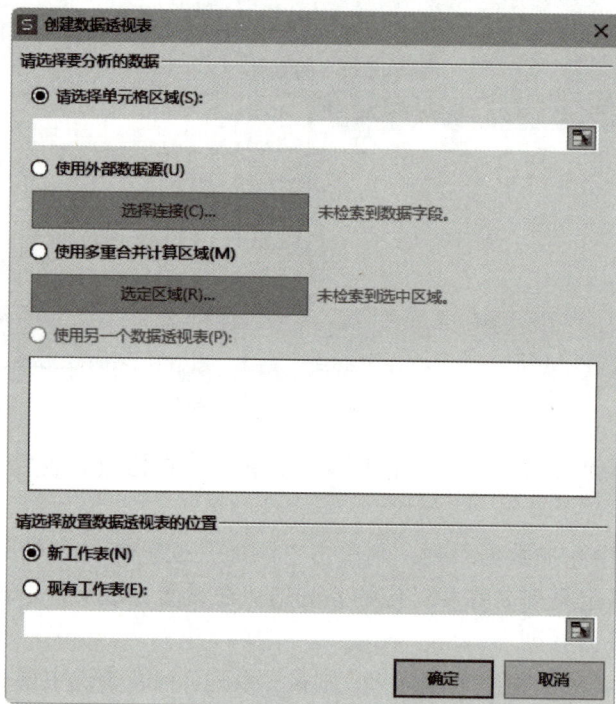

图 4-102 "创建数据透视表"对话框

（2）选择创建数据透视表的数据源，默认为选中的单元格区域，用户可以自定义新的单元格区域、使用外部数据源或选择多重合并计算区域。

（3）选择放置数据透视表的位置。如果选择"新工作表"选项，则将数据透视表插入一张新的工作表中。如果选择"现有工作表"选项，则将数据透视表插入当前工作表的指定位置。

（4）单击"确定"按钮，即可创建空白的数据透视表，工作表右侧显示"数据透视表"任务窗格，功能区显示"分析"选项卡，如图 4-103 所示。如果在新工作表中创建数据透视表，则默认的起始位置为 A3 单元格；如果在当前工作表中创建数据透视表，则起始位置为指定的单元格或单元格区域。

（5）在"数据透视表"任务窗格的"字段列表"区域选中需要的字段，移到"数据透视表区域"中，即可自动生成数据透视表。

在创建数据透视表之后，如果要对数据透视表进行查看或编辑，则需要先了解数据透视表的构成和相关术语。

（1）字段。

字段是从数据表中的字段衍生而来的数据的分类，如图 4-104 中的"所属部门""医疗费用""员工姓名""医疗种类"等。

字段包括页字段、行字段、列字段和数据字段。

① 页字段：用于对整个数据透视表进行筛选的字段，以显示单个项或所有项的数据。

② 行字段：指定为行方向的字段。

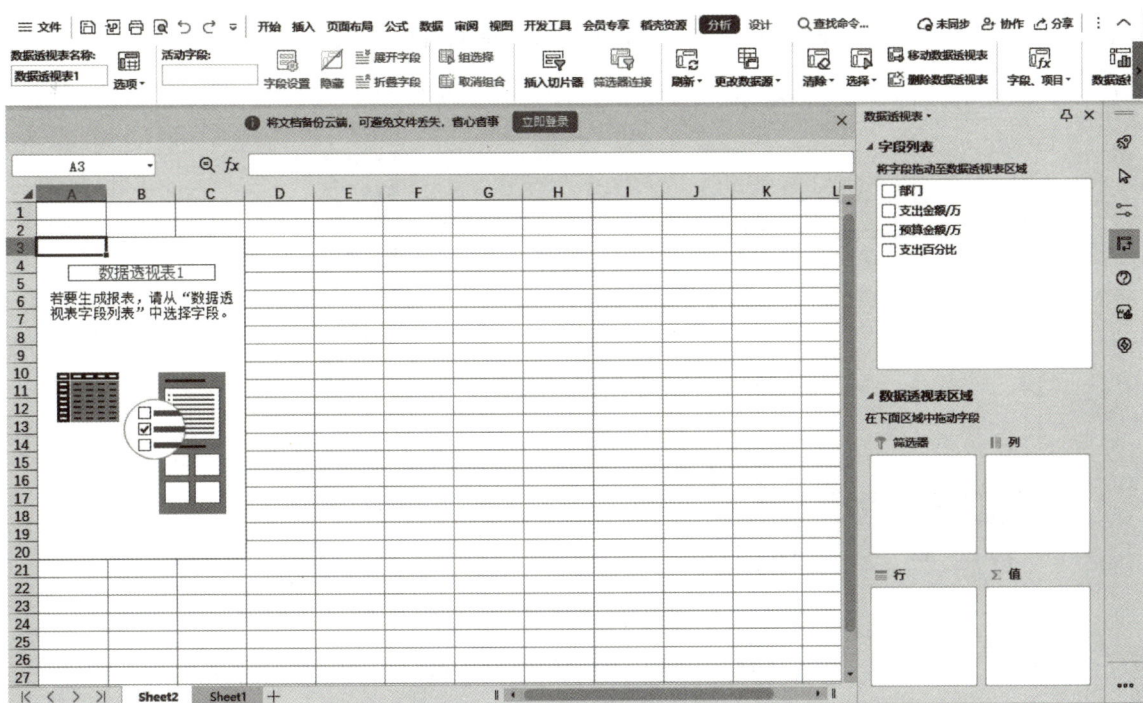

图 4-103　空白的数据透视表

图 4-104　字段示例

③ 列字段：指定为列方向的字段。

④ 数据字段：提供要汇总的数据的字段。数据字段通常包含数字，可用 SUM 函数汇总；也可包含文本，可使用 COUNT 函数汇总。

（2）项。

项是字段的子类或成员。例如，图 4-104 中的"白雪""黄岘""李想"。

（3）数据区域。

数据区域是指包含行和列字段汇总数据的数据透视表部分。例如，图 4-104 中 C5:J7 为数据区域。

2. 在数据透视表中筛选数据

利用数据透视表不仅可以很方便地按指定方式查看数据，而且可以筛选满足特定条件的数据。

（1）单击筛选器所在的单元格右侧的下拉按钮 ▼，打开如图 4-105 所示的"筛选器"下拉列表。

（2）单击要筛选的数据，如果要筛选多项，先勾选"选择多项"复选框，在分类列表中选择要筛选的数据。单击"确定"按钮，数据透视表即可显示满足特定条件的数据。

（3）如果要对列数据进行筛选，则单击列标签右侧的下拉按钮，在如图 4-106 所示的"列标签"下拉列表中选择要筛选的数据，并设置筛选结果的排序方式。

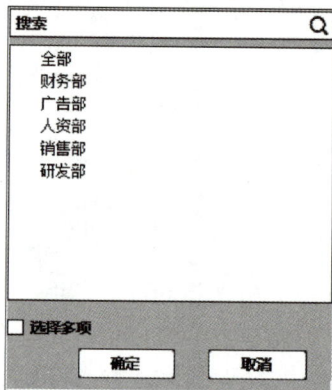

图 4-105　"筛选器"下拉列表

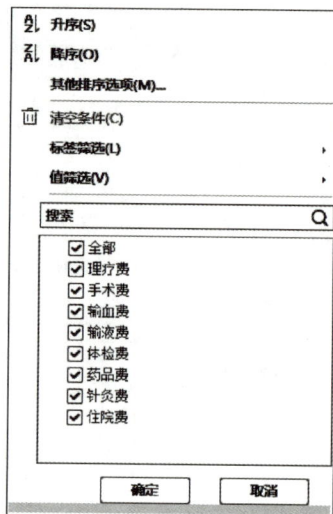

图 4-106　"列标签"下拉列表

除了可以通过严格匹配进行筛选，还可以对指定范围的行、列标签和单元格进行筛选。单击"标签筛选"按钮，打开如图 4-107 所示的"标签筛选"级联菜单；单击"值筛选"按钮，打开如图 4-108 所示的"值筛选"级联菜单。

图 4-107　"标签筛选"级联菜单

图 4-108　"值筛选"级联菜单

（4）在设置完成后，单击"确定"按钮，即可在数据透视表中显示筛选结果。

（5）可以使用筛选列数据的方法对行数据进行筛选。

3. 编辑数据透视表

在创建数据透视表之后，可以根据需要修改行（列）标签和值字段名称，以及设置数据透视表选项。

（1）修改数据透视表的行（列）标签和值字段名称。

数据透视表的行（列）标签默认是数据源中的标题字段，值字段通常显示为"求和项：标题字段"，可以根据习惯修改标签名称。

双击行（列）标签所在的单元格，当单元格变为可编辑状态时，输入新的标签名称，按Enter 键。

双击值字段名称，打开如图 4-109 所示的"值字段设置"对话框，在"自定义名称"编辑框中输入值字段名称。

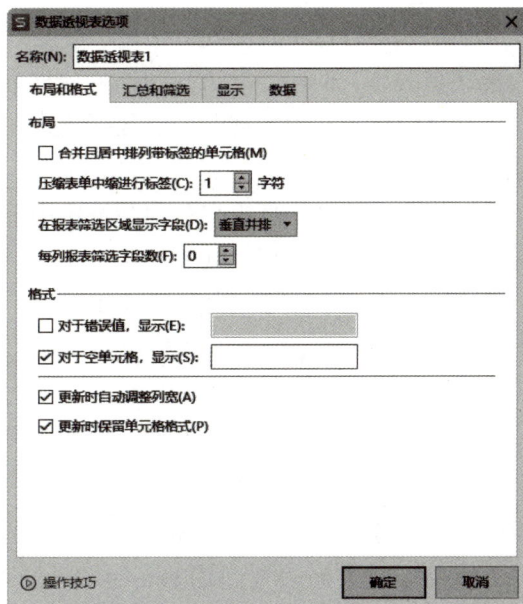

还可以在该对话框中修改值字段汇总方式，默认为"求和"方式。在设置完成后，单击"确定"按钮，关闭该对话框。

（2）设置数据透视表选项。

在数据透视表的任意位置单击右键，在打开的快捷菜单中选择"数据透视表选项"选项，打开如图 4-110 所示的"数据透视表选项"对话框。

在该对话框中可以设置数据透视表的名称、布局和格式。

4. 删除数据透视表

在使用数据透视表查看、分析数据时，可以根据需要删除数据透视表中的某些字段。如果不再使用数据透视表，则可以删除整个数据透视表。

（1）打开数据透视表。右击数据透视表中的任意单元格，在打开的快捷菜单中选择"显示字段列表"选项，打开"数据透视表"任务窗格。

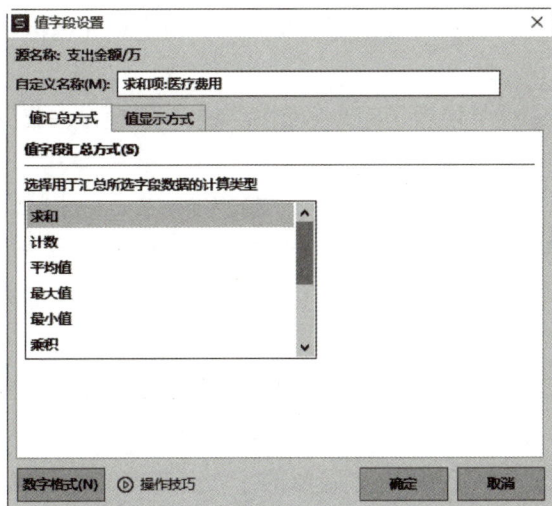

图 4-109　"值字段设置"对话框　　　　图 4-110　"数据透视表选项"对话框

（2）在"字段列表"区域中取消勾选要删除的字段对应的复选框，或在"数据透视表区域"中单击要删除的字段标签，选择"删除字段"选项，如图 4-111 所示。

（3）如果要删除整个数据透视表，则选中数据透视表中的任意单元格，单击"分析"选项卡中的"删除数据透视表"按钮。

上移(U)

下移(D)

移至首端(G)

移至尾端(E)

移动到报表筛选

添加到行标签

添加到列标签

移动到值

删除字段

值字段设置(N)...

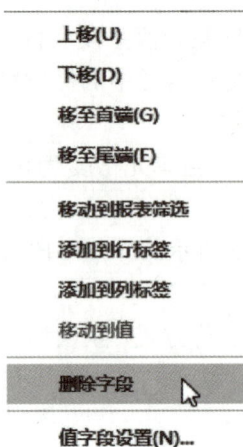

图 4-111   选择"删除字段"选项

4.4.3   使用数据透视图分析数据

数据透视图是一种交互式的图表，以图表的形式表示数据透视表中的数据，不仅保留了数据透视表的方便性和灵活性，而且与其他图表一样，能以一种更加可视化和易于理解的方式直观地反映数据，以及数据之间的关系。

1. 创建数据透视图

创建数据透视图有两种方法：一种是直接利用数据源（如单元格区域、外部数据源和多重合并计算区域）创建数据透视图；另一种是在数据透视表的基础上创建数据透视图。

如果要直接利用数据源创建数据透视图，则选中需要的数据源类型之后，指定单元格区域或外部数据源。

如果要基于数据透视表创建数据透视图，则选择"使用另一个数据透视表"选项，在其下方的列表框中单击数据透视表名称。

（1）在工作表中单击任意一个单元格，单击"插入"选项卡中的"数据透视图"按钮，打开如图 4-112 所示的"创建数据透视图"对话框。

（2）选择要分析的数据。

（3）选择放置数据透视图的位置。

（4）单击"确定"按钮，即可创建一个空白数据透视表和数据透视图，工作表右侧显示"数据透视图"任务窗格，且选项卡自动切换到"图表工具"选项卡，如图 4-113 所示。

（5）设置数据透视图的显示字段。在"字段列表"区域将需要的字段依次移到"数据透视图区域"的各个区域中。在各个区域中移动字段时，数据透视表和数据透视图将随之变化。

（6）WPS 表格默认生成柱形图，如果要更改图表类型，则单击"图表工具"选项卡中的"更改类型"按钮，打开如图 4-114 所示的"更改图表类型"对话框，可以在该对话框中选择图表类型。

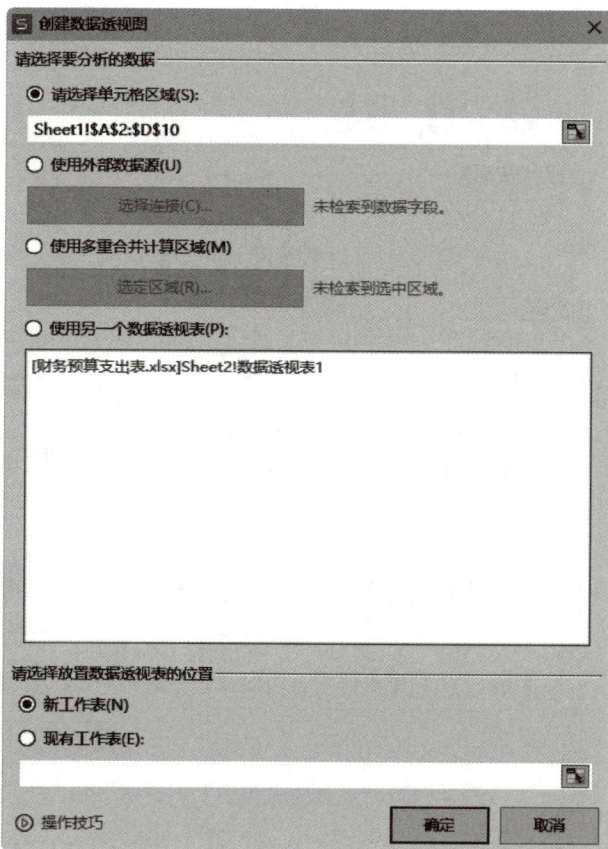

图 4-112 "创建数据透视图"对话框

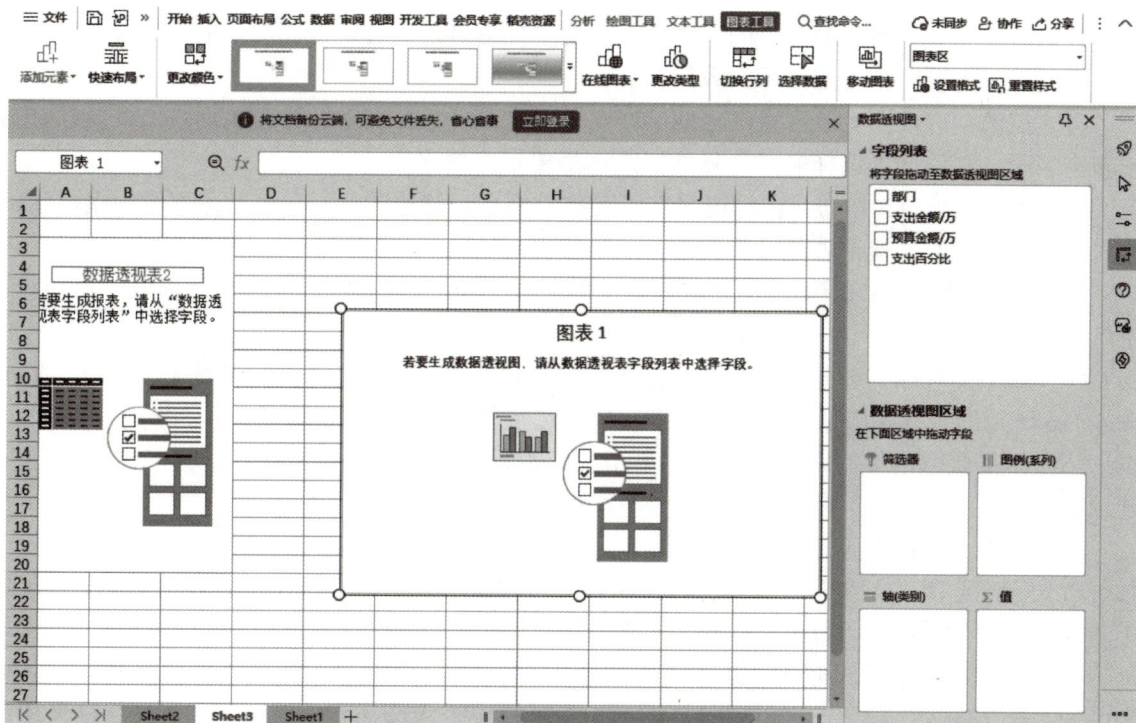

图 4-113 创建空白数据透视表和数据透视图

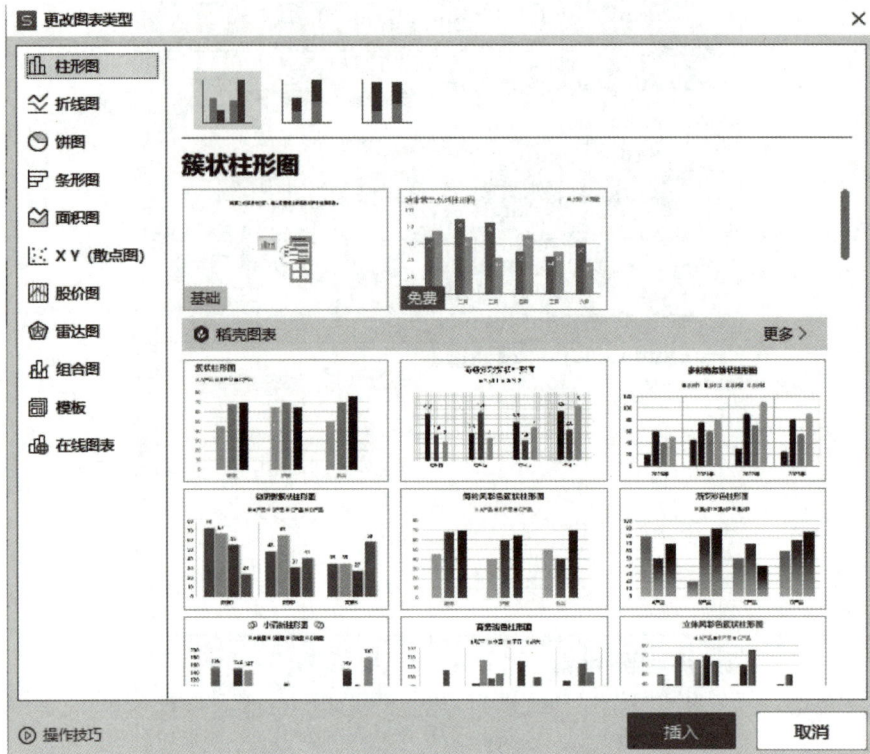

图 4-114 "更改图表类型"对话框

（7）在插入数据透视图之后，可以像普通图表一样设置布局和样式。

2. 在数据透视图中筛选数据

数据透视图与普通图表最大的区别是，数据透视图可以通过单击图表上的"字段名称"下拉按钮，筛选需要在图表上显示的数据项。

（1）在数据透视图上单击要筛选的字段名称，在图 4-115 中选择筛选字段。如果要同时筛选多个字段，则勾选"选择多项"复选框，选择要筛选的字段。

（2）单击"确定"按钮，在筛选的字段名称右侧显示筛选图标，在数据透视图中仅显示指定内容的信息，数据透视表随之更新。

（3）如果要取消筛选，则单击要取消筛选的字段下拉按钮，勾选"全部"复选框，单击"确定"按钮。

（4）如果要对标签进行筛选，则单击标签右侧的下拉按钮，选择"标签筛选"选项，在如图 4-116 所示的"标签筛选"级联菜单中选择筛选条件，并设置筛选条件。

（5）如果要取消标签筛选，则可以单击要取消标签筛选的下拉按钮，选择"清空条件"选项。

任务实施——员工工资表图表分析

（1）依次选择"文件"→"打开"选项，打开"打开文件"对话框，选择名为"统计员工工资表"的文件，单击"打开"按钮。

（2）选中要创建图表的 C3:J11 单元格区域，单击"插入"选项卡中的"全部图表"下拉列表中的"全部图表"按钮，在打开的"图表"对话框中依次选择"柱形图"→"簇状柱形图"选项，单击"插入"按钮，插入簇状柱形图，如图 4-117 所示。

图 4-115　选择筛选字段

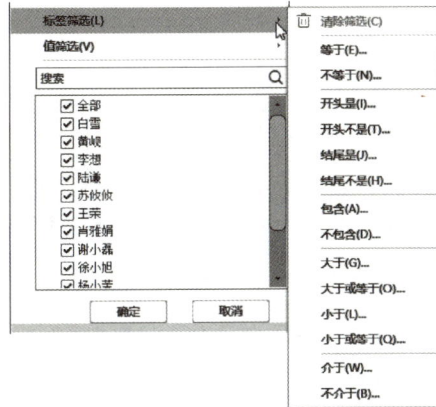

图 4-116　"标签筛选"级联菜单

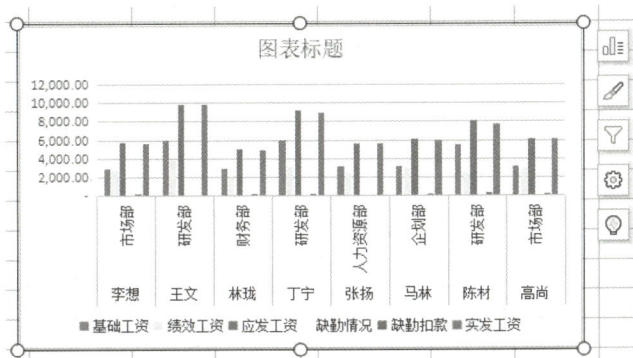

图 4-117　插入簇状柱形图

（3）单击"图表"选项卡中的"选择数据"按钮，打开"编辑数据源"对话框。在"系列"列表中取消勾选"绩效工资""缺勤情况""缺勤扣款"复选框。单击"类别"列表右侧的"编辑"按钮，打开"轴标签"对话框，单击编辑框右侧的按钮，选择 C3:J11 单元格区域，单击"确定"按钮，返回"编辑数据源"对话框，如图 4-118 所示，单击"确定"按钮，结果如图 4-119 所示。

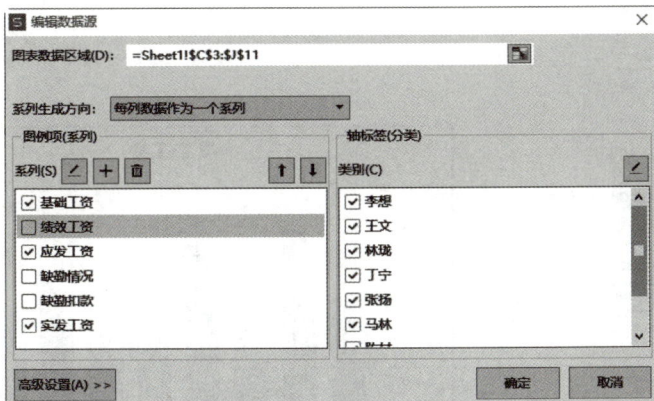

图 4-118　"编辑数据源"对话框

（4）选中图表，在图表右侧的快速工具栏中单击"样式"按钮，在打开的样式列表中选择"样式 4"选项，应用样式的图表效果如图 4-120 所示。

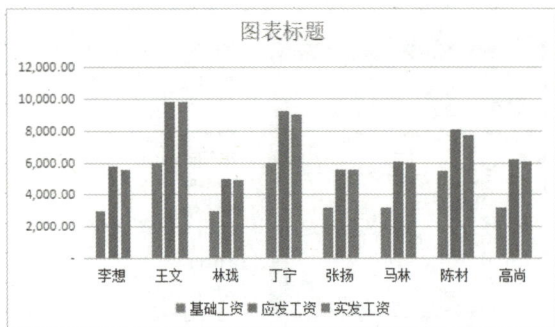

图 4-119　编辑数据源的结果

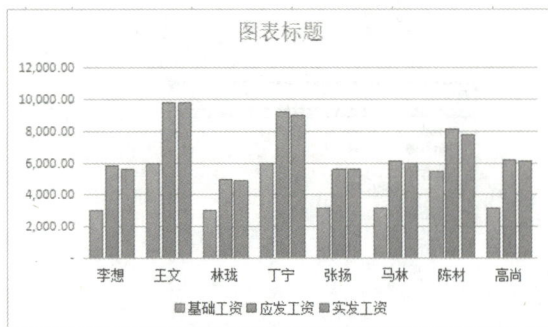

图 4-120　应用样式的图表效果

（5）单击快速工具栏中的"图表元素"按钮 ，切换到"快速布局"选项卡，选择"布局1"选项，应用布局的图表效果如图 4-121 所示。

（6）单击图表标题，输入标题"员工工资"，设置字体为"等线"，字号为"14"，字形加粗，颜色为黑色，如图 4-122 所示。

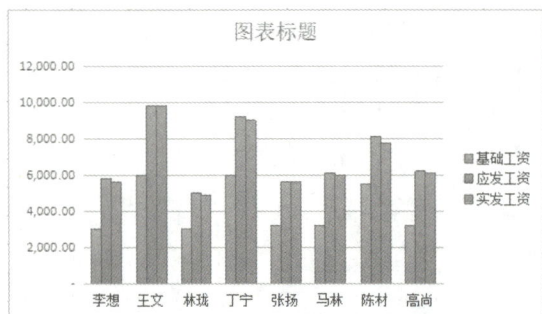

图 4-121　应用布局的图表效果

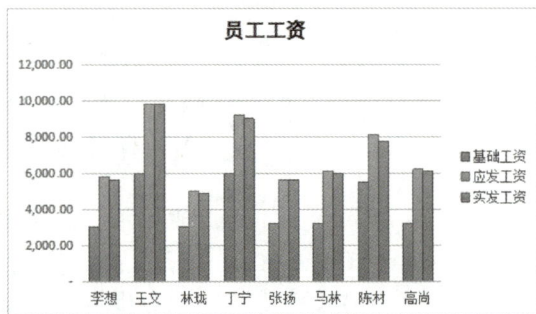

图 4-122　设置图表标题的效果

（7）选中图表，在其"属性"窗格中切换到"图表选项"选项卡，设置图表边框的线条样式为实线，颜色为黑色，宽度为 1.50 磅，如图 4-123 所示。最终效果如图 4-124 所示。

图 4-123　"图表选项"选项卡

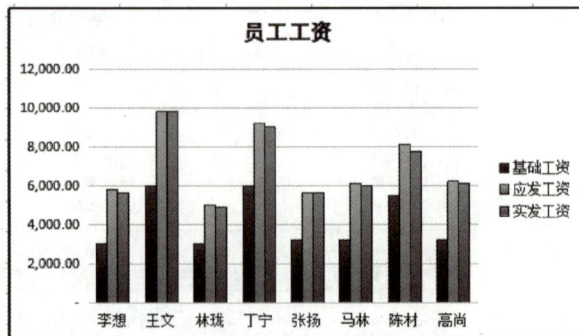

图 4-124　最终效果

（8）选中 A3:J11 单元格区域，单击"插入"选项卡中的"数据透视表"按钮，打开"创建数据透视表"对话框。选择放置数据透视表的位置为"新工作表"，如图 4-125 所示。

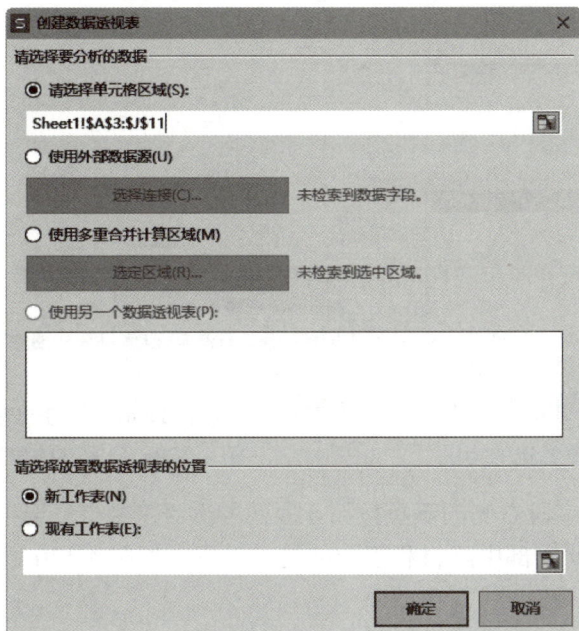

图 4-125　"创建数据透视表"对话框

（9）单击"确定"按钮，即可创建一个空白的数据透视表，并打开"数据透视表"窗格。在"字段列表"列表中将"部门"字段移到"筛选器"区域，将"姓名"字段移到"行"区域，将"基础工资""应发工资""实发工资"字段移到"值"区域，数据透视表自动更新，设置数据透视表的布局如图 4-126 所示。

图 4-126　设置数据透视表的布局

（10）单击处于筛选状态的"部门"字段右侧的下拉按钮，选择"研发部"选项，如图 4-127 所示。单击"确定"按钮，查看研发部的员工工资，如图 4-128 所示。

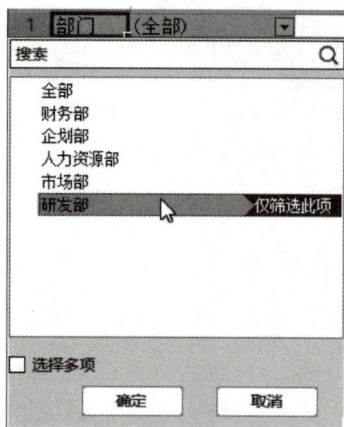

图 4-127 选择要筛选的字段

图 4-128 研发部的员工工资

（11）单击"姓名"字段右侧的下拉按钮，取消勾选"王文"复选框，如图 4-129 所示。单击"确定"按钮，查看研发部中陈材和丁宁的员工工资，如图 4-130 所示。

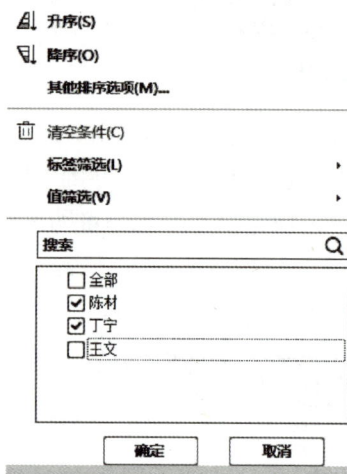

图 4-129 取消勾选"王文"复选框

图 4-130 陈材和丁宁的员工工资

项目 5　演示文稿制作

思政目标

1. 通过对制作演示文稿的学习，培养学生对演示文稿中视觉元素的应用能力。

2. 通过对模板及母版的使用方法的学习，提高学生对数据展示和多媒体融合的理解和应用能力，以及对演示文稿中信息组织和呈现的能力。

3. 通过对幻灯片动画设计的学习，提高学生对动画效果和交互动作的理解和应用能力，使学生掌握演示文稿中动画效果的设计，并引导学生思考如何利用动画和交互功能增强演示文稿的生动性和互动性。

4. 通过对演示文稿放映和导出的学习，提高学生对演示文稿的全面理解和应用能力，并引导学生思考如何将其应用于实际生活和工作中，以实现信息技术与个人发展的有机结合。

学习目标

1. 掌握演示文稿的新建、保存、打开、切换等基本操作。
2. 掌握幻灯片的新建、删除、复制、移动等基本操作。
3. 掌握在幻灯片中插入各类对象的方法，如插入图片、艺术字、形状和文本框、表格等。
4. 理解幻灯片母版的概念，掌握母版的编辑及应用方法。
5. 掌握幻灯片动画切换，以及超链接、动作按钮的应用方法。
6. 了解幻灯片的放映类型，会使用排练计时进行放映。
7. 掌握不同格式的幻灯片的导出方法。

项目描述

演示文稿是信息化办公的重要组成部分。借助 WPS 演示可快速制作图文并茂、富有感染力的演示文稿，并通过图片、视频和动画等多媒体形式展现复杂的内容，使表达的内容更容易理解。本项目包含制作演示文稿、模版及母版的使用、幻灯片动画设计、演示文稿放映和导出。

5.1　制作演示文稿

5.1.1　演示文稿的基本操作

WPS 演示是 WPS 2019 的一个重要功能组，它整合文字、图形、图表、音频、视频等多媒体形式，以电子展板的形式直观、动态、形象地展示要表达的内容，被广泛应用于方案策划、工作汇报、产品推广、节日庆典、教育培训等领域。

1. 新建演示文稿

在首页的左侧窗格中单击"新建"按钮，打开一个标签名称为"新建"的选项卡，单击"演示"按钮_P 演示，单击"新建空白文档"按钮，新建一个空白的演示文稿，如图 5-1 所示。

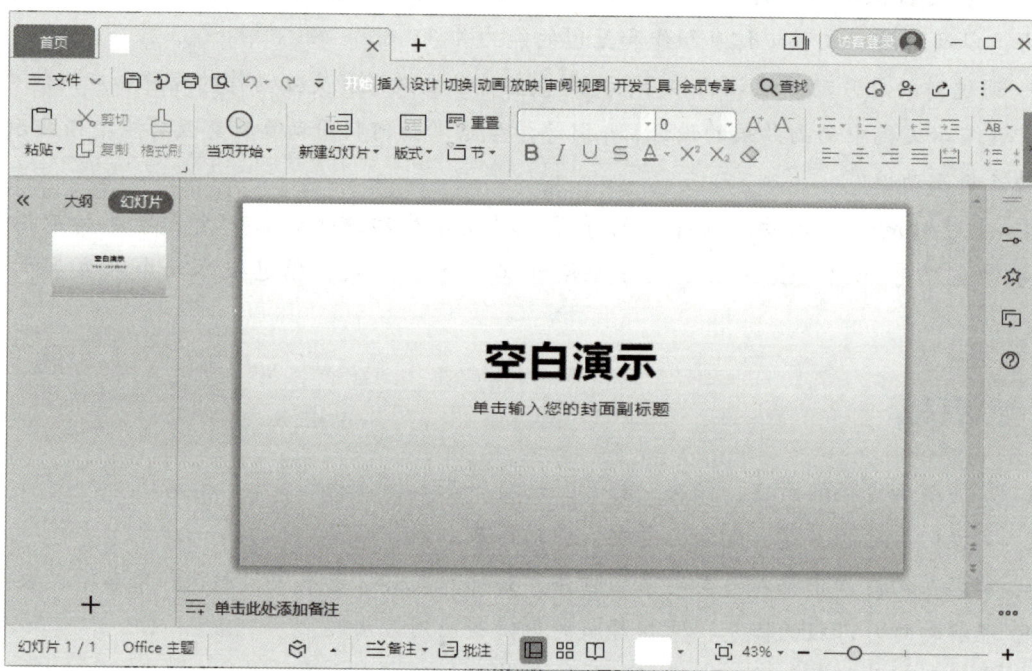

图 5-1　新建演示文稿

WPS 演示默认以普通视图显示，左侧是幻灯片窗格，可显示当前演示文稿中幻灯片的缩略图，其中以橙色边框包围的缩略图为当前幻灯片。右侧的编辑窗格可显示当前幻灯片。

如果要套用 WPS 演示预置的联机模板来新建格式化的演示文稿，则在"新建"选项卡的模板列表中，将鼠标光标移到需要的模板上，单击"免费使用"按钮或"使用该模板"按钮，即可下载模板，并基于模板新建一个演示文稿。

2. 保存演示文稿

在编辑演示文稿的过程中，随时保存演示文稿是一个很好的习惯，可以避免因为断电等意外情况导致数据丢失。

保存演示文稿有以下 3 种常用的方法。

➢ 单击快捷访问工具栏上的"保存"按钮 。

> ➤ 按 Ctrl+S 键。

> ➤ 依次选择"文件"→"保存"选项。

如果已经保存过，但仍执行以上操作，则将用新演示文稿覆盖原有的演示文稿；如果是首次保存，则打开如图 5-2 所示的"另存文件"对话框，指定文件的保存路径、文件名和文件类型。在设置完成后，单击"保存"按钮。

图 5-2　"另存文件"对话框

3. 打开演示文稿

打开演示文稿有以下 3 种常用的方法。

> ➤ 单击快捷访问工具栏上的"打开"按钮 📂 。

> ➤ 按 Ctrl+O 键。

> ➤ 依次选择"文件"→"打开"选项。

执行以上操作，打开如图 5-3 所示的"打开文件"对话框。在左侧列表中单击演示文稿所在的位置，进入其所在路径，单击演示文稿，单击"打开"按钮，即可打开指定的演示文稿。

4. 切换演示文稿视图

WPS 演示能够以多种不同的视图展示演示文稿的内容，在一种视图中对演示文稿所做的修改和加工会自动反映在该演示文稿的其他视图中，从而使演示文稿更易于编辑和浏览。

单击"视图"选项卡，在"演示文稿视图"区域查看演示文稿的视图方式，如图 5-4 所示。

（1）普通视图：普通视图是默认的视图，可以对整个演示文稿的大纲和单张幻灯片的内容进行编排与格式化。从首页的左侧窗格中可以看出，普通视图分为幻灯片视图和大纲视图两种。

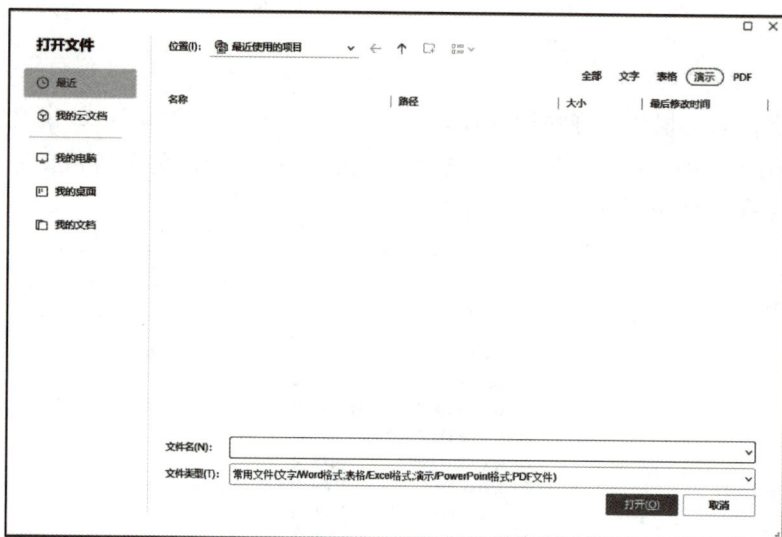

图 5-3 "打开文件"对话框

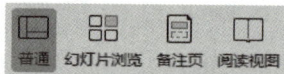

图 5-4 演示文稿的视图方式

（2）幻灯片浏览视图：在幻灯片浏览视图中，幻灯片缩略图按次序排列，可以很方便地预览演示文稿中的所有幻灯片及其相对位置。

（3）备注页视图：如果需要在演示文稿中记录一些不便于显示在幻灯片中的信息，则可以使用备注页视图新建、修改备注，备注还可以打印出来作为演讲稿。在备注页视图中，文档编辑窗口分为上、下两部分，上半部分是幻灯片的缩略图，下半部分是备注文本框。

（4）阅读视图：阅读视图是一种全窗口查看模式，功能类似于放映幻灯片，不仅可以预览每张幻灯片的外观，还可以查看动画和切换效果。

5.1.2 幻灯片的基本操作

一个完整的演示文稿通常包含丰富的版式和内容，与之对应的是一定数量的幻灯片。幻灯片的基本操作包括新建幻灯片、删除幻灯片、复制幻灯片、移动幻灯片、隐藏幻灯片。

1. 新建幻灯片

新建的空白演示文稿默认只有一张幻灯片，而要演示的内容通常不可能在一张幻灯片上完全展示，这就需要在演示文稿中新建幻灯片。通常在普通视图中新建幻灯片。

（1）切换到普通视图，将鼠标光标移到左侧窗格中的缩略图上，缩略图底部显示"从当前开始"按钮和"新建幻灯片"按钮。

（2）单击"新建幻灯片"按钮 ✚ （如图 5-5 所示），打开"新建幻灯片"对话框，显示各类推荐的模板，如图 5-6 所示。

（3）单击需要的模板，即可下载并新建一张幻灯片，窗口右侧自动展开的"设置"窗格可用于修改幻灯片的配色、样式和演示动画。

（4）在要插入幻灯片的位置单击鼠标右键，在打开的快捷菜单中单击"新建幻灯片"按钮，则可以在指定位置新建一个不包含内容和不设置布局的空白幻灯片。

2. 删除幻灯片

删除幻灯片很简单，在选中要删除的幻灯片之后，直接按 Delete 键；或单击鼠标右键，在打开的快捷菜单中单击"删除幻灯片"按钮。在删除幻灯片后，其他幻灯片的编号将自动重新排序。

图 5-5　单击"新建幻灯片"按钮

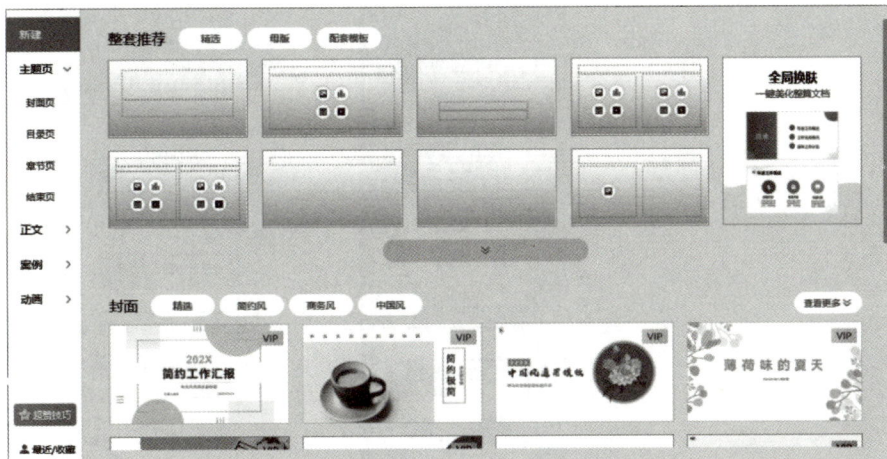

图 5-6　"新建幻灯片"对话框

3. 复制幻灯片

如果要制作模板或内容相同的多张幻灯片，则可以通过复制幻灯片来提高工作效率。

（1）选择要复制的幻灯片。如果要选中连续的多张幻灯片，则在选中第一张后，按住 Shift 键，单击最后一张；如果要选中不连续的多张幻灯片，则在选中第一张后，按住 Ctrl 键，单击其他幻灯片。

（2）在选中幻灯片后，单击"开始"选项卡中的"复制"按钮，单击要使用副本的位置，单击"开始"选项卡中的"粘贴"下拉按钮，在如图 5-7 所示的"粘贴"下拉列表中选择一种粘贴方式。

4. 移动幻灯片

在默认情况下，幻灯片按编号正序播放，如果要调整幻灯片的播放顺序，则要移动幻灯片。

（1）选中要移动的幻灯片，在幻灯片上按下鼠标左键并移动，鼠标光标显示为，移动到的目标位置下方显示一条橙色的细线，如图 5-8 所示。

（2）释放鼠标左键，即可将选中的幻灯片移到指定位置，编号也随之重排，如图 5-9 所示。

5. 隐藏幻灯片

如果暂时不需要某些幻灯片，但又不想删除，则可以将幻灯片隐藏，被隐藏的幻灯片在放映时不显示。

（1）在普通视图中选中要隐藏的幻灯片。

（2）单击鼠标右键，打开快捷菜单，选择"隐藏幻灯片"选项，或单击"放映"选项卡中的"隐藏幻灯片"按钮。

此时，在首页的左侧窗格中可以看到被隐藏的幻灯片被淡化显示，且幻灯片编号上显示一条斜向的删除线，如图 5-10 所示。

虽然被隐藏的幻灯片在放映时不会显示，但并没有从演示文稿中删除。在选中被隐藏的幻灯片后，选择"隐藏幻灯片"选项即可取消隐藏。

带格式粘贴(K)
粘贴为图片(P)
匹配当前格式(H)

选择性粘贴(S)...

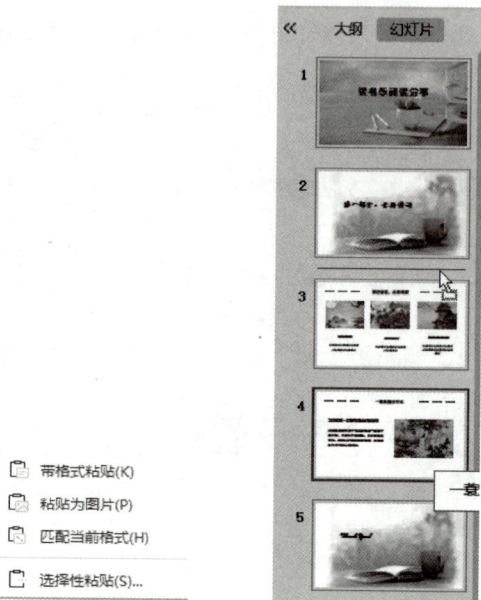

图 5-7 "粘贴"下拉列表　　图 5-8 移动幻灯片　　图 5-9 移动后的幻灯片列表　　图 5-10 隐藏幻灯片

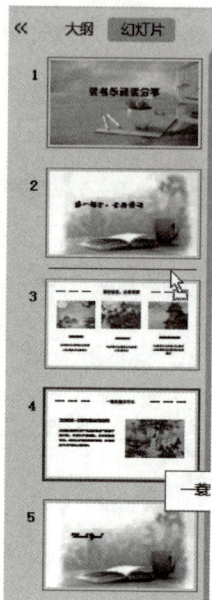

5.1.3　插入图片

在 WPS 演示中通过单击"插入"选项卡中的"图片"下拉按钮插入图片的方法与 WPS 文字相同，在此不再赘述。

下面简要介绍使用占位符中的图标插入图片的方法。

（1）在幻灯片中的占位符中单击"插入图片"图标，打开"插入图片"对话框。

（2）在选中需要的图片后，单击"打开"按钮，即可将指定图片插入幻灯片。

（3）如果要替换插入的图片，则在选中图片后，单击"图片工具"选项卡中的"替换图片"按钮，打开"更改图片"对话框，在选中需要的图片后，单击"打开"按钮即可替换图片。

除了可以在同一张幻灯片中插入多张图片，WPS 演示还支持将多张图片一次性插入多张幻灯片中。

单击"插入"选项卡中的"图片"下拉按钮，选择"分页插图"选项，在打开的"分页插入图片"对话框中，按住 Ctrl 键，单击要插入的图片。如果要连续插入图片，则按住 Shift 键，先单击第一张和最后一张图片，再单击"打开"按钮，即可自动新建幻灯片，并分页插入指定的图片。

5.1.4　插入艺术字

（1）单击"插入"选项卡中的"艺术字"下拉按钮，选择合适的艺术字样式，即可出现带有艺术字效果的文本框，如图 5-11 所示。

图 5-11　带有艺术字效果的文本框

（2）在带有艺术字效果的文本框中直接输入文本，并对输入的文本分别设置字体和字号等，在文本框外单击即可完成艺术字的插入。

5.1.5　插入形状和文本框

1. 插入形状

单击"插入"选项卡中的"形状"下拉按钮，打开"形状"下拉列表，其中包括线条、矩形、基本形状、箭头总汇、公式形状、流程图、星与旗帜、标注等形状。单击所需形状，在幻灯片中移动鼠标光标，即可插入所选形状。

2. 插入文本框

单击"插入"选项卡中的"文本框"下拉按钮，打开如图 5-12 所示的"文本框"下拉列表，选择任意选项。当鼠标光标变为十字形状时，把鼠标光标移到要插入文本框的起点处，按住鼠标左键并移动到目标位置，释放鼠标左键，即可绘制空白文本框。

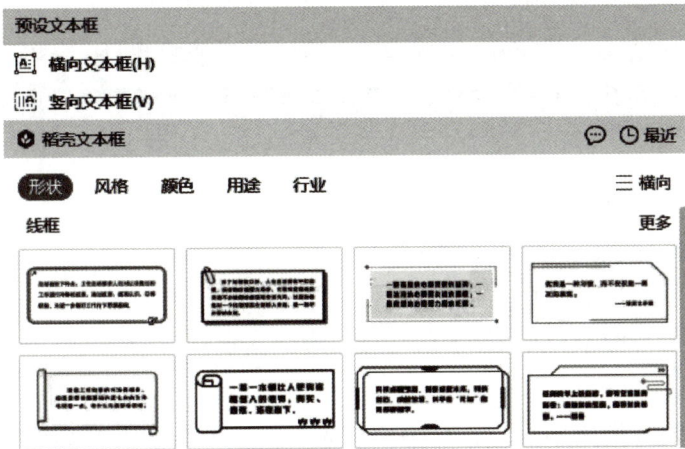

图 5-12　"文本框"下拉列表

5.1.6　插入表格

在演示文稿中可以使用表格模型和"插入表格"对话框插入表格。

（1）切换到普通视图，单击"插入"选项卡中的"表格"下拉按钮。在打开的表格模型中移动鼠标光标，表格模型顶部显示当前选择的行数和列数，如图 5-13 所示。单击鼠标左键，即可在当前幻灯片中插入指定行、列数的表格，且表格套用默认样式，如图 5-14 所示。

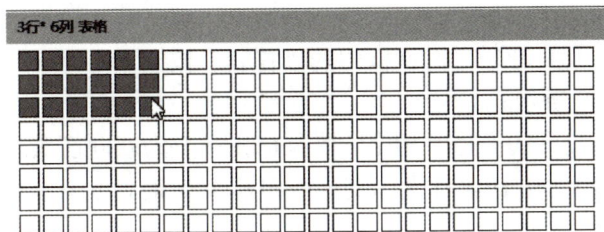

图 5-13　在表格模型中选择行数和列数

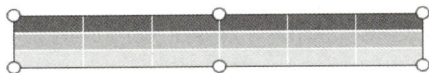

图 5-14　使用表格模型插入的表格

（2）如果习惯使用"插入表格"对话框创建表格，则在"表格"下拉列表中单击"插入表格"按钮，打开如图 5-15 所示的"插入表格"对话框。在输入行数和列数后，单击"确定"按钮，即可插入一个自动套用样式的表格。

如果要利用在 WPS 文字或者 WPS 表格中已制作好的表格，则可以复制表格，并粘贴到幻灯片中。

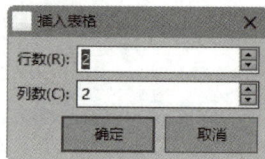

图 5-15　"插入表格"对话框

在单元格中输入数据时，如果输入的数据到达单元格边界，则会自动换行。如果数据行数超过单元格高度，则自动向下扩充。

提示：默认情况下，按 Tab 键可以将插入点快速移到相邻的右侧单元格中；按 Shift+Tab 键可以选中相邻的左侧单元格中的所有内容。如果插入点位于最后一行的最右侧的单元格末尾，则按 Tab 键在表格的底部增加新行。

在输入完单元格数据后，单击表格之外的任意位置，退出表格编辑状态。

单击表格中的任意一个单元格，利用如图 5-16 所示的"表格样式"选项卡设置表格样式。相关操作与在 WPS 文字中设置表格样式的操作相同，不再赘述。

图 5-16　"表格样式"选项卡

5.1.7　插入多媒体

为避免枯燥乏味，可以在文字较多的幻灯片中插入音频、视频等。

1. 插入音频

（1）打开要插入音频的幻灯片，单击"插入"选项卡中的"音频"下拉按钮，打开如图 5-17 所示的"音频"下拉列表。

（2）选择要插入音频的方式。

WPS 演示不仅可以直接在幻灯片中插入音频，还能链接音频，两者的不同之处在于，将演示文稿拷贝到其他计算机上放映时，插入的音频能正常播放，而链接的音频必须将音频文件一同拷贝，并放到相同的路径下才能播放。

单击"嵌入音频"或"链接到音频"按钮，打开"插入音频"对话框，从本地计算机或 WPS 云盘中选择音频文件。

单击"嵌入背景音乐"和"链接背景音乐"按钮，打开"从当前页插入背景音乐"对话框，从本地计算机或 WPS 云盘中选择音频文件。

（3）单击"插入音频"或"从当前页插入背景音乐"对话框中的"打开"按钮，即可在幻灯片中显示音频图标　和播放控件，如图 5-18 所示。

（4）将鼠标光标移到音频图标边框的顶点位置的变形手柄上，在鼠标光标变为双向箭头时按下鼠标左键并移动，则可以调整音频图标的大小；在鼠标光标变为四向箭头　时，按下鼠标左键并移动，则可以移动音频图标。

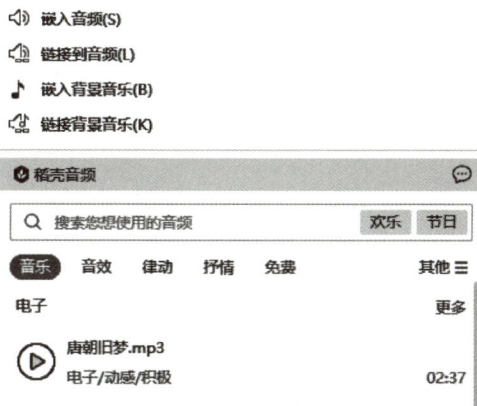

图 5-17　"音频"下拉列表

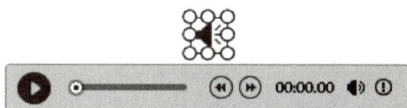

图 5-18　音频图标和播放控件

提示：如果不希望在幻灯片中显示音频图标，则可以将音频图标移到幻灯片外。

此时，单击音频图标或播放控件上的"播放/暂停"按钮![btn]，则可以试听音频效果。利用播放控件可以前进、后退、调整音量。

利用"图片工具"选项卡可以更改音频图标、设置音频图标的样式和颜色，以贴合幻灯片风格。

（5）利用"图片轮廓"和"图片效果"按钮可以修改音频图标的视觉样式。

在幻灯片中插入音频后，如果只希望播放其中的一部分，不需要使用专业的音频编辑软件对音频进行截取，WPS 演示可以轻松截取音频，还可以对音频进行简单编辑，如设置音量和音效，具体操作如下。

（1）选中幻灯片中的音频图标，打开如图 5-19 所示的"音频工具"选项卡。

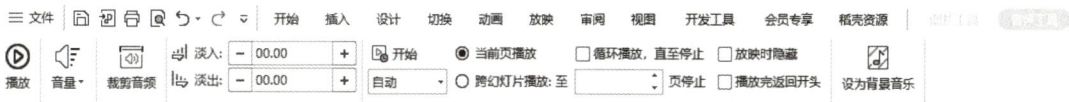

图 5-19　"音频工具"选项卡

（2）单击"音频工具"选项卡中的"剪裁音频"按钮![btn]，打开如图 5-20 所示的"裁剪音频"对话框。

（3）将绿色的滑块移到音频开始的位置；将红色的滑块移到音频结束的位置。在指定音频的起止点时，可以单击"上一帧"按钮![btn]或"下一帧"按钮![btn]进行微调。

（4）在确定音频的起止点后，可单击"播放"按钮![btn]，预览音频效果。

（5）单击"音频工具"选项卡中的"音量"下拉按钮![btn]，在如图 5-21 所示的"音量"下拉列表中选择音量等级。

（6）在"音频工具"选项卡的"淡入"编辑框中输入音频开始时淡入效果持续的时长；在"淡出"编辑框中输入音频结束时淡出效果持续的时长。

在默认情况下，在幻灯片中插入的音频仅在当前页播放。如果希望插入的音频跨幻灯片播放，或在单击时播放，就要设置音频的播放方式。

（7）单击"音频工具"选项卡中的"开始"下拉按钮，选择音频播放方式，音频播放方式（部分）如图 5-22 所示。

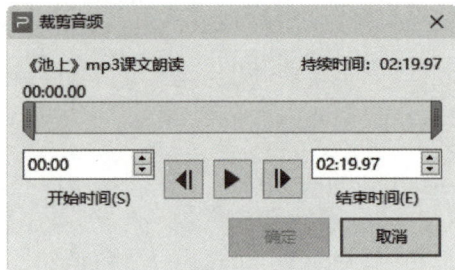

图 5-20 "裁剪音频"对话框　　图 5-21 "音量"下拉列表　　图 5-22 选择音频播放方式（部分）

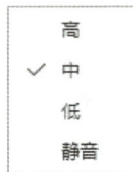

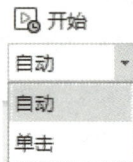

（8）如果希望在切换幻灯片后，音频仍然播放，则选择"跨幻灯片播放"选项，并指定在哪一页幻灯片停止播放。

（9）如果希望插入的音频循环播放，直至停止幻灯片放映，则勾选"循环播放，直至停止"复选框。

（10）如果希望在放映幻灯片时，自动隐藏其中的音频图标，则勾选"放映时隐藏"复选框。

（11）如果希望音频在播放完成后，自动返回音频开头，则勾选"播放完返回开头"复选框，否则在音频结尾处停止播放。

2. 插入视频

随着网络技术的飞速发展，视频凭借其直观的演示效果被广泛应用于辅助展示和演讲。WPS 演示支持在幻灯片中插入视频，并支持对视频进行简单编辑。

（1）选中要插入视频的幻灯片，单击"插入"选项卡中的"视频"下拉按钮，打开如图 5-23 所示的"视频"下拉列表，选择插入视频的方式。

（2）在选中需要的视频后，单击"打开"按钮，即可在幻灯片中显示被插入的视频和播放控件，效果如图 5-24 所示。

图 5-23 "视频"下拉列表

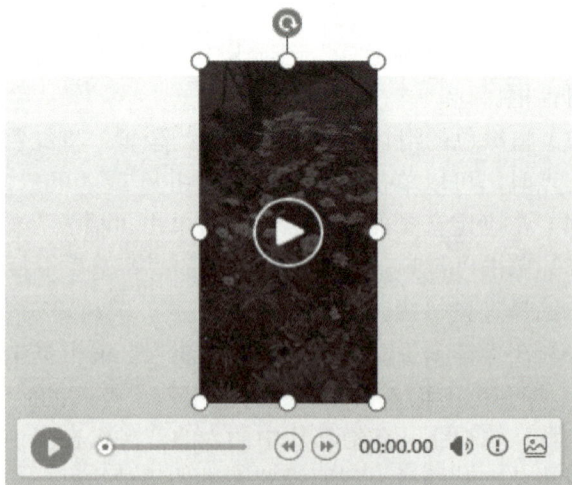

图 5-24 插入视频的效果

（3）将鼠标光标移到视频顶点处的变形手柄上，当鼠标光标变为双向箭头，则按下左键并移动，以调整视频的显示尺寸；当鼠标光标变为四向箭头，则按下左键并移动，以调整视频的位置。

注意：调整视频的显示尺寸时，应尽量保持视频的长宽比一致，以免失真。

此时，单击播放控件上的“播放/暂停”按钮，可以预览视频。利用播放控件可以前进、后退、调整音量。

（4）单击“视频工具”选项卡中的“裁剪视频”按钮，打开如图 5-25 所示的“裁剪视频”对话框，分别移动绿色滑块和红色滑块来设置视频的起止点。如果要精确定位时间，则单击“上一帧”或“下一帧”按钮。在裁剪完成后，单击“播放”按钮，预览裁剪后的视频效果，单击“确定”按钮关闭当前对话框。

（5）如果要修改视频封面，则单击“视频工具”选项卡中的“视频封面”下拉按钮，在打开的“视频封面”下拉列表中选择封面的来源，如图 5-26 所示。

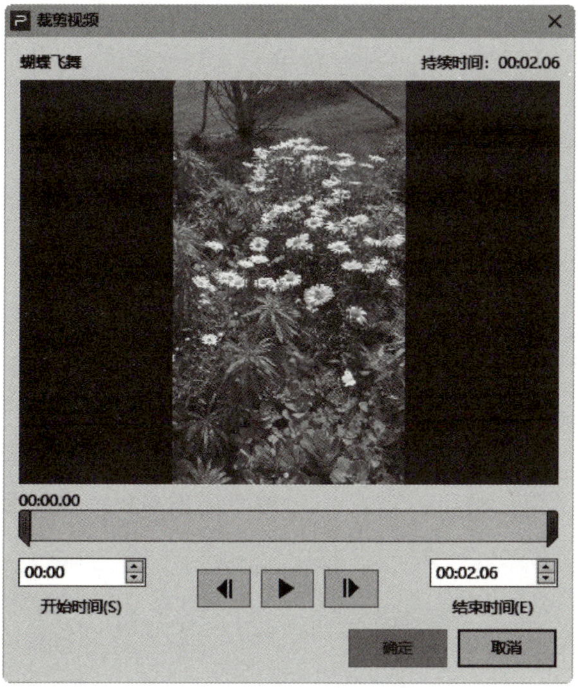

图 5-25　“裁剪视频”对话框

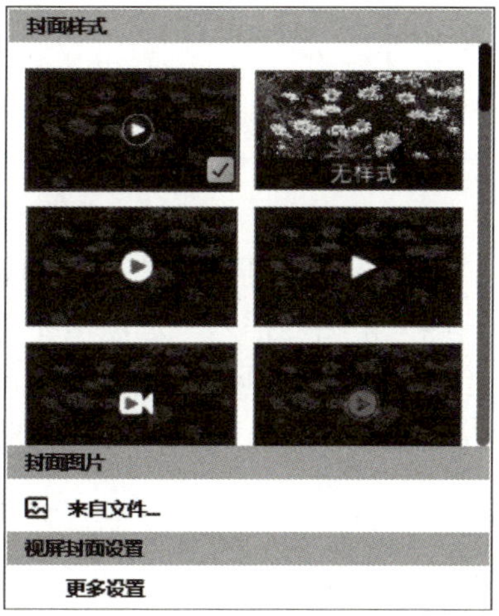

图 5-26　“视频封面”下拉列表

视频封面是指视频在没有播放时显示的图片，默认为视频第一帧的图片。选择“来自文件”选项，在打开的“选择图片”对话框中选择视频封面。在暂停视频时，可以将视频的当前画面设置为视频封面。

（6）被插入的视频默认按照单击顺序播放，在切换幻灯片时，视频停止播放。如果希望切入幻灯片时，视频自动播放，则单击“视频工具”选项卡中的“开始”下拉按钮，选择“自动”选项。

（7）单击“音量”下拉按钮，选择音量级别。

（8）如果希望视频在播放时全屏显示，则勾选“全屏播放”复选框。

（9）如果希望视频在播放前处于隐藏状态，则勾选“未播放时隐藏”复选框。

（10）如果希望视频重复播放，直至幻灯片切换或人为中止，则勾选“循环播放，直至停止"复选框。

（11）如果希望视频播放完毕后，返回第一帧并停止，而不是在最后一帧停止，则勾选"播放完毕返回开头"复选框。

任务实施——制作产品展示演示文稿

（1）在首页的左侧窗格中单击"新建"按钮，打开 "新建"选项卡，单击"演示"按钮 演示，在模板列表中单击"新建空白文档"按钮，新建一个空白的演示文稿。

（2）选择系统自带的幻灯片1，单击"设计"选项卡中的"背景"下拉列表中的"背景"按钮，在打开的"对象属性"窗格中选择"纯色填充"选项，设置颜色为白色，如图5-27所示。

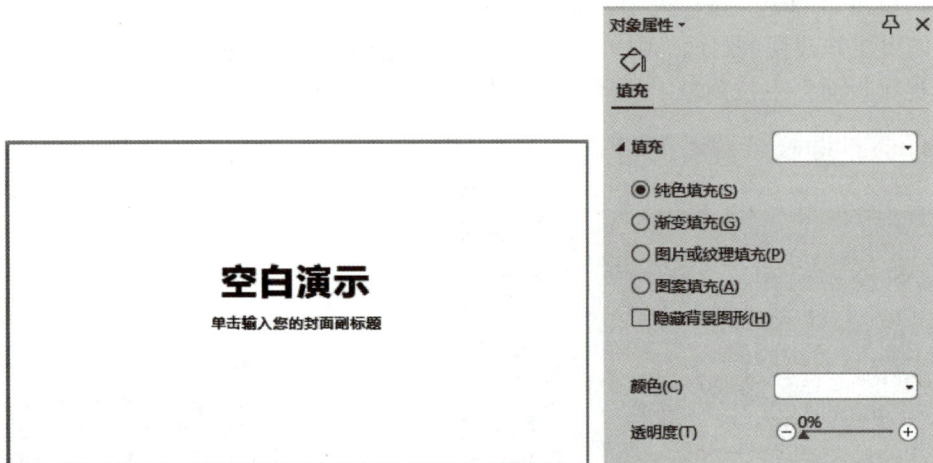

图 5-27　设置背景

（3）选中幻灯片中的标题和副标题文本框，按 Delete 键删除。

（4）单击"插入"选项卡中的"文本框"下拉列表中的"横排文本框"按钮，在幻灯片上方绘制一个文本框，输入文本"产品展示（Product display）"，并设置字体为微软雅黑，字号为32，字形加粗，效果如图5-28所示。

产品展示(Product display)

图 5-28　插入文本框并输入文本的效果

（5）单击"插入"选项卡中的"形状"下拉列表中的"直线"线条 ，按住 Shift 键，在文本下方绘制一条水平直线。双击直线，打开"对象属性"窗格，在"填充和线条"选项卡中设置线条为"实线"，颜色为橙红色，宽度为4.00磅，如图5-29所示，线条效果如图5-30所示。

（6）单击"插入"选项卡中的"图片"下拉列表中的"本地图片"按钮，在打开的"插入图片"对话框中选择名称为"产品1"的图片，单击"打开"按钮，在幻灯片中插入图片，如图5-31所示。

（7）选中图片，将鼠标光标移到图片四个角的控制手柄上，当鼠标光标变为双向箭头时，按下鼠标左键并缩放到合适大小，释放鼠标左键，如图5-32所示。

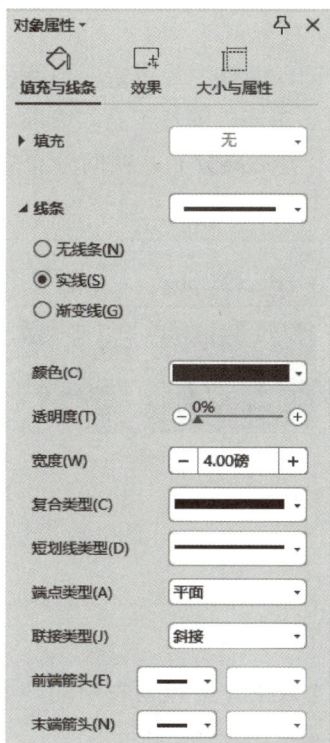

图 5-29　"填充和线条"选项卡

图 5-30　线条效果

图 5-31　插入图片

图 5-32　缩放图片

（8）按照同样的方法插入其他图片，调整图片大小，使图片的高度相同，效果如图 5-33 所示。

图 5-33　插入其他图片的效果

提示：在幻灯片中移动或缩放其他图片时，会显示一条参考线，借助参考线可以很方便地对齐图片，或将图片缩放到相同高度或宽度，如图 5-34 所示。

（9）分别选中最左侧和最右侧的图片，按下鼠标左键并移动，调整图片位置，使两张图片与幻灯片的左、右边距相同；按住 Shift 键，依次单击各张图片，单击"图片工具"选项卡中的"对齐"下拉列表中的"横向分布"按钮，使图片在水平方向上等距离分布，横向分布效果如图 5-35 所示。

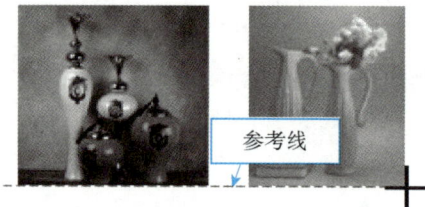

图 5-34　借助参考线缩放图片

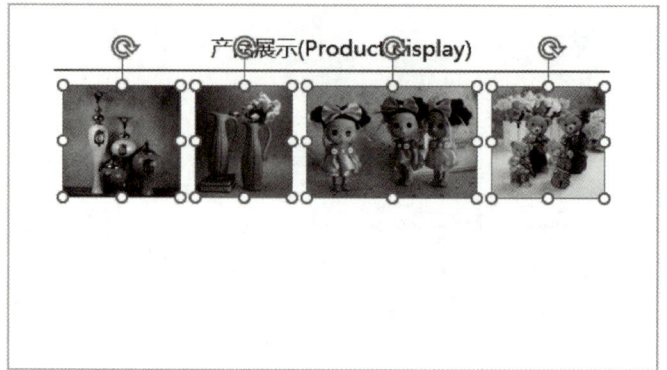

图 5-35　横向分布效果

（10）选中所有图片，依次单击"图片工具"选项卡中的"效果"下拉列表中的"柔化边缘"→"10 磅"，柔化边缘效果如图 5-36 所示。

图 5-36　柔化边缘效果

（11）单击"插入"选项卡中的"文本框"下拉列表中的"横排文本框"按钮，在幻灯片上绘制一个与图片宽度相当的文本框，并输入文本（此处文本仅作展示），设置字号为 12，绘制横排文本框效果如图 5-37 所示。

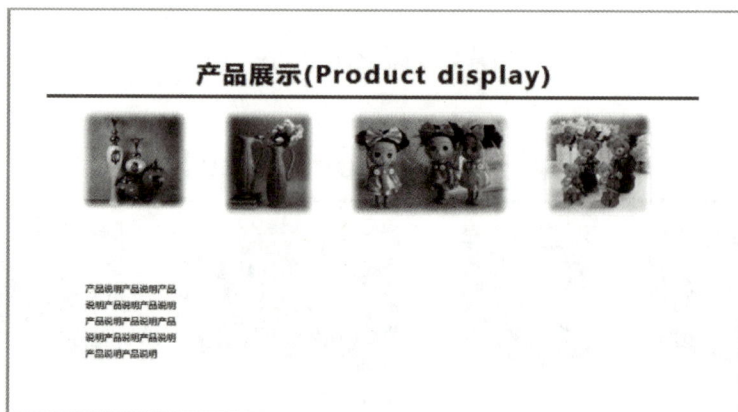

图 5-37　绘制横排文本框效果

（12）选中文本框，复制文本框，调整文本框位置，使文本框顶端对齐，效果如图 5-38 所示。

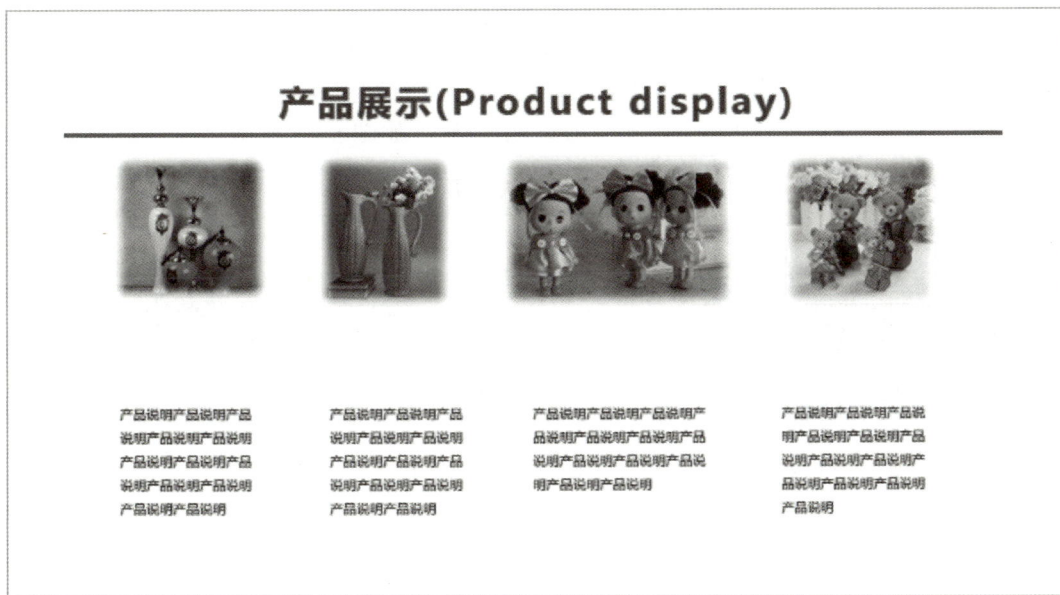

图 5-38　复制文本框效果

（13）单击"插入"选项卡中的"形状"下拉列表中的"流程图"类别中的"流程图：终止"按钮 ⬭。此时，鼠标光标变为十字形＋，按下鼠标左键，在幻灯片上移动，绘制一个圆角矩形，如图 5-39 所示。

（14）在圆角矩形上右击，在"对象属性"窗格中设置颜色为"矢车菊蓝，着色2"，线条为"无线条"，如图 5-40 所示。

图 5-39　绘制圆角矩形

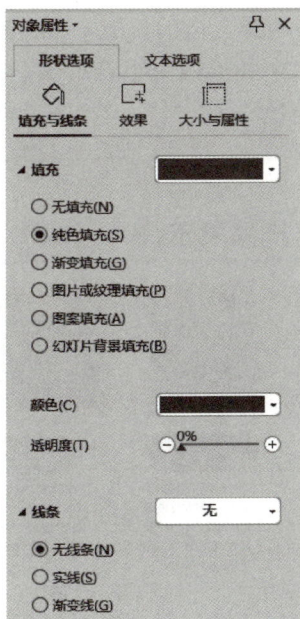

图 5-40　设置圆角矩形外观

（15）单击"插入"选项卡中的"形状"列表中的"矩形"按钮，当鼠标光标变为十字形＋时，按下鼠标左键并在幻灯片上移动，绘制一个矩形，在"对象属性"窗格中设置颜色为"矢车菊蓝，着色 2"，线条为"无线条"，如图 5-41 所示。

（16）依次选中两个形状，分别在浮动工具栏中单击"水平居中"按钮 ⊕ 和"垂直居中"按钮 ⊪，调整两个形状的位置，如图 5-42 所示。在两个形状上单击鼠标右键，在打开的快捷菜单中选择"组合"选项，将两个形状组合为一个形状，如图 5-43 所示。

图 5-41　绘制矩形

图 5-42　调整形状位置

（17）选中矩形，单击鼠标右键，选中"编辑文字"，输入文本"产品一"，设置字号为 14，颜色为白色，效果如图 5-44 所示。依次选中文本框和形状，分别在浮动工具栏中单击"水平居中"按钮 ⊕ 和"垂直居中"按钮 ⊪。

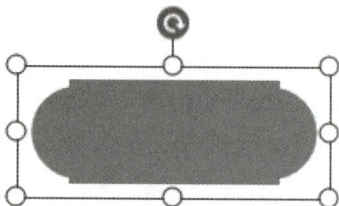

图 5-43　组合形状

图 5-44　输入并设置文本的效果

（18）选中组合形状和文本框，将鼠标光标移到组合形状上，当鼠标光标变为四向箭头 ✥时，按下 Ctrl 键将组合形状移动到合适的位置，释放鼠标，在指定位置制作四个组合形状副本，修改矩形上的文本，选中第二个和第四个组合形状，在"绘图工具"选项卡的"填充"下拉列表中选择颜色为"珊瑚红，着色 5，25%"，如图 5-45 所示。

图 5-45　制作组合形状副本

（19）选中所有组合形状，在"绘图工具"选项卡中的"对齐"下拉列表中选择"靠上对齐"选项，靠上对齐效果如图 5-46 所示。

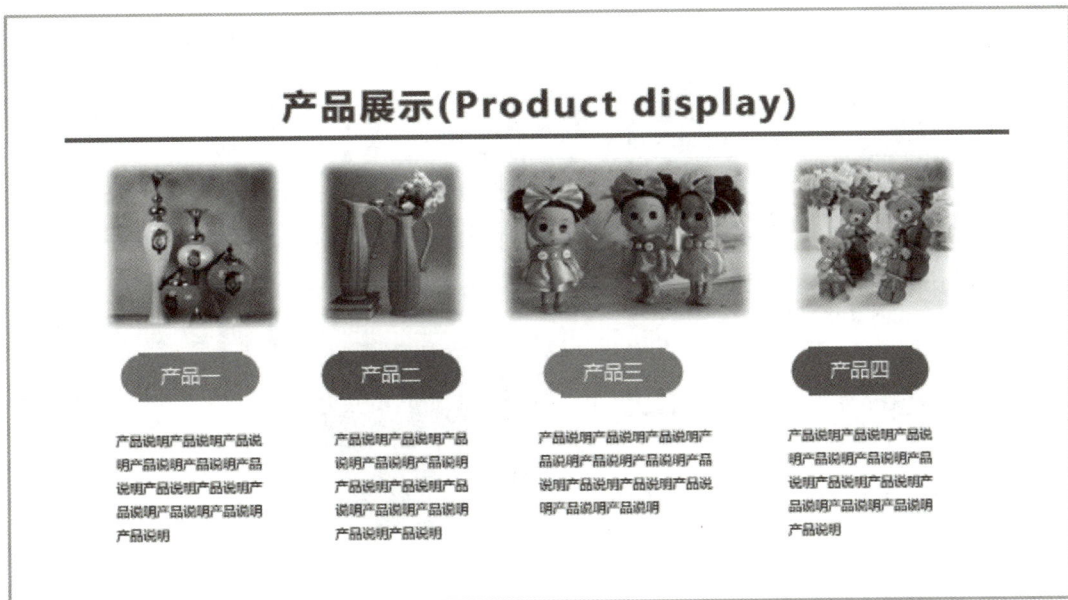

图 5-46 靠上对齐效果

5.2 模板及母版的使用

母版是幻灯片的一种自定义模板，用户可以自己制作母版，并将母版保存为模板，以随时调用。

5.2.1 应用模板制作演示文稿

对于初学者来说，要创作出具有专业水平的演示文稿，应用模板是一个很好的选择。模板可使用户集中精力创建演示文稿的内容，而不用考虑配色、布局等整体风格。

1. 套用模板

（1）模板决定了幻灯片的版式、文本格式、配色和背景样式。

（2）在"设计"选项卡中的"设计方案"下拉列表中选择需要的模板，或单击"更多设计"按钮，打开如图 5-47 所示的在线设计方案库，在海量模板中搜索所需模板。

（3）单击所需模板，打开对应的设计方案对话框，显示该模板的所有版式页，如图 5-48 所示。

（4）如果仅在当前演示文稿中套用模板，则单击"应用本模板风格"按钮；如果要在当前演示文稿中插入模板的所有版式页，则选中所有的版式页，单击"应用并插入"按钮。

（5）如果要套用已保存的模板，则单击"设计"选项卡中的"导入模板"按钮，打开如图 5-49 所示的"应用设计模板"对话框。

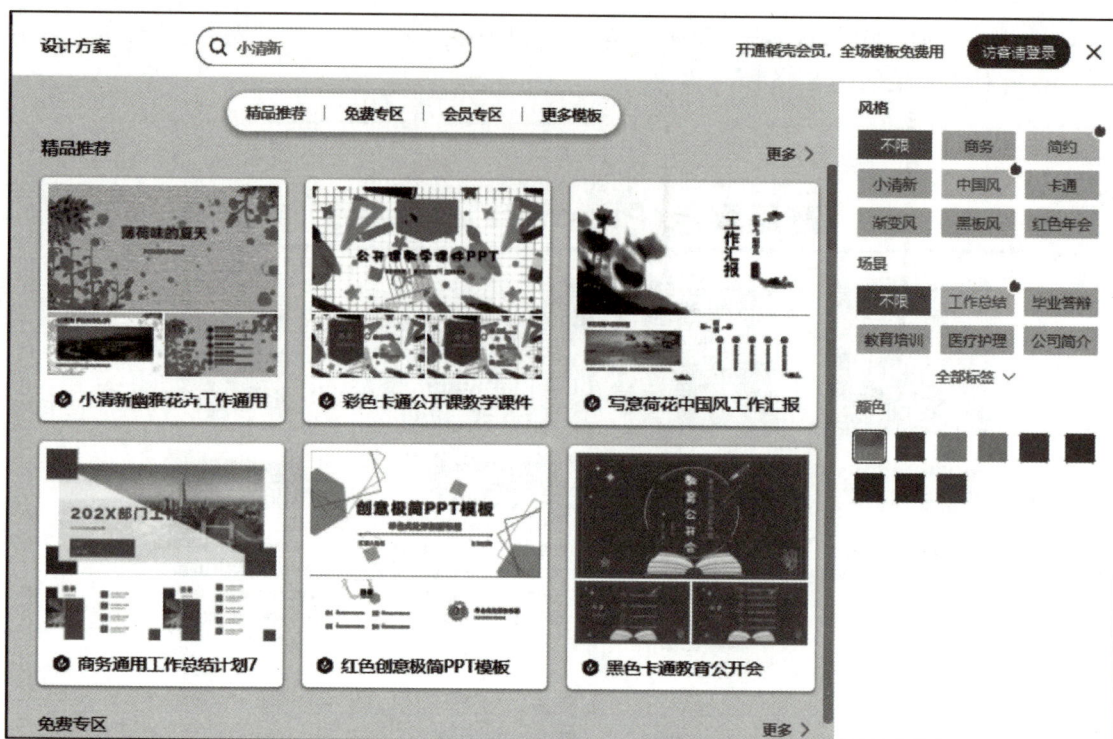

图 5-47　在线设计方案库

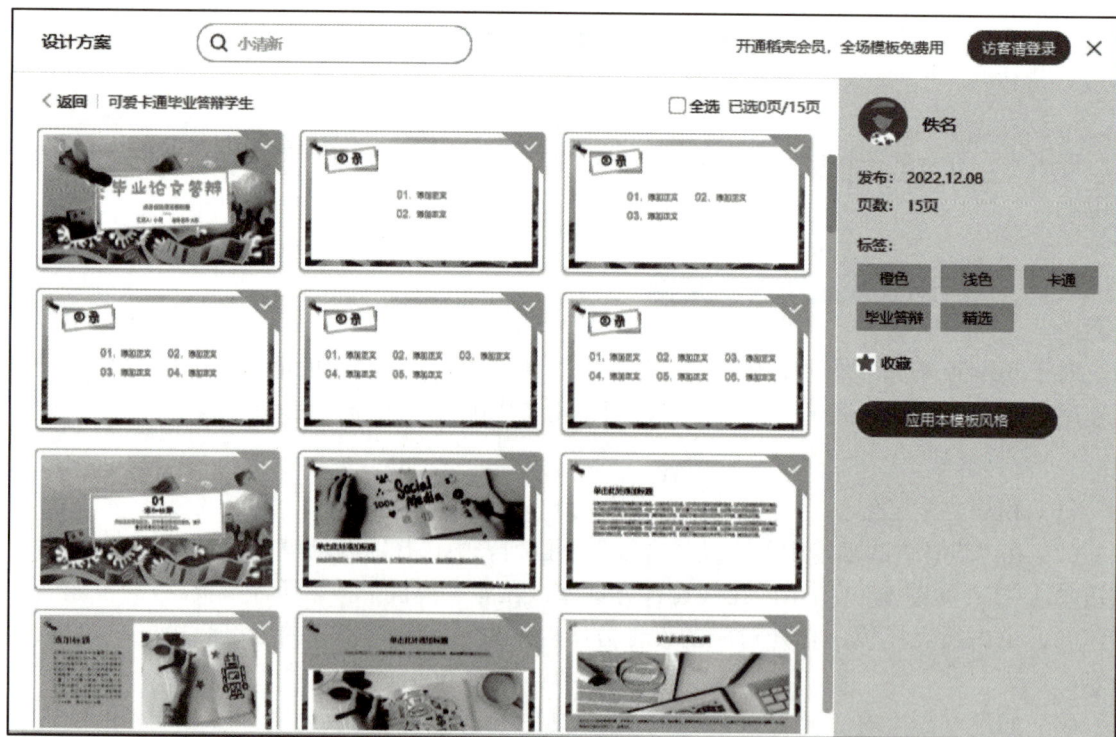

图 5-48　模板的所有版式页

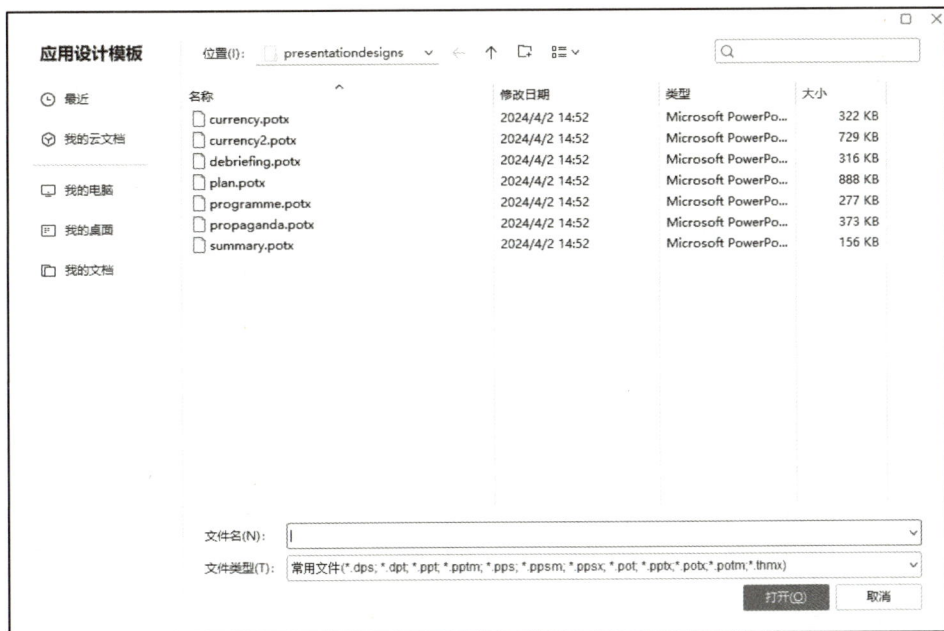

图 5-49　"应用设计模板"对话框

（6）在模板列表中选中需要的模板，单击"打开"按钮，选中的模板即可应用到当前演示文稿的所有幻灯片中。

（7）如果要取消当前套用的模板，则在"设计"选项卡中单击"本文模板"按钮 本文模板，在如图 5-50 所示的"文本模板"对话框中单击"套用空白模板"按钮，单击"应用当前页"按钮或"应用全部页"按钮。

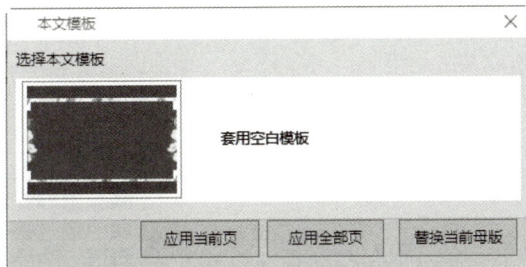

图 5-50　"文本模板"对话框

2. 修改背景样式和配色方案

在套用模板后，可以修改演示文稿的背景样式和配色方案。

（1）如果要修改背景样式，则单击"背景"下拉按钮 ，在如图 5-51 所示的"背景"颜色列表中单击需要的颜色。

（2）如果要对背景样式进行自定义设置，则单击"背景"下拉按钮，选择"背景"选项，打开如图 5-52 所示的"对象属性"窗格进行设置。

在"对象属性"窗格中可以看到，填充方式可以是纯色填充、渐变填充、图片或纹理填充、图案填充。一张幻灯片只能使用一种填充方式。

默认当前设置仅应用于当前幻灯片，只有单击"全部应用"按钮，才可以在当前演示文稿的全部幻灯片中应用填充效果。单击"重置背景"按钮，可取消设置。

图 5-51 "背景"颜色列表

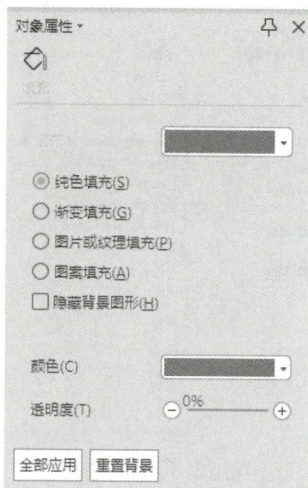

图 5-52 "对象属性"窗格 1

　　选择"渐变填充"选项，打开的"对象属性"窗格如图 5-53 所示，在"渐变样式"列表中可以选择颜色过渡方式；在"角度"编辑框中可以调整渐变色旋转的角度；在"色标颜色"下拉列表中可以选择填充颜色。

　　如果要增加或删除渐变色中的颜色，则单击"增加渐变光圈"按钮 或"删除渐变光圈"按钮 ，即可在当前色标的相邻位置添加一个色标或删除当前选中的色标。

　　图片或纹理填充、图案填充都是通过平铺实现填充的，不同的是，图片或纹理填充可以选择任意图片，而图案填充只能选择可以改变前景色和背景色的系统预置样式。

　　（3）如果要修改整个演示文稿的配色，则单击"配色方案"下拉按钮 ，在如图 5-54 所示的颜色组合列表中单击需要的颜色。

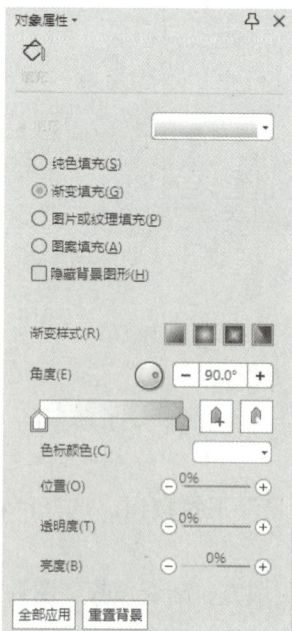

图 5-53 "对象属性"窗格 2

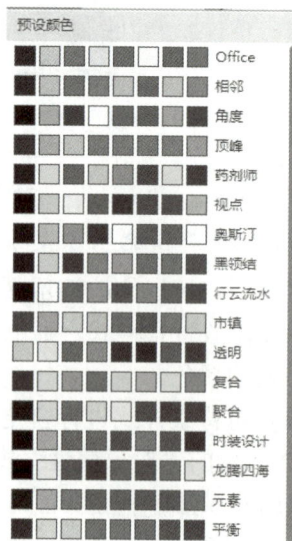

图 5-54 颜色组合列表

　　选中的颜色默认应用于当前演示文稿的所有幻灯片，以及后续新建的幻灯片。

5.2.2　制作母版

母版存储了演示文稿的颜色、字体、版式等设计信息，以及所有幻灯片共有的页面元素，如徽标、Logo、页眉和页脚等。在修改母版后，所有基于母版设计的幻灯片将自动更新。

设计母版通常遵循以下几个原则。

（1）将每一张幻灯片都有的元素放在母版中。如果有个别页面（如封面页、封底页和过渡页）不需要显示这些元素，则可以隐藏母版中的背景图形。

（2）对于在特定的版式中需要重复出现且无须改变的元素，可直接放在对应的版式页中。

（3）对于在特定的版式中需要重复出现，但是在具体之处有所区别的元素，可以插入对应类别的占位符。

1. 认识母版

单击"视图"选项卡中的"幻灯片母版"按钮　，进入"幻灯片母版"视图，如图 5-55 所示。

"幻灯片母版"视图的左侧窗格中显示母版和版式列表，顶端为母版，用于控制演示文稿中（除标题幻灯片以外）的所有幻灯片的默认外观，如文字的格式、位置、项目符号、颜色及图形项目。

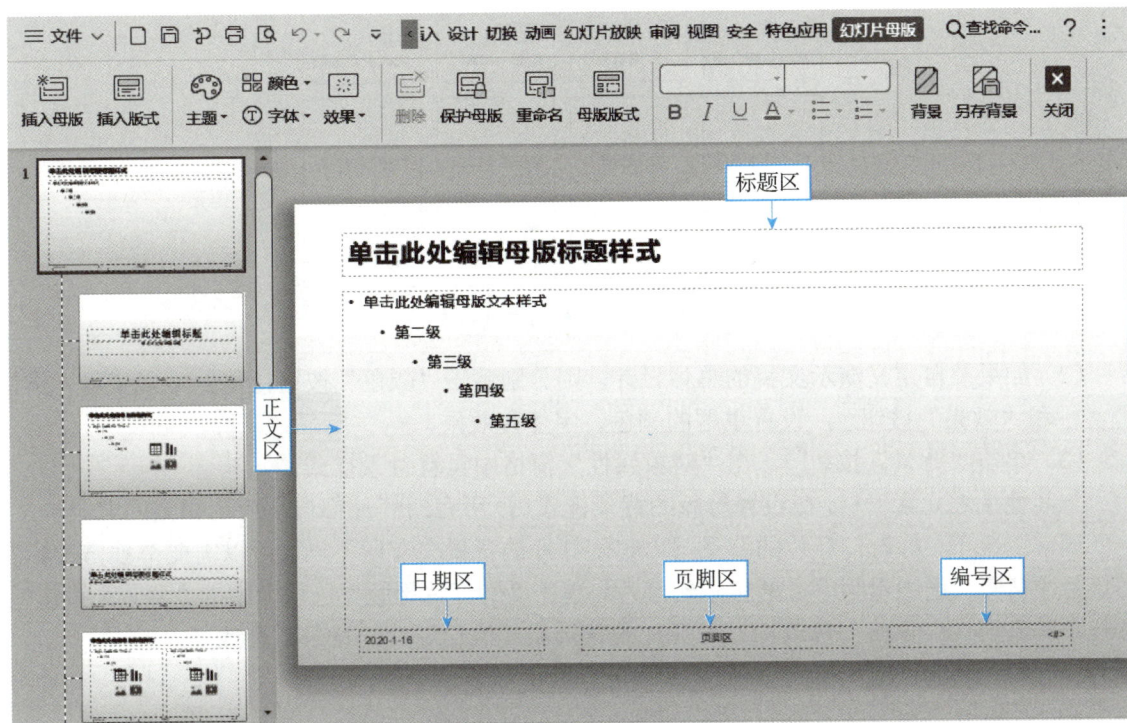

图 5-55　"幻灯片母版"视图

右侧窗格中显示母版或版式幻灯片。母版中可以看到五个占位符：标题区、正文区、日期区、页脚区、编号区，修改它们可以影响所有基于该母版设计的幻灯片。

① 标题区：用于格式化所有幻灯片的标题。

② 正文区：用于格式化所有幻灯片的主体文字、项目符号和编号等。

③ 日期区：用于在幻灯片上添加、定位和格式化日期。

④ 页脚区：用于在幻灯片上添加、定位和格式化页脚内容。

⑤ 编号区：用于在幻灯片上添加、定位和格式化页面编号，如页码。

母版下方是标题幻灯片，通常也是演示文稿的封面幻灯片。标题幻灯片下方是幻灯片版式列表，包含需要在特定的版式幻灯片中重复出现且无须改变的元素。

注意：最好在创建幻灯片之前编辑母版，这样添加到演示文稿中的所有幻灯片都会进行套用。如果在创建各张幻灯片之后才编辑母版，则需要在普通视图中将其重新应用到演示文稿的现有幻灯片中。

2. 设计母版主题

主题是一组预定义的字体、颜色、效果，可以快速格式化演示文稿的总体设计。

（1）如果要应用内置的主题，则单击"幻灯片母版"选项卡中的"主题"下拉按钮，在如图 5-56 所示的内置的主题列表中单击需要的主题。在应用主题后，整个演示文稿的总体设计随之变化。

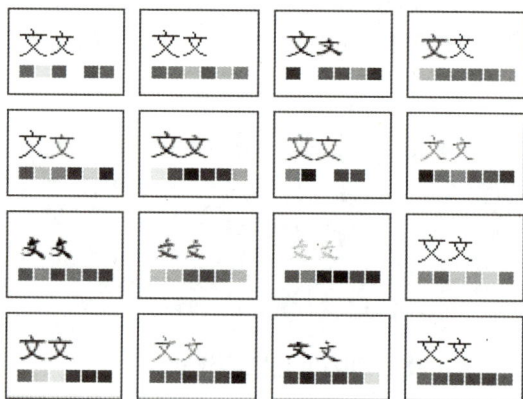

图 5-56　内置的主题列表

（2）如果要自定义演示文稿的总体设计，则分别单击"颜色"按钮 、"字体"按钮 和"效果"按钮 ，设置主题的颜色、字体和效果。

（3）单击"背景"按钮 ，在"对象属性"窗格中设置背景样式。

与其他主题元素一样，在设置母版的背景样式后，所有幻灯片都自动应用指定的背景样式。

通常情况下，标题幻灯片的背景与内容幻灯片的背景会有所不同，所以需要单独修改标题幻灯片的背景。选中母版下方的标题幻灯片，单击"幻灯片母版"选项卡中的"背景"按钮 ，打开"对象属性"窗格，修改标题幻灯片的背景，其他幻灯片的背景不会改变。

3. 设计母版版式

母版中默认设置了多种常见版式，用户可以根据版面设计需要来添加自定义版式。

（1）在"幻灯片母版"视图的左侧窗格中定位要插入版式的位置，单击"幻灯片母版"选项卡中的"插入版式"按钮 ，即可在指定位置添加一个只有标题占位符的幻灯片，如图 5-57 所示。

WPS 演示中并不能直接插入新的占位符，如果要添加内容占位符，则可复制其他版式中已有的占位符。

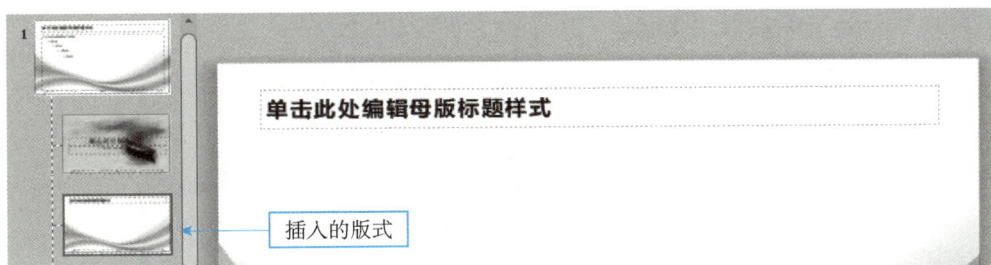

图 5-57　插入的版式

（2）在左侧窗格中定位包含需要的占位符的版式，复制其中的占位符，粘贴到新建的版式中，如图 5-58 所示。

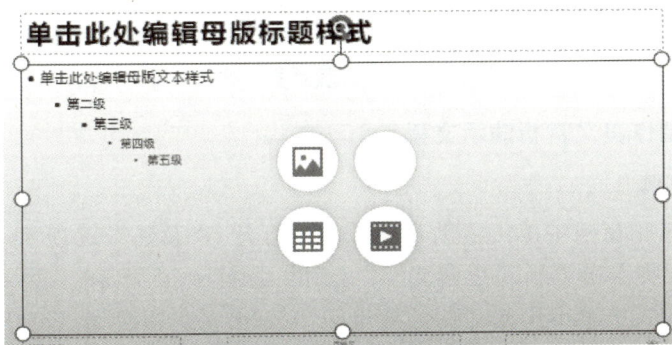

图 5-58　复制、粘贴占位符

（3）移动占位符边框上的圆形控制手柄，调整占位符的大小；将鼠标光标移到占位符的边框上，当鼠标光标显示为四向箭头 时，按下鼠标左键并移动占位符；选中占位符，按 Delete 键可将其删除。

（4）选中占位符，在"绘图工具"选项卡中设置占位符的格式。选中要设置格式的文本，利用浮动工具栏进行设置。

在默认情况下，版式"继承"了母版中的日期区、页脚区和编号区。

（5）如果不希望在当前版式中显示日期区、页脚区和编号区，则选中占位符，按 Delete 键，其他版式不受影响。

注意：在格式化"幻灯片编号"占位符时，应选中占位符中的"<#>"再设置格式，但千万不能将其删除。文本框中输入的"<#>"，不能用格式刷将其格式化为普通文本，否则会失去占位符的功能。

（6）设置完毕，在"幻灯片母版"选项卡中单击"关闭"按钮 ，退出"幻灯片母版"视图。

5.2.3　使用母版

单击"开始"选项卡中的"版式"下拉按钮 ，打开如图 5-59 所示的"母版版式"列表，从中可以看到自定义的版式。

在"母版版式"列表中单击自定义版式，当前幻灯片的版式即可更改为自定义版式。

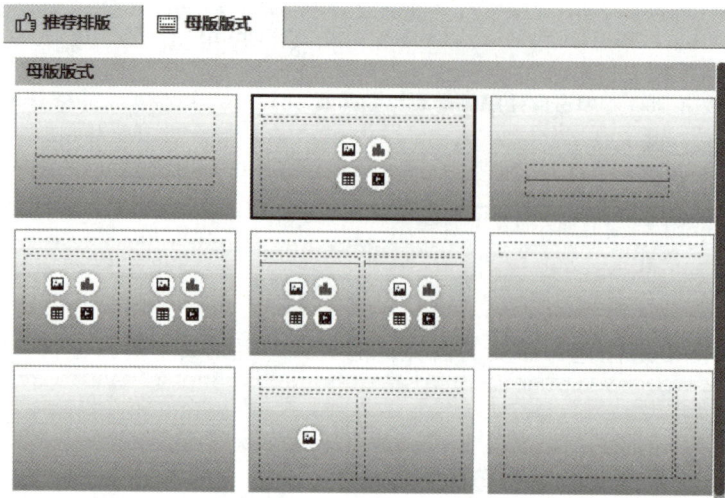

图 5-59 "母版版式"列表

任务实施——制作美文赏析演示文稿

1. 设计母版外观

（1）在首页的左侧窗格中单击"新建"按钮，打开"新建"选项卡，单击"演示"按钮 ▷ 演示，在模板列表中单击"新建空白文档"按钮，新建一个空白的演示文稿。

（2）单击"视图"选项卡中的"幻灯片母版"按钮 ，切换到"幻灯片母版"视图。

（3）选中幻灯片母版，单击"幻灯片母版"选项卡中的"背景"按钮 ，打开"对象属性"窗格，选择"纯色填充"选项，设置颜色为"矢车菊蓝，着色 2，浅色 40%"，如图 5-60 所示。

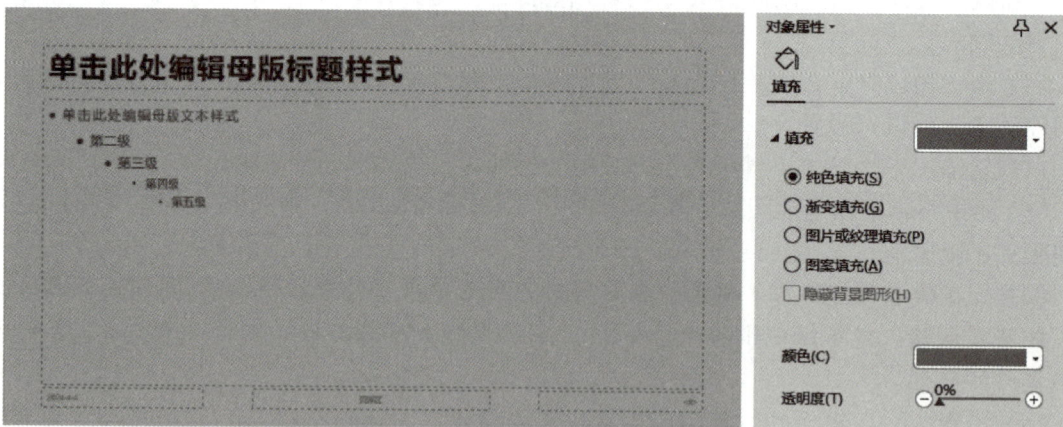

图 5-60 设置幻灯片母版的背景颜色

2. 设计内容版式

（1）单击"幻灯片母版"选项卡中的"插入版式"按钮 ，新建一个版式。单击"插入"选项卡中的"形状"下拉列表中的"矩形"按钮，按下鼠标左键并移动，绘制一个矩形。选中绘制的矩形，在"对象属性"窗格的"填充"选项组中选择"纯色填充"选项，设置填充的颜色为"热情的粉红，着色 6，浅色 80%"，在"线条"选项组中选择"无线条"选项，效果如图 5-61 所示。

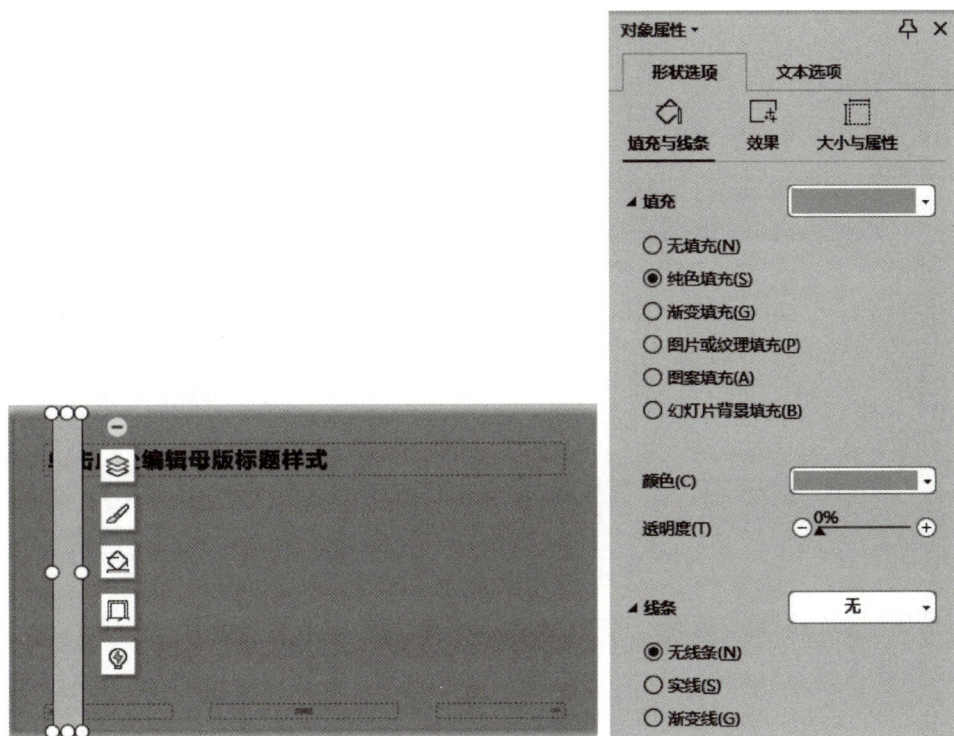

图 5-61　绘制并填充矩形的效果

（2）单击"插入"选项卡中的"形状"下拉列表中的"矩形"按钮，再次绘制一个矩形，在"对象属性"窗格的"填充"选项组中选择"纯色填充"选项，设置填充的颜色为"白色"，在"线条"选项组中选择"无线条"选项，效果如图 5-62 所示。

图 5-62　再次绘制并填充矩形的效果

（3）选中上一步绘制的矩形，切换到"对象属性"窗格的"效果"选项卡，设置阴影效果为"右下斜偏移"，模糊值为 15 磅，距离为 18 磅，如图 5-63 所示。

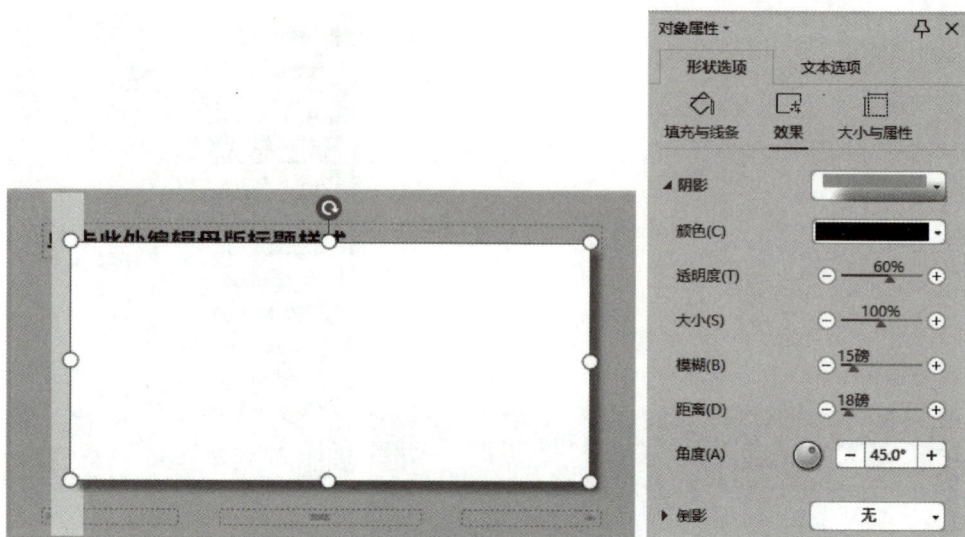

图 5-63　设置矩形的阴影效果

（4）选中"标题"和"页脚"文本框并将其删除，效果如图 5-64 所示。

3. 设计目录版式

（1）单击"幻灯片母版"选项卡中的"插入版式"按钮，新建一个版式，如图 5-65 所示。使用"2.设计内容版式"的方法绘制三个矩形，并填充颜色、设置阴影效果。

图 5-64　删除"标题"和"页脚"文本框的效果

图 5-65　新建一个版式

（2）在"母版"窗格中定位"图片与标题"版式，选中其中的图片占位符，复制、粘贴到新建的版式中，并调整大小，如图 5-66 所示。

（3）在"母版"窗格中定位"比较"版式，选中其中的文本占位符，复制、粘贴到新建的版式中，并调整大小，如图 5-67 所示。

图 5-66　复制、粘贴图片占位符

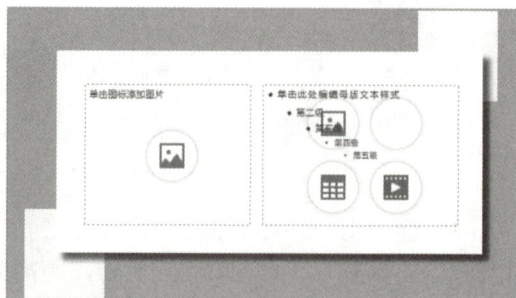

图 5-67　复制、粘贴文本占位符

（4）选中文本占位符中的一级文本，单击"开始"选项卡中的"项目符号"下拉列表中的"其他项目符号"按钮，打开"项目符号与编号"对话框。在"项目符号"选项卡中选择大号圆形项目符号，设置项目符号的大小为 150% 字高，如图 5-68 所示。单击"确定"按钮，项目符号效果如图 5-69 所示。

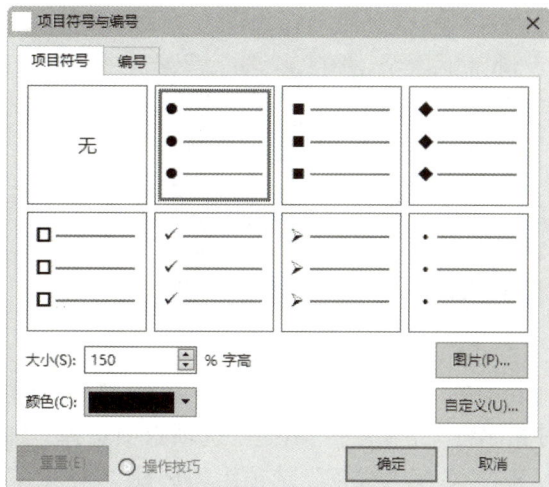

图 5-68　设置项目符号的大小

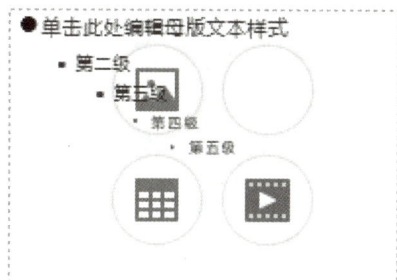

图 5-69　项目符号效果

（5）选中文本占位符，单击"文本工具"选项卡中的"对齐文本"下拉列表中的"垂直居中"按钮，效果如图 5-70 所示。

（6）单击"关闭母版视图"按钮，返回普通视图。

4. 制作标题幻灯片

（1）在标题幻灯片上右击，打开快捷菜单，选择"设置背景格式"选项，打开"对象属性"窗格。在"填充"区域选择"图片或纹理填充"选项，在"图片填充"下拉列表中选择"本地图片"选项，打开"选择纹理"对话框，选择"背景.jpg"图片，单击"打开"按钮完成插入，设置标题幻灯片的背景样式效果如图 5-71 所示。

图 5-70　垂直居中对齐的效果

图 5-71　设置标题幻灯片的背景样式效果

（2）将幻灯片中的文本框删除。单击"插入"选项卡中的"文本框"下拉列表中的"竖向文本框"按钮，绘制一个文本框，并输入文本。选中输入的文本，设置字体为"等线"，字号为 48，对齐方式为"居中对齐"，效果如图 5-72 所示。

（3）选中文本框，在"对象属性"窗格的"填充"选项组中选择"纯色填充"选项，设置颜色为"热情的粉红，着色 6，浅色 80%"，在"线条"选项组中选择"无线条"选项，并调整其位置，如图 5-73 所示。

图 5-72 输入文本并设置格式的效果

图 5-73 设置文本框的颜色

（4）单击"插入"选项卡中的"形状"下拉列表中的"椭圆"形状，在按住 Shift 键的同时，按下鼠标左键并移动，绘制一个圆形。在"对象属性"窗格的"填充"选项组中选择"纯色填充"选项，设置颜色为"白烟，背景 2，深色 5%"，在"线条"选项组中选择"无线条"选项，如图 5-74 所示。

（5）单击"插入"选项卡中的"文本框"下拉列表中的"竖向文本框"按钮，绘制一个文本框，并输入文本。选中输入的文本，设置字体为"等线"，字号为 11，行距为 1.5 倍行距。调整文本框的位置，设置文本格式的效果如图 5-75 所示。

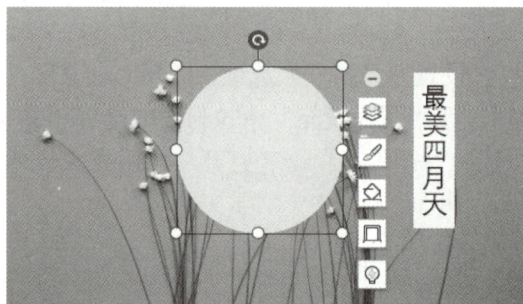

图 5-74 绘制一个圆形

图 5-75 设置文本格式的效果

5. 制作目录幻灯片

（1）单击"开始"选项卡中的"新建幻灯片"下拉按钮，选择自定义的目录版式，新建一张目录幻灯片，如图 5-76 所示。

（2）单击图片占位符中间的图标，打开"插入图片"对话框，在选择"目录.jpg"图片后，单击"打开"按钮，插入图片。选中图片，在"图片工具"选项卡中的"效果"下拉列表中依次选择"柔化边缘"→"10 磅"选项，效果如图 5-77 所示。

（3）在文本占位符中输入导航目录，在完成一项后按 Enter 键输入第二项，设置字号为 28，效果如图 5-78 所示。

6. 制作内容幻灯片

（1）单击"开始"选项卡中的"新建幻灯片"下拉按钮，选择自定义的内容版式，新建一张内容幻灯片。

图 5-76　基于自定义目录版式新建的目录幻灯片

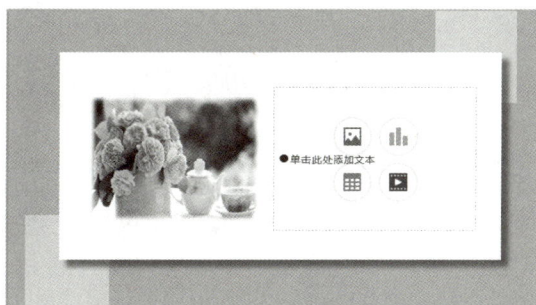

图 5-77　插入图片的效果

（2）单击"插入"选项卡中的"文本框"下拉列表中的"横排文本框"按钮，在内容幻灯片上绘制一个文本框，并输入文本。设置字体为"等线"，字号为 40，效果如图 5-79 所示。

图 5-78　输入导航目录

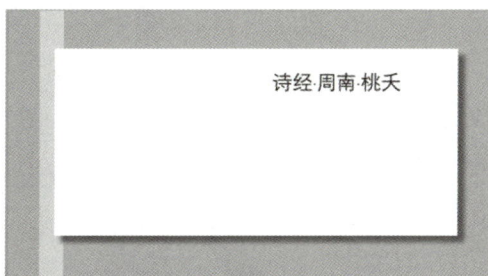

图 5-79　在文本框中输入文本的效果

（3）单击"插入"选项卡中的"插图"区域中的"形状"按钮，选择"矩形"形状，按下鼠标左键并移动，绘制一个矩形。设置矩形的填充色和轮廓色为深灰色，效果如图 5-80 所示。

（4）单击"插入"选项卡中的"文本框"下拉列表中的"横排文本框"按钮，在内容幻灯片上绘制一个文本框，并输入文本，设置字体为"等线"，字号为 16；单击"文本工具"选项卡中的"增大段落行距"按钮，调整行距，效果如图 5-81 所示。

图 5-80　绘制并填充矩形的效果

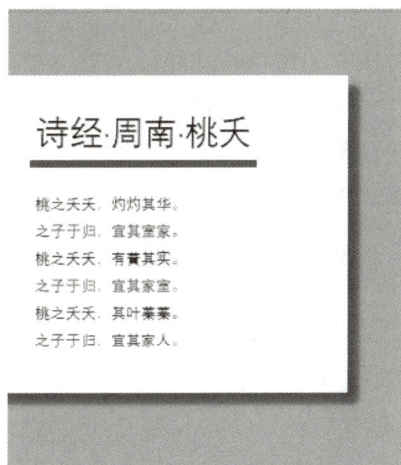

图 5-81　输入文本并格式化的效果

（5）单击"插入"选项卡中的"图片"下拉列表中的"本地图片"按钮，选择"诗经周南桃夭.jpg"图片，单击"插入"按钮，插入图片。调整图片的大小和位置，效果如图 5-82 所示。

图 5-82　调整图片的大小和位置的效果

（6）选中上一步制作的内容幻灯片，依次按 Ctrl+C 键和 Ctrl+V 键复制、粘贴内容幻灯片，修改文本和图片，调整文本框的位置，制作其他内容幻灯片，如图 5-83 所示。

图 5-83　制作其他内容幻灯片

7. 制作结束幻灯片

（1）单击"开始"选项卡中的"新建幻灯片"下拉按钮，选择"空白"版式，新建一张结束幻灯片。

（2）单击"插入"选项卡中的"形状"下拉列表中的"矩形"形状，绘制一个矩形，并设置矩形的填充色和轮廓色为白色，如图 5-84 所示。

（3）单击"插入"选项卡中的"图片"下拉列表中的"本地图片"按钮，打开"插入图片"对话框，选择需要插入的图片，单击"打开"按钮，插入图片，调整图片的大小和位置，效果如图 5-85 所示。

图 5-84　绘制矩形

图 5-85　插入图片的效果

（4）选择"插入"选项卡中的"艺术字"下拉列表中的"填充-珊瑚红，着色 5，轮廓-背景 1，清晰阴影-着色 5"样式，插入带有艺术字效果的文本框，输入文本。设置字体为"等线"，字号为 60，效果如图 5-86 所示。

图 5-86　插入艺术字的效果

（5）单击快捷工具栏上的"保存"按钮，打开"另存文件"对话框，指定保存位置，输入文件名"美文赏析"，单击"保存"按钮。

5.3　幻灯片动画设计

5.3.1　设置幻灯片的切换动画

设置幻灯片的切换动画可以很好地将主题或风格不同的幻灯片进行衔接、转场，增强演示文稿的视觉效果。

1．添加切换效果

切换效果被添加在相邻的两张幻灯片之间，在放映幻灯片时，会以动画形式退出上一张幻灯片，并切入当前幻灯片。

（1）切换到普通视图或幻灯片浏览视图。

在幻灯片浏览视图中，可以查看多张幻灯片，方便在整个演示文稿范围内编辑幻灯片的切换效果。

（2）选择要添加切换效果的幻灯片。如果要选择多张幻灯片，则按住 Shift 键或 Ctrl 键并单击需要的幻灯片。

（3）在"切换"选项卡中的"切换效果"下拉列表中选择需要的切换效果，如图 5-87 所示。

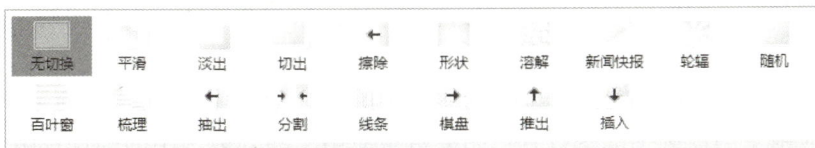

图 5-87　"切换效果"下拉列表

（4）在设置切换效果后，在普通视图的幻灯片编辑窗口中可以看到切换效果；在幻灯片浏览视图中，每张幻灯片的左下侧为幻灯片编号，右下侧显示效果图标 ★ ，预览切换效果如图 5-88 所示。

（5）在普通视图的"切换"选项卡中单击"预览效果"按钮 ，或单击状态栏上的"从当前幻灯片开始播放"按钮 ，可以预览从前一张幻灯片到该幻灯片的切换效果，以及该幻灯片的动画效果。

2. 设置切换选项

在添加切换效果之后，用户可以设置切换选项，如进入的方向和形态，以及切换速度、声音效果和换片方式等。

（1）选中要设置切换选项的幻灯片，在"切换"选项卡中进行设置，或者单击窗口右侧的"幻灯片切换"按钮 ，从而显示"幻灯片切换"窗格，如图 5-89 所示。

图 5-88　预览切换效果

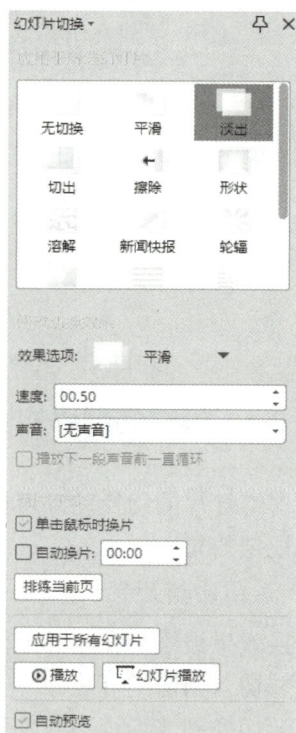

图 5-89　"幻灯片切换"窗格

（2）在"效果选项"下拉列表中选择进入的方向或形态。

（3）在"速度"编辑框中输入切换效果持续的时间。

（4）在"声音"下拉列表中选择切换时的声音效果。除了内置的声音效果，还可以从本地计算机上选择声音效果。

（5）在"换片方式"区域选择切换幻灯片的方式。默认在单击鼠标时切换，也可以指定在特定时间自动切换。

（6）如果要将切换选项设置应用于演示文稿中的所有幻灯片，则单击"应用于所有幻灯片"按钮，否则仅应用于当前选中的幻灯片；如果希望应用于与当前选中的幻灯片版式相同的所有幻灯片，则单击"应用于母版"按钮。

（7）单击"播放"按钮 ⊙ 播放 ，在当前幻灯片编辑窗口中预览切换效果；单击"幻灯片播放"按钮 ⊡ 幻灯片播放 ，可进入全屏放映模式预览切换效果。

5.3.2　设置幻灯片的动画效果

设置幻灯片的动画效果，是指为幻灯片中的对象（如文本、图片、图表、动作按钮、多媒体等）添加出现或消失的动画效果，并指定动画播放的方式和持续的时间。如果在母版中设置动画方案，则整个演示文稿将有统一的动画效果。

1.　添加动画效果

WPS 演示在"动画"选项卡中内置了丰富的动画方案。使用内置的动画方案可以将一组预定义的动画效果应用于所选幻灯片。

（1）在普通视图中，选中要添加动画效果的对象。

（2）切换到"动画"选项卡，在"动画"下拉列表中可以看到如图 5-90 所示的动画效果列表。

可以看到，WPS 演示预定义了五组动画效果：进入、强调、退出、动作路径及绘制自定义路径（因窗口显示不全，后两种需下拉滑动条查看）。前三组用于设置对象在不同阶段的动画效果；动作路径通常用于让对象按指定的路径运动；绘制自定义路径则用于自定义对象的运动轨迹。

（3）单击需要的动画效果，在幻灯片编辑窗口中播放动画效果，在播放完成后，应用动画效果的对象左上方将显示淡蓝色的动画效果标号，如图 5-91 所示。

图 5-90　动画效果列表

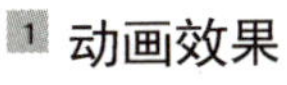

图 5-91　应用动画效果

此时，单击"动画"选项卡中的"预览效果"按钮 ☆，可以在幻灯片编辑窗口再次预览动画效果。

如果应用动画效果的对象是包含多个段落的占位符或文本框，则所有的段落都将自动添加同样的动画效果。

（4）重复步骤（1）～（3），为幻灯片上的其他对象添加动画效果。

（5）如果要为同一个对象添加多种动画效果，则单击"动画"选项卡中的"动画窗格"按钮 ✩，打开如图 5-92 所示的"动画"窗格。单击"添加效果"下拉按钮，选择需要的动画效果。

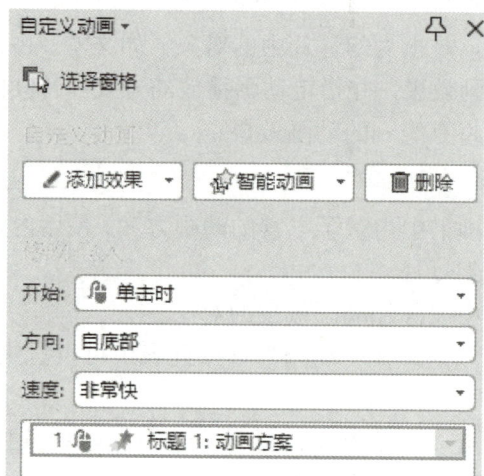

图 5-92 "动画"窗格

注意：如果利用"动画"选项卡中的"动画"下拉列表为同一个对象多次添加动画效果，则后添加的动画效果将替换之前添加的动画效果。

（6）如果要删除幻灯片中的某个动画效果，则在幻灯片中单击动画效果对应的动画效果标号，按 Delete 键。

（7）如果要删除当前幻灯片中的所有动画效果，则单击"动画"选项卡中的"删除动画"下拉列表中的"删除选中幻灯片的所有动画"按钮，在打开的提示对话框中单击"确定"按钮。

2. 设置效果选项

在添加幻灯片的动画效果之后，可以修改动画效果的开始时间、方向和速度等，以满足设计需要。

（1）在幻灯片中单击要修改动画效果的对象，或直接单击动画效果对应的动画效果标号。

（2）单击"动画"选项卡中的"动画窗格"按钮 ✩，打开"动画"窗格。

在"动画"下拉列表中，最左侧的数字表示动画效果的顺序；数字右侧的鼠标图标 🖱 和时钟图标 ⏱ 分别表示动画计时方式为"单击时"和"之后"；动画计时方式右侧为动画类型标记，绿色五角星 ★ 表示"进入动画"，黄色五角星　表示"强调动画"，红色五角星　表示"退出动画"；动画类型标记右侧为应用动画效果的对象，将鼠标光标移到某一个应用动画效果的对象上，可以查看其详细信息。

（3）在"开始"下拉列表中选择动画效果的开始方式，如图 5-93 所示。默认在单击鼠标时开始播放，对应"单击时"选项。"之前"是指与上一个动画效果同时播放；"之后"是指在上一个动画效果播放完成之后开始播放。对于包含多个段落的占位符，动画效果的开始方式设置将作用于占位符中的所有子段落。

（4）设置动画的属性。如果选中的动画效果有"方向"属性，则在"方向"下拉列表中选择动画效果的方向，如图 5-94 所示。

图 5-93　选择动画效果的开始方式

图 5-94　选择动画效果的方向

（5）选择动画效果播放的速度。在"速度"下拉列表中选择动画效果播放的速度，如图 5-95 所示。

（6）在"动画"窗格的效果列表中，单击要修改设置的动画效果的右侧下拉按钮，打开如图 5-96 所示的下拉列表。

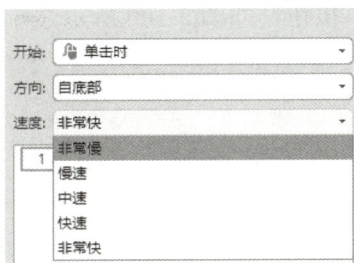

图 5-95　选择动画效果播放的速度

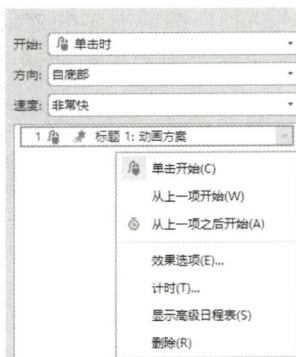

图 5-96　下拉列表

（7）在当前下拉列表中选择"效果选项"选项，打开对应的"效果"选项卡，如图 5-97 所示。

（8）在"效果"选项卡的"设置"区域设置方向和平稳程序；在"增强"区域设置动画效果播放时的声音效果和动画效果播放后的颜色变化效果和可见性，如果动画效果应用的对象是文本，则还可以设置动画文本的发送单位。

（9）切换到"计时"选项卡，设置动画效果播放的开始、延迟、速度和重复的方式，如图 5-98 所示。

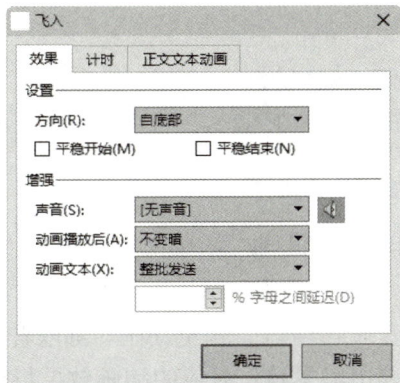

图 5-97　"效果"选项卡

图 5-98　"计时"选项卡

（10）如果选中的对象包含多级段落，则切换到"正文文本动画"选项卡，设置多级段落的组合方式，如图 5-99 所示。

（11）设置完毕，单击"确定"按钮。

（12）如果要调整同一张幻灯片上的动画效果顺序，则选中动画效果，单击"向前移动"按钮⬆️或"向后移动"按钮⬇️。

提示： 在"自定义动画"窗格的"效果"下拉列表中，按住 Ctrl 键或 Shift 键可以选中多个动画效果。

3. 利用触发器控制动画效果

在默认情况下，幻灯片中的动画效果在单击鼠标或在排练计时开始时播放，只播放一次。使用触发器可控制指定动画效果开始播放的方式，并能重复播放动画效果。触发器相当于按钮，可以是图片、形状、文字或文本框等。

（1）选中一个已添加动画效果的对象对应的动画效果标号，并作为被触发的对象。

注意： 只有当前选中的对象添加了动画效果，才能使用触发器触发动画效果。

（2）单击"动画"选项卡中的"动画窗格"按钮 ☆，打开"动画"窗格，在"动画"下拉列表中单击动画效果右侧的下拉按钮，选择"计时"选项。

（3）在打开的"计时"选项卡中单击"触发器"按钮，如图 5-100 所示。

图 5-99 "正文文本动画"选项卡

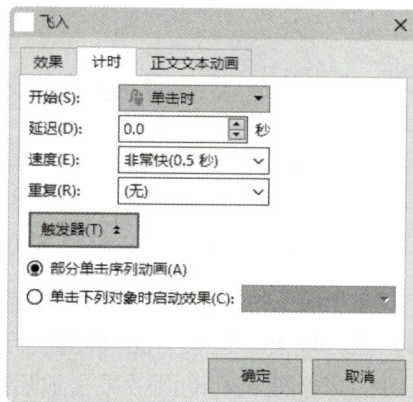

图 5-100 单击"触发器"按钮

（4）选择"单击下列对象时启动效果"选项，在其右侧的下拉列表中选择触发动画效果的对象，如图 5-101 所示。

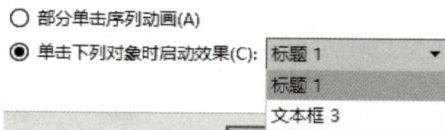

图 5-101 选择触发动画效果的对象

触发器的作用是单击某个对象，播放步骤（1）中选中的对象应用的动画效果。

（5）在设置完毕后，单击"确定"按钮。

此时单击"动画"窗格底部的"幻灯片播放"按钮 [🖵 幻灯片播放]，预览动画。可以看到，只有单击指定的触发器，才会播放对应的动画效果；多次单击触发器，对应的动画效果将被反复播放。如果单击触发器以外的对象，则将跳过该动画效果。利用触发器的特点，演讲者可以在放映演示文稿时决定是否显示某个对象。

（6）如果要删除某个触发器，则可以在选中触发器标志之后，直接按 Delete 键。或者打开动画效果对应的"计时"选项卡，选择"部分单击序列动画"选项，即可取消指定动画效果的触发器。

5.3.3　插入超链接

"超链接"是广泛应用于网页的一种浏览机制，在演示文稿中使用超链接，可在幻灯片之间进行导航，或跳转到其他文档、应用程序。

（1）选中要插入超链接的对象。超链接的对象可以是文字、图标、图形等。

（2）单击"插入"选项卡中的"超链接"按钮 🔗，打开如图 5-102 所示的"插入超链接"对话框。

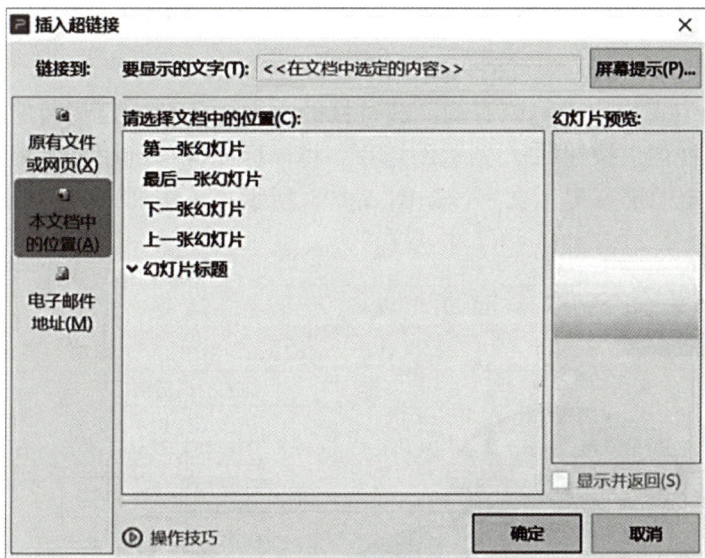

图 5-102　"插入超链接"对话框

（3）在"链接到："列表框中选择要链接的目标文件所在的位置，可以是现有文件、网页的位置，也可以是电子邮件地址。

如果要通过超链接在当前演示文稿中进行导航，则选择"本文档中的位置"选项，在幻灯片列表中选择要链接到的幻灯片，"幻灯片预览"区域将显示幻灯片的缩略图，如图 5-103 所示。

（4）在"要显示的文字"编辑框中输入要在幻灯片中显示为超链接的文字。

注意：只有当要显示为超链接的对象为文本时，"要显示的文字"编辑框才可编辑。如果对象是形状或文本框，则不可编辑。

（5）单击"屏幕提示"按钮，在如图 5-104 所示的"设置超链接屏幕提示"对话框中输入屏幕提示文字。在放映幻灯片时，将鼠标光标移到超链接上，将显示指定的文本。

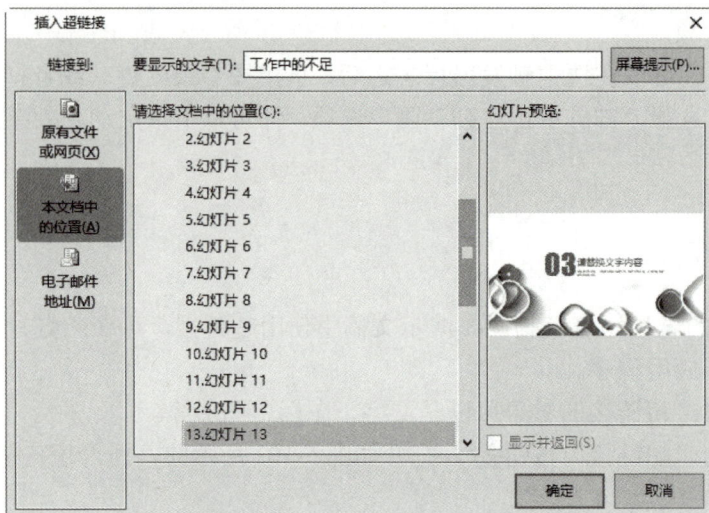

图 5-103　选择要链接到的幻灯片　　　　图 5-104　"设置超链接屏幕提示"对话框

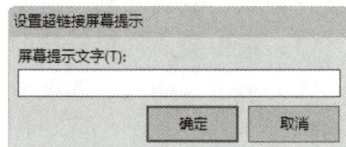

（6）单击"确定"按钮，即可插入超链接。

此时在幻灯片编辑窗口中可以看到，超链接的文本颜色默认显示为主题颜色，且带有下画线。单击"阅读视图"按钮📖，预览幻灯片。将鼠标光标移到超链接上，鼠标光标显示为手形👆，并显示指定的屏幕提示文字，如图 5-105 所示。单击插入的超链接即可跳转到指定的目标。

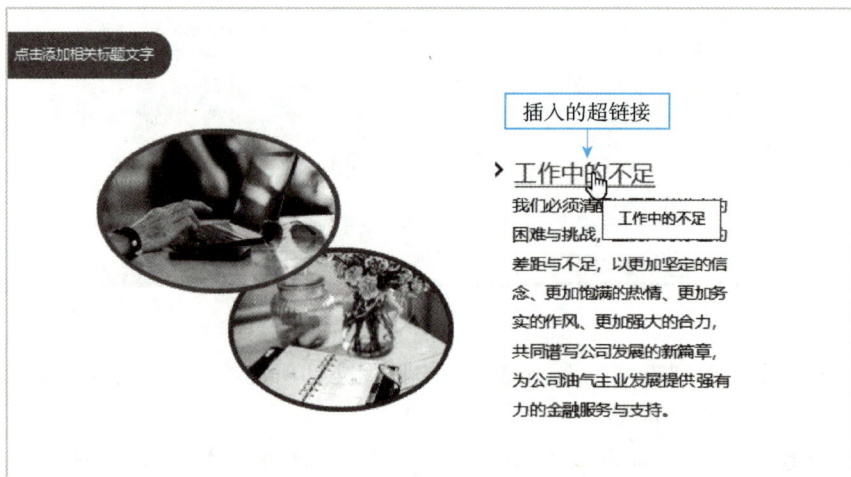

图 5-105　插入的超链接

注意：如果选择的超链接对象为文本框、形状或其他占位符，则其中的文本不显示为超链接文本。

在插入超链接后，可以随时修改设置。

（7）在超链接上单击鼠标右键，在打开的快捷菜单中选择"编辑超链接"选项，打开"编辑超链接"对话框，该对话框与"插入超链接"对话框基本相同，在此不再赘述。

（8）如果要删除超链接，则单击"删除链接"按钮。

（9）在设置完成后，单击"确定"按钮。

5.3.4　添加交互动作

与超链接类似，WPS 演示可以给当前幻灯片中所选的对象设置交互动作，当单击鼠标或将鼠标光标移动到该对象上时，执行指定的操作。

（1）在幻灯片中选中要添加交互动作的对象。

（2）单击"插入"选项卡中的"动作"按钮◔，打开如图 5-106 所示的"动作设置"对话框。

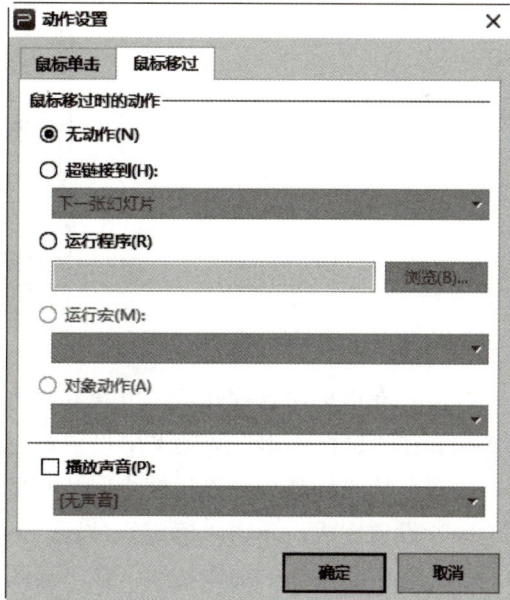

（3）在"鼠标单击"选项卡中设置单击鼠标时的动作。该选项卡中各个选项的简要介绍如下。

① 无动作：不设置交互动作。如果已为对象设置了交互动作，则选中该选项可以删除已添加的交互动作。

② 超链接到：链接到另一张幻灯片、URL、其他演示文稿或文件、结束放映、自定义放映。

③ 运行程序：运行一个外部程序。单击"浏览"按钮可以选择外部程序。

④ 运行宏：运行在"宏列表"中指定的宏。

⑤ 对象动作：打开、编辑或播放在"对象动作"列表内选中的嵌入对象。

⑥ 播放声音：设置单击鼠标时播放的声音，可以选择一种预定义的声音，也可以从外部导入，或者选择结束前一种声音。

（4）切换到如图 5-107 所示的"鼠标移过"选项卡，设置将鼠标光标移到选中的对象上时执行的交互动作。

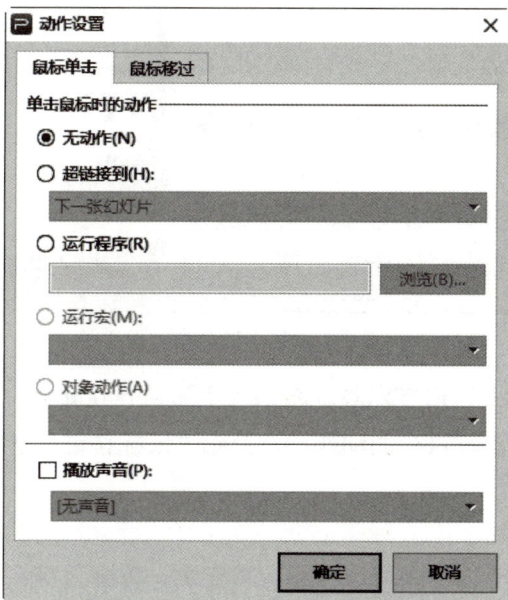

图 5-106　"动作设置"对话框　　　　　图 5-107　"鼠标移过"选项卡

（5）设置完成，单击"确定"按钮。

此时单击"阅读视图"按钮▯，预览幻灯片，将鼠标光标移到添加了交互动作的对象上，鼠标光标显示为手形🖑，单击即可执行指定的交互动作。

（6）如果要修改交互动作，则在添加了交互动作的对象上单击右键，在打开的快捷菜单中选择"动作设置"选项，打开"动作设置"对话框进行修改。在修改完成后，单击"确定"按钮。

提示： 在快捷菜单中选择"编辑超链接"选项或"超链接"选项也可以修改交互动作。

动作按钮可以明确表明幻灯片中存在交互动作。动作按钮是实现导航、交互的一种常用工具，常用于在放映幻灯片时激活程序、播放声音或影片，以及跳转到其他幻灯片、文件或网页。

（1）在"插入"选项卡中单击"形状"下拉按钮，在打开的"形状"列表底部可以看到内置的动作按钮。将鼠标光标移到动作按钮上，可以查看动作按钮的功能提示，如图 5-108 所示。

（2）单击需要的动作按钮，鼠标光标显示为十字形 ✚，按下鼠标左键，在幻灯片上移到合适大小，释放鼠标左键，即可绘制一个指定光标大小的动作按钮，并打开"动作设置"对话框，如图 5-109 所示。

图 5-108　内置的动作按钮　　　　　　　　图 5-109　"动作设置"对话框

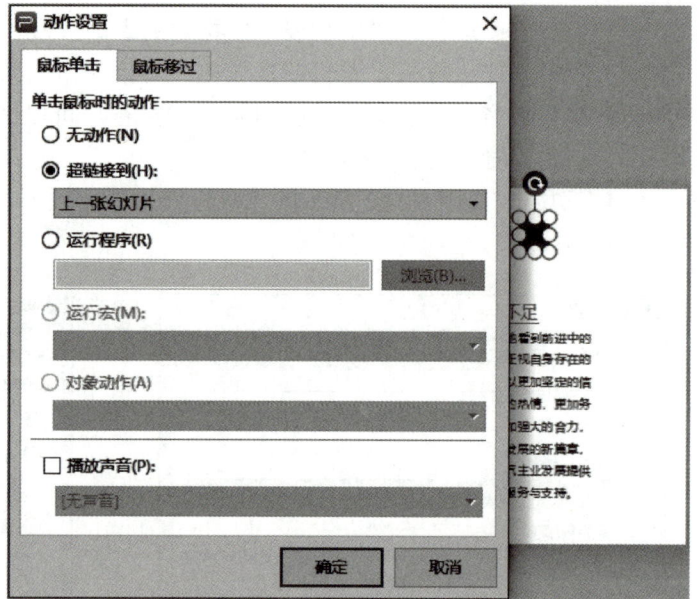

提示： 在选中动作按钮后，直接在幻灯片上单击，则可以添加默认大小的动作按钮。

（3）在"鼠标单击"选项卡中设置单击动作按钮时执行的动作；切换到"鼠标移过"选项卡，设置鼠标光标移到动作按钮上时执行的动作。

（4）设置完成，单击"确定"按钮。

（5）选中要添加的动作按钮，在"绘图工具"选项卡中修改按钮的填充色、轮廓色等。在将鼠标光标移到动作按钮上时，鼠标光标显示为手形，效果如图 5-110 所示。

（6）按照上面的步骤，添加其他动作按钮，并设置动作按钮的动作。

（7）如果要修改动作按钮的动作，则在动作按钮上单击右键，在打开的快捷菜单中选择"动作设置"选项，打开"动作设置"对话框进行修改。在修改完成后，单击"确定"按钮。

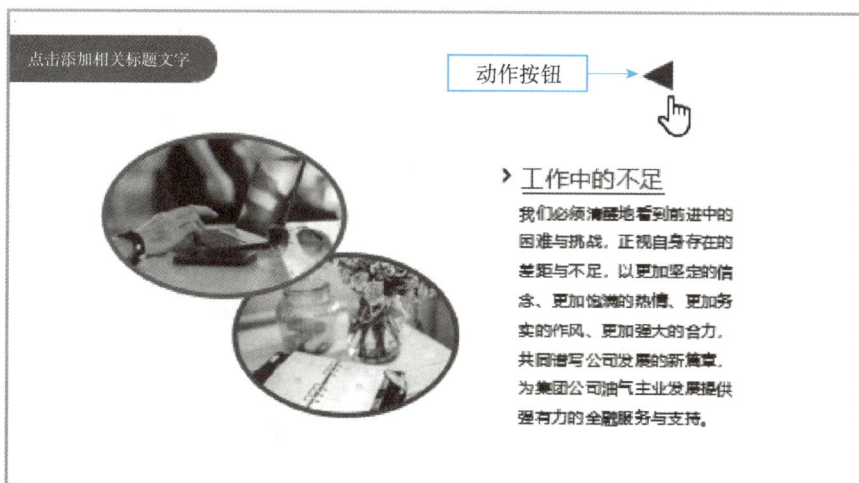

图 5-110　添加动作按钮的效果

任务实施——制作美文赏析幻灯片动画

（1）依次选择"文件"→"打开"选项，打开"打开文件"对话框，选择"美文赏析.pptx"文件，单击"打开"按钮。

（2）在目录幻灯片中选中目录中的"诗经·周南·桃夭"文字，单击"插入"选项卡中的"超链接"下拉列表中的"本文档幻灯片页"按钮，打开"插入超链接"对话框。

（3）在"链接到："列表中选择"本文档中的位置"选项，在"幻灯片标题"列表中选择"幻灯片 3"，如图 5-111 所示。

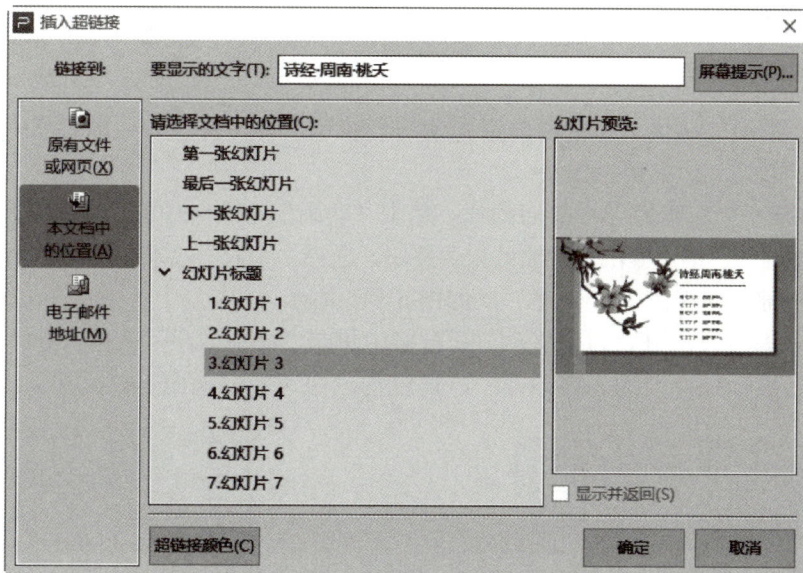

图 5-111　选择要链接到的幻灯片

（4）单击"超链接颜色"按钮，打开"超链接颜色"对话框，在"超链接颜色"下拉列表中选择"粉色"，在"已访问超链接颜色"下拉列表中选择"红色"，并选择"链接无下划线"选项（注：标准写法为"下画线"），如图 5-112 所示，单击"应用到全部"按钮，返回"插入超链接"对话框。

（5）单击"确定"按钮，即可创建超链接，如图 5-113 所示。此时在幻灯片编辑窗口中可以看到，超链接文本的颜色默认为超链接颜色。

（6）单击"阅读视图"按钮📖，预览幻灯片，单击超链接即可跳转到指定的目标。

（7）采用相同的方法，分别创建目录上的其他诗文的超链接。

图 5-112 "超链接颜色"对话框   图 5-113 创建超链接

（8）选取任意一张幻灯片，单击"切换"选项卡中的"切换效果"列表中的"形状"效果，在"切换"选项卡中勾选"单击鼠标时换片"复选框和"自动换片"复选框，设置换片时间为"00:10"，其他采用默认设置，如图 5-114 所示。

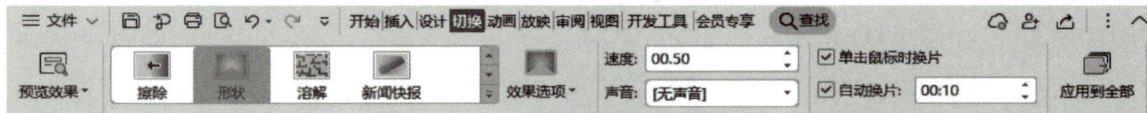

图 5-114 设置切换参数

（9）单击"切换"选项卡中的"应用到全部"按钮，将切换效果应用到所有幻灯片，单击"预览效果"按钮🖼，预览切换效果。

（10）选中第一个内容幻灯片中的图片，单击"动画"选项卡中的"自定义动画"按钮，打开"自定义动画"窗格。单击"添加效果"按钮，选择"飞入"效果，设置开始为"单击时"，方向为"自左上部"，速度为"快速"，如图 5-115 所示。

（11）选中标题文本，在"自定义动画"窗格中单击"添加效果"按钮，选择"飞入"效果，设置开始为"之后"，方向为"自顶部"，速度为"快速"，如图 5-116 所示。

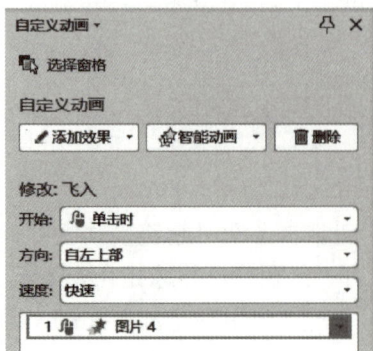

图 5-115 "自定义动画"窗格

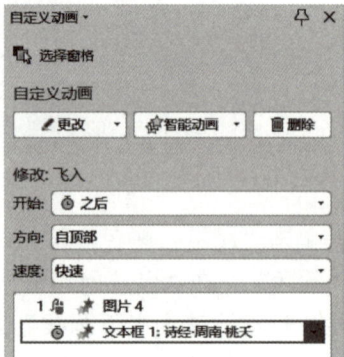

图 5-116 标题文本动画设置

（12）选中标题文本下的矩形，在"自定义动画"窗格中单击"添加效果"按钮，选择"飞入"效果，设置开始为"之后"，方向为"自右侧"，速度为"非常快"，如图 5-117 所示。

（13）选中文本，在"自定义动画"窗格中单击"添加效果"按钮，选择"百叶窗"效果，设置开始为"之后"，方向为"水平"，速度为"中速"，如图 5-118 所示。

（14）重复步骤（10）～（13），设置其他内容幻灯片上图片和文本的动画效果。

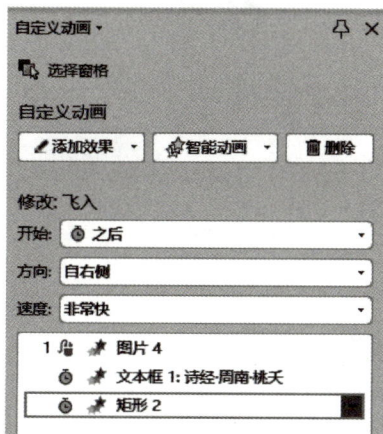

图 5-117　矩形动画设置

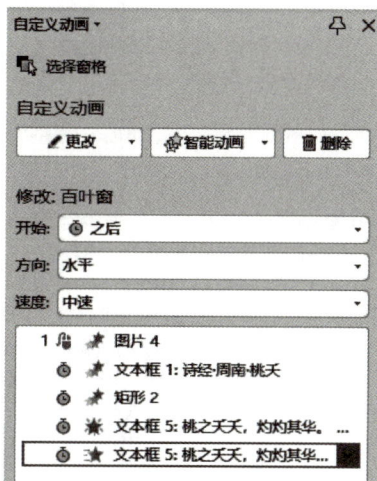

图 5-118　文本动画设置

5.4　演示文稿放映和导出

5.4.1　放映前的准备

在正式放映幻灯片之前，有时需要对演示文稿进行一些设置，例如，面向不同的观众，放映不同的幻灯片；根据演讲进度控制幻灯片的播放节奏。

1. 自定义放映内容

在演示文稿制作完成后，有时需要针对不同的观众放映不同的幻灯片。在使用 WPS 演示的自定义放映功能时，不需要删除部分幻灯片或保存多个副本，就可以基于同一个演示文稿生成多种不同的放映序列，且各个放映序列相对独立，互不影响。

（1）打开演示文稿，单击"放映"选项卡中的"自定义放映"按钮，打开如图 5-119 所示的"自定义放映"对话框。如果当前演示文稿中没有创建任何自定义放映，则窗口显示为空白窗口；如果创建过自定义放映，则显示自定义放映列表。

（2）单击"新建"按钮，打开如图 5-120 所示的"定义自定义放映"对话框，左侧列表显示当前演示文稿中的幻灯片；右侧列表显示添加到自定义放映中的幻灯片。

（3）在"幻灯片放映名称"编辑框中输入一个意义明确的名称，以便于区分不同的自定义放映。

（4）在左侧列表中单击要添加到自定义放映中的幻灯片，按住 Shift 键或 Ctrl 键，可在左侧列表中选中连续或不连续的多张幻灯片，单击"添加"按钮，右侧列表中将显示添加的幻灯片，如图 5-121 所示。

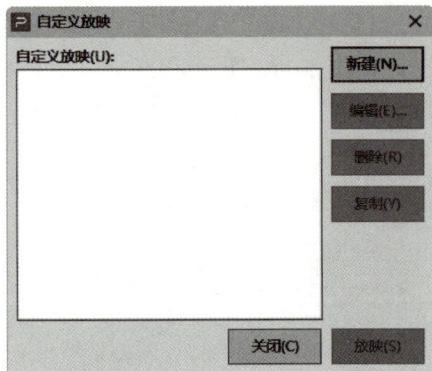

图 5-119 "自定义放映"对话框

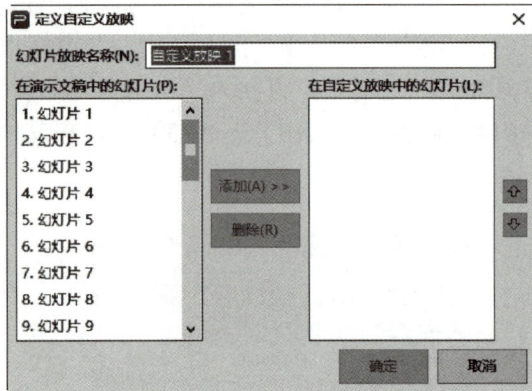

图 5-120 "定义自定义放映"对话框

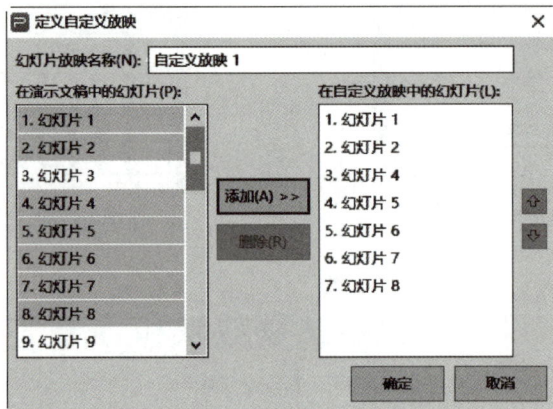

图 5-121 添加的幻灯片

提示： WPS 演示可以将同一张幻灯片多次添加到同一个自定义放映中。

（5）在右侧列表中选中不希望放映的幻灯片，单击"删除"按钮 删除(R)，可删除指定的幻灯片，左侧列表不受影响。

（6）在右侧列表中选中要调整顺序的幻灯片，单击"向上"按钮或"向下"按钮，调整幻灯片在自定义放映中的放映顺序。

（7）在设置完成后，单击"确定"按钮，返回"自定义放映"对话框，此时可以看到已创建的自定义放映。

（8）如果要修改自定义放映，则单击"编辑"按钮，打开"定义自定义放映"对话框进行修改；单击"删除"按钮，可删除当前选中的自定义放映；单击"复制"按钮，可复制当前选中的自定义放映，并保存为新的自定义放映；单击"放映"按钮，可全屏放映当前选中的自定义放映。

（9）在设置完成后，单击"关闭"按钮。

2. 设置放映方式

WPS 演示针对常用的演示用途提供了两种放映模式及对应的放映操作，可在不同的演示场景中达到最佳的放映效果。

（1）打开演示文稿，在"放映"选项卡中单击"放映设置"按钮，打开如图 5-122 所示的"设置放映方式"对话框。

（2）在"放映类型"区域选择放映模式。"演讲者放映（全屏幕）"选项通常用于将幻灯片投影到大屏幕或用于召开文稿会议时。演讲者对演示文稿具有完全的控制权，可以干预幻灯片的放映流程；"在展台浏览（全屏幕）"选项用于在展览会场循环播放无人管理的幻灯片，在这种模式下，不能使用鼠标控制放映流程，除非单击超链接。

（3）如果选择"循环放映，按 ESC 键终止"选项，则幻灯片将循环播放，直至按 ESC 键终止。

（4）在"放映幻灯片"区域设置放映范围。默认从第一张播放到最后一张，也可以指定幻灯片编号进行播放。如果创建了自定义放映，则可以仅播放指定的幻灯片列表。

（5）在"换片方式"区域选择幻灯片的切换方式。

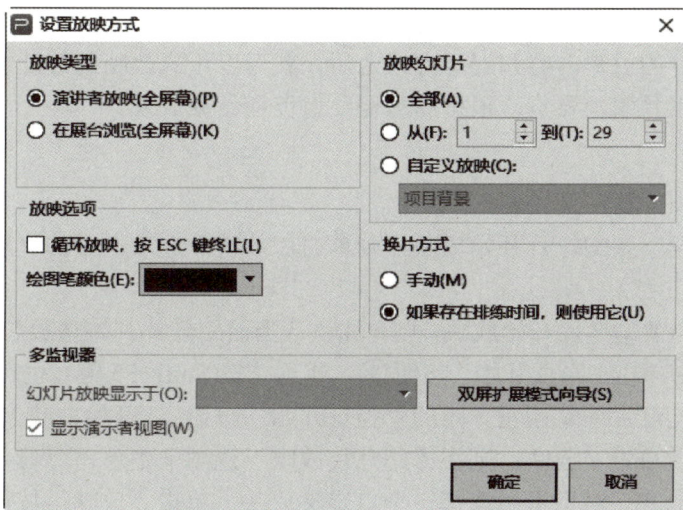

图 5-122 "设置放映方式"对话框

（6）如果使用双屏扩展模式放映幻灯片，则在"多监视器"区域设置放映幻灯片的监视器与放映演讲者视图的监视器，并根据需要选择是否显示演示者视图。在显示演示者视图时，演示者可以在屏幕上预览下一张幻灯片，以及备注等信息，方便控制幻灯片的放映流程或运行其他程序，而观众只能看到放映的幻灯片。

（7）在设置完成后，单击"确定"按钮。

3. 添加排练计时

排练计时就是在预放映幻灯片时，自动记录每张幻灯片的放映时间。从而在正式放映幻灯片时，使幻灯片严格按照记录的放映时间自动放映，使幻灯片放映变得有条不紊。

（1）打开演示文稿。

（2）单击"放映"选项卡中的"排练计时"按钮，即可全屏放映第一张幻灯片，并在屏幕左上角显示排练计时工具栏，如图 5-123 所示。

（3）在排练完成后，单击排练计时工具栏右上角或按 ESC 键终止排练，此时打开的如图 5-124 所示的"WPS 演示"对话框将询问是否保留新的幻灯片排练时间。单击"是"按钮，保存排练时间；单击"否"按钮，取消本次排练。

图 5-123　排练计时工具栏

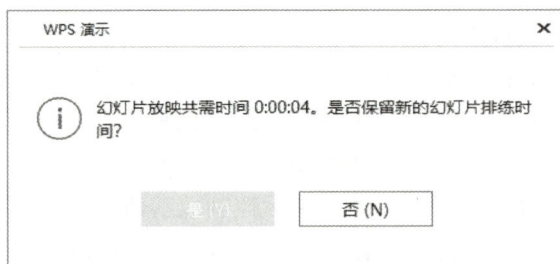

图 5-124　"WPS 演示"对话框

此时切换到幻灯片浏览视图，在幻灯片右下方可以看到排练时间。

5.4.2　控制放映流程

在设置好幻灯片的放映内容和展示方式之后，就可以正式放映幻灯片了。在放映过程中，用户可以使用画笔工具圈画要点，根据演示需要暂停和结束放映。

1. 启动放映

（1）打开要放映的演示文稿。

（2）如果要从第一张幻灯片开始放映，则单击"放映"选项卡中的"从头开始"按钮，或直接按 F5 键。

（3）如果要从当前幻灯片开始放映，则单击"从当前幻灯片开始播放"按钮，或在"幻灯片放映"选项卡中单击"当页开始"按钮，或直接按 Shift+F5 键；也可以在普通视图的幻灯片窗格中，单击幻灯片缩略图左下角的"当页开始"按钮 开始放映。

（4）如果要播放自定义放映，则在"幻灯片放映"选项卡中单击"自定义放映"按钮，在打开的"自定义放映"对话框中选择一个自定义放映，单击"放映"按钮。

2. 切换幻灯片

（1）在演讲者放映（全屏模式）下放映幻灯片时，利用如图 5-125 所示的右键快捷菜单可以很方便地切换幻灯片。

（2）单击"下一页"或"上一页"按钮，可以在相邻的幻灯片之间进行切换；单击"第一页"或"最后一页"按钮，可跳转到演示文稿第一页或最后一页进行放映。

如果要跳转到指定编号的幻灯片，或从最近查看过的幻灯片开始放映，则可以单击"定位"按钮，在如图 5-126 所示的"定位"级联菜单中选择需要的幻灯片。

（3）单击"幻灯片漫游"按钮，在如图 5-127 所示的"幻灯片漫游"对话框中选择要放映的幻灯片，单击"定位至"按钮，即可跳转到指定的幻灯片进行放映。

（4）单击"按标题"按钮，在打开的幻灯片标题列表中定位需要的幻灯片，如图 5-128 所示。

（5）单击"以前查看过的"按钮，跳转到最近查看过的幻灯片。

（6）单击"回退"按钮，返回最近一次放映的幻灯片。

（7）单击"自定义放映"按钮，选择需要的自定义放映进行放映。

此外，单击"幻灯片放映帮助"按钮，打开"幻灯片放映帮助"对话框，可查看切换幻灯片的快捷键，如图 5-129 所示。

图 5-125　右键快捷菜单

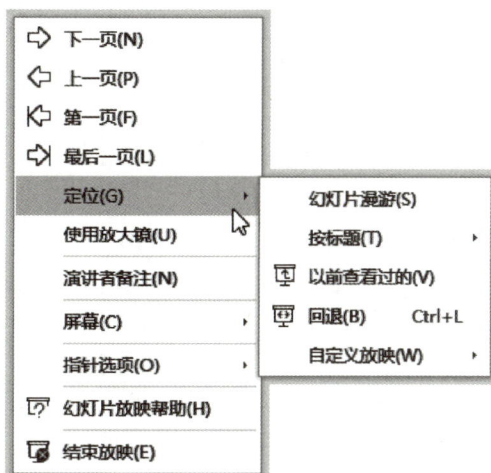

图 5-126　"定位"级联菜单

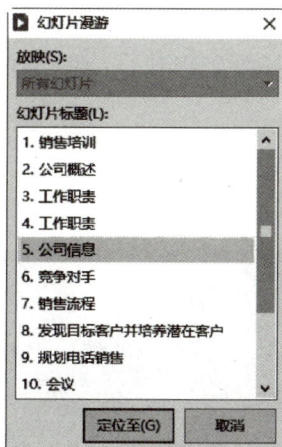

图 5-127　"幻灯片漫游"对话框

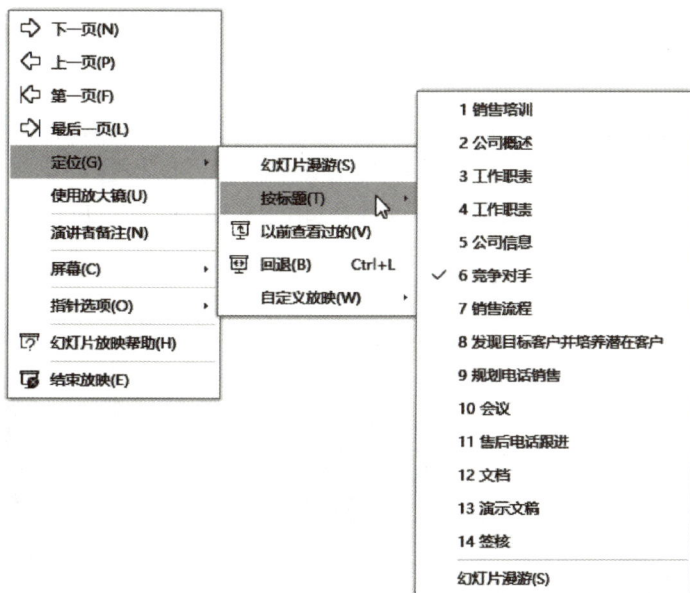

图 5-128　按标题定位幻灯片

3. 暂停与结束放映

在幻灯片放映过程中，可以随时根据演示进程暂停放映，临时添加内容，并继续放映。

暂停放映幻灯片常用的方法有以下三种。

（1）按 S 键。

（2）同时按主键盘上的 Shift 键和+键。

（3）按数字键盘上的+键。

注意：并非所有幻灯片都能暂停/继续放映，前提是当前幻灯片的切换方式为经过一定时间后自动切换。

如果要继续放映幻灯片，则单击鼠标右键，在打开的快捷菜单中选择"屏幕"选项，在级联菜单中选择"继续执行"选项，如图 5-130 所示。

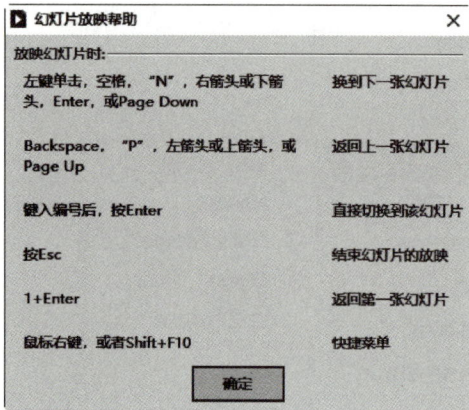

图 5-129　"幻灯片放映帮助"对话框

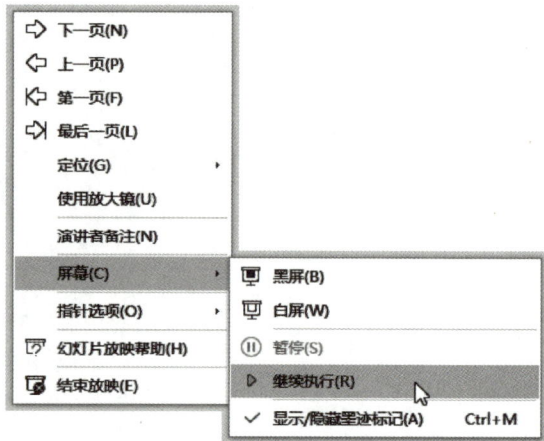

图 5-130　选择"继续执行"选项

如果要结束放映，则单击鼠标右键，在打开的快捷菜单中选择"结束放映"选项，或直接按 ESC 键。

4. 使用画笔圈画重点

在放映演示文稿时，为更好地表述，可以使用画笔工具在幻灯片中圈画重点。

在放映幻灯片时单击鼠标右键，在打开的快捷菜单中单击"墨迹画笔"按钮，在其级联菜单中选择"绘制形状"选项，如图 5-131 所示，可以根据需要选择绘制形状，如图 5-132 所示。

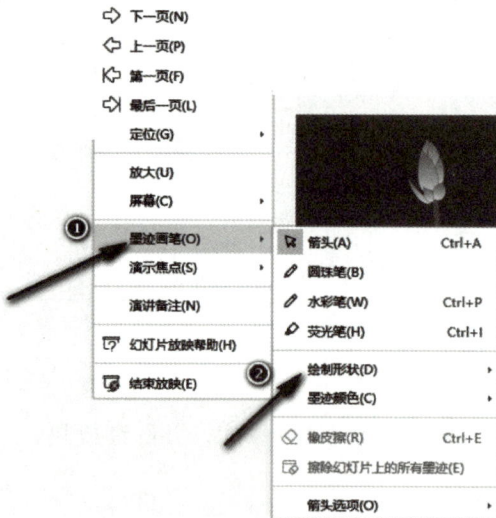

图 5-131　"墨迹画笔"级联菜单

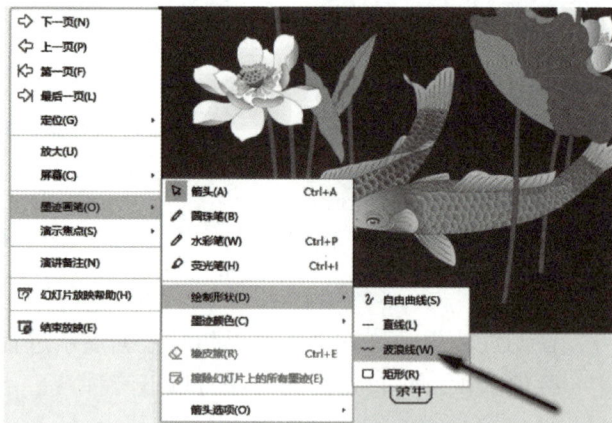

图 5-132　绘制形状

（1）按下鼠标左键，在幻灯片上移动，即可绘制墨迹，如图 5-133 所示。

（2）如果要修改或删除幻灯片上的墨迹，则在"墨迹画笔"级联菜单中选择"橡皮擦"选项，鼠标光标显示为 ⌀，在绘制的墨迹上单击，即可删除。如果要删除在幻灯片上添加的所有墨迹，则选择"擦除幻灯片上的所有墨迹"选项。

（3）在擦除墨迹后，按 ESC 键退出橡皮擦使用状态。

（4）在退出放映状态时，WPS 演示会打开一个提示对话框，询问"是否保留墨迹注释？"，如图 5-134 所示。如果不需要保存，则单击"放弃"按钮，否则单击"保留"按钮。

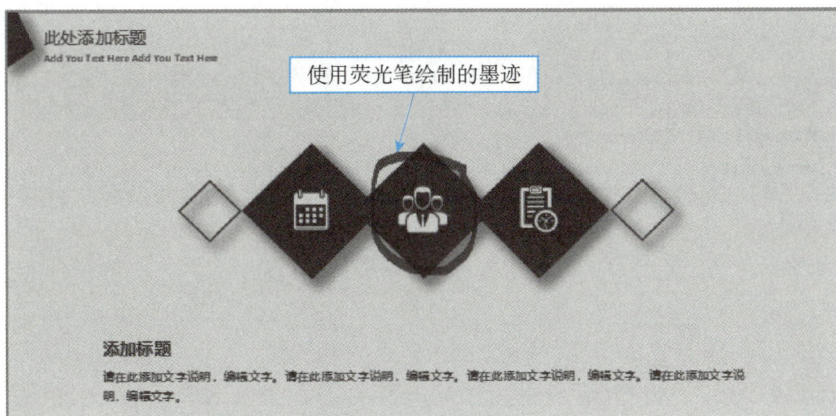

图 5-133　绘制墨迹

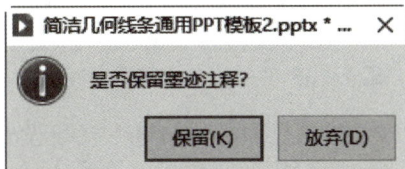

图 5-134　提示对话框

保留的墨迹注释可以在幻灯片编辑窗口中查看，并且在放映时也显示。如果不希望在幻灯片上显示，则单击"审阅"选项卡中的"显示/隐藏标记"按钮，即可隐藏。

注意：隐藏墨迹并不是删除墨迹，再次单击"显示/隐藏标记"按钮将显示幻灯片上的所有墨迹。

如果要删除幻灯片中的墨迹，则在选中墨迹后，按 Delete 键。

5.4.3　导出演示文稿

WPS 演示提供了多种导出演示文稿的方式，除了导出 WPS 演示文件（*.dps）和 PowerPoint 演示文件（*.pptx 或*.ppt），还可以导出 PDF 文档、视频、PowerPoint 放映文件和图片等，以满足不同用户的需求。

1. 转换为 PDF 文档

PDF 是用于存储与分发文件而发展起来的一种文件格式，能跨平台保留文档原有的布局、格式、字体和图像，还能避免他人对文档进行更改。PDF 文档可以利用 Adobe Acrobat Reader 软件，或安装了 Adobe Reader 插件的网络浏览器进行阅读。

（1）打开演示文稿，依次选择"文件"→"输出为 PDF"选项，打开如图 5-135 所示的"输出为 PDF"对话框。

（2）选中要输出 PDF 文档，并指定保存 PDF 文档的目录。

（3）如果要设置输出内容和 PDF 文档的权限，则单击"高级设置"按钮，打开如图 5-136 所示的"高级设置"对话框。

（4）在"输出内容"区域选择要输出为 PDF 文档的幻灯片内容。如果选择"讲义"选项，则可以指定每一页显示的幻灯片数量，以及幻灯片的排列方向。

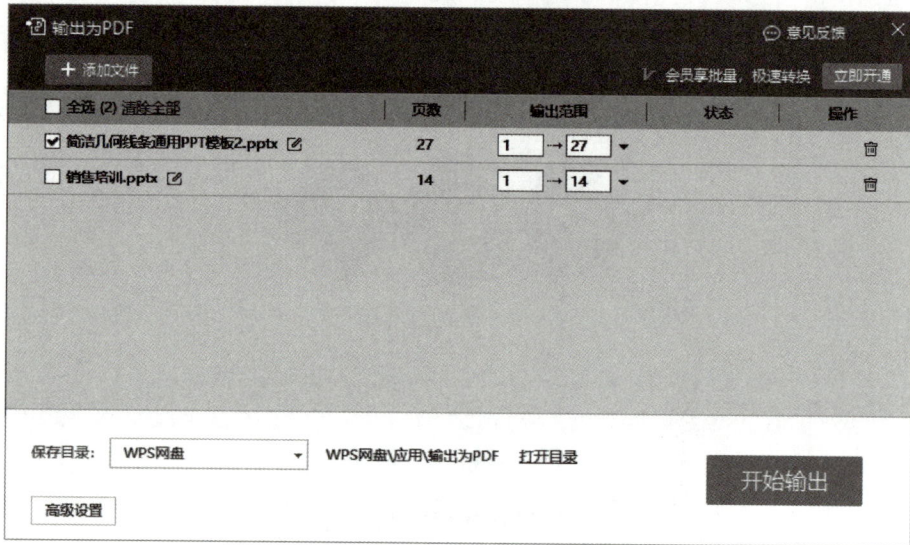

图 5-135 "输出为 PDF"对话框

（5）如果要设置输出的 PDF 文档的权限，则勾选"权限设置"复选框，并设置密码及文件的编辑权限，如图 5-137 所示。

（6）在设置完成后，单击"确认"按钮，返回"输出为 PDF"对话框。单击"开始输出"按钮，开始创建 PDF 文档。在创建完成后，默认自动启动相应的阅读器查看创建的 PDF 文档。

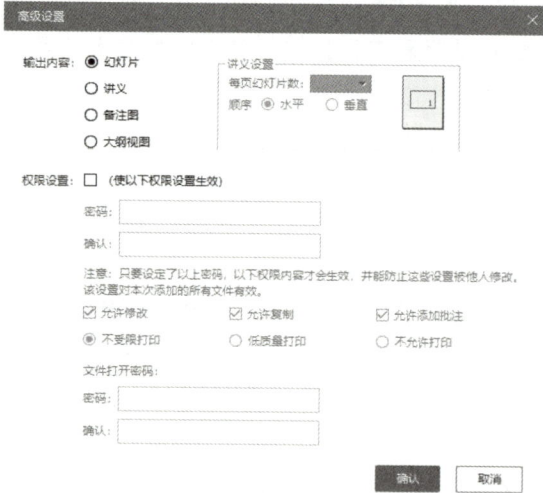

图 5-136 "高级设置"对话框

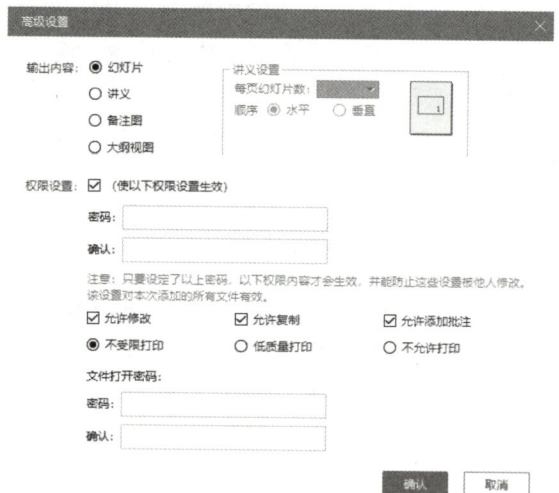

图 5-137 设置权限

2. 输出为 WebM 视频

将演示文稿输出为 WebM 视频，可以很方便地与他人共享，即使他人的计算机上没有安装演示软件，也能流畅地观看演示效果。输出的 WebM 视频保留所有动画效果、切换效果、插入的音频和视频，以及排练计时和墨迹。

（1）打开演示文稿，依次选择"文件"→"另存为"→"输出为视频"选项，打开如图 5-138 所示的"另存文件"对话框。

图 5-138　"另存文件"对话框

（2）指定 WebM 视频保存的路径和名称，单击"保存"按钮即可关闭"另存文件"对话框，并开始创建 WebM 视频文件。

3. 打包演示文稿

如果计算机上没有安装 WPS 演示，或缺少演示文稿中使用的字体，则可以将演示文稿和链接文件打包。

（1）打开要打包的演示文稿，依次选择"文件"→"文件打包"选项，在"文件打包"级联菜单中选择打包演示文稿的方式，如图 5-139 所示。

（2）如果选择"将演示文档打包成文件夹"选项，则打开如图 5-140 所示的"演示文件打包"对话框，输入文件夹名称与位置。如果要同时生成一个压缩文件，则勾选"同时打包成一个压缩文件"复选框，单击"确定"按钮。注意，操作过程中多次出现"演示文档"，为避免概念混乱，正文中使用"演示文稿"进行说明。

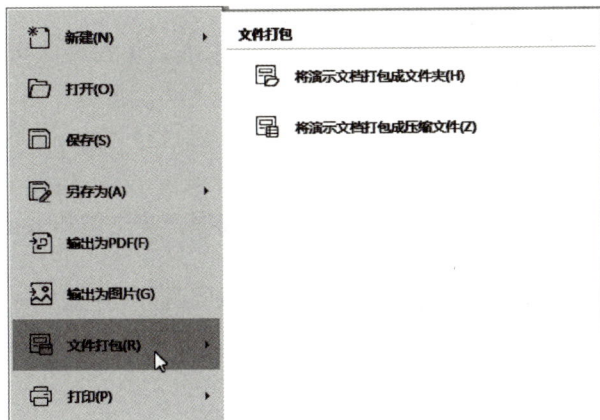

图 5-139　"文件打包"级联菜单

图 5-140　"演示文件打包"对话框

在打包完成后，打开如图 5-141 所示的"已完成打包"对话框，单击"打开文件夹"按钮，即可查看。

如果选择"将演示文档打包成压缩文件"选项，则打开如图 5-142 所示的"演示文件打包"对话框。在设置压缩文件名和位置后，单击"确定"按钮。

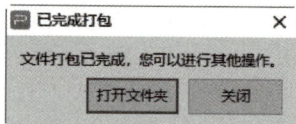

图 5-141 "已完成打包"对话框

图 5-142 "演示文件打包"对话框

4. 保存放映文件

在将制作好的演示文稿分发给他人观看时，如果不希望他人修改，或担心因演示软件版本不同而影响放映效果，则可以将演示文稿保存为放映文件。放映文件不可编辑，双击即可自动进入放映状态。

（1）打开演示文稿，依次选择"文件"→"另存为"→"PowerPoint 95-2003 放映文件（*.pps）"选项，打开"另存为"对话框。

（2）在打开的"另存为"对话框中指定保存的文件名和位置，单击"保存"按钮。

此时，双击保存的放映文件，即可开始自动放映。

注意：如果要在其他计算机上播放放映文件，则应将演示文稿链接的音频、视频等一起复制，并放置在同一个文件夹中。否则，在播放放映文件时，链接的内容可能无法显示。

5. 转为 WPS 文字文档

演示文稿转为的 WPS 文字文档，可作为讲义辅助演讲。

（1）打开要进行转换的演示文稿。

（2）依次选择"文件"→"另存为"→"转为 WPS 文字文档"选项，打开如图 5-143 所示的"转为 WPS 文字文档"对话框。

（3）选择要进行转换的幻灯片范围，可以是全部、当前幻灯片或选定幻灯片，还可以通过输入幻灯片编号指定幻灯片范围。

（4）在"转换后版式"区域选择版式，在"版式预览"区域可以看到相应的版式效果。

（5）在"转换内容包括"区域设置要转换到 WPS 文字文档中的内容。

注意：在将演示文稿转换为 WPS 文字文档时，只能转换占位符中的文本，不能转换文本框中的文本。

（6）在设置完成后，单击"确定"按钮。

任务实施——放映和导出美文赏析演示文稿

（1）依次选择"文件"→"打开"选项，打开"打开文件"对话框，选择"美文赏析.pptx"文件，单击"打开"按钮。

（2）依次选择"文件"→"文件打包"→"将演示文档打包成文件夹"选项，打开"演示文件打包"对话框，输入文件夹名称"美文赏析"，设置文件夹的位置，如图 5-144 所示，单击"确定"按钮。

（3）在打包完成后，打开如图 5-145 所示的"已完成打包"对话框，单击"打开文件夹"

按钮进行查看，单击"关闭"按钮，关闭该对话框。

图 5-143　"转为 WPS 文字文档"对话框

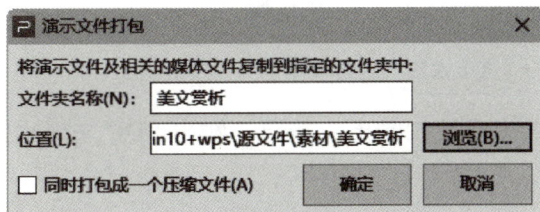

图 5-144　"演示文件打包"对话框

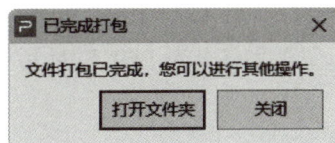

图 5-145　"已完成打包"对话框

（4）依次选择"文件"→"输出为 PDF"选项，打开如图 5-146 所示的"输出为 PDF"对话框。

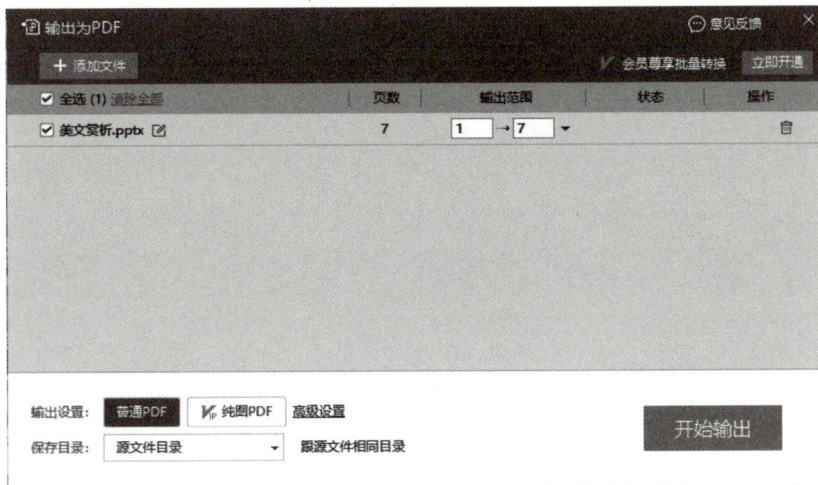

图 5-146　"输出为 PDF"对话框

（5）单击"高级设置"按钮，打开"高级设置"对话框，选择输出内容为"讲义"，每页幻灯片数为2，其他采用默认设置，如图5-147所示，单击"确认"按钮。

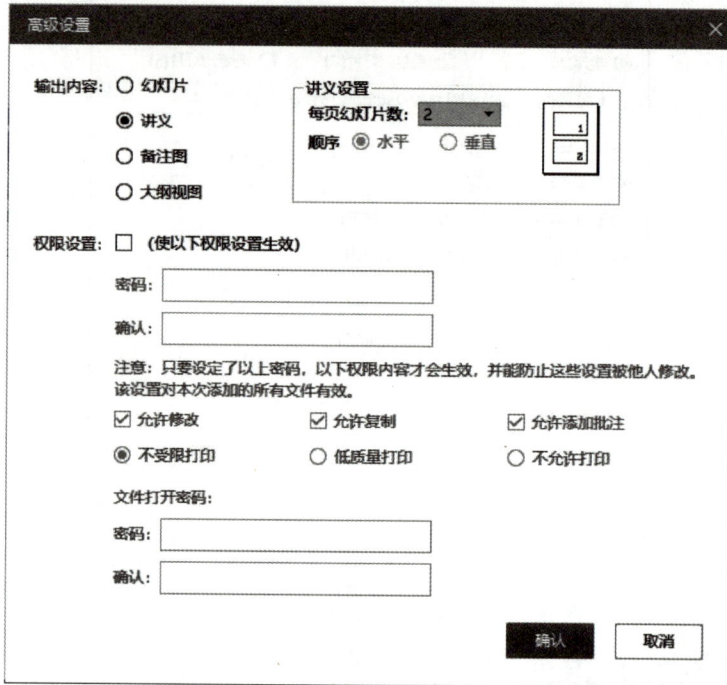

图5-147 "高级设置"对话框

（6）返回"输出为PDF"对话框，单击"开始输出"按钮，输出PDF文档，关闭该对话框。

项目 6　信息检索

思政目标

1. 通过对信息检索基础的学习，培养学生的信息检索素养。
2. 通过对使用信息检索的学习，提高学生的信息检索能力。

学习目标

1. 理解信息检索的概念、要素、基本流程。
2. 掌握布尔逻辑检索、限定检索、截词检索、位置检索。
3. 掌握通过搜索引擎进行信息检索的方法。
4. 掌握通过期刊数据库进行信息检索的方法。

项目描述

信息检索是人们进行信息查询和获取的主要方式，是查找信息的方法和手段。掌握网络信息的高效检索方法，是现代信息社会对高素质技术技能人才的基本要求。本项目包含信息检索基础、使用信息检索。

6.1　信息检索基础

在数字化时代，随着数据量的爆炸式增长，高效的信息检索方法变得尤为重要。无论是学术研究、商业决策，还是日常生活，我们都需要通过信息检索来快速、准确地找到所需的资料、资讯和解答。

6.1.1　信息检索的概念

信息检索（Information Retrieval）是指信息按一定的方式组织起来，并根据用户的需要找出有关信息的过程和技术。狭义的信息检索仅指信息查询（Information Search），即用户根据需要，采用一定的方法，借助检索工具，从信息集合中找出所需信息的过程。广义的信息检索是指信息按一定的方式进行加工、整理、组织并被存储起来，根据用户特定的需求将相关信息准确查找出来的过程，又称信息的存储与检索。一般情况下，信息检索指的就是广义的信息检索。

随着计算机技术、通信技术和高密度存储技术的迅猛发展，信息检索已成为人们获取信息的重要手段。信息检索能够跨越时空，在短时间内查阅各种数据库，快速对几十年前的文献资料进行检索，而且大多数检索系统数据库中的信息更新速度很快，检索者随时可以检索所需的最新信息。

计算机信息检索包括信息存储和信息查找两个过程，信息存储是将收集到的原始资料进行主题、概念分析，根据一定的检索语言抽取主题词、分类号及其他特征进行标识或写出内容摘要，这些经过预处理的数据按一定格式输入计算机中并存储起来，计算机在程序指令的控制下对数据进行处理，完成数据的加工、存储；信息查找是用户对主题加以分析，明确检索范围，用检索语言来表示主题，形成检索标识及检索策略，并输入计算机中进行检索。计算机按照用户的要求将检索策略转换成一系列提问，在专用程序的控制下进行高速逻辑运算，选出符合要求的信息并输出。计算机信息检索的过程实际上是一个比较和匹配的过程，只要提问与数据库中信息的特征标识及其逻辑组配关系一致，就基本能找到符合要求的信息。

6.1.2 信息检索的要素

随着技术的发展，信息检索的方式和工具也在不断进步，例如，人工智能和机器学习的应用正在改变信息检索的效率。因此，了解和掌握信息检索的要素，对于提高个人的信息素养和解决实际问题具有重要意义。

1. 信息检索的前提——信息意识

所谓信息意识，是人们利用信息系统获取所需信息的内在动因，具体表现为对信息的敏感性、选择能力和消化、吸收能力，从而判断信息是否能为自己或某个团体所利用、是否能解决现实生活中某个特定问题等的一系列思维过程。信息意识包含信息认知、信息情感和信息行为倾向等内容。

2. 信息检索的基础——信息源

个人为满足信息需要而获得的信息的来源，被称为信息源。信息源的常见分类有如下几种：

（1）按表现方式分类：口语信息源、体语信息源、实物信息源和文献信息源。

（2）按数字化记录形式分类：书目信息源、普通图书信息源、工具书信息源、报纸及期刊信息源、特种文献信息源、数字图书馆信息源、搜索引擎信息源。

（3）按文献载体分类：印刷型、缩微型、机读型、声像型。

（4）按文献内容和加工程度分类：一次信息、二次信息、三次信息。

（5）按出版形式分类：图书、报刊、研究报告、会议信息、专利信息、统计数据、政府出版物、档案、学位论文、标准信息。

3. 信息检索的核心——信息获取能力

信息获取能力是指个人在最短时间内找到最相关信息的能力，包括以下几个方面：

（1）了解信息的来源。

能够识别和理解不同类型信息的来源，如图书、期刊、报告、数据集、网站和其他多媒体资源。了解这些信息来源的特点和适用场景，能够帮助个人快速定位所需信息的大致范围。

（2）掌握检索语言。

检索语言是信息检索中用于描述信息需求和信息资源的语言，包括关键词、分类语言、主题语言等。掌握检索语言能够使个人更加精准地表达信息需求，提高信息检索的准确率。

（3）熟练使用检索工具。

熟练使用各种检索工具，如搜索引擎、数据库、目录等。了解不同检索工具的功能和特点，根据不同的信息需求选择合适的检索工具，从而高效地获取所需信息。

对检索效果进行判断和评价的两个指标如下。

① 查全率=检索到的相关信息量/相关信息总量（%）。

② 查准率=检索到的相关信息量/检索到的信息总量（%）。

4. 信息检索的关键——信息利用

社会进步的过程就是一个知识在不断生产、流通、再生产的过程。为了全面、有效地利用现有知识和信息，学习、科学研究和生活中的信息检索的时间逐渐增长。

信息检索的最终目的是通过对所得信息的整理、分析、归纳和总结，得出新的知识和信息，从而达到信息激活和增值的目的。

6.1.3 信息检索的基本流程

信息检索是一个动态且可能需要迭代的过程，它要求检索者具备分析问题、能选择合适的检索工具和策略，以及评估和调整检索结果的能力，其基本流程如下。

1. 分析问题

信息检索流程的起始点是明确要解决的问题，包括确定问题的主题、研究要点、学科范围、语种范围、时间范围和文献类型等。这个步骤对于后续信息检索的准确性至关重要。

2. 选择检索工具

在明确了要解决的问题后，接下来需要选择合适的检索工具，如图书馆的目录系统、学术数据库、在线搜索引擎等。选择合适的检索工具是高效检索信息的关键。

3. 制定检索方案

根据分析问题的结果，制定合适的检索方案，包括选择检索字段、检索词，以及确认它们之间的逻辑关系（如 AND、OR、NOT 等）。

4. 执行检索操作

根据制定的检索方案，在选定的检索工具中输入检索词，执行检索操作。

5. 检查检索结果

在执行检索操作后，需要检查返回的结果是否符合预期，是否满足在分析问题时确定的需求。如果结果不好，则需要返回前面的步骤进行调整。

6. 做好检索记录

在获得理想的检索结果后，记录下检索过程和检索结果，以便于未来回顾和引用。

7. 调整检索策略

如果初步的检索结果不够理想，则需要调整检索策略，如更换关键词、使用不同的逻辑运算符或者更改检索字段等，以便更精确地找到所需信息。

8. 获取全部信息

根据检索到的线索，获取全部信息，完成整个信息检索过程。

6.1.4　信息检索的方法

信息检索的方法多种多样，可以适用于不同的检索目的和检索要求。在信息检索过程中，信息检索方法会由于客观情况和条件的限制而不同。下面介绍几种常用的信息检索方法。

1. 布尔逻辑检索

布尔逻辑检索是计算机检索的基本技术，用布尔逻辑运算符表示两个检索词之间的逻辑关系，由计算机进行相应的集合运算，以筛选出需要的信息。

（1）逻辑或。

逻辑或用"OR"或"+"表示，用于连接并列关系的检索词。用 OR 连接检索词 A 和检索词 B 的检索式为"A OR B"（或 A+B），表示让系统查找含有检索词 A、B 之一的信息，或同时包括检索词 A、B 的信息。例如，查找"肿瘤"的检索式为"肿 OR 瘤"。

（2）逻辑与。

逻辑与用"AND"与"*"表示，可用来表示两个连接的检索词的交叉部分，即交集部分。用 AND 连接检索词 A 和检索词 B 的检索式为"A AND B"（或 A*B），表示让系统检索同时包含检索词 A 和检索词 B 的信息。例如，查找"胰岛素治疗糖尿病"的检索式为"胰岛素 AND 糖尿病"。

（3）逻辑非。

逻辑非用"NOT"或"-"表示，用于连接排除关系的检索词，即排除不需要的和影响检索结果的概念。用 NOT 连接检索词 A 和检索词 B，检索式为"A NOT B"（或 A-B），表示检索含有检索词 A 而不含检索词 B 的信息，即将包含检索词 B 的信息排除。例如，查找"动物的乙肝病毒（不要人类的）"的检索式为"乙肝 NOT 人类"。

布尔逻辑运算符是使用最频繁的，若一个检索式中含多个布尔逻辑运算符，则它们是有运算顺序的，优先级为 NOT > AND > OR，可以用括号改变它们之间的运算顺序。例如，（A OR B）AND C，表示先执行 A OR B，再与 C 进行逻辑与运算。

2. 限定检索

（1）字段限定检索。

字段限定检索是指把检索词限定在某个或某些字段中，从而只对限定字段进行检索，从而提高检索效率的信息检索方法。

不同数据库包含的字段数目不尽相同，字段名称也有所区别，常见的检索字段有主题、篇名、关键词、摘要、作者、作者单位、刊名、分类号、全文等。

搜索引擎提供了许多带有典型网络检索特征的限制字段，如主机名（Host）、域名（Domain）、链接（Link）、URL（Site）、新闻组（Newsgroup）和 E-mail 等。这些限制字段规定了检索词在数据库中出现的区域。由于检索词出现的区域对检索结果的相关性有一定影响，因此字段限制检索可以用来控制检索结果的相关性，提高检索效率。

（2）二次检索。

二次检索又称"在结果中检索"，是指在前一次检索的结果中运用逻辑与、逻辑或、逻辑非进行再限制检索，其主要作用是进一步精选信息，以获得理想的检索结果。若第一次检索的结果不理想，则往往要进一步设定检索条件，进行第二次检索。

3. 截词检索

截词检索是预防漏检、提高查全率的一种常用检索方法，大多数检索系统都提供了截词检索的功能。截词是指在检索词的合适位置进行截断，使用截词符进行处理，这样既可节省输入的字符数目，又可达到较高的查全率。尤其在西文检索系统中，使用截词符处理自由词，对提高查全率非常有效。截词检索一般支持右截词，有的也支持中间截词。

不同的检索系统所用的截词符不同，常用的有?、$、*等，分为有限截词（一个截词符只代表一个字符）和无限截词（一个截词符可代表多个字符）。如 comput?可表示 computer、computers、computing 等。搜索引擎大多只支持右截词，而且搜索引擎中的截词符通常采用星号（*）。如 educat*，相当于 education+educational+educator。

4. 位置检索

位置检索也叫临近检索，词语的相对位置或次序不同，表达的意思可能不同。而在同一个检索式中，词语的相对次序不同，检索意图也不同。

位置检索是使用位置运算符来规定运算符两边的检索词出现的位置，从而获得不仅包含指定检索词，而且检索词的位置也符合特定要求的信息，能够提高查准率，相当于词组检索。

6.2　使用信息检索

在信息泛滥的时代，信息检索工具已成为我们日常生活和工作中不可或缺的一部分。无论是寻找最新的科研文章、定位特定历史事件、了解某个主题的专家意见，还是简单地查找食谱或购物推荐，信息检索工具都扮演着至关重要的角色。通过搜索引擎、期刊数据库等，我们能够迅速从互联网的海量数据中检索所需的信息。

6.2.1　搜索引擎的使用

搜索引擎是一种用于帮助互联网用户检索信息的信息检索工具，它以一定的策略在互联网中搜集、发现信息，对信息进行理解、提取、组织和处理，并为用户提供检索服务，从而起到信息导航的目的。

为获取目标资源，人们往往根据目标资源的关键字，通过搜索引擎检索大量与目标资源相关的信息，进而获取目标资源。目前著名的搜索引擎主要有百度、谷歌、必应等。

各大搜索引擎的使用方法大致相同，即在搜索引擎的搜索栏内输入关键字，单击"搜索"按钮就可得到大量与关键字相关的链接，如图 6-1 所示为百度搜索引擎。

平时大多先在搜索引擎中直接输入关键字，然后在检索结果里一个个点开查阅，这样做的弊端是无用的检索结果太多，不一定能找到满意的。百度、谷歌、搜狗等搜索引擎，都支持高级搜索，可以对检索结果进行限制和筛选，缩小检索范围，让检索结果更加准确。下面以百度搜索引擎（下文简称搜索引擎）为例，介绍其高级搜索方法。

图 6-1　百度搜索引擎

1. 关键词加上双引号

如果输入的关键字很长，则搜索引擎在经过分析后，给出的检索结果中的关键字可能是拆分的，如图 6-2 所示。如果在关键字上加上双引号，则搜索引擎将会精确检索，完全匹配引号内的关键字，检索结果中必须包含和引号中完全相同的内容，如图 6-3 所示。

图 6-2　长关键字被拆分

图 6-3　在关键字加上双引号后搜索

2. 检索指定格式的文件

如果要检索的关键字是指定格式的文件，如 PDF、DOC、XLS、PPT、rtf 格式（在检索时不区分大小写）的文件，则可以使用 filetype 语法查找。

例如，检索"信息技术"方面的演示文稿，输入"filetype:ppt 信息技术"，检索结果如图 6-4 所示，展示的都是演示文稿类的网页文件。

图 6-4　检索结果

3. 检索指定站点域名

如果知道某个站点中有要检索的信息，或者只想在某个站点中检索信息，就可以把检索范围限定在这个站点中，以提高查准率。检索方法是在关键字的后面加上"site:站点域名"。注意，"site:"后面跟的站点域名，不要跟"http://www."。

例如，要在 guizh**.gov.cn 站点域名中查找关于"黄果树"的网页，输入"黄果树 site:guizh**.gov.cn"，检索结果如图 6-5 所示。

图 6-5　指定站点域名的检索结果

4. 在标题中限定检索范围

如果要将检索范围限定为标题，则可采用"intitle:关键字"的形式。

例如，查找标题中含有"信息技术"的网页，输入"intitle:信息技术"，检索结果如图 6-6 所示，所有检索结果的标题中均含有"信息技术"。

图 6-6　在标题中限定检索范围的检索结果

5. 在 URL 链接中限定检索范围

在搜索引擎中输入"inurl:关键词"，可以将检索范围限定在 URL 链接中，例如，如果想找到包含"example"的网页，则可以输入"inurl:example"。

如果对检索语法不熟悉，则可以使用搜索引擎自带的高级搜索。单击百度搜索引擎首页上的"设置"按钮，单击"高级搜索"按钮，打开如图 6-7 所示的"高级搜索"界面。

图 6-7　"高级搜索"界面

6.2.2　期刊数据库检索

期刊数据库是集中收录期刊的电子资源库，通常由图书馆、学术机构或商业公司提供，旨在为研究人员、学生和学者提供便捷的学术资源检索和获取服务。下面介绍一些常见的国内外期刊数据库。

中国知网（简称 CNKI）：是一个综合性的学术信息资源平台，涵盖了中国学术研究、出版和文化等多个行业，提供了高级搜索、引文和评价工具，覆盖了自然科学、医药卫生、工程技术、人文社会科学等多个领域。

万方数据知识服务平台：提供了丰富的文献资源，用户可以通过期刊导航功能查看最新的文献更新情况。它的学科分类包括文化、科学、教育、体育等。

维普网：是一个中文文献数据库，涵盖多个学科领域，适合用于学术研究和资料查询。

龙源期刊网：主要提供了中文文献的全文阅读服务，涉及时政、经济、文化等多个领域。

超星期刊：以提供中文图书和期刊为主，内容广泛，包括但不限于文学、历史、教育等领域。

除了上述国内期刊数据库，还有 JSTOR 和 ScienceDirect 等国外期刊数据库，这些期刊数据库收录了大量的国际文献，对于需要获取国际视野的研究尤为重要。

下面以在中国知网上搜索与"人工智能"主题有关的论文为例，介绍期刊数据库的检索步骤。

（1）打开浏览器，输入中国知网的官网链接，或者在搜索引擎中搜索"中国知网"，单击带"官方"字样的链接，打开"中国知网"首页，如图 6-8 所示。

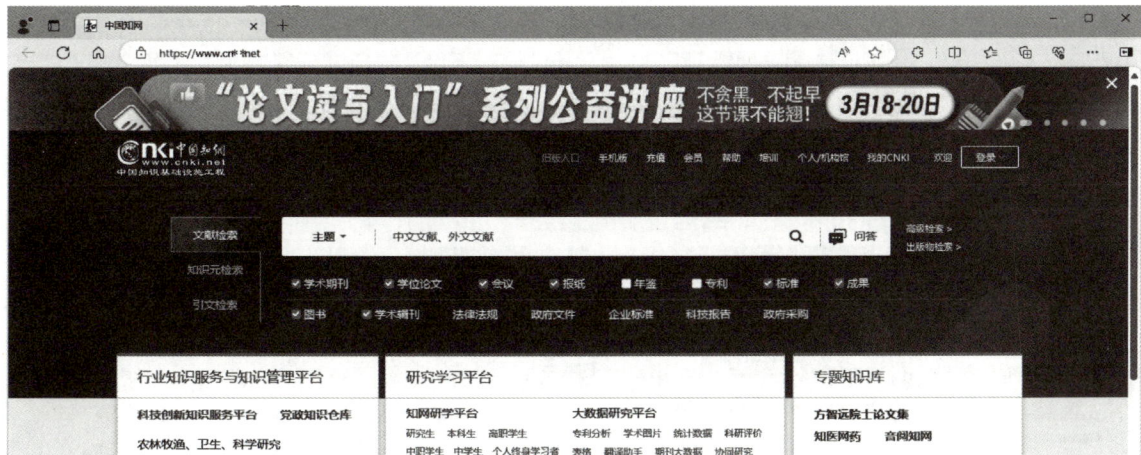

图 6-8　"中国知网"首页

（2）根据需求选择检索范围，如学位论文、学术期刊等。

（3）中国知网提供的检索项包括主题、篇关摘、篇名、关键词、全文、作者、第一作者、通讯作者、作者单位、基金、摘要、小标题、参考文献、分类号、文献来源、DOI，可以根据自己的检索需求，选择合适的检索项进行检索，这里选择"主题"为检索项。

（4）在确定了检索项后，在检索框内输入相应的检索词，这里输入"人工智能"。如果是多个检索词，则可以使用逻辑运算符（如"AND""OR""NOT"）来组合，以便进行精确检索。在检索过程中，可以利用专业词典、主题词表、中英对照词典、停用词表等工具来提高检索的准确性。此外，中国知网还采用了关键词截断算法，帮助用户过滤低相关或微相关的文献。

（5）在输入检索词后，单击"检索"按钮或按回车键，系统便会根据检索词执行检索，在检索完成后，显示相关的检索结果，如图 6-9 所示。

图 6-9　检索结果

（6）浏览检索结果，进一步筛选或查看详细信息，例如，在学科中勾选"中等教育"复选框，筛选跟中等教育相关的"人工智能"文献，如图 6-10 所示。

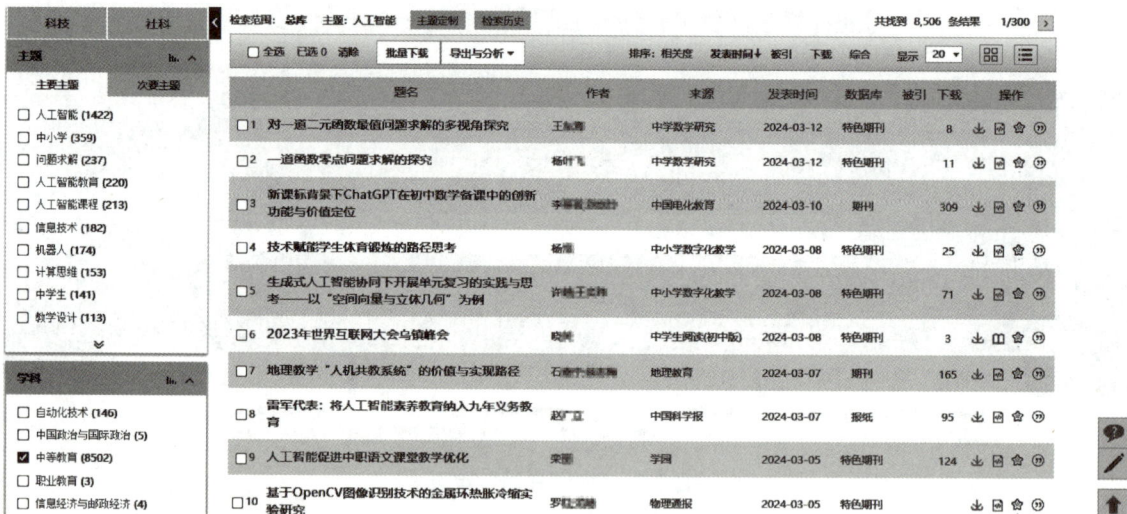

图 6-10　筛选文献

（7）从筛选结果中找到需要下载的文献，单击文献标题，打开该文献，如"人工智能促进中职语文课堂教学优化"，如图 6-11 所示。

（8）中国知网提供了"手机阅读""HTML 阅读"和"AI 辅助阅读"三种在线阅读方式，以及提供了 CAJ 和 PDF 两种格式下载。如果用户拥有访问权限，则可以下载全文进行阅读。

中国知网还提供了一些高级功能，如批量下载、文献传递等，这些高级功能可以帮助用户更方便地管理和获取文献。

图 6-11　打开文献

项目 7　信息素养与社会责任

思政目标

1. 通过对信息素养的学习，使学生具备批判性思维，能够辨别信息的真伪，合理利用信息资源，并在社会实践中发挥积极作用。
2. 通过对信息技术的发展的学习，引导学生树立正确的职业理念，培养其终身学习的能力，以适应技术变革带来的职业要求。
3. 通过对信息伦理与职业行为自律的学习，培养学生的内在道德，使其在面对各种信息时能够自觉遵守社会公德和职业道德，保护个人和他人的信息安全，促进社会的和谐稳定。

学习目标

1. 了解信息素养的概念及主要要素。
2. 了解信息技术的发展史及知名信息技术企业的发展。
3. 了解信息伦理的相关知识。
4. 了解与信息伦理相关的法律法规与职业行为自律。

项目描述

信息素养与社会责任是指在信息技术领域，通过对信息行业相关知识的了解，内化形成的职业素养和行为自律能力，对个人在行业内的发展起着重要作用。本项目包含信息素养、信息技术的发展、信息伦理与职业行为自律。

7.1　信息素养

信息素养对于提升个人的学术成就、职业竞争力和生活质量具有重要的作用。通过教育和实践，不断提高信息素养，我们可以更好地作出明智决策，并为社会的发展作出贡献。

7.1.1　信息素养的概念

信息素养（Information Literacy）也被译成信息素质，此概念最早是由美国信息产业协会主席保罗·泽考斯基在 1974 年提出的。

尽管在不同时期，不同国家的专家和学者对信息素养的概念赋予了不同的内涵，但这个概念一经提出，便得到广泛传播和使用。随着人们对信息素养的认识不断深入、充实和丰富，业界对信息素养的概念已基本达成共识。目前，人们将信息素养作为一种综合能力来认识。

1998 年，美国图书馆协会和美国教育传播与技术协会制定了学生学习的九大信息素养标准，概括了信息素养的具体内容。

标准一：具有信息素养的学生能够有效地、高效地获取信息。

标准二：具有信息素养的学生能够熟练地、批判地评价信息。

标准三：具有信息素养的学生能够精确地、创造性地使用信息。

标准四：作为一个独立学习者的学生具有信息素养，并能探求与个人兴趣有关的信息。

标准五：作为一个独立学习者的学生具有信息素养，并能欣赏作品和其他对信息进行创造性表达的内容。

标准六：作为一个独立学习者的学生具有信息素养，并能力争在信息查询和知识创新中做得最好。

标准七：对学习社区和社会有积极贡献的学生具有信息素养，并能认识信息对民主化社会的重要性。

标准八：对学习社区和社会有积极贡献的学生具有信息素养，并能实行与信息和信息技术相关的符合伦理道德的行为。

标准九：对学习社区和社会有积极贡献的学生具有信息素养，并能积极参与小组的活动探求和创建信息。

7.1.2　信息素养的主要要素

信息素养的主要要素包括四个：信息意识、信息知识、信息能力和信息道德。

1. 信息意识

信息意识指个人由具备的自我知识而积累的意识，对信息需求有意念，对信息价值有敏感性，有寻求信息的兴趣，有利用信息为个人和社会发展服务的愿望，并具有一定的创新意识。

2. 信息知识

信息知识是信息活动的基础，一方面包括信息基础知识，另一方面包括信息技术知识。前者主要是指信息的概念、内涵、特征，信息源的类型、特点，组织信息的理论和基本方法，搜索和管理信息的基础知识，分析信息的方法和原则等理论知识；后者则主要是指信息技术的基本常识、信息系统结构及工作原理、信息技术的应用等知识。

3. 信息能力

信息能力是指人们有效利用信息知识、技术和工具来获取、处理、评价信息，以及利用和传播信息的能力，是信息素养最核心的组成部分。

（1）信息获取能力。

信息获取能力是通过多种渠道有效地检索所需信息的能力，涵盖了利用搜索引擎、大型语言模型的问答系统、图书馆资源、社交媒体平台等多种手段。在当今信息泛滥的时代，能够迅速且精确地从大量信息中检索所需信息，已成为一项至关重要的能力。

（2）信息处理能力。

信息处理能力是指对获取的信息进行组织、分类、分析、综合等一系列操作的能力，要求能对信息的可信度和关联度进行筛选和评估。信息处理能力能够使我们更深入地理解信息的核心和模式，从而在作出决策和解决问题时提供坚实的支持。

（3）信息评价能力。

信息评估能力是指个人对信息的来源、质量、真实性和价值等进行准确判断和评价的能力。在复杂多变的网络信息环境中，这项能力可以帮助我们判别信息的真假，防止受到有害信息的干扰和误导。

（4）信息利用能力。

信息利用能力是指将经过处理的信息用于解决现实问题的能力，涉及信息分享和交流，以及利用这些信息进行创新和问题解决，这个过程要求结合实际情况，对信息进行深入分析与思考，并进行创新性重组、加工，从而创造新价值。信息利用能力不仅是信息素养的终极体现，也是评价个人信息素养的关键指标。

（5）信息传播能力。

信息传播能力涉及选择合适的方法、平台和途径来共享、发布或沟通信息，同时涉及理解和遵循与信息相关的道德规范和法律政策，如版权保护、隐私权保护等。

4. 信息道德

信息技术在改善生活、学习和工作方式的同时，带来了个人隐私泄露、软件著作权侵犯、网络黑客攻击等一系列问题，这些都涉及信息道德问题。一个人的信息素养直接与其对信息道德的理解和实践紧密相关。

大学生的信息道德具体包括以下几方面的内容。

（1）遵守信息法律法规。大学生应了解与信息活动有关的法律法规，形成遵纪守法的观念，养成在信息活动中遵纪守法的意识与行为习惯。

（2）抵制不良信息。大学生应提高判断是非、善恶和美丑的能力，自觉地选择正确信息，抵制垃圾信息、黄色信息和封建迷信信息等。

（3）批评与抵制不道德的信息。通过培养大学生的信息道德，使其认识到维护信息活动的正常秩序是每个大学生应担负的责任，对不符合信息道德的行为坚决予以批评和抵制，营造积极的舆论氛围。

（4）不损害他人正当利益。大学生的信息活动应以不损害他人正当利益为原则，要尊重他人的财产权、知识产权等，不使用未经授权的信息，尊重他人的隐私，保守他人的秘密，信守承诺，不损人利己。

（5）不随意发布信息。大学生应对自己发出的信息承担责任，清楚自己发布的信息可能产生的后果，慎重表达自己的观点和看法，不能不负责任地发布信息，更不能有意传播虚假信息、流言等误导他人。

信息道德是信息管理的一种形式，与信息政策和信息法律紧密相连，三者从不同视角共同规范和管理信息及相关行为。信息道德通过其强大的影响力悄无声息地引导人们遵循信息社会的价值观和伦理标准，促进个人与他人、个人与社会在信息活动中的和谐互动，并最终对个人和组织的信息活动产生限制或鼓励的效果。

7.1.3　提高信息素养的途径

在这个信息爆炸的时代，每个人都被海量的数据和消息包围。面对这样一个复杂多变的信息环境，提高个人的信息素养已经成为一项紧迫的任务。信息素养不仅涉及信息的获取、处理、评价等能力，还涉及对信息伦理和法律的理解与遵守。信息素养要求我们能够批判性地评估信息，有效地管理自己的知识结构，并在互联网上负责任地使用信息。因此，为了适应现代社会的需求，提升自我学习和职业竞争力，大学生必须通过多种途径和方法，不断提高自己的信息素养，以更好地实现个人的全面发展和社会的和谐进步。

1. 学习相关课程

通过学习信息素养相关的课程，可以系统地掌握信息素养的基本知识和技能，全面提升信息素养。

2. 参与信息实践活动

实践是提高和检验信息素养的有效途径，通过参与各种信息实践活动，如制作自媒体信息发布、网络调研、数据分析等，可以将所学知识应用于实践中，不断积累经验和提升信息素养的实践能力。

3. 培养信息意识

提高信息素养首先要从培养信息意识开始。在日常学习和工作中，始终保持对信息的敏感性和警觉性，主动关注和收集与学习、工作相关的信息。同时，通过与他人进行信息交流和合作，分享信息资源和经验，关注信息技术的发展动态，了解信息社会的变化趋势，不断增强自身的信息意识。

4. 养成良好的信息习惯

良好的信息习惯是提高信息素养的重要保障。要养成定期整理信息、分类存储信息的习惯，避免信息混乱和丢失。同时，还要注重信息保密和信息安全，防止个人信息泄露和侵权行为的发生。

5. 利用在线资源

充分利用各种在线资源，如期刊数据库、电子期刊、开放课程等，拓宽信息获取渠道，提升信息处理能力。

7.2　信息技术的发展

信息技术的发展是现代社会进步的重要驱动力，它不仅极大地改变了我们处理信息的方式，也深刻影响了全球经济、社会结构及日常生活的方方面面。

7.2.1　信息技术的发展史

1. 了解信息技术的发展史

信息技术的发展史可以追溯到计算机的发明和普及时期，以下是信息技术发展史中的一些重要里程碑。

（1）计算机的发明：20世纪40年代，第一台计算机在美国诞生，标志着信息技术发展史的开始。随着计算机技术的不断发展，计算机体积变得越来越小、价格越来越便宜，并且功能也越来越强大。

（2）互联网的出现：20世纪90年代，互联网开始普及，人们可以更加方便地获取信息和进行交流。随着互联网的发展，电子商务、社交媒体等新兴产业也应运而生。

（3）移动互联网的兴起：21世纪初，随着智能手机的出现，移动互联网开始兴起。人们可以随时随地使用智能手机上网、购物、社交等，进一步推动了信息技术的发展。

（4）人工智能的发展：近年来，人工智能得到了快速发展，人工智能的应用范围也越来越广，如自动驾驶、智能家居等。

2. 知名信息技术企业的发展

（1）百度集团。

百度集团自成立以来，经历了多个发展阶段，并逐渐形成了以移动生态和AI技术为核心业务的发展格局，具体而言可以分为以下几个阶段。

① 初创阶段：百度集团诞生于PC互联网时代，最初为各门户网站提供了搜索技术服务。2001年，百度集团推出了面向C端用户的独立搜索引擎，并引入了竞价排名机制。随后，"有问题，百度一下"在中国广为流传，百度搜索引擎逐渐成为国内最大的中文搜索引擎。

② 移动互联网阶段：在这个阶段，百度集团错失了一些移动互联网发展机遇，但仍然在百度搜索、百度贴吧、百度百科等产品上保持了领先地位，并在2005年成功上市纳斯达克。

③ AI与云计算阶段：百度集团开始抢先布局人工智能领域，锚定未来发展方向。自明确了以移动生态、人工智能技术和云计算为核心的全新战略方向，百度集团就重新梳理了组织架构，确立了以事业群为中心的集团管理模式。

未来，百度集团将继续依托其在人工智能和云计算等领域的技术积累，为用户提供更加智能化、个性化的服务，推动社会的进步和发展。

（2）华为集团。

华为集团自成立以来，经历了从电信设备的研发、制造，到成为全球领先的ICT基础设施和智能终端供应商的跨越式发展。

华为集团在成立初期，主要专注于电信设备的研发、制造。这个时期，华为集团通过提供高性价比的产品，逐渐在中国市场占据一席之地。

1996年，华为集团开始实施国际化战略，向全球市场拓展，为全球客户提供电信设备和解决方案。这个战略的实施使得华为集团逐渐成为了国际知名的电信设备供应商。

华为集团一直致力于技术创新，不断推出新的产品和服务。例如，HarmonyOS 3操作系统对超级终端进行全面扩容，5G行业应用取得了显著成果。

华为集团的成长史是中国高科技产业发展史的缩影。华为集团的管理精髓和企业文化在其成长的每个时期都起到了关键作用。

7.2.2　树立正确的职业理念

职业理念是指由职业人员形成和共有的观念和价值体系，是一种职业意识形态。

1. 职业理念的作用

职业理念可以指导职业行为，让我们感受工作带来的快乐，在职场上不断进步。

职业理念为我们提供行为准则和方向，帮助我们在职场中作出正确决策和采用正确行动。这种指导作用对企业管理产生实质性的影响，有助于形成积极的工作环境和企业文化。

通过正确的职业理念，我们能够发现并感受工作的价值和乐趣，这不仅有助于提高工作满意度，还能促进我们的身心健康。

良好的职业理念能够激励我们不断自我提升、追求卓越，在职业生涯中实现更高的成就。

2. 正确的职业理念

正确的职业理念能产生积极的作用，那么什么样的职业理念才是正确的呢？

（1）职业理念应合时宜。

职业理念要和社会经济发展水平相适宜，要适合企业所在区域的社会文化。脱离了企业所在区域的社会文化，生搬硬套某种"先进"的理念，一定会碰个头破血流。

（2）职业理念应当是适时的。

任何超越或滞后的职业理念都会影响员工的职业发展，职业理念应该是适时的。企业处在什么样的发展阶段，员工就应该奉行适合企业发展阶段的职业理念。在企业管理提升时，如果员工的职业理念仍停留在原来的发展阶段上，不学习、不改变，那么这样的员工不被企业淘汰，就被自己淘汰。当然，员工的职业理念也不能太超前，脱离了企业发展现实，对企业提出过多苛求，其结果也一样被淘汰。

（3）职业理念必须符合企业管理目标。

企业的成长过程，实际上是企业管理目标的实现过程。企业中的一员必须充分了解企业管理目标，构建与适应和企业管理目标一致的职业理念。企业在管理过程中，会强调纪律，也会强调质量、技术，作为企业的员工，应该不断地接受企业培训，加强学习，适应企业要求。

7.3　信息伦理与职业行为自律

信息伦理与职业行为自律是在信息技术发展过程中不可或缺的重要组成部分，涉及在数字环境中正确处理信息和维护职业道德的标准和准则。

7.3.1　信息伦理概述

信息伦理是指涉及信息开发、信息传播、信息管理和利用等方面的伦理要求、伦理准则、伦理规约，以及在此基础上形成的新型伦理关系。信息伦理又称信息道德，是调整人和人之间、个人和社会之间信息关系的行为规范的总和。

信息伦理不是由国家强制制定和强制执行的，而是在信息活动中以善恶为标准，依靠人们的内心信念和特殊社会手段维系的。

伦理和道德是密不可分的，尽管两者说法不同，但从根本上来说，两者的内涵和目的是一致的。因此，信息伦理是在信息活动中被普遍认同的道德规范，主要由信息生产者、信息服务者、信息使用者的共同道德规范组成。

2022 年 1 月 5 日，中国网络社会组织联合会正式发布《互联网行业从业人员职业道德准则》，它明确了互联网从业人员的职业道德规范。

一是坚持爱党爱国。坚持用习近平新时代中国特色社会主义思想特别是习近平总书记关于网络强国的重要思想武装头脑、指导实践、推动工作，增强"四个意识"，坚定"四个自信"，做到"两个维护"，热爱党、热爱祖国、热爱社会主义，坚决拥护党的路线方针政策。

二是坚持遵纪守法。强化法治观念、树立法治意识，带头遵守法律法规，严格落实治网管网政策要求，遵守公序良俗，抵制不良倾向，保守国家秘密，维护网络安全、数据安全和个人信息安全，推动互联网在法治轨道健康运行。

三是坚持价值引领。树立正确的政治方向、价值取向、舆论导向，大力弘扬和践行社会主义核心价值观，唱响主旋律、传播正能量、弘扬真善美，崇德向善、见贤思齐，文明互动、理性表达，推动构建清朗的网络空间。

四是坚持诚实守信。始终把诚信作为立身之本、从业之要，传播诚信理念，倡导诚信经营，重信守诺、求真务实、公平竞争，做到不恶意营销、不虚假宣传、不造谣传谣、不欺骗消费者。

五是坚持敬业奉献。立足本职、爱岗敬业，注重自我管理和自我提升，培养良好的职业素养和职业技能，发扬奉献精神，履行社会责任，始终把社会效益摆在突出的位置，实现社会效益与经济效益的统一。

六是坚持科技向善。坚决防范滥用算法、数据等损害社会公共利益和公民合法权益，充分发挥科技创新的驱动和赋能作用，运用互联网新技术新应用新业态，构筑美好数字生活新图景，助力经济社会高质量发展。

7.3.2　与信息伦理相关的法律法规

信息伦理虽然为信息社会提供了道德指导和行为准则，但其本身并没有强制力。为了保障信息领域的健康、有序发展，法律法规的支撑是不可或缺的。为了应对信息化带来的伦理挑战，我国已经出台了一系列与伦理相关的法律法规：《关于加强科技伦理治理的意见》《科技伦理审查办法（试行）》《中国人民共和国网络安全法》《中国人民共和国个人信息保护法》《中国人民共和国数据安全法》等，这些法律法规共同构成了信息伦理的法律框架，旨在保护个人隐私、确保数据安全、维护网络空间秩序，并促进信息技术的健康、有序发展。随着信息技术的不断进步，相关的法律法规在不断完善和更新，以适应新的技术和社会需求。

7.3.3　职业行为自律

职业行为自律是一个行业自我规范、自我协调的行为机制，同时是维护市场秩序、保持公平竞争、促进行业健康发展、维护行业利益的重要措施。

信息伦理与职业行为自律之间存在着紧密的联系，它们互相影响并共同促进个人和社会的健康发展。

首先，信息伦理提供了理解信息处理和传播的基础框架，它强调了信息的完整性、准确性和保密性，以及对于有效通信的重要性，这在职业行为自律方面意味着个人需要确保在处理和分享信息时，遵循相应的道德准则和法律规定，以保持信息的质量和安全。例如，保护客户隐私、避免误导性宣传等都是信息伦理倡导的原则在职业行为中的体现。

其次，职业行为自律要求个人在职业活动中遵守道德规范和行业标准，包括对职业创新、竞争、协作和奉献等行为的伦理考量。这些道德规范和行业标准往往与信息道德密切相关，如个人与个人、个人与组织、组织与组织之间的信息交流应当建立在尊重权利和义务的基础上。

最后，在信息技术迅猛发展的今天，信息伦理问题日益增多，其负面影响也日益凸显。在这样的背景下，职业行为自律成为预防和杜绝产生信息伦理负面问题的根本之道。

信息伦理为职业行为自律提供了理论基础和实践指导，而职业行为自律又在实践中体现了信息伦理的原则。两者相辅相成，共同构建了一个健康的信息环境和职业生态。

项目 8　新一代信息技术概述

思政目标

1. 通过对 5G 与物联网的学习，培养学生对信息技术的理解和应用能力，提高学生对新兴技术的认知水平，并引导学生思考如何将 5G 和物联网技术应用于社会发展和人民生活改善中。

2. 通过对云计算、大数据与人工智能的学习，培养学生对数据科学和人工智能的基本概念和原理的理解，提高学生对数据分析和智能技术的应用能力，并引导学生思考如何利用这些技术解决实际问题，推动社会进步和技术创新。

3. 通过对 VR/AR/MR 技术的学习，促进学生对 VR/AR/MR 技术的了解和应用，提高学生对虚拟与现实结合的创新思维和实践能力。

学习目标

1. 了解 5G 概述。
2. 了解 5G 网络与物联网的融合发展。
3. 了解云计算概述。
4. 了解大数据概述。
5. 了解云计算、大数据与人工智能的融合发展。
6. 了解 VR/AR/MR 概述。
7. 了解 VR/AR/MR 技术的应用。

项目描述

新一代信息技术是以移动通信、物联网、云计算、大数据、虚拟现实等技术为代表的新兴技术。它既是信息技术的纵向升级，也是信息技术及其相关产业的横向融合。

8.1　5G 与物联网

随着科技的不断进步，5G 与物联网这两个词逐渐走进了我们的视野。5G 以其高速、低延迟、大连接数量的特点，为物联网的发展提供了强大的支撑。物联网是指通过信息传感设备与网络互联，实现人、机、物的互联互通。当 5G 遇上物联网，将会产生怎样的火花？又将如何改变我们的生活呢？

8.1.1　5G 概述

5G 是第五代移动通信技术（5th Generation Mobile CommunicationTechnology）的缩写，是 4G 的升级，它不是单一的无线接入技术，也不是全新的无线接入技术，而是新的无线接入技术和现有无线接入技术的高度融合。

1. 性能指标

（1）峰值速率需要达到 10～20Gbit/s，以满足高清视频、虚拟现实等大数据量的传输。

（2）空中接口时延低至 1ms，满足自动驾驶、远程医疗等实时应用。

（3）具备每平方千米百万连接的设备连接能力，满足物联网通信需求。

（4）频谱效率比 LTE 提升 3 倍以上。

（5）在连续广域覆盖和高移动性下，用户体验速率达到 100Mbit/s。

（6）流量密度达到 10Mbps/m^2 以上。

（7）支持 500km/h 的高速移动。

2. 关键技术

（1）5G 无线关键技术。

5G 国际技术标准重点满足灵活多样的物联网需要。在 OFDMA 和 MIMO 基础技术上，5G 为支持三大应用场景，采用了灵活的全新系统设计。在频段方面，与 4G 支持中低频频段不同，考虑到中低频资源有限，5G 同时支持中低频和高频频段，其中中低频频段满足覆盖和容量需求，高频频段满足在热点区域提升容量的需求。5G 针对中低频和高频频段设计了统一的技术方案，并支持百兆赫兹的基础带宽。为了支持高速率传输和更优覆盖，5G 采用了 LDPC 和 Polar 新型信道编码方案、性能更强的大规模天线技术等。为实现低时延、高可靠性，5G 采用了短帧、快速反馈、多层/多站数据重传等技术。

（2）5G 网络关键技术。

5G 采用全新的服务化架构，支持灵活部署和差异化业务场景。5G 采用全服务化设计、模块化网络功能，支持按需调用，实现功能重构；采用服务化描述，易于实现能力开放，有利于引入 IT 开发实力，发挥网络潜力；支持灵活部署，基于 NFV/SDN 实现硬件和软件解耦，实现控制和转发分离；采用通用数据中心的云化组网，网络功能部署灵活，资源调度高效；支持边缘计算，云计算平台下沉到网络边缘，支持基于应用的网关灵活选择和边缘分流。通过网络切片满足 5G 差异化需求，网络切片是指从一个网络中选取特定的特性和功能，定制一个逻辑独立的网络，它使得运营商可以部署功能、特性、服务各不相同的多个逻辑网络，分别为各自的目标用户服务。

8.1.2　5G 网络与物联网的融合发展

物联网应用已成为现代社会不可或缺的一部分，而 5G 网络被誉为下一代通信基础设施。两者的结合，即 5G 网络与物联网的融合发展，将为我们的生活和工作方式带来革命性的变化。

首先，5G 网络的高速度和低延迟特性，使得物联网设备可以实时地传输和接收数据，从而实现更高效的设备管理和控制。

其次，5G 网络的广覆盖范围和大连接数量特性，使得可以连接更多的物联网设备，促进物联网设备的普及和应用。

在智能家居方面，5G 网络与物联网的融合发展使得家庭内的各类设备能够实现互联互通，用户可以通过智能手机、平板等终端设备实时控制家中的电器，实现远程操控。此外，智能门锁、智能照明、智能空调等物联网设备的普及，使得家庭生活更加便捷、舒适。

在智能城市方面，5G 网络可以促进城市各个领域的互联，提高城市管理的效率和便利性。例如，通过物联网技术采集城市交通流量、空气质量等信息，利用 5G 网络实时传输数据，为决策提供科学依据。

在工业物联网方面，5G 网络的高速度和低延迟特性可以促进工业物联网的发展。通过物联网技术实现工厂设备的远程监控、故障预警、自动化控制等功能，提高工厂的生产效率和设备利用率。

在农业物联网方面，利用物联网技术采集土壤、气象等信息，结合 5G 网络实时传输数据，可以为农业生产提供精准种植和管理服务。例如，通过智能喷灌系统实现水资源的合理利用，提高农作物的产量和质量。

在医疗领域，5G 网络与物联网的结合将使得医疗设备更加智能化，医生可以通过远程会诊、远程手术等方式为患者提供及时、高效的医疗服务。此外，通过对患者健康数据的实时监测，医生可以更好地了解患者的病情，为患者制定个性化的治疗方案。

未来，5G 网络将与各个行业进行深度融合，如智能制造、智慧城市、智能交通等。通过 5G 网络连接万物，实现跨行业的融合和创新，推动产业的数字化转型和升级。

8.2　云计算、大数据与人工智能

在当今信息时代，科技的快速发展为我们的生活带来了诸多便利。其中，云计算、大数据与人工智能这三个领域的发展尤其引人注目。它们相互关联，共同推动着社会的进步和人类生活的改变。

8.2.1　云计算概述

云计算（Cloud Computing）是分布式计算的一种，指的是通过网络"云"将巨大的数据计算处理程序分解成无数个小程序，通过多台服务器组成的系统对这些小程序进行处理和分析，得到结果并返回给用户。

美国国家标准与技术研究院定义云计算是一种按使用量付费的模式，这种模式提供可用的、便捷的、按需的网络访问，进入可配置的计算资源共享池（包括网络、服务器、存储、应用软件、服务），这些计算资源能够被快速提供，只需投入很少的管理工作，或与服务供应商进行很少的交互。

1. 云计算的特性

云计算具有以下五个特性，如图 8-1 所示。

图 8-1　云计算的特性

（1）按需自助服务（On-Demand Self-Service）。

无须人工干预即可根据需要自助通过网络获取计算资源，自行订购、配置和管理所需的计算资源，如服务器时间、存储容量、网络带宽、数据库服务等。

（2）广泛的网络访问（Broad Network Access）。

云计算可以通过标准网络协议，从任意位置（如手机、平板、笔记本电脑和工作站等）进行互联网访问，支持多平台接入，实现了资源使用的地理位置无关性。

（3）资源池化（Resource Pooling）。

云计算提供商汇集了大量的计算资源（包括存储、处理、内存、网络带宽等），并将其整合成一个大的计算资源池。当用户从中请求计算资源时，计算资源可以根据需求动态分配，而不必考虑具体物理位置和设备归属。

（4）快速弹性（Rapid Elasticity）。

根据用户需求的变化，云计算能够快速、自动地提供资源扩展或缩减的能力，用户可以在几分钟甚至几秒钟内增加或减少资源使用量，无须事先长时间规划和采购硬件资源。

（5）按使用量计费（Measured Service）。

云计算供应商对用户使用的计算资源进行精确量化和监控，用户只需为其实际消耗的资源付费，类似于水电等的计费模式，这有助于降低前期投资和运营成本，提高资源利用率。

2. 云计算的关键技术

云计算涵盖了许多关键技术，下面简要介绍其中三种：虚拟化技术、分布式海量数据存储技术和并行编程技术。

（1）虚拟化技术。

虚拟化技术是指在虚拟的环境下运行计算元件，而非实际硬件环境，以提高硬件资源的利用率。这种技术可简化软件重新配置的过程，减少软件虚拟机的相关开销，并支持多样化的操作系统。通过虚拟化技术，软件应用与底层硬件之间可以实现隔离。虚拟化技术包括将单一物理资源分割成多个虚拟资源的裂分模式，以及将多个资源整合成一个虚拟资源的聚合模式。根据不同的对象，虚拟化技术可分为存储虚拟化、计算虚拟化、网络虚拟化等。计算虚拟化进一步细分为系统虚拟化、应用虚拟化和桌面虚拟化。在云计算中，计算虚拟化是构建云服务和应用的基础。虚拟化技术目前主要应用于 CPU、操作系统和服务器，是提高服务效率的重要解决方案之一。

（2）分布式海量数据存储技术。

分布式海量数据存储技术在云计算系统中扮演着重要角色。云计算系统由大量服务器构成，为众多用户提供服务，因此采用分布式存储技术来存储数据，可以确保可靠性和可用性。这种存储方式将数据分布存储在多个服务器上，并通过冗余技术（如数据冗余和备份）来保护数据免受硬件故障或其他问题的影响。通过任务分解和集群，云计算系统可以利用大量低成本的机器取代传统的超级计算机，从而提高经济性。在云计算系统中，常用的数据存储系统包括 Google 开发的 Google 文件系统、Apache Hadoop 项目开发的 Hadoop 分布式文件系统，前者的设计思想影响了后来很多分布式存储系统的发展，而后者主要用于存储大规模数据集，并通过 Hadoop 进行分布式处理。除了这些数据存储系统外，云计算系统还可以使用其他分布式存储系统或云存储服务来满足不同的需求和场景。

（3）并行编程技术。

并行编程技术是一种利用计算机系统中的多个计算单元同时执行任务的方法，它在云计算中扮演着重要角色。该技术将并发处理、容错、数据分布、负载均衡等细节抽象到一个函数库中，通过统一接口自动并发和分布执行用户的计算任务。这意味着计算任务可以自动被分解为多个子任务，且并行处理这些子任务，从而更有效地利用分布式系统的资源。对于复杂系统而言，如信息仿真系统，并行编程技术具有革命性意义，能够提高复杂系统的性能和可伸缩性。

8.2.2　大数据概述

大数据（Big Data）是指数据量大到无法在常规时间内使用普通软件或工具进行处理的数据集合。需要采用新的处理方法，才能具有更强的决策能力以从海量数据中获取有用的信息。

大数据不仅是指数据量庞大，而且指从有意义的数据中提取的有用信息的量非常大。也就是说，大数据好比资源，在大数据时代，我们要能对资源进行加工，并通过加工使得数据为我们服务。例如，通过对大数据的分析，得出企业发展的决策，从而决定企业的发展方向。

1. 大数据的数据类型

大数据的数据类型多样且复杂，大致可以划分为以下三种数据类型，分别是结构化数据、半结构化数据和非结构化数据，如图 8-2 所示。

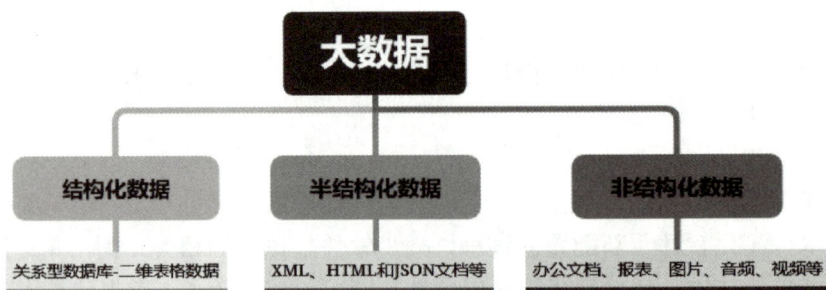

图 8-2　大数据的数据类型

（1）结构化数据。

结构化数据具有预定义的数据类型、格式和结构，通常存储在关系型数据库中，可以非常方便地进行查询和分析。结构化数据的特点是每个字段都具有固定的数据格式（如整数、浮点数和字符串等）和长度规范。企业内部的财务记录、客户信息、员工信息、订单信息和产品信息等均为常见的结构化数据。

（2）半结构化数据。

半结构化数据是一种适用于数据库集成的数据模型，也就是说，适用于描述两个或多个数据库（这些数据库含有不同模式的相似数据）中的数据，这种数据通常包含一定数量的元数据信息，这些信息有助于我们更好地理解数据的含义和上下文关系。这种数据类型的常见形式包括 XML、HTML、JSON 文档等。

（3）非结构化数据。

非结构化数据是大数据中最复杂和多样的一种数据类型，它不具备固定的结构和模式，因此无法用数据库二维表格来表示，其常见形式包括各种格式的办公文档、报表、图像、音频和视频等。非结构化数据占据了大数据的绝大部分，并且随着信息技术的迅猛发展，非结构化数据的产生量将会持续增长，其增长速度远远超过结构化数据和半结构化数据。

2. 大数据的关键技术

大数据技术是一种通过应用非传统的数据处理工具和方法来处理海量的结构化、半结构化、非结构化数据，从而获得分析和预测结果的数据处理技术。

大数据的关键技术涵盖了大数据的整个处理流程，一般包括大数据采集技术、大数据预处理技术、大数据存储与管理技术、大数据分析与挖掘技术、大数据展现与应用技术，以及大数据安全开发技术等几个层面的内容，具体见表 8-1 所示。

表 8-1　大数据的关键技术及其功能

名称	功能
大数据采集技术	通过 RFID、传感器、社交网络交互及移动互联网等方式，获得各种类型的结构化、半结构化和非结构化数据
大数据预处理技术	通过数据抽取、数据清洗、数据转换等方式，提升数据质量、整合多源数据、转换数据形式、减小数据规模
大数据存储与管理技术	通过高效存储、数据索引、快速访问、数据冗余、故障恢复等，支持海量数据的安全存储、可靠管理和快速处理
大数据分析与挖掘技术	通过数据查询、统计分析、模式识别、预测建模等，从庞大、复杂的数据中提取有价值的信息，支持决策和知识发现
大数据展现与应用技术	通过可视化展示、报告生成、数据产品化和智能决策的支持，将数据分析结果直观呈现并应用于实际
大数据安全开发技术	在发掘大数据潜在的商业和学术价值时，需建立隐私和数据安全保护机制，确保个人隐私与数据的安全性得到妥善保障

8.2.3　云计算、大数据与人工智能的融合发展

云计算、大数据和人工智能正在以"三位一体"式深度融合，构成"ABC 金三角"。这三者既相互独立，又相辅相成，相互促进大数据的发展与应用。云计算的发展和大数据的积累，是人工智能快速发展的基础和实现实质性突破的关键。

首先，云计算为大数据提供了强大的计算和存储能力。在大数据时代，数据量庞大，如果使用传统的硬件资源来处理这些数据，将非常昂贵和困难。而云计算可以将数据和应用程序放到远程的数据中心，利用云服务提供商的强大计算和存储能力来处理这些数据，这样不仅可以大大降低成本，还可以提高数据处理效率。

其次，人工智能需要大数据作为基础。人工智能需要进行大量的数据分析和处理，以从中提取有价值的信息和知识。如果没有大数据，人工智能就无法获得足够的数据支持，也就无法实现智能化。同时，人工智能的发展也为大数据的处理提供了更加高效和智能的方法。

例如，利用基于人工智能的机器学习技术，可以自动化处理和分析大量数据，从而提高数据处理效率和质量。

三种技术的深度交互，能够为人类社会的生产、生活提供更多优质服务。当前信息化技术正不断被应用在各行各业中，无论是教育行业中的微课翻转课堂、多媒体辅助技术、智能课堂辅导，还是工业自动化技术、智能诊断等都离不开上述内容的服务。

8.3　VR/AR/MR 技术

虚拟现实（Virtual Reality，VR），增强现实（Augmented Reality，AR）和混合现实（Mixed Reality，MR）是近年来科技领域中备受关注的技术，这些技术利用计算机图形学、人机交互和传感器技术等，模拟真实环境或添加虚拟信息到真实世界中，为用户提供沉浸式的体验。

8.3.1　VR 概述

VR 技术以计算机技术为基础，综合了计算机、传感器、图形图像、通信、测控多媒体、人工智能等多种技术，通过给用户同时提供视觉、触觉、听觉等感官信息，使用户身临其境。借助计算机系统，用户可以生成一个自定义的三维空间。用户置身于该空间中，借助轻便的跟踪器、传感器、显示器等多维输入、输出设备，去感知和研究客观世界。在虚拟场景中，用户可以自由运动，随意观察周围事物并随时添加所需信息。借助 VR 技术，用户可以突破时空的限制，优化自身的感官感受，极大地提高对客观世界的认识水平。

VR 技术有交互性（Interaction）、沉浸性（Immersion）和想象性（Imagination）和行为（Action）四大特点，也被称为 4I 特点。借助 4I 特点，可以将 VR 技术和可视化技术、仿真技术、多媒体技术和计算机图形图像等技术相区别。

1. 交互性

交互性是指用户可以与模拟仿真出来的虚拟现实系统进行沟通和交流。由于虚拟场景是对真实场景的完整模拟，因此可以得到与真实场景相同的响应。用户在真实场景中的任何操作，均可以在虚拟场景中完整体现。例如，用户可以抓取虚拟物体，不仅手有触感，还能感受到物体的重量、温度等。

2. 沉浸性

沉浸性是指用户在虚拟场景与真实场景中感受的真实性。从用户的角度讲，AR 技术的发展过程就是提高沉浸性的过程。

3. 想象性

想象性是指 VR 技术应具有广阔的可想象空间，可拓宽人类认知范围，不仅可再现真实存在的场景，也可以随意构想客观不存在的场景。

4. 行为

行为是交互的表达方式，大多数行为通过硬件完成，如头戴式设备主要用于视觉体验。现在，越来越多的传感器呈现出更多样化的行为体验，如手柄、激光定位器、追踪器、运动传感器，以及 VR 座椅、VR 跑步机等。

理想的 VR 技术，应该使用户难辨真假，获得比真实场景中更逼真的视觉、嗅觉、听觉等感官体验。

8.3.2 AR 概述

AR 技术也被称为扩增现实技术，AR 技术是促使真实世界信息和虚拟世界信息综合的新的技术，其将原本在真实世界的空间范围中比较难进行体验的实体信息基于计算机等科学技术，实施模拟仿真处理，将虚拟信息叠加在真实世界中进行有效应用，并且在这个过程中能够被人类感官所感知，从而实现超越现实的感官体验。真实世界和虚拟物体重叠之后，能够在同一个画面及空间中同时存在。

AR 系统的功能主要包括四个关键部分，其一，图像采集处理模块用于采集真实世界的视频，对图像进行预处理；其二，注册跟踪定位系统用于对真实世界中的目标进行跟踪，根据目标的位置变化来实时获取相机的位姿变化，从而为虚拟物体按照正确的空间透视关系叠加到真实世界中提供保障；其三，虚拟信息渲染系统用于在弄清楚虚拟物体在真实世界中的正确位置后，对虚拟信息进行渲染；其四，虚实融合显示系统用于将渲染后的虚拟信息叠加到真实世界中进行显示。

一个完整的 AR 系统是由一组紧密联结、实时工作的硬件部件与相关软件系统协同实现的，有以下三种常用的组成形式。

（1）基于计算机显示器。

在基于计算机显示器的 AR 实现方案中，将摄像机摄取的真实世界的图像输入计算机中，与计算机图形系统产生的虚拟场景合成，并输出到计算机显示器，用户从计算机显示器上看到最终的增强场景图片，这种组成形式比较简单。

（2）视频透视式。

视频透视式 AR 系统采用的基于视频合成技术的穿透式 HMD（Head-Mounted Displays）。

（3）光学透视式。

光学透视式 AR 系统具有分辨率高、没有视觉偏差等优点，但存在定位精度要求高、延迟匹配难、视野相对较窄和价格高等问题。

8.3.3 MR 概述

MR 技术是 VR 技术的进一步发展，该技术通过在虚拟场景中引入现实场景信息，在虚拟世界、现实世界和用户之间搭起一个交互、反馈的信息回路，以增强用户体验的真实感。

MR 技术可以说是一组组合技术，它不仅提供新的观看方法，还提供新的输入方法，而且所有方法相互结合，推动创新。它提供的是一连串的沉浸式体验，将物理世界和数字世界连接起来，融合到 VR 和 AR 的应用程序中，也可以理解成是 VR 和 AR 的结合体。

VR 使用头戴式显示器等设备将用户完全包裹在虚拟世界中，通过高度沉浸式形式与现实世界隔绝；AR 使用摄像头等设备将虚拟元素叠加在现实世界中，让用户感觉到现实世界中出现了额外的虚拟元素，增强了用户对现实世界的感知和理解；MR 将真实世界与虚拟世界相结合，通过头戴式显示器等设备将虚拟元素与现实世界融合在一起，让用户感觉到虚拟元素与现实世界在同一个空间中并存。MR 既可看作 VR 的延伸形态，又可作为 AR 的过渡产品。

8.3.4　VR/AR/MR 技术的应用

VR/AR/MR 技术的应用非常广泛，它们通过将虚拟世界与现实世界结合，提供了丰富的互动体验和新的视觉感受。

1. VR 技术的应用

VR 技术在游戏、医疗、会议、购物等领域有广泛的应用。

在游戏领域，VR 技术可以使玩家完全沉浸在虚拟世界中，相比传统的游戏模式，沉浸性无疑有了质的飞跃。

在医疗领域，VR 技术能更加直观地完成三维人体器官和其他实验过程的展示，加上可交互的三维模型，能够显著地提高实验效果。

VR 会议比传统会议的交互性强，可以拉近团队距离，提高沟通效率，为近些年流行的全球化虚拟团队提供了高效的沟通方式。

在购物领域，如购物 App 上的 VR 功能展示和家居模拟，都比图片更能真实地反映商品的情况，让用户获得更全面的商品信息。

2. AR 技术的应用

在游戏领域，AR 技术允许玩家在现实世界中与虚拟角色和物体互动，提供一种全新的游戏体验。

在旅游领域，目前各大景区和博物馆提供的 AR 导览功能，基本都结合了图像识别技术，可根据景点图像进行识别、定位，将事先准备好的景点信息进行叠加、渲染，让游客直观感受景点的历史底蕴。

在零售领域，AR 技术可以通过在产品上叠加虚拟信息来帮助消费者更好地了解产品。

在工业维修领域，AR 技术可以为维修人员提供实时指导和帮助，如图 8-3 所示。

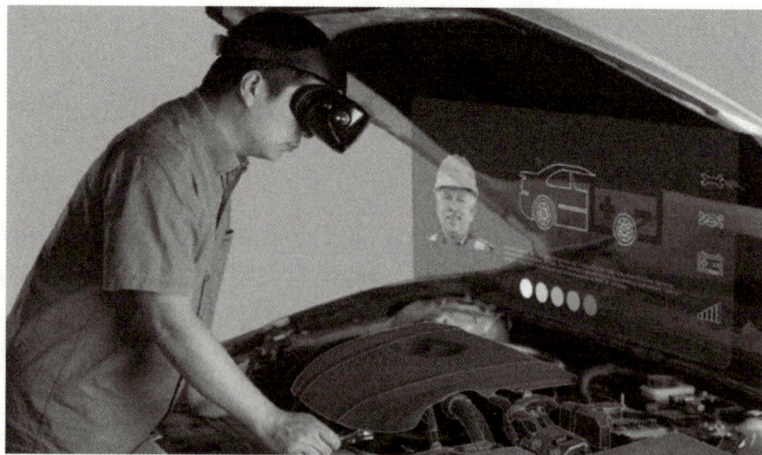

图 8-3　AR 技术指定工业维修

在建筑领域，建筑师可以利用 AR 技术将设计图纸上的建筑物以三维形式呈现出来，便于客户理解和评估设计方案，同时也有助于施工人员更准确地执行建筑计划，如图 8-4 所示。

图 8-4　AR 技术在建筑领域的应用

　　在医疗领域，AR 技术支持数字手术、3D 医学成像和特定手术的导航系统。通过将虚拟信息叠加到真实世界中，医生能够更精确地进行手术和诊断，如图 8-5 所示。

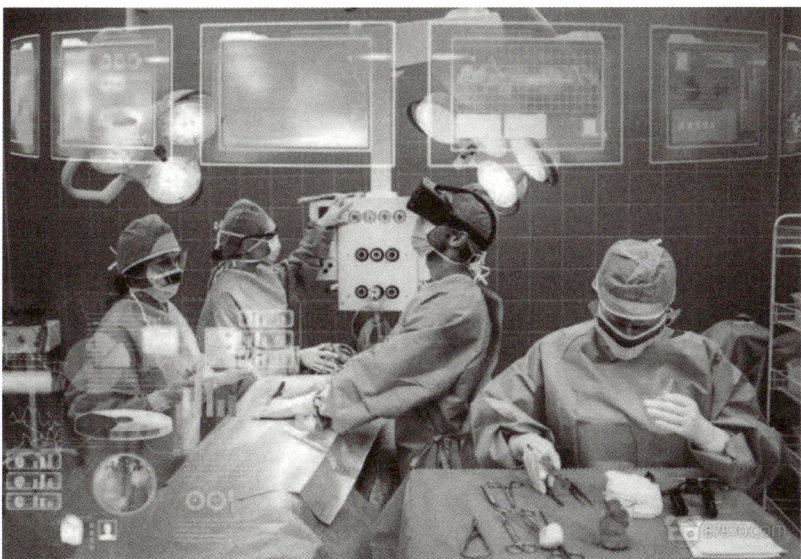

图 8-5　AR 技术在医疗领域的应用

3. MR 技术的应用

MR 技术在工业设计、医疗等领域有广泛应用。

　　在工业设计中，MR 技术可以用来展示产品的 3D 模型，让用户在真实世界中与虚拟产品进行交互，以便更好地了解产品的特性和功能，如图 8-6 所示。

　　在医疗领域，MR 技术可以实现远程诊疗和手术指导等功能。

　　总的来说，VR、AR 和 MR 技术正在不断地发展和创新，它们的应用场景也在不断扩展。未来，这些技术有望在更多领域得到应用，如远程教育、社交媒体、智能家居等，并将更加深入人们的日常生活，为人们带来更加丰富和便捷的体验。

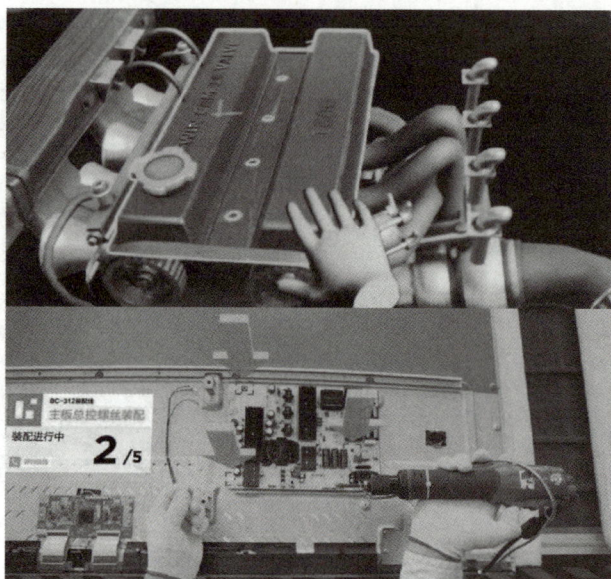

图 8-6　MR 在工业设计中的应用

项目 9 信息安全

思政目标

1. 通过对信息安全意识的学习，使学生认识到信息安全意识的重要性，并在日常生活中主动采取行动保护自己和他人的信息安全。

2. 通过对信息安全概述的学习，培养学生的社会责任感，使其意识到维护网络安全不仅是个人的责任，也是对社会的贡献，让学生积极参与到网络安全的宣传和教育中去。

3. 通过对信息安全常见威胁及防御、信息安全应用的学习，提高学生识别和应对网络安全威胁的能力，增强其在面对网络安全问题时的自我保护和应对技能。

学习目标

1. 建立信息安全意识，能识别常见的网络欺诈行为。
2. 了解信息安全概念、信息安全基本要素、网络安全等级保护。
3. 了解信息安全常见威胁及防御。
4. 掌握配置防火墙的方法。

项目描述

信息安全是指信息产生、制作、传播、收集、处理、选取等过程中的资源安全。建立信息安全意识，了解信息安全相关技术，掌握常用的信息安全应用，是现代信息社会对高素质技术技能人才的基本要求。本项目包含信息安全意识、信息安全概述、信息安全常见威胁及防御、信息安全应用。

9.1 信息安全意识

信息安全意识是指个人或组织对于保护信息资产免受未经授权的访问、使用、披露、破坏、修改或丢失的认识和警觉。在数字化时代，数据泄露和网络攻击事件频繁发生，培养信息安全意识变得尤为重要。

9.1.1 建立信息安全意识

信息安全意识是维护个人和组织数据安全的第一道防线。信息技术正日益融入生活和工作的每个角落，提高信息安全意识，建立安全的在线行为习惯，对于防止数据泄露和网络犯罪至关重要。

建立良好的信息安全意识，首先要认识到信息安全的重要性。个人信息泄露可能导致财产损失、个人隐私被侵犯，甚至影响个人安全。企业和机构的信息泄露可能造成商业机密外泄、信誉受损，乃至承担法律责任。其次，要了解常见的信息安全风险和威胁，如病毒（Virus）、木马（Trojan）、网络钓鱼（Phishing）、社交工程（Social Engineering）等，并通过学习和实践提高防范风险和威胁的能力。例如，定期更新软件和操作系统，不随意单击不明链接，不轻易透露个人信息等。此外，积极参与信息安全教育和培训，提高自身的信息安全技能和知识水平，也是建立信息安全意识的重要一环，通过培训可以更系统地了解信息安全的相关法律法规和标准。最后，要养成良好的网络行为习惯。比如，设置复杂的密码，定期更换；使用安全的网络，避免使用公共 Wi-Fi 处理敏感信息；对电子设备进行定期的安全检查等。

9.1.2 常见的网络欺诈行为

随着"互联网+"时代的到来，人们的生活变得更加便利，与此同时，各种诈骗短信、垃圾邮件、钓鱼网站也随之而来，导致个人信息泄露，甚至财产损失。下面介绍十种常见的网络欺诈行为。

1. 刷单返利

诈骗分子通过电话、短信、网络社交平台等渠道发布虚假广告信息，打着"赠送福利""招聘兼职"等的幌子，吸引受害人"上钩"，一旦有人前来询问，就立即将其拉入 QQ、微信群，用无本金、无垫付的"小额任务"当诱饵，让受害人先小赚几笔，以此获得受害人的信任。随后，诈骗分子会发布"升级任务"，引诱受害人下载虚假刷单 App，反复转账、垫资做任务，但当受害人想要提现时，就会遇到重重障碍。诈骗分子会以"信誉积分不足""刷单额度不够""账户被冻结""三连单"等理由，诱导受害人加大投入，从而骗取更多资金。一旦受害人意识到被骗，诈骗分子就会斩断一切联系。

2. 虚假投资

诈骗分子通过电话和互联网等找到有投资、理财需求的群体实施精准诈骗（主要途径有依靠各类社交软件和视频软件寻找受害人并建立联系，发布股票、外汇等投资理财信息以寻找目标人群，并通过婚恋交友平台确定婚恋关系以骗取信任等）。诈骗分子会诱导受害人到第三方投资平台进行投资，这些第三方投资平台已经被诈骗分子掌控，能够随时控制后台数据。一些诈骗分子还会以各种理由先让受害人操作诈骗分子的账号，并让受害人看到在该平台投资的高额收益。等到受害人相信后，诈骗分子就会以各种理由诱导受害人进行大额投资。一旦受害人投入大量资金，诈骗分子就会操控平台，阻止受害人提现，并以缴纳"保证金""个人所得税"等理由要求受害人继续转账。

3. 冒充电商平台客服退款理赔

诈骗分子会冒充电商平台客服，谎称受害人网购的商品出现问题，以退款、理赔等理由要求受害人私下添加微信、QQ，并让受害人下载具有屏幕共享功能的 App，骗取受害人的银行卡号、密码、手机验证码，将受害人银行卡里的资金全部转走，或者直接以缴纳保证金、解除征信风险、开启退款通道为由，诱导受害人转账、汇款。

4. 虚假征信

诈骗分子通过非法渠道获取受害人的个人信息，冒充银行、网贷、互联网金融平台的工作人员，将受害人的个人信息告知受害人，以取得受害人的信任。诈骗分子声称帮助受害人注销贷款逾期记录、消除支付类平台不良记录、注销学生贷账户，用不及时处理就会影响个人征信的话术进行恐吓，引起受害人的内心恐慌。紧接着诈骗分子会声称只要按其指示进行操作，就可以消除不良征信记录，从而诱导受害人转账、汇款。或者要求受害人在各种网贷平台贷款后，转账至诈骗分子提供的银行账户。

5. 虚假网络贷款

诈骗分子通过短信、电话和各种社交软件发布虚假贷款广告，将自己伪装成正规的金融机构以获取受害人信任。等到受害人在诈骗分子提供的虚假 App 内办理贷款业务后，诈骗分子伪装的客服会声称受害人的个人信息填写错误，需要解冻费才能办理贷款业务。当受害人转账后，诈骗分子还会以验证信誉、开启提款通道、缴纳保证金等理由要求受害人继续转账。或者以指导操作为由，要求受害人开启屏幕共享功能，一旦受害人将自己的屏幕共享给他人，就意味着受害人操作手机的一切行为、屏幕上显示的所有内容都将呈现在诈骗分子的眼前，诈骗分子会趁机获取受害人的银行卡号、密码、手机验证码，并将受害人银行卡里的资金全部转走。

6. 冒充公检法

诈骗分子会打来电话，自称是某市民警，告知受害人涉嫌违法犯罪，需要受害人积极配合，在交谈过程中，诈骗分子会不断恐吓受害人：由于案件涉及机密，不得向任何人透露信息，否则就要承担相应的法律责任。随后，诈骗分子会添加受害人的社交账号好友，向其展示伪造的警官证、逮捕令等虚假文件或证件，或者让受害人点开诈骗分子伪造的虚假网站，查看涉案信息，从而骗取受害人的信任。诈骗分子会声称需要进行资金核查，要求受害人把银行卡内的资金转到指定的安全账户，或者要求受害人开启屏幕共享功能，将所有资金汇集到一张银行卡，诈骗分子通过屏幕共享功能骗取受害人的银行卡号、密码、手机验证码等信息，并将该银行卡里的资金全部转走。

7. 虚假购物、服务类

诈骗分子在微信群、朋友圈、网购平台或其他网站发布"低价打折""海外代购""0 元购物"等广告，或提供"论文代写""私家侦探""跟踪定位"等特殊服务的广告，以吸引受害人关注。在与受害人取得联系后，诈骗分子诱导其通过微信、QQ 或其他社交软件添加好友进行商议，以私下交易可节约手续费或操作更方便等为由，要求私下转账。待受害人付款后，诈骗分子便以缴纳关税、定金、交易税、手续费等为由，诱骗受害人继续转账、汇款，事后将受害人拉黑。

8. 网络游戏产品虚假交易

诈骗分子在社交、游戏平台发布买卖网络游戏账号、道具、点卡的广告，以及免费或低价获取游戏道具、参加抽奖活动等相关信息。待受害人与其主动接触后，诈骗分子以私下交易更便宜、更方便为由，诱导受害人绕过正规平台与其进行私下交易，或要求受害人添加所谓的客服账号参加抽奖活动，并以操作失误、等级不够等为由，要求受害人支付注册费、解冻费、会员费，得手后便将受害人拉黑。

9. 婚恋、交友类诈骗

诈骗分子通过网络收集大量"白富美""高富帅"形象的自拍照、生活照，按照剧本设计不同的身份，在婚恋、交友网站发布个人信息。诈骗分子通过社交软件与受害人建立联系后，用上述自拍照、生活照和预先设计的虚假身份骗取受害人信任，并长期经营双方关系，与受害人建立恋爱关系。随后，诈骗分子以遭遇变故急需用钱、帮助项目资金周转等为由向受害人索要钱财，并根据受害人财力情况不断变换理由，要求其转账，直至受害人发觉被骗后将其拉黑。

10. 冒充领导、熟人类诈骗

诈骗分子使用受害人领导、熟人的照片、姓名等信息包装社交账号，以假冒的身份添加受害人为好友，或将其拉入微信聊天群。随后，诈骗分子以领导、熟人身份对受害人嘘寒问暖，表示关心，或模仿领导、熟人的语气骗取受害人信任。以有事不方便出面、不方便接听电话等理由要求受害人向指定账户转账，并以时间紧迫等借口不断催促受害人尽快转账，从而实施诈骗。

9.2 信息安全概述

互联网（Internet）是目前最大的网络，它可以将全球任何一个位置的计算机连在一起进行通信。计算机连入外网，即将计算机连入互联网。任何信息存储设备（例如 PC、手机）不管是否接入外网，还是接入内网，甚至是不接入任何网络，都可能存在信息安全问题。

9.2.1 信息安全概念

信息安全是指保护信息免受各种威胁、干扰和破坏，确保信息保持其完整性、可用性和保密性。

信息安全的核心目的是保障信息系统或网络中信息的安全，包括计算机安全操作系统、安全协议、安全机制，以及安全系统的整体保护。信息安全的范畴非常广泛，从国家军事、政治机密的安全到商业、企业机密的保护，再到个人数据的安全都包括在内。

信息安全分为物理安全和网络安全。

（1）物理安全：也称实体安全，主要是指保护计算机设备、设施（如网络及通信线路）等免遭自然灾害、人为破坏或环境事故等影响的措施和过程。

（2）网络安全：指网络中信息的安全，包括使网络中传输和保存的信息不受偶然或恶意的破坏、更改和泄露，以及网络系统能够正常运行，网络服务不中断。保障网络安全常用的技术包括密码技术、防火墙技术、入侵检测技术、访问控制技术、虚拟专用网技术和认证技术等。

9.2.2　信息安全基本要素

信息安全基本要素包括保密性、完整性、可用性、可控性、不可否认性。

1. 保密性

保密性是指信息不被泄露给非授权用户、实体或过程的特性，常用的保密技术有以下几个特点。

① 防侦收（使监听方收不到有用的信息）。

② 防辐射（防止有用信息以各种途径辐射出去）。

③ 信息加密（在密钥的控制下，用加密算法对信息进行加密处理，即使监听方得到了加密后的信息也会因没有密钥而无法读懂有用信息）。

④ 物理保密（使用各种物理方法保证信息不被泄露）。

2. 完整性

在传输、存储信息的过程中，完整性能确保信息不被非法篡改或在被篡改后能迅速发现，并能验证信息的准确性，而且进程或硬件组件不会以任何方式改变，保证只有得到授权的人员才能修改数据。

完整性服务的目标是保护信息免受未授权的人员修改，包括信息的未授权创建和删除。可通过如下行为，完成完整性服务。

① 屏蔽。用信息生成受完整性保护的信息。

② 证实。对受完整性保护的信息进行检查，以检测完整性故障。

③ 去屏蔽。从受完整性保护的信息中重新生成数据。

3. 可用性

让得到授权的人员在有效时间内访问和使用所要求的信息和信息服务，提供信息可用性保证的方式有如下几种。

① 使用性能、质量可靠的软件和硬件。

② 正确、可靠的参数配置。

③ 配备专业的系统安装和维护人员。

④ 网络安全能得到保证，在发现异常情况时能阻止入侵者的攻击。

4. 可控性

可控性是指网络系统和信息在传输范围和存放空间内的可控程度，是网络系统和信息传输的控制能力特性。若使用授权机制控制信息传播范围、内容，则在必要时能恢复密钥，提高网络资源及信息的可控性。

5. 不可否认性

不可否认性是对出现的安全问题进行调查，使参与者（攻击者、破坏者等）不可否认或不可抵赖自己所做的行为，实现信息安全审查。

9.2.3　网络安全等级保护

网络安全等级保护是指对国家秘密信息、公民或法人或其他组织的专有信息、公开信息，实行分级保护，对信息系统中使用的安全产品实行分级管理，对信息系统中发生的信息安全事件进行分级响应和处置。

《信息安全等级保护管理办法》规定："国家信息安全等级保护坚持自主定级、自主保护的原则。信息系统的安全保护等级应当根据信息系统在国家安全、经济建设、社会生活中的重要程度，信息系统遭到破坏后对国家安全、社会秩序、公共利益以及公民、法人和其他组织的合法权益的危害程度等因素确定。"

信息系统的安全等级保护分为以下五级。

第一级，信息系统受到破坏后，会对公民、法人和其他组织的合法权益造成损害，但不损害国家安全、社会秩序和公共利益。

第二级，信息系统受到破坏后，会对公民、法人和其他组织的合法权益产生严重损害，或者对社会秩序和公共利益造成损害，但不损害国家安全。

第三级，信息系统受到破坏后，会对社会秩序和公共利益造成严重损害，或者对国家安全造成损害。

第四级，信息系统受到破坏后，会对社会秩序和公共利益造成特别严重损害，或者对国家安全造成严重损害。

第五级，信息系统受到破坏后，会对国家安全造成特别严重损害。

9.3 信息安全常见威胁及防御

9.3.1 计算机病毒与防治

计算机病毒可以说是一个计算机程序，也可以说是一段可以执行的计算机代码。它具有像生物病毒一样的传染能力，可以附载在计算机的各种类型的文件上。

1. 计算机病毒的特征

计算机病毒有传染性、破坏性、隐蔽性及依附性特征。

（1）传染性：计算机病毒能通过自我复制来传染正常工作的计算机文件，进而中断计算机的正常运行。计算机病毒进行传染必须具备一定条件，计算机病毒必须被执行才能传染其他文件，因此，只要不执行计算机病毒就不会被传染。

（2）破坏性：当计算机病毒被执行后，会占用大量计算机系统资源，降低计算机的工作效率，甚至会使计算机系统出现紊乱，破坏计算机的软件与硬件。

（3）隐蔽性：一般的计算机病毒都采用高明的手段来隐蔽自己，计算机在感染计算机病毒后仍能正常工作，只有计算机病毒被执行且破坏计算机系统后，用户才能发现计算机病毒的存在。

（4）依附性：一般情况下，计算机病毒不会独立存在，而是依附在其他计算机程序中，当执行这个计算机程序时，计算机病毒就会被执行。因此，一旦正常的计算机感染计算机病毒，用户就应该立即查毒、杀毒以防计算机进一步被破坏。

2. 计算机病毒的传播途径

计算机病毒的传播途径主要可以分为以下五种。

（1）通过不可移动的计算机硬件设备进行传播。这些设备通常有计算机的专用 ASTC 芯片等，以这种途径传播的计算机病毒有极强的破坏能力。

（2）通过移动存储设备传播。这些设备主要包括 U 盘、光盘、移动硬盘等。目前，U 盘是使用最广泛的移动存储设备，因此也成为校园网、企业网中传播计算机病毒的主要移动存储设备。

（3）通过计算机网络进行传播。计算机病毒可以附着在正常文件中，通过网络进入一个计算机系统中，这是目前最主要的计算机病毒传播途径。

（4）通过点对点的通信系统和无线信道传播。虽然以这途径传播的计算机病毒不多，但是已经出现端倪，比如，手机病毒"Cabir"利用了手机蓝牙进行传播。随着科技的进步，这种传播途径极可能成为未来计算机病毒的主要传播途径。

3. 计算机病毒的防治

计算机病毒的繁衍方式、传播途径不断变化，反计算机病毒技术也随着人们与计算机病毒的对抗不断推陈出新，下面介绍一些有效的防治方法。

（1）安装防计算机病毒软件：使用可靠的防计算机病毒软件可以检测和清除计算机病毒，确保防计算机病毒软件始终保持最新版本，以便识别最新的威胁。

（2）定期更新操作系统：保持操作系统的最新状态有助于修复安全漏洞，防止计算机病毒利用这些漏洞进入操作系统。

（3）备份数据：定期备份重要数据，以便在受到计算机病毒攻击时能够恢复。

（4）使用防火墙：防火墙可以阻止未经授权的访问和网络攻击，从而提供额外的安全层。

（5）注意外部存储设备：在使用 U 盘、移动硬盘等外部存储设备之前，先进行计算机病毒扫描，避免从外部设备引入计算机病毒。

（6）注意电子邮件：不要轻易打开未知来源的电子邮件，尤其是可疑的或来历不明的电子邮件。如果不确定电子邮件的安全性，则可以先以纯文本形式查看，避免直接打开。

（7）避免单击不明链接：不要随意单击不明链接，这些链接可能导向含有计算机病毒的网站。

（8）下载软件时需谨慎：只从官方网站或者信誉良好的第三方网站下载软件，避免下载来路不明的软件。

通过这些防治方法，可以有效地降低被计算机病毒传染的概率，保障计算机系统的稳定运行。

9.3.2　分布式拒绝服务攻击及防御

DDoS（Distributed Denial of Service）也被称为分布式拒绝服务，攻击者利用已经入侵并被控制的主机，对某主机发起攻击，攻击者控制的可能有数百台机器。在悬殊的带宽力量对比下，被攻击的主机会很快失去反抗能力，无法提供服务。这种攻击方式非常有效，而且难以抵挡。

1. DDoS 的攻击特点

分布式拒绝服务的攻击特点是先使用一些典型的黑客入侵手段控制一些高带宽主机，然后在这些主机上安装攻击进程，集数十台、数百台甚至上千台主机的力量对单一目标实施攻击。在悬殊的带宽力量对比下，被攻击的主机会很快因不堪重负而瘫痪。分布式拒绝服务攻击技术发展十分迅速，因其隐蔽性和分布性特征而导致很难被识别和防御，DDoS 结构如图 9-1 所示。

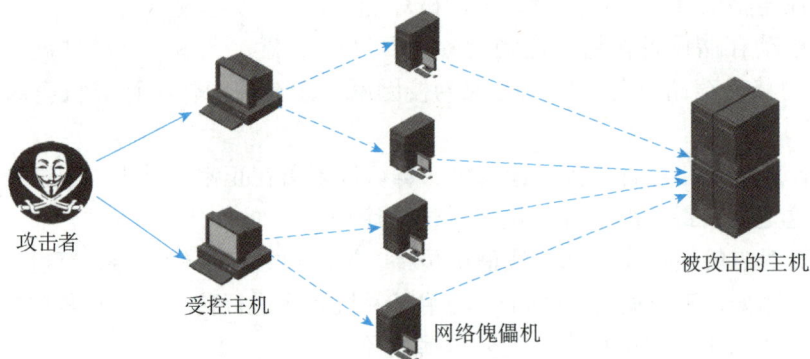

图 9-1　DDoS 结构

2. DDoS 的攻击手段

每个主控端（Master）都是一台已被攻击者入侵并运行了特定程序的主机。每个主控端都能够控制多个代理端（Agent），每个代理端都是一台已被入侵并运行某种特定程序的主机，是执行攻击的角色。多个代理端能够同时响应攻击命令，并向被攻击的目标发送分布式拒绝服务攻击数据包，攻击过程为：攻击者—主控端—分布端—被攻击的目标。发起 DDoS 攻击有两个阶段。

（1）初始的大规模入侵阶段：在该阶段，攻击者使用自动工具扫描被远程控制的脆弱主机，并采用典型的黑客入侵手段得到这些主机的控制权，安装 DDoS 代理端。这些主机也是 DDoS 攻击的受害者。目前还没有 DDoS 能够自发完成对代理端的入侵。

（2）大规模发起 DDoS 阶段：通过主控端和代理端对目标主机发起大规模 DDoS 攻击。

3. 防御方法

（1）进行合理的带宽限制：限制基于协议的带宽，如端口 25 只能使用 25%的带宽、端口 80 只能使用 50%的带宽运行尽可能少的服务，且只允许必要的通信。

（2）及时更新系统并安装系统补丁。

（3）封锁恶意 IP 地址。

（4）增强用户的安全意识，避免成为网络傀儡主机，如果攻击者无法入侵并控制足够数量的网络傀儡主机，则 DDoS 攻击就无法进行。

（5）建立健全 DDoS 的应急响应机制。组织机构应该建立相应的计算机应急响应机制，当发起 DDoS 攻击时，应迅速确定攻击源，屏蔽攻击地址，丢弃攻击数据包，最大限度地降低损失。

9.3.3　木马的攻击与防治

木马的全称为特洛伊木马。在计算机安全领域，木马是指一种计算机程序，虽然表面上或实际上具有某种有用的功能，却有隐藏的可以控制用户计算机系统、危害计算机系统安全的功能，可造成用户资料的泄漏、破坏或整个计算机系统的崩溃。

1. 木马的特征

（1）不需要得到服务器端用户的允许就能获得使用权。

（2）程序体积十分小，在执行时不会占太多的资源。

（3）很难停止它的活动。

（4）在执行时不会显示出来。

（5）在一次启动后就会自动登录启动区，在计算机系统的每次启动时都能自动运行。

（6）在一次执行后会自动更换文件名，使之难以被发现。

（7）在一次执行后会自动复制到其他文件夹中。

（8）服务器端用户无法显示其执行的动作。

2. 木马的结构

木马一般由两部分组成：服务器端和客户端。木马的客户端与服务器端建立 TCP 连接。

要建立一个木马连接，必须满足两个条件：一是服务器端（被攻击者）已经安装了木马程序；二是客户端（控制端，即攻击者）、服务器端都要在线。在此基础上，客户端可以通过木马端口与服务器端建立连接。

3. 木马的工作原理

客户端与服务器端之间采用 TCP/UDP 的通信方式，攻击者控制的是客户端程序，服务器端程序是木马程序，木马程序被植入毫不知情的用户的计算机中，以"里应外合"的工作方式工作，通过打开特定的端口并进行监听，这些端口好像"后门"一样，所以有人把木马叫作后门工具。攻击者掌握的客户端程序向该端口发出请求，木马便与其连接起来。攻击者可以使用控制器进入计算机，通过客户端程序命令达到控制服务器端的目的。

4. 木马攻击步骤

（1）配置木马。

一般来说，一个设计成熟的木马都有木马配置程序，从具体的配置内容看，主要是为了实现以下两个功能。

① 木马伪装：木马配置程序为了在服务器端尽可能隐藏好，会采用多种伪装手段，如修改图标、捆绑文件、定制端口、自我销毁等。

② 信息反馈：木马配置程序会根据信息反馈的方式或地址进行设置，如设置邮件地址、IRC 号、QQ 号等。

（2）传播木马。

配置好木马后，就要传播出去。木马的传播方式主要有以下几种：通过 E-mail 将木马以附件的形式夹在电子邮件中传播，收信人只要打开附件就会被木马传染；软件下载，一些非正规的网站以提供软件下载为名义，将木马捆绑在软件上，只要在下载后运行这些软件，木马就会自动安装；通过 QQ 等社交软件进行传播；通过计算机病毒的夹带把木马传播出去。

（3）启动木马。

将木马传播给对方后，接下来要启动木马，一般通过被动地等待木马或捆绑木马的程序主动运行。如在计算机系统重新启动时启动木马，木马打开端口，等待连接。

（4）建立连接。

木马连接的建立必须满足两个条件：一是服务器端已安装了木马程序；二是客户端、服务器端都在线。在此基础上客户端可以通过木马打开的端口与服务器端建立连接，客户端也可以根据提前配置的服务器地址定制端口来建立连接。或者用扫描器的扫描结果检测哪些计算机的端口是开放的，从而知道计算机里某类木马的服务器端在运行，并建立连接。再或者根据服务器端主动发回来的信息获取服务器端的地址、端口，并建立连接。

（5）远程控制。

在完成前面的步骤之后，最后对服务器端进行远程控制，实现窃取密码、文件操作、修改注册表、锁住服务器端及计算机系统操作等。

5. 木马防治

（1）提高安全意识：了解木马的传播途径和危害，不轻信陌生网站和电子邮件，不随意下载和运行未知来源的程序。

（2）定期更新操作系统：及时更新操作系统，以修复可能存在的安全漏洞。

（3）使用强密码：设置复杂且不易被猜中的密码，避免使用简单的数字、字母组合等弱密码。

（4）限制用户权限：不要以管理员身份运行所有程序，这样可以减少木马的潜在危害。

（5）定期备份数据：定期备份数据，以防数据丢失。

（6）安装防火墙和入侵检测系统：安装防火墙，阻止未经授权人员的访问。同时，使用入侵检测系统实时监控网络活动，及时发现并阻止潜在的攻击。

9.4　信息安全应用

信息安全应用包括杀毒软件、防火墙、入侵检测系统、加密工具等，它们共同构成了一个多层次的安全防御体系。个人用户可以使用杀毒软件或防火墙来查杀计算机病毒、抵御非法用户的入侵。

9.4.1　使用杀毒软件查杀计算机病毒

（1）依次单击"开始"→"360 安全中心"→"360 杀毒"按钮，进入如图 9-2 所示"360 杀毒 Pro"界面。

图 9-2　"360 杀毒 Pro"界面

（2）选择"快速扫描"选项，对计算机系统进行全面查毒与杀毒，如图 9-3 所示。

（3）用户可对单个目录或文件进行快速查杀，即选中所需查杀的目录或文件并右击，在打开的快捷菜单中选择"使用 360 杀毒扫描"选项。

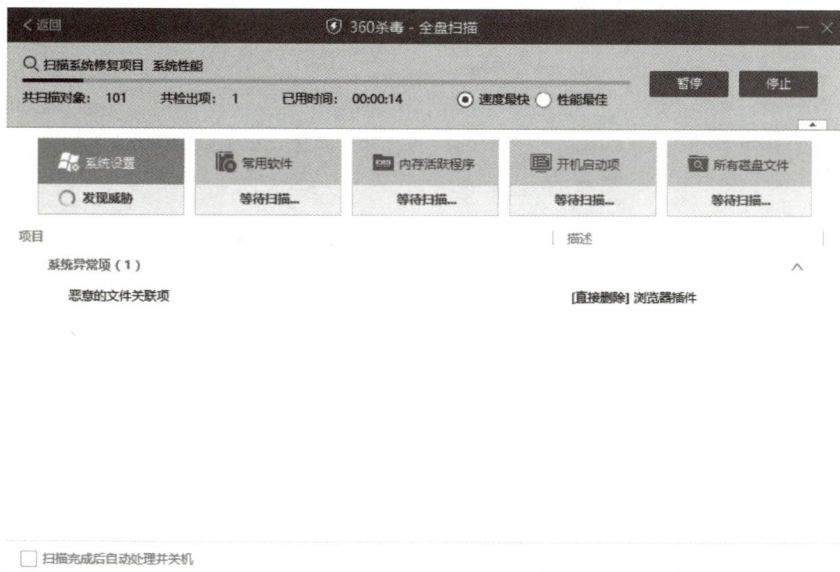

图 9-3　全面查毒与杀毒

9.4.2　防火墙管理

防火墙是一个网络安全产品，它由软件和硬件设备组成，设置在内网和外网之间，是专用网和公用网之间的一种保护屏障。在计算机网络的内网和外网之间有一道相对隔离的保护屏障，可达到保护信息安全的目的，防火墙示意图如图 9-4 所示。

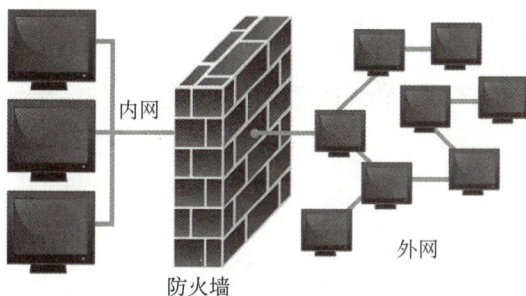

图 9-4　防火墙示意图

防火墙可被看作一种隔离技术，可以防止非法用户的入侵，及时发现并处理计算机网络在运行时潜在的安全问题，确保计算机网络正常运行。

下面介绍 Windows 防火墙的开启与基本配置。

（1）依次单击"开始"→"设置"按钮，在打开的"查找设置"编辑框中输入"控制面板"并进行搜索，打开"控制面板"窗口，并将"查看方式"设置为"小图标"，选择"Windows Defender 防火墙"选项，打开如图 9-5 所示的"Windows Defender 防火墙"对话框。

图 9-5 "Windows Defender 防火墙"对话框

（2）单击"启用或关闭 Windows Defender 防火墙"按钮，打开"自定义设置"对话框，如图 9-6 所示。

图 9-6 "自定义设置"对话框

（3）在"自定义设置"对话框中进行网络设置，并选择"启用 Windows Defender 防火墙"选项。

（4）勾选"Windows 防火墙阻止新应用时通知我"复选框，若有程序被防火墙阻止，则会通知用户。

（5）单击"确定"按钮，即可设置好防火墙。

项目 10　程序设计基础

思政目标

1. 通过对程序设计基础知识的学习，让学生能够理解程序设计概念等知识，培养学生严密的逻辑思维和分析问题、解决问题的能力。

2. 通过对 Python 程序设计的学习，鼓励学生开发新的程序或工具，以解决实际问题。

学习目标

1. 理解程序设计概述。

2. 了解程序设计语言。

3. 熟悉程序设计过程。

4. 掌握 Python 开发环境配置和 Python 程序运行方式。

5. 掌握 Python 的数据类型、常量和变量、运算符、函数、程序结构、程序的流程控制、错误和异常处理。

项目描述

程序设计是设计和构建可执行程序，以完成特定计算的过程，是软件构造活动的重要组成部分，一般包含分析、设计、编码、调试、测试等阶段。熟悉和掌握程序设计基础知识，是在现代信息社会中生存和发展的基本技能之一。

10.1　程序设计基础知识

程序设计是计算机科学的核心之一，它涉及创建和开发应用程序的过程。程序设计的目标是解决特定问题或实现特定功能，通过编写一系列指令来指导计算机执行任务，这些指令通常以编程语言的形式表达，如 Python、Java、C++等。

10.1.1 程序设计概述

1. 程序设计的概念

计算机程序是指为了得到某种结果，而由计算机等具有信息处理能力的设备执行代码化指令，或者可以被自动转换成代码化指令的符号化指令、符号化语句序列。

程序设计是给出解决特定问题的过程，是软件构造活动中的重要组成部分。程序设计往往以某种编程语言为工具。

2. 程序设计的发展趋势

随着云计算、物联网、区块链等新技术的兴起，程序设计也面临着新的挑战和机遇。云计算使得分布式计算成为可能，程序设计需要更好地适应分布式环境；物联网的普及使得程序设计需要更好地支持物联网设备之间的通信和数据处理；区块链则要求程序设计更加注重数据安全和隐私保护。

未来，程序设计将继续朝着更加智能化、高效化的方向发展。人工智能发展将进一步提升程序设计的智能化水平，使得程序能够更好地理解和分析人类的需求，提供更加智能化的解决方案。同时，随着量子计算的突破，程序设计也将面临新的挑战和机遇，需要适应量子计算的特殊性。

程序设计的发展还需要注重可维护性和可扩展性。随着软件规模的不断增大和应用需求的不断变化，程序设计需要更好地支持模块化、组件化的开发方式，提高代码的可复用性和可维护性。

10.1.2 程序设计语言

在人与计算机之间交流的语言被称为程序设计语言，其用途是解决人和计算机的交流问题，将人解决问题的思路、方法和手段通过某种计算机能够理解的形式告诉计算机，使得计算机能够根据人的指令一步一步地完成某种特定的任务。

程序设计语言经历了由低级语言向高级语言发展的过程。依据处理程序对硬件的依赖程度及其发展历史，程序设计语言被分为机器语言、汇编语言和高级语言。

1. 机器语言

机器语言是一种用二进制代码"0"和"1"表示，能被计算机直接识别和执行的语言。因此，机器语言的执行速度最快，但它的二进制代码会随 CPU 型号的不同而变化，且不便于人们记忆、阅读和书写，通常不用机器语言编写程序。

2. 汇编语言

汇编语言是一种使用助记符表示的面向机器的程序设计语言，是由机器语言转换过来的，让人类较易阅读的文本形式的语言。每条汇编语言的指令对应一条机器语言的代码，不同型号的计算机系统一般都有不同的汇编语言。

因为计算机硬件只能识别机器指令，用助记符表示的汇编指令是不能执行的，所以要想执行用汇编语言编写的程序，就必须先用一个程序将汇编语言翻译成机器语言。用于翻译的程序被称为汇编器（Assembler），用汇编语言编写的程序被称为汇编程序（Assembly Program），在翻译后得到的机器语言程序被称为目标程序。

3. 高级语言

机器语言和汇编语言都是面向机器的语言，一般被称为低级语言。它们对机器的依赖性强，程序的通用性差，要求程序员必须了解计算机硬件的细节，因此只适合计算机专业人员使用。为了解决上述问题，满足广大非专业人员的编程需求，高级语言应运而生。高级语言是一种比较接近自然语言（如英语）和数学表达式的计算机程序设计语言，它与计算机硬件无关，易于人们接受和掌握。常用的高级语言有 C、Java、Python 等。其中，Java 是目前使用最广泛的网络编程语言之一，具有简单、面向对象、稳定、与平台无关、多线程、动态等特点。

但是，任何用高级语言编写的程序都要经编译器（Compiler）处理，在被翻译成机器语言后才能被计算机执行，与用低级语言相比，用高级语言编写的程序在执行时间和效率方面要差一些。而有些编译器则将高级语言转换为汇编语言，使用汇编器完成最后一步的机器语言转换。

高级语言程序的编译过程，如图 10-1 所示。

图 10-1　高级语言程序的编译过程

10.1.3　程序设计过程

1. 需求分析

需求分析是程序设计的初始阶段，需要对要解决的问题进行深入理解。在这个阶段，开发者会与客户沟通需求，明确目标和约束条件，以确保软件能够满足用户的实际需求。

2. 算法设计

在完成需求分析之后，开发者需要设计能解决问题的算法。算法是一系列解决问题的步骤，它定义了如何通过计算机程序来处理数据和执行任务。在算法设计过程中，需要考虑软件的性能、可维护性、可扩展性等因素。

3. 编写代码

根据设计方案，使用程序设计语言编写代码，将设计的算法转换为计算机可以执行的程序。

4. 测试

在完成代码编写后，需要进行一系列测试，检查代码的正确性和性能，常见的测试类型包括单元测试、性能测试、集成测试等。

5. 调试

如果在测试时发现错误，则需要进行调试，调试过程包括查找错误、修正错误，直至代码无误并能正确运行。

6. 修正和维护

在测试过程中发现的问题需要进行修正。此外，软件在交付后还需要进行维护，以应对可能出现的新问题或变更的需求。

此外，在程序设计过程中还需要进行文档编写，包括程序说明、用户操作手册等，以便于软件的修正、维护，达到提升软件使用生命周期的目的。

10.2　Python 程序设计

Python 是一种高级语言，因其简洁、易读的语法和强大的功能而受到广大程序员的喜爱，它被广泛应用于各个领域，包括 Web 开发、数据分析、人工智能等。Python 强调代码的可读性和简洁性，这使得它成为初学者入门编程语言的理想选择。

10.2.1　Python 语言简介

Python 由吉多·范罗苏姆（Guido van Rossum）设计，提供了高效的高级数据结构，能简单、有效地面向对象编程。

Python 是一门简单、易学且功能强大的高级程序设计语言。

（1）Python 是一种解释型语言。在开发过程中没有编译这个环节，类似于 PHP 和 Perl 语言。

（2）Python 是一种交互式语言。可以在 Python 解释器中直接执行代码。

（3）Python 是一种面向对象语言。Python 支持面向对象的风格，能将代码封装在对象中。

（4）Python 是对初学者友好的程序设计语言。开发人员可以利用丰富的库，快速、便捷地满足各个领域的开发需求。

1. Python 特点

Python 的语法和动态类型，以及解释型语言的本质，使它成为在多数平台上编写脚本和快速开发应用程序的最佳程序设计语言。随着版本的不断更新和新功能的添加，Python 逐渐被用于独立的、大型的项目开发。

（1）易学习：Python 有相对较少的关键字，结构简单，有被明确定义的语法，学习起来较简单。

（2）易阅读：Python 代码较清晰。

（3）易维护：Python 的成功在于代码易维护。

（4）丰富的标准库：　Python 的最大优势之一在于它是丰富的标准库，是跨平台的，在 UNIX、Windows 和 Macintosh 操作系统上都能够很好兼容。

（5）互动模式：互动模式用户可以从终端输入代码并获得结果，同时支持互动测试和代码片段调试。

（6）可移植：基于其开放代码的特性，Python 已经被移植到许多平台上。

（7）可扩展：如果需要一段运行速度很快的关键代码，或者想要编写一些不愿开放的代码，则可以使用 C 或 C++完成。

（8）数据库：Python 提供常用的商业数据库的接口，方便调用各种主流数据库。

（9）GUI 编程：Python 支持 GUI 编程，且可以创建和移植到许多操作系统上。

（10）可嵌入：可以将 Python 嵌入 C/C++程序，让用户获得脚本化的能力。

2. Python 应用领域

Python 作为一种功能强大的程序设计语言，因其简单、易学而受到很多开发者的青睐。Python 的应用非常广泛，几乎所有大、中、小型互联网企业都在使用 Python 完成各种各样的任务，例如，国外的 Google、Youtube、Dropbox，国内的百度、新浪、搜狐、腾讯、美团等。

概括起来，Python 应用领域主要有如下几个。

（1）Web 开发：Python 经常被用于 Web 开发，尽管 Java、NodeJS 依然是 Web 开发的主流语言，但 Python 的上升势头更迅猛，尤其随着 Python 的 Web 开发框架逐渐成熟（如 Django、Flask、TurboGears、web2py 等），程序员可以更轻松地开发和管理复杂的 Web 程序。

（2）自动化运维：在很多操作系统中，Python 是标准的系统组件，大多数 Linux 发行版，以及 NetBSD、OpenBSD 和 MacOSX 都集成了 Python，可以在终端直接运行 Python 程序。Python 是运维工程师首选的程序设计语言。

（3）人工智能：人工智能是非常火的一个研究方向，Python 在人工智能领域内的机器学习、神经网络、深度学习等方面都是主流的程序设计语言。

（4）网络爬虫：Python 提供了很多服务于编写网络爬虫的工具，如 requests、urllib、Selenium 和 BeautifulSoup，以及网络爬虫框架 Scrapy。

（5）科学计算：Python 在数据分析、可视化方面有相当完善和优秀的库，如 NumPy、SciPy、Matplotlib、Pandas 等。

（6）游戏开发：很多游戏使用 Python 编写逻辑关系，因为 Python 支持更多的特性和数据类型。Python 可以直接调用 OpenGL 实现 3D 绘制，这是开发高性能游戏引擎的技术基础。

（7）云计算：OpenStack 是一个开源的云计算管理平台，其开发和运维过程中使用了大量 Python 程序设计语言。

10.2.2　Python 开发环境配置

Python 是一门解释型脚本语言，因此想要让编写的代码运行，就需要先安装 Python 解释器。

1. Python 下载

打开 Python 官网，如图 10-2 所示，向下滑动页面。在 "Looking for a specific release？" 选项组下显示不同版本的 Python，如图 10-3 所示。

在 Python 3.10.0 后面直接单击 "Download" 按钮，下载 Python 3.10.0 的安装程序 python-3.10.0- amd64.exe（64 位的完整离线安装包）。

2. 软件安装

（1）双击安装程序 python-3.10.0-amd64.exe，打开 "Python 3.10.0(64-bit) Setup" 界面。

（2）勾选 "Add Python 3.10 to PATH" 复选框，如图 10-4 所示，则可以将 Python 命令工具所在的目录添加到系统的 Path 环境变量中，以后开发程序或者运行 Python 命令会非常方便。

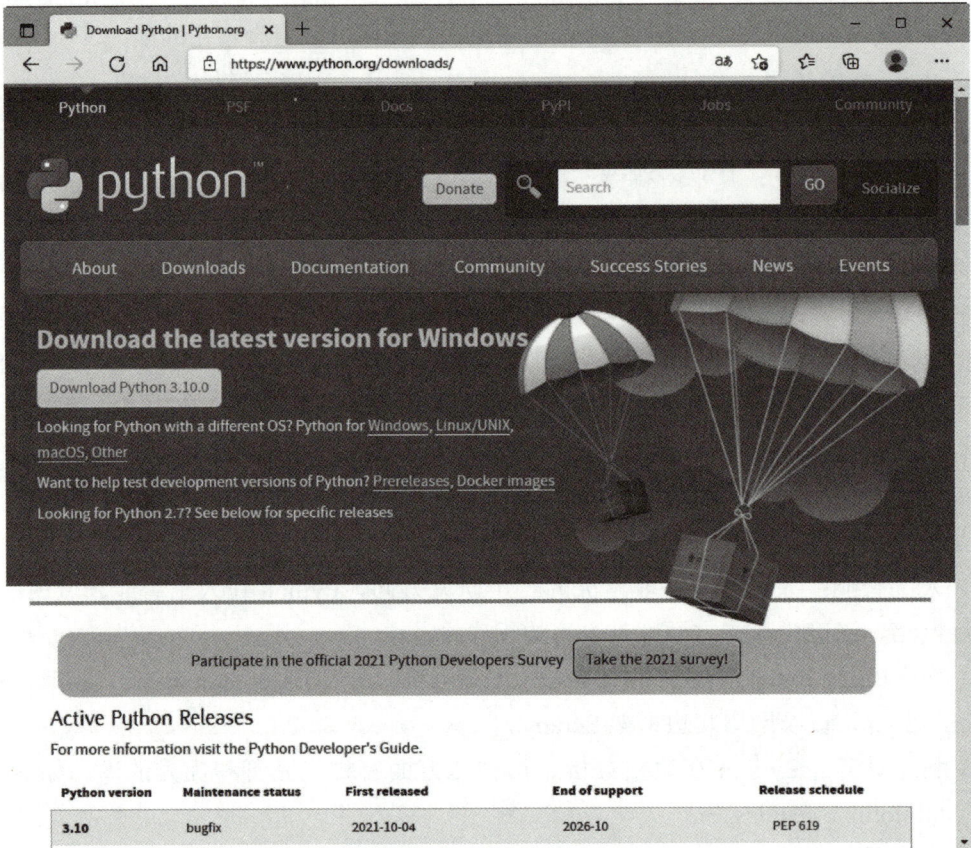

图 10-2　Python 官网

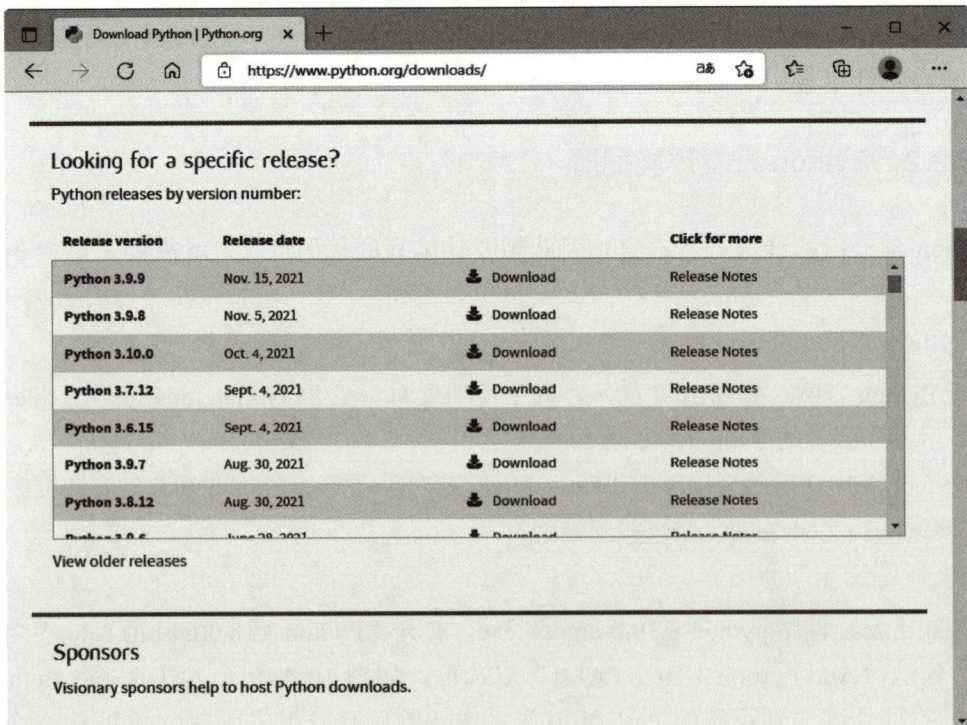

图 10-3　Python 版本

图 10-4　勾选"Add Python 3.10 to PATH"复选框

提示：勾选"Add Python 3.10 to PATH"复选框非常重要，若不勾选，则会在软件安装完成后进行检查，命令提示符窗口中显示"'python'不是内部或外部命令，也不是可运行的程序或批处理文件。"如图 10-5 所示。若要解决这个问题，则需要手动在计算机的环境变量中添加 Python 安装路径。

（3）单击"Next"按钮，设置"Optional Features"选项，这里选择默认参数，如图 10-6 所示。

（4）单击"Next"按钮，设置"Advanced Options"选项，在"Customize install location"编辑框中更改安装路径（不建议安装在 C 盘），其余选项采用默认设置，如图 10-7 所示。

（5）在确定安装路径后，单击"Next"按钮，此时会显示安装进度，如图 10-8 所示。由于安装过程需要复制大量文件，所以需要等待几分钟。在安装过程中，可以随时单击"Cancel"按钮终止安装过程。

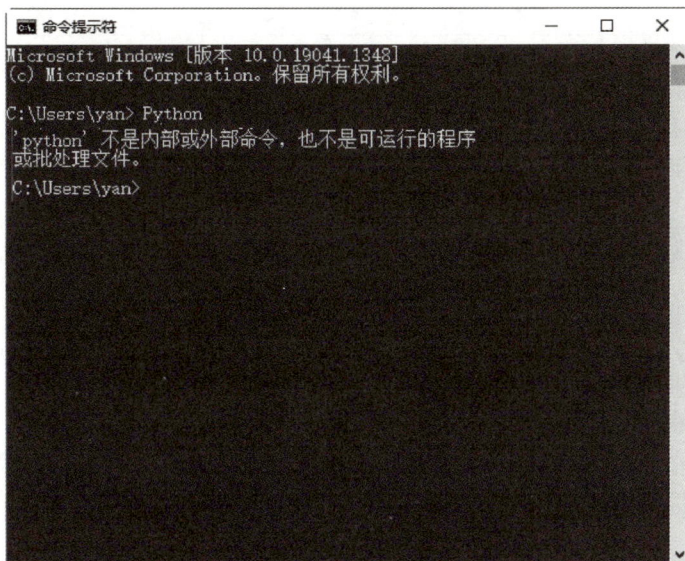

图 10-5　安装错误提示

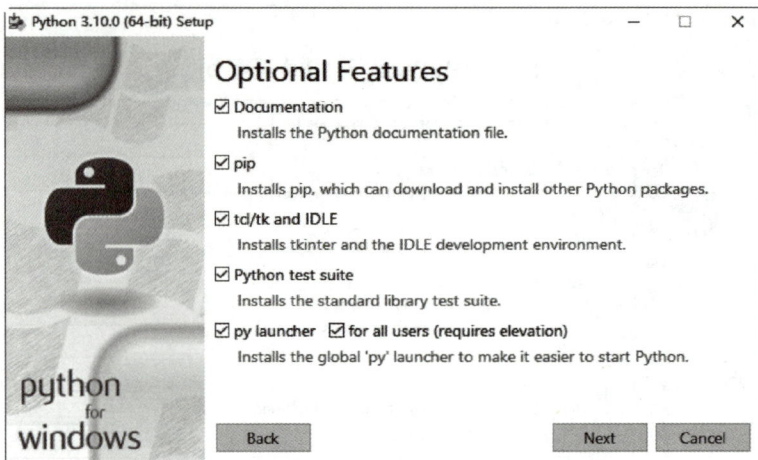

图 10-6　设置"Optional Features"选项

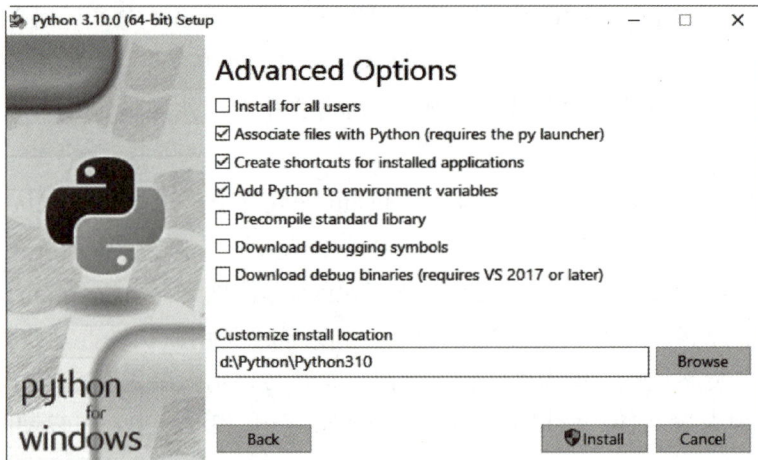

图 10-7　设置"Advanced Options"选项

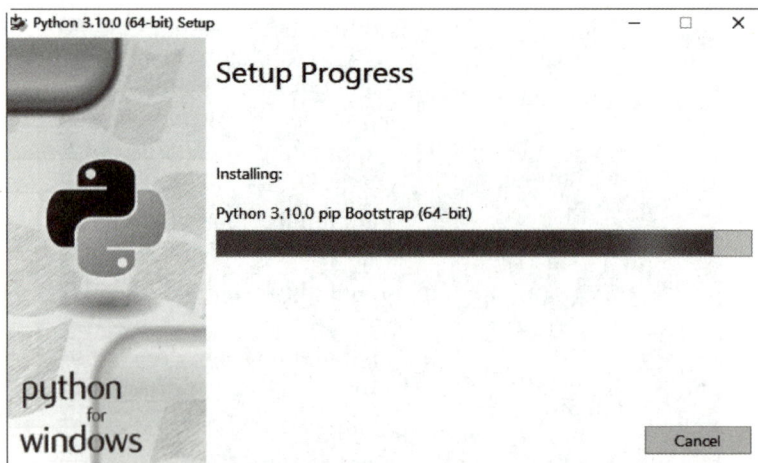

图 10-8　显示安装进度

（6）在安装结束后，出现"Setup was successful"信息提示，如图 10-9 所示。单击"Close"按钮，即可完成 Python 3.10.0 的安装。

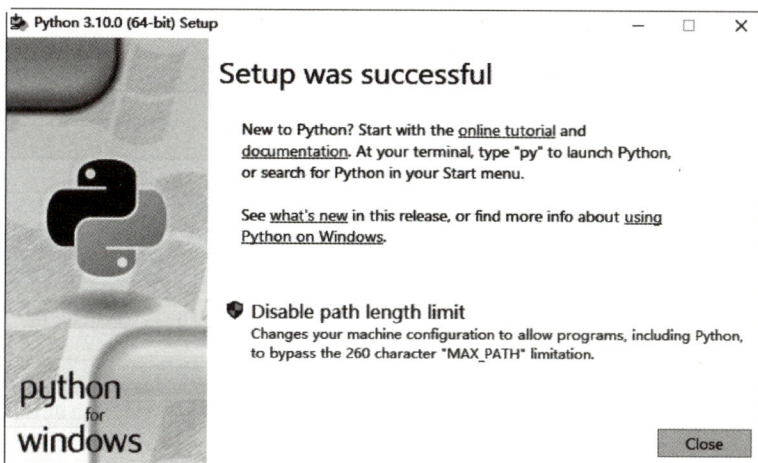

图 10-9　出现"Setup was successful"信息提示

3. 安装检查

在完成 Python 安装后，需要检查安装是否成功。

在计算机的"开始"对话框中输入"cmd"，打开命令提示符窗口，输入"Python"，按回车键，若出现如图 10-10 所示的运行结果，则表示 Python 安装成功。

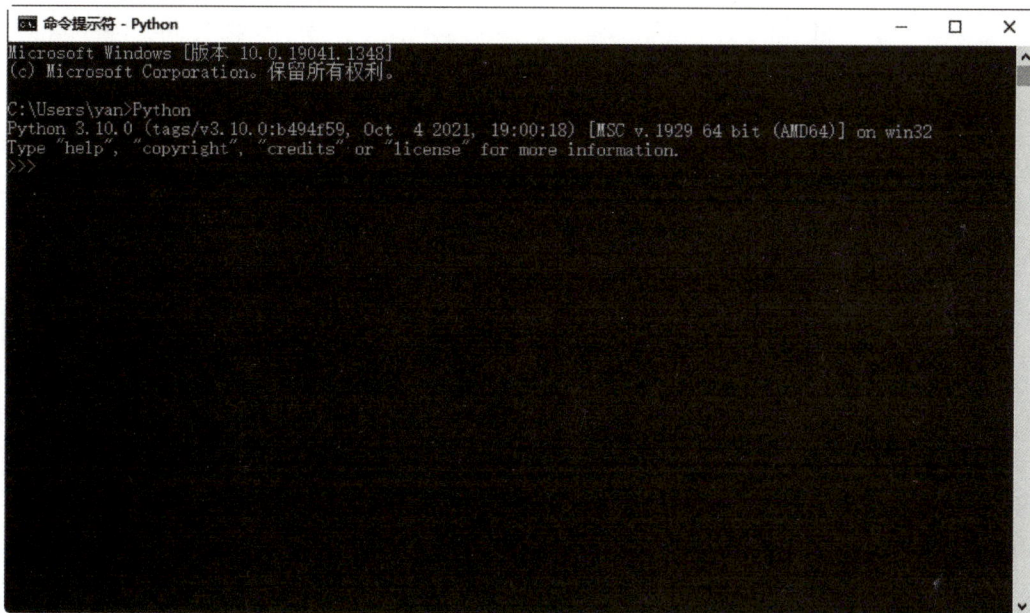

图 10-10　运行结果

10.2.3　Python 程序运行方式

Python 解释器 IDLE 是一个功能完备的代码编辑器，可以编写代码、输出结果。

1. 交互式编程

交互式编程不需要创建脚本，而是通过 Python 解释器的交互模式编写代码。下面介绍两种交互式编程的方法。

（1）Python 3.10.0。

在"开始"对话框中输入"cmd"，打开命令提示符窗口，输入 Python 指令，启动交互式编程。

```
Python 3.10.0 (tags/v3.10.0:b494f59, Oct  4 2021, 19:00:18) [MSC v.1929 64
bit (AMD64)] on win32
Type "help", "copyright", "credits" or "license()" for more information.
>>>
```

若出现上面的代码，则表示已经进入 Python 交互式编程环境，在>>>后输入代码即可。

（2）IDLE Shell 3.10.0。

在 Windows 上安装 Python 时，同时安装了交互式编程客户端 IDLE Shell 3.10.0，启动 IDLE Shell 3.10.0，启动交互界面如图 10-11 所示。

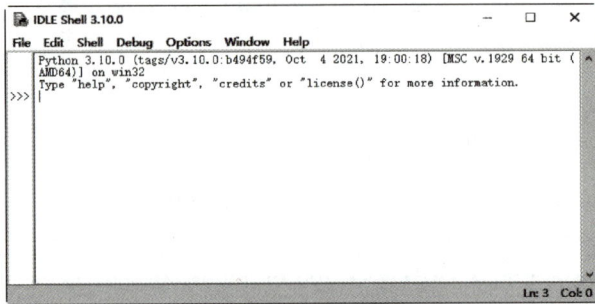

图 10-11　启动交互界面

在命令行提示符窗口中输入以下信息，按 Enter 键。

```
>>> 0.1+2
```

输出结果如下：

```
2.1
```

2. 脚本式编程

Python 可以通过脚本参数调用解释器来执行脚本，直至脚本执行完毕。在脚本执行完毕后，解释器不再有效。

创建一个 Python 脚本文件 data_1001.py，如图 10-12 所示。

在"开始"对话框中输入"cmd"，打开命令提示符窗口，输入如下代码：

```
python data_1001.py
```

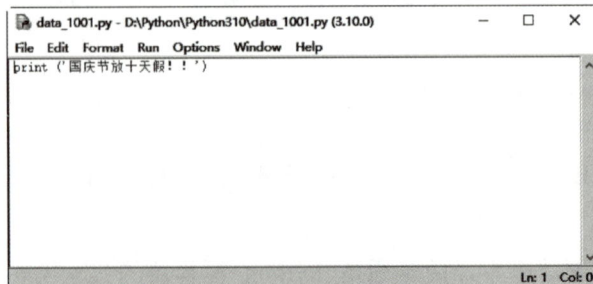

图 10-12　Python 脚本文件

输出结果如图 10-13 所示。

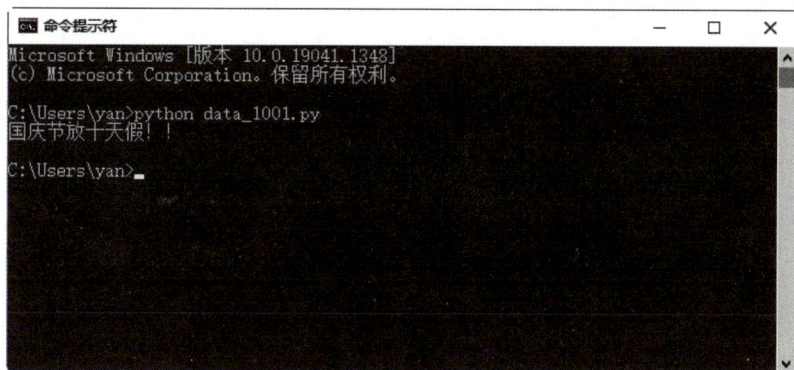

图 10-13　输出结果

提示：在打开命令提示符窗口后，需要通过 cd 指令切换到脚本所在的目录，才能使用上述代码进行 Python 脚本的运行。

10.2.4　数据类型

按照数据的结构进行分类，Python 中的数据类型主要包括数值（Number）、字符串（String）、列表（List）、区间（Range）、元组（Tuple）、集合（Set）、字典（Dictionary）。

1. 数值

数值数据类型主要包括整数（Integers）、浮点数（Floating Point Numbers）、复数（Complex Numbers）和布尔类型（Boolean）。

2. 字符串

字符串主要由 26 个英文字母、空格等组成，根据存储格式分为字符常量与字符串常量。其中，所有的空格和制表符都照原样保留。

（1）字符常量是用一对单引号引起来的单个字符，如'a'。

（2）字符串常量是用一对双引号引起来的零个或者多个字符序列，如"Who are you"。

（3）字符串常量是用一对三引号引起来的零个或者多个字符序列，如"'what's your name？'"。

提示：单引号与双引号的作用是一样的，但是当引号里包含单引号时，则外层的单引号需改用双引号，例如，如"'what's your name？'"。

Python 的字符串列表有两种取值顺序。

（1）从左到右，索引默认从 0 开始，最大索引是字符串长度减 1。

（2）从右到左，索引默认从-1 开始，最大索引是字符串的起始索引。

3. 列表

Python 的列表是任意对象的有序集合，通常用[]创建，元素之间用逗号隔开。这里的任意对象，既可以是列表嵌套的列表，也可以是字符串，示例如下：

```
>>> student = ['name',['Wang','Li'],'Age',[20,23]]
>>> student
```

运行结果：

```
['name', ['Wang', 'Li'], 'Age', [20, 23]]
```

每个列表中的元素都从 0 开始计数，如下列代码可以选取列表中的元素。

```
>>> student[1]
['Wang', 'Li']
>>> student[0]
'name'
```

remove()函数用于进行列表删除操作，只需要在变量名后面加个句点就可以轻松调用。

4. 区间

区间类似于一个整数列表，是一个可迭代对象（类型是对象），也是一种数据结构。range()函数的调用格式如下：

```
range(start, stop[, step])
```

参数说明。

start：从 start 开始计数，默认从 0 开始，range(5)等价于 range(0, 5)。

stop：到 stop 结束计数，但不包括 stop，如 range(0, 5)是[0, 1, 2, 3, 4]，没有 5。

step：步长，默认为 1，如 range(0, 5)等价于 range(0, 5, 1)。

5. 元组

元组与列表类似，不同之处在于元组的元素不能修改。元组变量使用()创建，元素之间用逗号隔开。

接下来创建一个元组，代码如下：

```
# 创建元组
>>> Information = ('school',('No 1','No 2','No 3','No 4'),'grade',(1,2,3,4))
>>> type(Information)              # 显示变量的类型
```

运行结果：

```
<class 'tuple'>
```

显示创建的变量类型为元组。

6. 集合

集合是一个包含无序、不重复元素的序列，可以使用{}或者 set()函数创建。

注意：空集必须使用 set()函数创建，不能使用{}。

接下来创建一个集合，代码如下：

```
# 创建集合
>>> Number = {'No 1','No 2','No 3','No 4'}
>>> type(Number)                  # 显示变量的类型
```

运行结果：

```
<class 'set'>
```

显示创建的变量类型为集合。

7. 字典

字典是一种可变容器模型，可存储任意类型的对象，通常用{}创建。字典是除列表以外的最灵活的内置数据结构类型。

字典是一个无序的键值对的集合，格式如下所示：

```
dic = {key1 : value1, key2:value2}
```

接下来创建一个字典，代码如下：

```
>>> information = {'name':'li', 'age':'24'}
>>> print(information)
```

运行结果：

```
{'name': 'liming', 'age': '24'}
```

其中，name 和 li 是一个键值对。

10.2.5　常量和变量

常量和变量都是用于存储数据的容器，在定义时都需要指明数据类型，它们唯一的区别是常量中存放的值不允许更改，而变量中存放的值允许更改。

常量可以被看作一种特殊的变量，只不过这种变量在定义时必须被赋值，且之后不能重新赋值或更改。

1. 常量

常量是在程序运行时不改变值的量，比如，身份证号、出生年月等值不变的常量。Python 并没有提供定义常量的保留字，不过在 PEP 8（Python Enhancement Proposal《Python 增强建议书》）中定义了常量名可由大写字母和下画线组成。

比如，圆周率是一个常量，其示例如下：

```
>>> PI = 3.14159265359
>>> PI
3.14159265359
```

目前常用全大写字母的方式来标识常量，但这并不能起到防止修改的作用，只从语义和可读性上进行了区分，在实际项目中，常量在被首次赋值后，还可以被修改。

但事实上，给 PI 赋值为 3，不会出现任何错误提示，所以用全部大写的变量名表示常量只是习惯用法，示例如下：

```
>>> PI = 3
>>> PI
3
```

2. 变量

变量是程序设计语言的基本元素之一。与常规的程序设计语言不同的是，Python 并不要求事先对使用的变量进行声明，也不需要指定变量类型，Python 会自动依据赋予变量的值或对变量进行的操作来识别变量类型。在赋值过程中，如果赋值变量已存在，则 Python 将使用新值代替旧值，并以新值类型代替旧值类型。

Python 变量的命名应遵循如下规则。

（1）变量名必须以字母或下画线开头，之后可以是任意的字母、数字或下画线。

（2）变量名区分字母大小写。

（3）应选择有意义的单词作为变量名。

（4）变量名不超过 31 个字符，第 31 个字符以后的字符将被忽略。

（5）不能把变量赋给变量，只能把常量赋给变量，a=b 是错误的表达。

变量的命名建议尽量使用能描述变量作用的单词，并遵循驼峰命名法。驼峰命名法是在编写代码时使用的一套命名规则，混合大小写字母来构成变量名和函数名。当变量名或函数名是由一个或多个单词连接成的唯一标识符时，第一个单词以小写字母开始，从第二个单词开始的单词首字母大写，例如：myFirstPage、allStudentName，这样的变量名看上去就像驼峰一样此起彼伏。

提示：驼峰命名法的命名规则可被视为一种惯例，并无绝对性与强制性，目的是增强识别性和可读性。

每个变量在使用前都必须赋值，赋值以后才会被创建。

示例如下：

```
# 如果没有赋值就直接使用，则会显示变量未定义异常
>>> sell
Traceback (most recent call last):
  File "<pyshell#9>", line 1, in <module>
    sell
NameError: name 'sell' is not defined
# 新的变量通过赋值的动作，创建并开辟内存空间、保存值，但不会显示结果
# Python 的变量无须提前声明，在赋值的同时就声明了变量
>>> sell = 10000      # 定义商品销量
>>> sell
10000
```

3. 变量的输入、输出函数

（1）input()函数。

input()函数用来提示用户从键盘输入数据、字符串或者表达式，并接收输入值，其调用格式如下：

```
input([prompt])
```

这种调用格式的功能是以文本字符串"prompt"给用户提示，将用户输入的内容赋给变量，返回字符串类型。

（2）print()函数。

print()函数用来进行打印和输出，其调用格式如下：

```
print(*objects, sep=' ', end='\n', file=sys.stdout, flush=False)
```

参数说明。

- objects：复数，表示可以一次输出多个对象。在输出多个对象时，需要用","分隔。
- sep：用来表示间隔多个对象，默认值是一个空格。
- end：用来设定以什么结尾。默认值是换行符。

● file：表示要写入的文件对象。

● flush：表示输出是否被缓存，通常取决于参数 file。

变量在输入、输出时，可以自定义格式，Python 的格式化符号见表 10-1。

表 10-1　Python 的格式化符号

占位符	说明
%s	字符串，%20s 表示将长度格式化成 20 位，不足的用空格补齐，如果原始数据长度大于 20 位，那么输出不受影响
%d	有符号的十进制整数，%06d 表示输出的整数显示位数，不足的用 0 从高位补全 ，%6d 表示输出的整数显示位数，不足的用空格从高位补全
%f	浮点数，%.02f 表示只显示小数点后两位
%%	输出百分号

在使用 Python 编写代码时，掌握常用命令可以起到事半功倍的效果，常用命令如表 10-2 所示。

表 10-2　常用命令

命令	命令的功能	命令	命令的功能
dir	显示当前目录下的文件	exit	退出命令
print	显示变量或文字	type	显示数据类型

下面介绍常用的键盘按键与符号，见表 10-3、10-4。

表 10-3　键盘按键表

键盘按键	说明	键盘按键	说明
↑	重调前一行	Home	移动到行首
↓	重调下一行	End	移动到行尾
←	向前移一个字符	Alt+N	前进至下一次编辑的代码
→	向后移一个字符	Delete	删除光标处的字符
Ctrl+ ←	左移一个字或词	Backspace	删除光标前的一个字符
Ctrl+ →	右移一个字或词	Alt+Backspace	删除到行尾
Tab	自动补全	Alt+P	退到上一次编辑的代码

表 10-4　符号表

符号	定义	符号	定义
>>>	输入提示符	#	注释符号
.	小数点及域访问符	'	字符串标记符
=	赋值标记	/	续行符号
,	区分列及函数参数的分隔符等	#	注释标记
( )	指定运算过程中的优先顺序	{}	用于构建字典

10.2.6 运算符

Python 提供了丰富的运算符，能满足用户的各种应用需求，包括算术运算符、赋值运算符、关系运算符、逻辑运算符、位运算符、成员运算符和身份运算符，下面介绍运算符及其优先级。

1. 算术运算符

Python 的算术运算符见表 10-5。

表 10-5 Python 的算术运算符

算术运算符	定义
+	加
-	减
*	乘
/	除
//	取整
%	取余
**	幂

实例：计算 18÷7+15×6-8 的值，代码如下：

```
>>> a = 18/7+15*6-8
>>> int(a)    # 以整数形式输出结果
84
>>> float(a)    # 以浮点数形式输出结果
84.57142857142857
```

2. 赋值运算符

Python 的赋值运算符见表 10-6。

表 10-6 Python 的赋值运算符

赋值运算符	定义
=	简单赋值运算符，c＝a＋b 表示将 a＋b 的运算结果赋给 c
+=	加法赋值运算符，c+=a 等效于 c=c+a
-=	减法赋值运算符，c-=a 等效于 c=c-a
*=	乘法赋值运算符，c*=a 等效于 c=c*a
/=	除法赋值运算符，c/=a 等效于 c=c/a
%=	取模赋值运算符，c%=a 等效于 c=c%a
**=	幂赋值运算符，c**=a 等效于 c=c**a
//=	取整赋值运算符，c//=a 等效于 c=c//a

3. 关系运算符

关系运算符主要用于矩阵与数、矩阵与矩阵的比较，返回值表示二者关系，True、False 分别表示不满足和满足指定关系。

Python 语言的关系运算符见表 10-7。

表 10-7　Python 语言的关系运算符

关系运算符	定义
==	等于
!=	不等于
>	大于
>=	大于或等于
<	小于
<=	小于或等于

实例：使用关系运算符进行判断，代码如下：

```
>> 2>2
False
>> 2<2
False
>> 1==1
True
```

4. 逻辑运算符

在进行逻辑判断时，所有非零数值均被认为真，而零为假。在逻辑判断结果中，为真时输出 True，为假时输出 False。

Python 语言的逻辑运算符见表 10-8。

表 10-8　Python 语言的逻辑运算符

逻辑运算符	定义
and	逻辑与。如果 x 为 False，则 x and y 返回 False
or	逻辑或。如果 x 是非零数值，则返回 x 的值
not	逻辑非。如果 x 为 True，则返回 False

5. 位运算符

Python 语言的位运算符见表 10-9。

表 10-9　Python 语言的位运算符

位运算符	定义
&	按位与运算符，如果参与运算的两个值的相应位都为 1，则该位的结果为 1，否则为 0
|	按位或运算符，只要对应的两个二进制位有一个为 1，结果就为 1
^	按位异或运算符，当两个对应的二进制位相异时，结果为 1
~	按位取反运算符：对每个二进制位取反，即把 1 变为 0，把 0 变为 1
<<	左移动运算符，运算数的各个二进制位全部左移若干位，由 "<<" 右边的数指定移动的位数，高位丢弃，低位补 0
>>	右移动运算符，把 ">>" 左边的运算数的各个二进制位全部右移若干位，把 ">>" 右边的数移动指定的位数

6. 成员运算符

除了以上运算符，还有成员运算符，Python 语言的成员运算符见表 10-10。

表 10-10　Python 语言的成员运算符

成员运算符	定义
in	如果在指定的序列中找到值，则返回 True，否则返回 False
not in	如果在指定的序列中没有找到值，则返回 True，否则返回 False

7. 身份运算符

Python 语言的身份运算符见表 10-11。

表 10-11　Python 语言的身份运算符

身份运算符	定义
is	用于判断两个标识符是不是引用自一个对象，如果是，则返回 True，否则返回 False
is not	用于判断两个标识符是不是引用自不同对象，如果不是，则返回 True，否则返回 False。

8. 运算符优先级

表 10-12 列出了从高到低的运算符优先级。

表 10-12　运算符优先级

运算符	描述
**	指数（最高优先级）
~ + -	按位翻转，一元加号和减号（最后两个的方法名为+@和-@）
* / % //	乘、除、取模和取整除
+ -	加法、减法
>> <<	右移、左移运算符
&	按位与运算符
^、|	按位或、按位异或运算符
<=、<、>、>=	比较运算符
==、!=	关系运算符
=、%=、/=、//=、-=、+=、*=、**=	赋值运算符
not、and、or	逻辑运算符

10.2.7　函数

1. 基本函数

Python 中，常用的函数基本都在 math 模块、cmath 模块中，math 模块提供了许多浮点数函数，cmath 模块提供了复数函数。

常用的三角函数及角度转换函数见表 10-13。

表 10-13　常用的三角函数及角度转换函数

函数名	说明
sin(x)	返回 x 弧度的正弦值
cos(x)	返回 x 弧度的余弦值
tan(x)	返回 x 弧度的正切值
asin(x)	返回 x 弧度的反正弦值
acos(x)	返回 x 弧度的反余弦值
atan(x)	返回 x 弧度的反正切值
atan2(y, x)	根据给定的 x 及 y 返回反正切值
hypot(x, y)	返回欧几里得范数
degrees(x)	将弧度转换为角度，如 degrees(math.pi/2)，返回 90.0
radians(x)	将角度转换为弧度

Python 常用的数学运算函数见表 10-14。

表 10-14　Python 常用的数学运算函数

函数名	说明
abs(x)	计算绝对值
ceil(x)	返回大于 x 的最小整数
cmp(x, y)	如果 x < y，则返回-1；如果 x == y，则返回 0；如果 x > y，则返回 1
exp(x)	返回 e 的 x 次幂
fabs(x)	返回绝对值
floor(x)	返回数字的下舍整数，即返回值小于或等于 x
log(x)	以 e 为基数的 x 的对数运算
log10(x)	以 10 为基数的 x 的对数运算
max(x1, x2,...)	返回给定参数的最大值，参数可以为序列
min(x1, x2,...)	返回给定参数的最小值，参数可以为序列
modf(x)	返回 x 的整数部分与小数部分，两部分的数值符号与 x 相同，整数部分以浮点型表示
pow(x, y)	返回 x 的 y 次幂
round(x [,n])	返回浮点数 x 的四舍五入值，n 代表小数点后的位数
sqrt(x)	返回 x 的平方根
divmod (x, y)	用两个参数 x、y 返回由商和余数组成的一对数字（元组）

2. 逻辑判断函数

在进行逻辑判断时，所有非零数值均为真，而零为假。逻辑判断函数见表 10-15。

表 10-15 逻辑判断函数

逻辑判断函数格式	说明
all(iterable)	1. 集合中的元素都为真时为真 2. 若为空字符串，则返回 True
any(iterable)	1. 集合中字符的元素有一个为真时为真 2. 若为空字符串，则返回 False
cmp(x, y)	如果 x < y，则返回负数；如果 x == y，则返回 0；如果 x > y，则返回正数

3. 时间和日期函数

Python 将日期和时间独立成了一个数据类型，对时间数据进行处理的功能强大。时间和日期函数支持时间高效计算、对比、格式化显示。时间数组的操作和普通数组的操作基本一致，可以对日期和时间执行加法、减法、排序、比较、串联和绘图等操作，还可以将日期和时间以数值、数组或文本形式表示。

（1）获取时间和日期函数。

在 Python 中，datetime 模块中的函数用来定义基本日期和时间，根据系统时间计算当前日期和时间。

为提高日期与时间的显示精度，Python 提供了特定的时间和日期数组。datetime()函数用于获取年、月、日、时、分、秒等信息，其调用格式如下。

① datetime(Y,M,D)：根据 Y、M、D（年、月、日）的对应元素创建一个时间和日期值。

② datetime(Y,M,D,H,MI,S)：在上条语法的基础上，添加 H、MI、S（时、分和秒）。所有数组的大小必须相同（或者，其中的任意数组可以是标量）

③ datetime(Y,M,D,H,MI,S,MS)：在上条语法的基础上，添加 MS（毫秒）。

④ datetime(Y,M,D[,H[,MI[,S[,MS[,tzinfo]]]]])：在上条语法的基础上，添加 tzinfo（时区信息对象）。

Python 可以通过"."调用函数类来获取指定的时间和日期。datetime 模块中的类包含 date（日期对象）、time（时间对象）、datetime（时间和日期对象）、datetime_CAPI（日期和时间对象的 C 语言接口）、timedelta（时间间隔）和 tzinfo（时区信息对象）。

datetime 模块包含的常量如下。

① MAXYEAR：返回能表示的最大年份，如 datetime.MAXYEAR 表示 9999。

② MINYEAR：返回能表示的最小年份，如 datetime.MINYEAR 表示 0。

（2）获取指定时间和日期。

day 可以是 'today'、'tomorrow'、'yesterday' 或 'now'。在 Python 中，now()函数可以根据系统时间计算当前时间和日期。

（3）日期对象。

date（日期对象）常用的属性有 year、month、day，用于获取年、月、日。

实例：查看指定时间和日期信息，代码如下：

```
>>> import datetime          # 导入时间和日期模块
# 定义日期
>>> a = datetime.date(2015,9,2)
>>> type(a)
<class 'datetime.date'>
# 显示日期中的年、月、日
```

```
>>> a.year
2015
>>> a.month
9
>>> a.day
2
```

（4）时间对象。

time（时间对象）常用的属性有 hour、minute、second、microsecond 和 tzinfo。

（5）时间和日期对象。

datetime（时间和日期对象）常用的属性有 year、month、day、hour、minute、second、microsecond、tzinfo。

① combine()函数。

datetime（时间和日期对象）可以看作 date 类和 time 类的合体。在 Python 中，combine()函数将一个 date 对象和一个 time 对象合并成一个 datetime 对象，其调用格式如下：

```
combine(…)
```

② __getattribute()函数。

在 Python 中，__getattribute__()函数用于获取时间和日期，其调用格式如下：

```
>>> import datetime
>>> a = datetime.date(2024,9,2)
>>> a.__getattribute__('year')
2024
```

③ utcnow()函数。

在 Python 中，utcnow()函数用于获取当前时间和日期的 UTC datetime 对象，其调用格式如下：

```
>>> import datetime
>>> datetime.datetime.utcnow()
datetime.datetime(2024, 8, 5, 8, 37, 28, 744522)
```

（6）时间和日期的表示形式。

在 Python 中，默认用数字表示时间和日期，计算机更容易进行计算，但是不直观，可以将时间和日期格式转换为 ISO 标准化格式，下面介绍转换函数。

① isocalendar()函数。

在 Python 中，isocalendar()函数返回一个包含三个值的元组，这三个值依次为：year（年份）、week number（周数）、weekday（星期数，周一为1……周日为7），其调用格式如下：

```
isocalendar(…)
```

② isoformat()函数。

在 Python 中，isoformat()函数返回符合 ISO 标准（YYYY-MM-DD）的日期字符串，其调用格式如下：

```
isoformat(…)
```

③ isoweekday()函数。

在 Python 中，isoweekday()函数返回符合 ISO 标准的指定日期对应的星期数（周一为1……周日为7），其调用格式如下：

```
isoweekday(…)
```

④ weekday()函数。

在 Python 中，weekday()函数返回符合 ISO 标准的指定日期对应的星期数（周一为0，……，周日为6），其调用格式如下：

```
weekday(…)
```

在 Python 中，除了函数，还可以使用格式化符号来指定时间和日期格式，具体见表 10-16。

表 10-16　时间和日期的格式化符号

格式化符号	说明
%y	两位数的年份（00～99）
%Y	四位数的年份（000～9999）
%m	月份（01～12）
%d	某月中的一天（0～31）
%H	24 小时制的小时数（0～23）
%I	12 小时制的小时数（01～12）
%M	分钟（00～59）
%S	秒（00～59）
%a	在本地简化星期名称
%A	在本地完善星期名称
%b	在本地简化月份名称
%B	在本地完善月份名称
%c	本地相应的日期表示和时间表示
%j	某年内的一天（001～366）
%p	本地 AM 或 PM 的等价格式化符号
%U	一年中的星期数（00～53），星期天为星期的开始
%w	星期（0～6），星期天为星期的开始
%W	一年中的星期数（00～53），星期一为星期的开始
%x	本地相应的日期表示
%X	本地相应的时间表示
%Z	当前时区的名称
%%	%本身

10.2.8 程序结构

程序结构就是程序的流程控制结构。一般程序设计语言的程序结构大致可分为如图 10-14 所示的顺序结构、选择结构与循环结构三种。

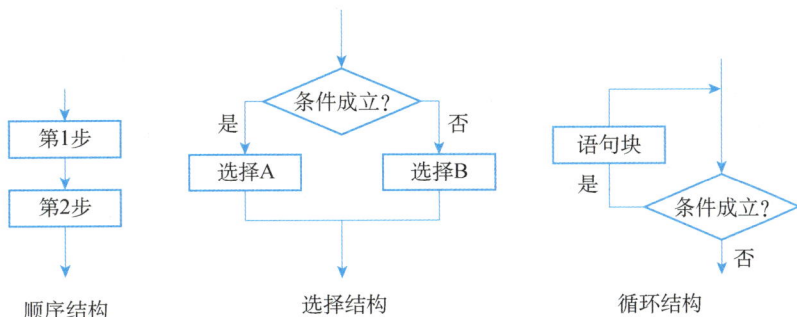

图 10-14 三种程序结构

1. 表达式及其语句

在 Python 中，广泛使用表达式及其语句。用户可以通过交互式指令协调程序的执行，通过使用不同的交互式指令不同程度地响应程序运行过程中出现的各种提示。

（1）表达式。

表达式是由常量、变量、函数用运算符连接而成的数学关系式。

在 Python 中，eval()函数用于计算字符串中的有效表达式，并返回一个对象，其调用格式如下：

```
eval(expression[, globals[, locals]])
```

其中，expression 表示表达式；globals 表示变量作用域，是全局命名空间，如果被提供，则必须是一个字典对象；locals 表示变量作用域，是局部命名空间，如果被提供，则可以是任何映射对象。

（2）表达式语句。

单个表达式就是表达式语句。一行可以只有一条表达式语句，也可以有多条表达式语句。一条表达式语句可以占多行，在由多行构成一条表达式语句时，需要使用续行符"\"。

（3）逻辑表达式。

逻辑表达式的一般形式如下：

```
表达式    逻辑运算符    表达式
```

其中的表达式可以是逻辑表达式，从而形成嵌套。

例如，(a&b) & c，根据逻辑运算符的左结合性，该表达式也可写为 a & b & c。

（4）赋值语句。

赋值语句是指将表达式的值赋给变量所构成的赋值表达式。

（5）人机交互语句。

input()函数可用来提示用户从键盘输入数据、字符串或表达式，其调用格式如下：

```
input([prompt])
```

其中，prompt 表示提示信息。

（6）顺序结构。

顺序结构是最简单、最易学的一种程序结构，它由多个 Python 语句按顺序构成，各语句之间用分号隔开，若不加分号，则必须分行编写。程序执行也是按由上至下的顺序进行的。

（7）选择结构。

选择结构也叫分支结构，可根据表达式的值来选择执行哪些 Python 语句。在编写复杂算法的时候一般都会用到此结构。其中较常用的是 if-else 结构，if-else 结构是复杂算法中最常用的一种。Python 选择结构（分支结构）分为单分支结构、二分支结构、多分支结构。

① 单分支结构：根据表达式选择是否运行语句组，如图 10-15 所示，一般形式如下：

```
if    表达式:
语句组
```

说明：若表达式的值非零，则执行 if 内的语句组，否则直接执行 if 外的语句。每个表达式后面都要使用冒号来表示，若表达式为真，则运行语句组。通过使用缩进来划分语句，相同缩进的语句组成一个语句块。

② 二分支结构：根据表达式选择不同路径运行，如图 10-16 所示，一般形式如下：

```
if    表达式:
语句组 1
else:
语句组 2
```

说明：若表达式的值非零，则执行语句组 1，否则执行语句组 2。

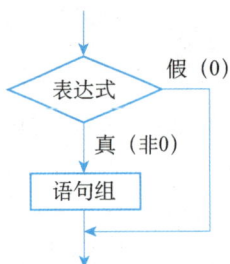

图 10-15　单分支结构

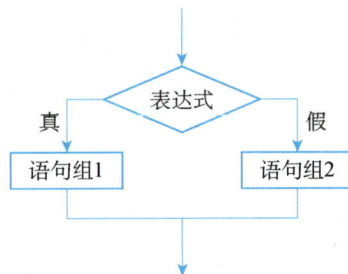

图 10-16　二分支结构

③ 多分支结构：对于不同分支的分级处理的问题，需要注意表达式间的包含关系，一般形式如下：

```
      if    表达式 1:
语句组 1
      elif   表达式 2:
语句组 2
      elif   表达式 3:
语句组 3
            …
      else:
语句组 n
```

实例：输出时间和日期，代码如下：

```
# /usr/bin/env python3
# 时间和日期参数包括年、月、日、时、分、秒、毫秒、星期等
import datetime           # 导入时间和日期模块
#打印当前时间和日期
a = datetime.datetime.now()
print('当前时间和日期：  ',a)
var=input('输出时间和日期变量：  ')
if  var=='年':
    aa = a.year
elif var=='月':
    aa = a.month
elif var=='日':
    aa = a.day
elif var=='时':
    aa = a.hour
elif var=='分':
    aa = a.minute
elif var=='秒':
    aa = a.second
elif var=='毫秒':
    aa = a.microsecond
elif var == '星期':
    aa = a.weekday
else:
    aa = a
print('输出时间和日期参数：',aa,var)
```

运行结果：

```
当前时间和日期：  20210-010-10 13:30:21.945805
输出时间和日期变量：  月
输出时间和日期参数：  5 月
```

（8）循环结构。

在利用 Python 进行数值实验或工程计算时，用得最多的程序结构之一是循环结构。在循环结构中，被重复执行的语句组被称为循环体，常用的循环结构有两种：for 循环与 while 循环。下面分别简要介绍相应的用法。

① for 循环。

在 for 循环中，循环次数一般是已知的，除非用其他语句提前终止，其一般形式如下：

```
for <variable> in <sequence>:
<statements>
```

在每次循环时，迭代变量<variable>接收迭代对象<sequence>中的元素值，迭代变量每接收一次元素值，for 循环便执行一次，直至执行到迭代对象的最后一项。迭代变量<variable>无特殊意义，一般使用 i 表示。循环次数<sequence>可以遍历任何可迭代对象，如一个列表或者一个字符串。

➤ 如果需要遍历数字序列，则可以使用 range()函数生成数字数列，并作为有限的循环次数。

➤ 如果迭代对象是列表或者字典，则直接用列表或者字典，此时迭代变量表示列表或者字

典中的元素。

② while 循环。

若不知道循环到底要执行多少次，就选择 while-end 形式，其一般形式如下：

```
while  表达式:
    可执行语句1
    ...
    可执行语句n
```

其中，表达式为循环控制语句，它一般是由逻辑运算符、关系运算符及一般运算符组成的表达式。若表达式的值非零，则执行一次 while 循环，否则停止 while 循环。

实例：计算 1 至 100 的累加和，代码如下：

```
# /usr/bin/env python3
sum = 0
i = 0
while i <= 100:
    sum = i + sum
    i = i + 1
print('1 至 100 的累加和为: ',sum)
```

运行结果：

```
1 至 100 的累加和为: 5050
```

2. 条件表达式

条件表达式也称三元表达式，一般适用于简单表达式，是程序结构的简化形式，一般形式如下：

```
<表达式1> if <条件> else <表达式2>
<条件>? <表达式1> : <表达式2>
```

实例：比较两个数的大小，代码如下：

```
# /usr/bin/env python3
a=3          # 定义变量
b =4
x = a  if a-b>0 else b
print(x)
```

运行结果：

```
4
```

3. 嵌套循环

Python 允许在一个循环中嵌套另一个循环，这就是循环嵌套。

（1）if 嵌套

① 在单分支结构中嵌套二分支结构（if-else），一般形式如下：

```
    if 表达式1:
        语句0
        if 表达式2:
```

```
        语句 1
    else:
        语句 2
```

② 在二分支结构中嵌套二分支结构，一般形式如下：

```
if 表达式 1:
语句 1
    if 表达式 2:
        语句 2
    else:
        语句 3
else:
    语句 4
```

③ 在多分支结构（if-elif-else）中嵌套多分支结构，一般形式如下：

```
if 表达式 1:
语句 1
if 表达式 2:
        语句 2
    elif 表达式 3:
        语句 3
    else:
        语句 4
elif 表达式 4:
    语句 5
else:
    语句 6
```

（2）for 循环与 if-else 嵌套。

在 for 循环中嵌套 if-else 的一般形式如下：

```
for 迭代变量 in 迭代对象:
if 表达式 1:
        语句 1
    else:
        语句 2
```

实例：已知三角形三条边的长，判断三角形类型。

若一个三角形的三条边 a、b、c（$a \geqslant b \geqslant c > 0$）满足 $b^2 + c^2 > a^2$，则这个三角形是锐角三角形。

若 $b^2 + c^2 = a^2$，则这个三角形是直角三角形。

若 $b^2 + c^2 < a^2$，则这个三角形是钝角三角形。

代码如下：

```
# /usr/bin/env python3
#判断三角形类型
a,b,c = (input("请输入三角形三条边的长：")).split()
a= int(a)
b= int(b)
c= int(c)
if  (a > 0) & (b >0) & (c>0) :
```

```
    if (a+b>c)&(a+c>b)&(b+c>a) :
        if a*a+b*b==c*c:
            print('这个三角形是直角三角形')
        elif a*a+b*b>=c*c:
            print('这个三角形是锐角三角形')
        else:
            print('这个三角形是钝角三角形')
    else:
        print('输入的数据不正确，需要重新输入')
else:
    print('输入的数据不正确，输入的边长应该大于 0')
```

运行结果：

```
请输入三角形三条边的长：3 4 5
这个三角形是直角三角形
请输入三角形三条边的长：0 1 2
输入的数据不正确，输入的边长应该大于 0
请输入三角形三条边的长：1 2 6
输入的数据不正确，需要重新输入
```

10.2.9　程序的流程控制

在利用 Python 编程解决实际问题时，可能需要提前终止 for 与 while 等循环，有时可能需要显示必要的出错或警告信息、显示批处理文件的执行过程等，而这些特殊要求的实现需要使用本节所讲的程序流程控制命令，如 break 命令、pause 命令、continue 命令、return 命令、pass 命令等。

1. break 命令

break 命令一般用来终止 for 或 while 循环，通常与 if 语句一起用，如果表达式为真，则利用 break 命令将循环终止。在多层循环嵌套中，break 只终止最内层的循环。

2. pause 命令

pause 命令用来使程序暂停运行，并根据用户的设定来选择何时继续运行，执行 pause 命令的函数见表 10-17。

表 10-17　执行 pause 命令的函数

函数及调用格式	说明
input()	暂停执行的程序，在用户按下任意键后继续执行
time.sleep("second")	暂停执行的程序，n 秒后继续。需要包含 time 模块，其中 second 是自定义的时间，根据实际情况上下浮动
os.system("pause")	需要包含 os 模块

3. continue 命令

continue 命令通常用在 for 或 while 循环中，并与 if 语句一起使用，其作用是结束本次循环，直接进入下一次循环迭代。

4. return 命令

return 命令可使正在运行的函数正常结束并返回调用它的函数或命令提示符窗口。程序运行到第一个 return 即返回，不会再运行到第二个 return。return 只能写在 def()函数里面，否则会提示"SyntaxError: 'return' outside function"，也就是语法错误。

5. pass 命令

pass 命令是空语句，可保持程序结构的完整性，其主要作用如下。

① 在编写程序时，可以用 pass 命令占位。

② 为复合语句编写一个空的主体。

10.2.10　错误和异常处理

如果程序出现错误和异常，那么就需要对程序进行调试。因此，掌握一定的错误和异常处理语句是十分有必要的。

1. 错误和异常

在 Python 中经常遇到两种错误：语法错误和异常信息。

（1）语法错误。

语法错误是初学者经常碰到的，示例如下：

```
>>> a = 'a
SyntaxError: unterminated string literal (detected at line 3)
```

在对字符串进行定义时，缺少字符串右侧的单引号，会显示 SyntaxError（语法错误）。

（2）异常信息。

异常是一个事件，是 Python 对象，错误不等于异常，即便程序语法是正确的，在运行时也可能出现异常信息，示例如下：

```
>>> a = 18/0
ZeroDivisionError: division by zero
```

在进行除法运算时，0 不能作为除数，显示 ZeroDivisionError（除零错误），触发异常。

Python 中还有很多异常，常见的异常见表 10-18。

表 10-18　常见的异常

异常	说明
BaseException	所有异常的基类
SystemExit	解释器请求退出
KeyboardInterrupt	用户中断执行（通常是输入^C）
Exception	常规异常的基类
StopIteration	迭代器没有更多的值
GeneratorExit	生成器发生异常，通知退出
StandardError	所有的内建标准异常的基类
ArithmeticError	所有数值计算错误的基类
FloatingPointError	浮点数计算异常
OverflowError	数值运算超出最大限制

异常	说明
ZeroDivisionError	除（或取模）零（所有数据类型）
AssertionError	断言语句失败
AttributeError	对象没有这个属性
EOFError	没有内建输入，到达 EOF 标记
EnvironmentError	操作系统异常的基类
IOError	输入/输出操作失败
OSError	操作系统异常
WindowsError	系统调用失败
ImportError	导入模块/对象失败
LookupError	无效数据查询的基类
IndexError	序列中没有此索引
KeyError	映射中没有这个键
MemoryError	内存溢出（对于 Python 解释器不是致命的）
NameError	未声明/初始化对象（没有属性）
UnboundLocalError	访问未初始化的本地变量
ReferenceError	弱引用试图访问已经垃圾回收了的对象
RuntimeError	一般的运行时异常
NotImplementedError	尚未实现的方法
SyntaxError	Python 语法异常
IndentationError	缩进异常
TabError	Tab 键和空格键混用
SystemError	一般的解释器系统异常
TypeError	对类型无效的操作
ValueError	传入无效的参数
UnicodeError	Unicode 相关的异常
UnicodeDecodeError	Unicode 解码异常
UnicodeEncodeError	Unicode 编码异常
UnicodeTranslateError	Unicode 转换异常
Warning	警告的基类
DeprecationWarning	关于被弃用的特征的警告
FutureWarning	关于构造将来语义会有改变的警告
OverflowWarning	旧的关于自动提升为长整型的警告
PendingDeprecationWarning	关于特性将会被废弃的警告
RuntimeWarning	在可疑的运行时行为的警告

续表

异常	说明
SyntaxWarning	可疑的语法的警告
UserWarning	用户代码生成的警告

2. 异常捕获与处理

当 Python 发生异常时需要进行捕获、处理，否则程序会终止执行。捕捉异常可以使用 try/except 语句和 raise 语句。

（1）try/except 语句。

try/except 语句在程序调试时很有用，这里简单介绍 try/except 语句的三种结构。

① try-excep 结构。

try-except 结构主要用于处理程序正常执行过程中出现的一些异常情况，一般形式如下：

```
try:
语句 1
except:
语句 2
```

在上面的代码中，若执行语句 1 没有出现异常，则不执行语句 2；若在执行语句 1 时出现异常，则执行语句 2。

这种结构不能通过程序识别具体的异常信息，需要改进。若需要捕捉特定的异常，则可指定异常名，一般形式如下：

```
try:
语句 1
except 异常名
语句 2
```

在上面的代码中，若执行语句 1 出现异常，则执行语句 2。

② try-excep-else 结构。

try-excep-else 结构用于捕获所有发生的异常，一般可处理多个异常，一般形式如下：

```
try:
语句 1
except:
语句 2
# 如果没有异常发生，则执行 else 语句后面的内容
else:
语句 3
```

③ try-finally 结构。

try-finally 结构主要用在无论是否出现异常情况，都需要执行清理工作的场合，一般形式如下：

```
try:
语句组 1
except:
语句组 2
else:
```

```
语句组 3
# 无论是否发生异常，finally 都会在最后执行
finally:
语句组 4
```

根据语句组 1 判断有没有异常出现。

➤ 程序没有出现异常，执行 else 内的语句组 3，以及 finally 中的语句组 4。

➤ 程序出现异常，执行 except 内的语句组 2，以及 finally 中的语句组 4。

（2）raise 语句。

如果在使用某个函数时出现异常，但是不想在当前函数中处理这个异常，则可以调用不带参数的 raise 语句。其调用格式如下：

```
raise [Exception [, args [, traceback]]]
```

其中，Exception 是异常的类型（如 NameError）；args 是用户自己提供的异常参数；traceback 是可选的，表示跟踪异常对象。

（3）assert 语句。

assert 语句可以在不满足程序运行条件的情况下直接返回异常，语法格式如下：

```
assert expression
  或
assert expression [, arguments]
  等价于
if not expression:
    raise AssertionError
  或
if not expression:
    raise AssertionError(arguments)
```

3. 程序调试

最常用的程序调试方式有两种：一种是根据程序运行时的异常信息或警告信息进行相应的修改；另一种是通过设置断点来对程序进行调试。

根据系统提示来调试程序是最容易的，要调试的脚本文件如下：

```
# 文件名为 test.py
A = [1,2,4,3,4,6]        # 定义列表
B = range(1,6)           # 定义区间
C = {1,2,4,3,4,6}        # 定义集合
D = C[1:3]               # 对集合进行索引操作
```

当在 Python 的 IDLE Shell 窗口中运行该脚本文件时，系统会给出如下提示：

```
Traceback (most recent call last):
  File "D:/Python/Python310/test.py", line 4, in <module>
    D = C[1:3]      # 对集合进行索引操作
TypeError: 'set' object is not subscriptable
```

通过上面的提示，我们知道第 4 行有异常，这时只需转换 C 的类型。

```
D = tuple(C)[1:3]
```

依次选择菜单栏中的"Debug Options"→"Debugger"选项，打开"Debug Control"对话

框，如图 10-17 所示。

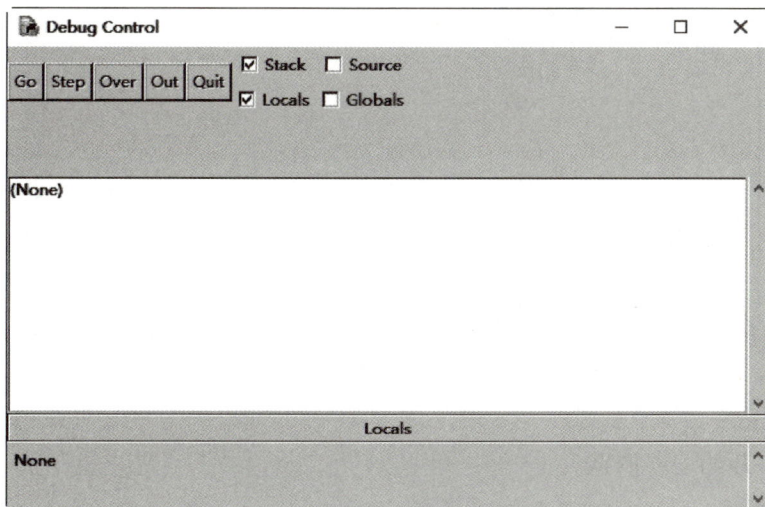

图 10-17　"Debug Control" 对话框

同时在 IDLE Shell 窗口中显示 "[DEBUG ON]"，如图 10-18 所示，表示该窗口已经处于调试状态。

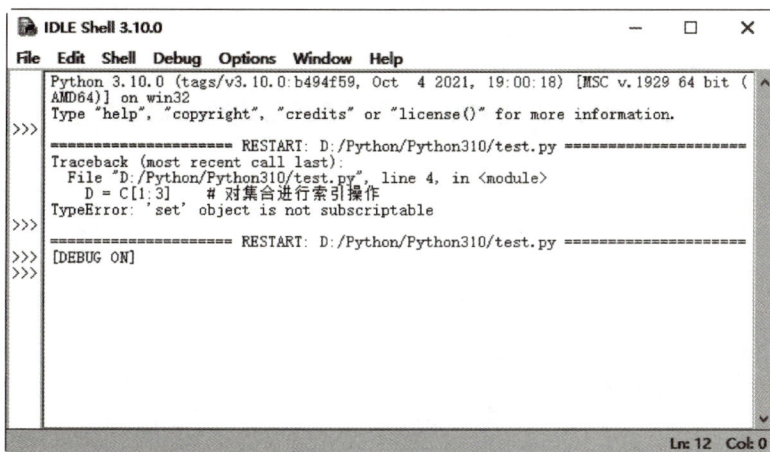

图 10-18　IDLE Shell 窗口

4. 断点调试

若程序在运行时没有出现警告或异常提示，但输出结果与预期值相差甚远，则需要用设置断点的方式来调试。断点是指临时中断执行的一个标志，通过中断程序运行，观察变量在程序运行到断点处的值，并与预期值进行比较，以此来找出异常。

（1）添加断点。

在进入调试环境后，单击鼠标右键，显示如下断点命令。

① Set Breakpoint：添加断点。

② Clear Breakpoint：清除断点。

选择 "Set Breakpoint" 选项，添加断点，添加断点的行将以黄色底纹标记，如图 10-19 所示。

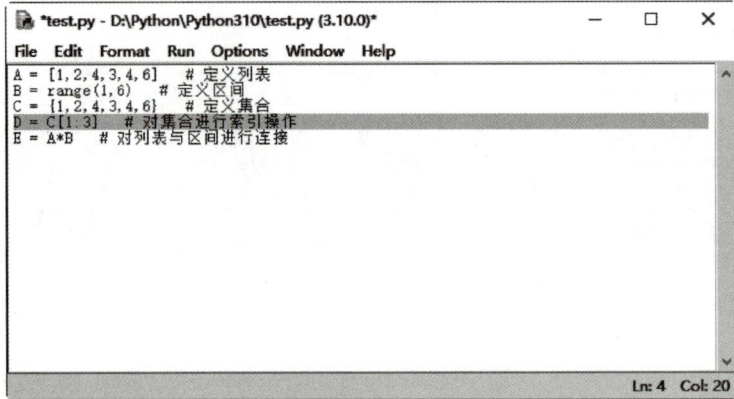

图 10-19　添加断点

（2）程序调试。

按下 F5 键，开始程序调试。

（3）调试设置。

在"Debug Control"对话框中显示程序执行结果，如图 10-20 所示。依次勾选"Locals"和"Globals"复选框（默认勾选"Stack"复选框），即可显示局部变量与全局变量。

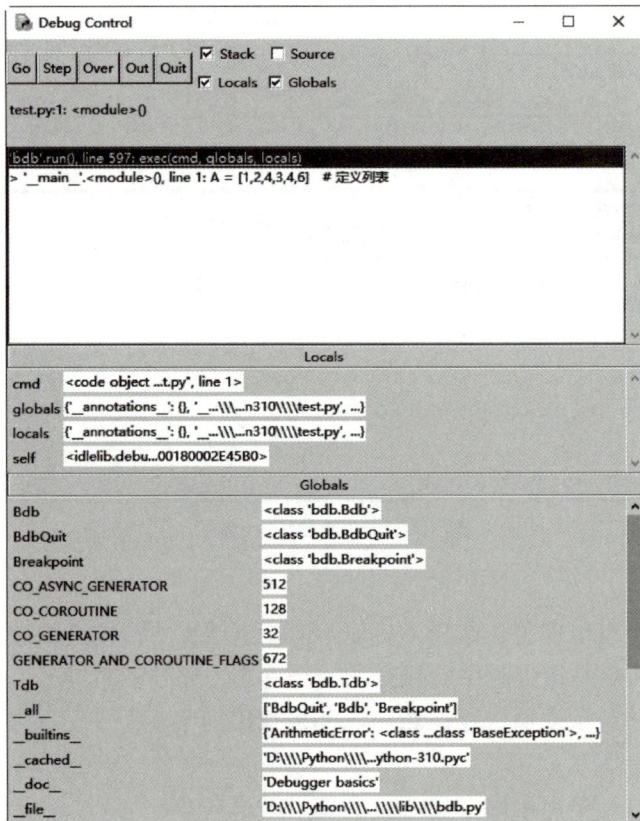

图 10-20 依次勾选"Locals"和"Globals"复选框（默认勾选"Stack"复选框）

在调试结束后，关闭"Debug Control"对话框，IDLE Shell 窗口中显示"[DEBUG OFF]"，表示已经结束调试状态。

项目 11　人工智能

思政目标

1. 通过对人工智能基础知识的学习，使学生理解人工智能的科学本质和创新价值，激发学生的好奇心和探索欲，鼓励学生在人工智能领域进行创新和实践。

2. 通过对人工智能核心技术的学习，使学生掌握实际操作技能，提高学生将理论知识转化为实际应用的能力，为社会进步贡献力量。

学习目标

1. 了解人工智能的定义和发展。
2. 了解人工智能核心技术应用。

项目描述

人工智能是研究、开发用于模拟、延伸和扩展人的智能的理论、方法、技术及应用系统的一门新技术科学。熟悉和掌握人工智能相关技能，是建设未来智能社会的必要条件。本项目主要介绍了人工智能基础知识、人工智能核心技术、人工智能技术应用。

11.1　人工智能基础知识

人工智能（Artificial Intelligence，AI）的发展不仅推动了科技的进步，也深刻影响了社会的各个领域。从日常生活到工业生产、医疗健康、金融服务等专业领域，其应用都在不断扩展和深化。

11.1.1　人工智能的定义

人工智能是计算机科学的一个分支，它企图了解智能的实质，并生产出一种新的能以与人类智能相似的方式作出反应的智能机器，研究内容包括机器人、语言识别、图像识别、自然语言处理和专家系统等。

人工智能具有自主性、自适应性、智能交互、大数据处理能力、学习能力、实时响应、高度集成、模式识别、错误容忍性、并行处理能力，随着技术的不断创新和发展，人工智能系统的特点和能力将会进一步拓展和完善。

11.1.2　人工智能的发展

人工智能的探索道路曲折起伏，其发展大致划分为五个阶段。

第一个阶段：起步发展期。

在人工智能的概念被提出后，发展出了符号主义、联结主义（神经网络），并相继取得了一批令人瞩目的研究成果，如机器定理证明、跳棋程序、人机对话等，掀起人工智能发展的第一个高潮。

第二个阶段：反思发展期。

人工智能起步发展期的突破性进展大大提高了人们对人工智能的期望，人们开始尝试更具挑战性的任务，然而计算力及理论等的匮乏使得不切实际的目标落空，人工智能的发展陷入低谷。

第三个阶段：应用发展期。

专家系统模拟人类专家的知识和经验来解决特定领域的问题，实现了人工智能从理论研究走向实际应用、从一般推理策略探讨转向运用专门知识研究的重大突破。机器学习（特别是神经网络）探索不同的学习策略和各种学习方法，在大量的实际应用中慢慢得到发展。

第四个阶段：平稳发展期。

互联网技术的迅速发展，加速了人工智能的创新和研究，促使人工智能进一步走向实用化，与人工智能相关的各个领域都取得了进步。但由于专家系统的项目需要编码太多的显式规则，降低了效率但增加了成本，使人工智能研究的重心从知识系统转向了机器学习方向。

第五个阶段：蓬勃发展期。

随着大数据、云计算、互联网、物联网等技术的发展，以及感知数据和图形处理器等计算平台的推动，以深度神经网络为代表的人工智能技术取得了飞速发展，跨越了科学与应用之间的技术鸿沟，图像分类、语音识别、知识问答、人机对弈、无人驾驶等都实现了重大技术突破，迎来了爆发式增长。

11.2　人工智能核心技术

人工智能的核心是利用程序模拟人的智能，为人们解决复杂的问题，那么人工智能到底包含了哪些核心技术呢？

11.2.1　计算机视觉

计算机视觉（Computer Vision，CV）是指把图像数据转换成机器可识别的形式，从而实现对视觉信息的建模和分析，并作出相应决策。一般来说，CV 技术的使用主要有如下几个步骤：图像获取、预处理、特征提取、检测/分割和高级处理。

CV 是一个富有挑战性的重要研究领域，也是一门综合性学科。它已经吸引了来自各个学科的研究者们参加到对它的研究之中，包括计算机科学和工程、信号处理、物理学、应用数学和统计学、神经生理学和认知科学等。根据要解决的问题，CV 可分为计算成像学、图像理解、三维视觉、动态视觉和视频编解码五大类。

11.2.2　机器学习

机器学习（Machine Learning）是一门涉及统计学、系统辨识、逼近理论、神经网络、优化理论、计算机科学、脑科学等诸多领域的交叉学科，用于研究计算机怎样模拟或实现人类的学习行为，以获取新的知识或技能。重新组织已有的知识结构，使之不断改善自身的性能，是人工智能的核心。基于数据的机器学习是现代智能技术中的重要方法之一，主要研究如何从观测数据（样本）出发，寻找规律，并利用这些规律对未知数据或无法观测的数据进行预测。

机器学习强调三个关键：算法、经验、性能，其处理过程如图 11-1 所示。在已有数据的基础上，通过算法构建模型，并对模型进行评估。如果评估的性能达到要求，就用该模型评估其他数据；如果达不到要求，就调整算法重新构建模型，再次进行评估。如此循环往复，最终获得满意的模型来评估其他数据。机器学习已经被成功应用到多个领域中，如个性化推荐系统、金融反欺诈、语音识别、自然语言处理、机器翻译、模式识别、智能控制等。

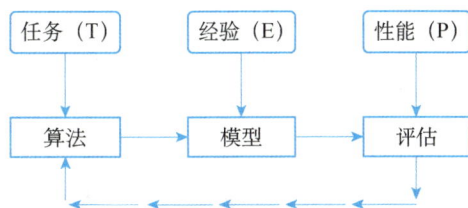

图 11-1　机器学习处理过程

11.2.3　深度学习

深度学习（Deep Learning）是机器学习的一种特定形式。深度学习和机器学习、人工智能的关系如图 11-2 所示。深度学习的核心是神经网络模型，使用具有多层非线性处理单元的神经网络对大量数据进行建模和学习。与传统的机器学习算法相比，深度学习具有更强的表达能力和学习能力，可以更好地处理大规模和高维度数据，因此在计算机视觉、自然语言处理和语音识别等领域应用广泛。深度学习是机器学习的一个重要分支，也是当前人工智能技术发展的重要驱动力之一。

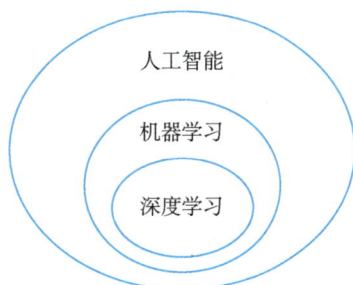

图 11-2　深度学习和机器学习、人工智能的关系

11.2.4　自然语言处理

自然语言处理（Natural Language Processing，NLD）是一门通过构建计算机模型、理解和处理自然语言的学科，主要用计算机对自然语言的形、音、义等信息进行处理和识别，包括机器翻译、自动提取文本摘要、文本分类、语音合成、情感分析等。

自然语言处理的应用包罗万象，如机器翻译、手写体和印刷体字符识别、语音识别、信息检索、信息抽取与过滤、文本分类与聚类、舆情分析和观点挖掘等，它涉及与自然语言处理相关的数据挖掘、机器学习、知识获取、知识工程、人工智能研究和与语言计算相关的语言学研究。

11.2.5 知识图谱

知识图谱本质上是结构化的语义知识库，是一种由节点和边组成的图数据结构，以符号形式描述物理世界中的概念及其关系，其基本组成单位是"实体—关系—实体"三元组，以及实体及其相关的"属性—值"对。不同实体通过关系联结，构成网状知识结构。

知识图谱可用于反欺诈、不一致性验证、组团欺诈等公共安全保障领域，需要用到异常分析、静态分析、动态分析等数据挖掘方法。特别地，知识图谱在搜索引擎、可视化展示和精准营销方面有很大的优势，已成为业界的热门工具。但是，知识图谱的发展还有很大的挑战，如数据的噪声、数据错误、数据冗余。随着知识图谱应用的不断深入，还有一系列核心技术需要突破。

11.2.6 人机交互

人机交互是一门研究系统与用户之间的交互关系的学科。系统可以是各种各样的机器，也可以是计算机化的系统和软件。人机交互界面通常是指用户可见的部分，用户通过人机交互界面与系统交流，并进行操作。

人机交互也是与认知心理学、人机工程学、多媒体技术、虚拟现实技术等密切相关的综合学科。传统的人与计算机之间的信息交换主要依靠交互设备（输入、输出设备）进行，交互设备主要包括键盘、鼠标、操纵杆、眼动跟踪器、位置跟踪器、数据手套、压力笔等输入设备，以及打印机、绘图仪、显示器、头盔式显示器、音箱等输出设备。人机交互技术除了传统的基本交互和图形交互技术外，还包括语音交互、情感交互、体感交互及脑机交互等技术。

11.2.7 自主无人系统技术

自主无人系统由平台、任务载荷、指挥控制系统及天空地一体化信息网络等组成，是集系统科学与技术、控制科学与技术、机器人技术、航空技术、空间技术和海洋技术等一系列高新科学技术于一体的综合系统，多门学科的交叉、融合与综合是构建自主无人系统的基础。

自主无人系统是能够通过先进技术进行操作或管理，而不需要人工干预的系统，可以应用到无人驾驶、无人机、空间机器人、无人车间等领域。

11.3 人工智能技术应用

人工智能与行业领域的深度融合将改变甚至重新塑造传统行业。人工智能已经被广泛应用于医疗、金融、教育、无人驾驶等领域，对人类社会的生产和生活产生了深远的影响。

1. 医疗

随着医疗技术的不断进步，人工智能在医疗领域正发挥着重要的作用。首先，人工智能可以用于医学影像诊断。通过深度学习算法，医生可以更准确地进行诊断。其次，人工智能还可以用于疾病预测和风险评估，通过分析大量的病例数据，帮助医生发现患者可能存在的疾病和风险，并采取相应的预防措施。此外，人工智能在药物研发、手术机器人（如图 11-3 所示）和远程医疗等方面都有着广泛的应用。

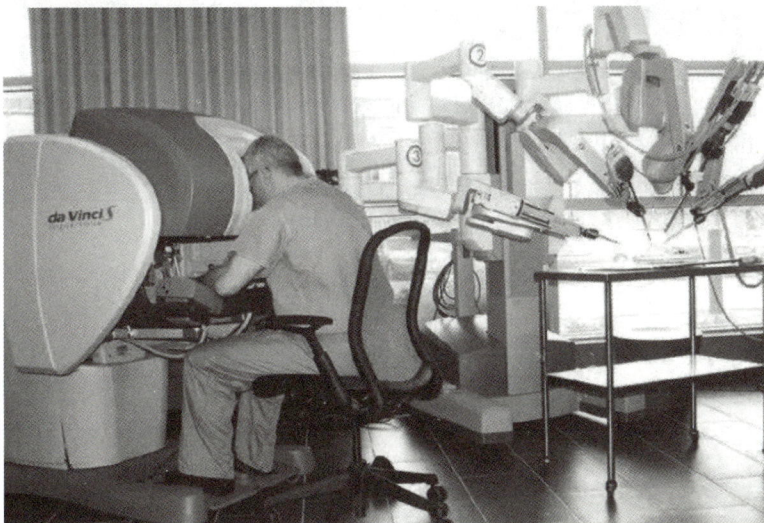

图 11-3 手术机器人

2. 金融

人工智能在金融领域有着广泛的应用，包括风险控制、交易分析和客户服务等方面。首先，人工智能可以通过分析大量的金融数据，帮助金融机构识别和评估风险。其次，人工智能在股票交易和外汇交易等方面可以进行精准分析和预测，帮助投资者作出明智的决策。此外，人工智能还可以应用于金融服务领域，通过自然语言处理和智能机器人等技术，实现智能客服和自助银行等服务。

3. 教育

人工智能在教育领域也有着广泛的应用。例如，人工智能可以通过分析学生的学习行为和知识点，制订个性化的学习计划，帮助学生更快地掌握知识点，提高学习效率。同时，人工智能还可以协助教师开展定制化的教学课程设计。例如，人工智能可以帮助教师分析学生的需求，从而设计更符合学生需求的教学课程。此外，人工智能还可以辅助教师进行教学评估和学生成绩预测，为教师提供更为全面的教学支持。

4. 无人驾驶

无人驾驶车辆将成为未来交通的主要方式。无人驾驶车辆能够通过感知环境、识别交通信号、解决复杂的交通情况等，更加高效地完成驾驶，如图 11-4 所示。未来，这种技术不仅可以节约旅行成本，还可以大大减少交通事故。

图 11-4　无人驾驶

附录 A ASCII 码表

ASCII 码表如表 A-1 所示。

ASCII 值		控制/显示 的字符	ASCII 值		控制/显示 的字符	ASCII 值		控制/显示 的字符	ASCII 值		控制/显示 的字符
十进制	十六 进制		十进制	十六 进制		十进制	十六 进制		十进制	十六 进制	
0	0	NUL	32	20	(space)	64	40	@	96	60	、
1	1	SOH	33	21	!	65	41	A	97	61	a
2	2	STX	34	22	”	66	42	B	98	62	b
3	3	ETX	35	23	#	67	43	C	99	63	c
4	4	EOT	36	24	$	68	44	D	100	64	d
5	5	ENQ	37	25	%	69	45	E	101	65	e
6	6	ACK	38	26	&	70	46	F	102	66	f
7	7	BEL	39	27	'	71	47	G	103	67	g
8	8	BS	40	28	(	72	48	H	104	68	h
9	9	HT	41	29	)	73	49	I	105	69	i
10	0A	LF	42	2A	*	74	4A	J	106	6A	j
11	0B	VT	43	2B	+	75	4B	K	107	6B	k
12	0C	FF	44	2C	,	76	4C	L	108	6C	l
13	0D	CR	45	2D	-	77	4D	M	109	6D	m
14	0E	SO	46	2E	.	78	4E	N	110	6E	n
15	0F	SI	47	2F	/	79	4F	O	111	6F	o
16	10	DLE	48	30	0	80	50	P	112	70	p
17	11	DCI	49	31	1	81	51	Q	113	71	q
18	12	DC2	50	32	2	82	52	R	114	72	r
19	13	DC3	51	33	3	83	53	X	115	73	s
20	14	DC4	52	34	4	84	54	T	116	74	t
21	15	NAK	53	35	5	85	55	U	117	75	u
22	16	SYN	54	36	6	86	56	V	118	76	v
23	17	TB	55	37	7	87	57	W	119	77	w
24	18	CAN	56	38	8	88	58	X	120	78	x
25	19	EM	57	39	9	89	59	Y	121	79	y
26	1A	SUB	58	3A	:	90	5A	Z	122	7A	z
27	1B	ESC	59	3B	;	91	5B	[	123	7B	{
28	1C	FS	60	3C	<	92	5C	\	124	7C		
29	1D	GS	61	3D	=	93	5D	]	125	7D	}
30	1E	RS	62	3E	>	94	5E	^	126	7E	~
31	1F	US	63	3F	?	95	5F	—	127	7F	DEL